高职高专"十三五"规划教材

火法冶金设备

主　编　杨志鸿　张报清
副主编　张凤霞　李永佳　刘振楠

北　京
冶金工业出版社
2017

内 容 提 要

本书以论述火法冶金设备的工作原理、结构特点和实用性为原则，以介绍经典设备和近10年来在用设备为主，尤其注重新技术、新设备的阐述，分别介绍了耐火及保温材料、燃料与燃烧、干燥设备、焙烧与烧结设备、熔炼设备、收尘与烟气净化设备，力求突出冶金设备的专业性与实用性。

本书可作为高职高专冶金专业教学用书，也可供相关企业技术人员、生产人员和管理人员等参考。

图书在版编目(CIP)数据

火法冶金设备/杨志鸿，张报清主编. —北京：冶金工业出版社，2017. 10

高职高专“十三五”规划教材

ISBN 978-7-5024-7613-7

Ⅰ. ①火… Ⅱ. ①杨… ②张… Ⅲ. ①火法冶金—冶金设备—高等职业教育—教材 Ⅳ. ①TF3

中国版本图书馆 CIP 数据核字（2017）第 251103 号

出 版 人 谭学余

地　　址 北京市东城区嵩祝院北巷39号 邮编 100009 电话 (010)64027926

网　　址 www. cnmip. com. cn 电子信箱 yjcbs@ cnmip. com. cn

责任编辑 杨盈园 美术编辑 彭子赫 版式设计 禹 蕊

责任校对 禹 蕊 责任印制 李玉山

ISBN 978-7-5024-7613-7

冶金工业出版社出版发行；各地新华书店经销；三河市双峰印刷装订有限公司印刷

2017年10月第1版，2017年10月第1次印刷

787mm×1092mm 1/16；14. 5印张；347千字；221页

31. 00元

冶金工业出版社 投稿电话 (010)64027932 投稿信箱 tougao@cnmip. com. cn

冶金工业出版社营销中心 电话 (010)64044283 传真 (010)64027893

冶金书店 地址 北京市东四西大街46号(100010) 电话 (010)65289081(兼传真)

冶金工业出版社天猫旗舰店 yjgycbs. tmall. com

（本书如有印装质量问题，本社营销中心负责退换）

前言

随着我国冶金工业的快速发展，冶金设备也不断更新，出现了许多新理论、新方法和新设备，因此，有必要对冶金过程中常用和在用设备进行研究，将相应理论知识介绍给本专业的学生和工程技术人员，以适应新技术发展的要求。

目前，冶金设备类教材以本科、研究生层次用书为主，不能适用于高等职业院校冶金技术专业教学，在云南省高水平职业院校建设工作的推动下，昆明冶金高等专科学校按照教育部人才培养目标和规划，以及高技能人才应具备的知识结构、职业能力和职业素质等要求，编写了本书。本书力求突出冶金设备的专业性与实用性，分别介绍了耐火及保温材料、燃料与燃烧、干燥设备、焙烧与烧结设备、熔炼设备、收尘与烟气净化设备。

本书由杨志鸿完成第1~3章的编写，由李永佳完成第4章的编写，由张凤霞和张报清完成第5章的编写，由刘振楠完成第6章的编写。

本书可作为冶金技术专业本、专科老师、学生的教学用书，也可供有关专业技术人员、生产实践人员等参考阅读。

由于作者水平有限，书中若有不妥之处，恳求读者批评指正。

作者

2017年5月

目录

1 耐火及保温材料 …… 1
1.1 概述 …… 1
1.1.1 耐火材料在冶金中的地位和作用 …… 1
1.1.2 冶金炉对耐火材料的要求 …… 1
1.2 耐火材料的分类、组成及性质 …… 2
1.2.1 耐火材料的分类 …… 2
1.2.2 耐火材料的一般化学矿物组成 …… 2
1.2.3 耐火材料的物理性质 …… 3
1.2.4 耐火材料的工作性能 …… 6
1.3 常用耐火材料及其特性 …… 8
1.3.1 硅酸铝质耐火制品 …… 8
1.3.2 硅砖 …… 11
1.3.3 镁质耐火制品 …… 12
1.3.4 含碳耐火材料 …… 13
1.3.5 不定形耐火材料 …… 14
1.4 耐火材料的外形尺寸 …… 15
1.5 水冷与挂渣保护 …… 16
1.5.1 水冷挂渣机理 …… 16
1.5.2 水套 …… 16
1.5.3 热挂渣保护 …… 17
1.6 绝热材料 …… 17
1.6.1 概述 …… 17
1.6.2 常用绝热材料 …… 18
习题与思考题 …… 20
2 燃料与燃烧 …… 21
2.1 概述 …… 21
2.1.1 燃料的定义及种类 …… 21
2.1.2 组织燃烧过程和炉子工作关系 …… 21
2.2 燃烧基础知识 …… 22
2.2.1 着火过程与着火方式 …… 22
2.2.2 热自燃过程 …… 23

2.2.3　链式着火理论 …… 23
2.2.4　强迫着火 …… 24
2.3　燃料 …… 25
2.3.1　燃料选用的一般原则 …… 25
2.3.2　燃料的组成与换算 …… 26
2.3.3　燃料发热量及计算 …… 29
2.3.4　常用燃料 …… 31
2.4　燃烧计算 …… 34
2.4.1　概述 …… 34
2.4.2　空气需要量、燃烧产物量及其成分的计算 …… 34
2.4.3　燃烧温度的计算 …… 38
2.5　气体燃料的燃烧装置 …… 43
2.5.1　气体燃料的燃烧 …… 43
2.5.2　火焰的传播 …… 44
2.5.3　有焰燃烧（扩散燃烧）方法 …… 46
2.5.4　无焰燃烧（动力燃烧）方法 …… 48
2.5.5　烧嘴 …… 49
2.6　液体燃料的燃烧装置 …… 52
2.6.1　重油的燃烧过程 …… 52
2.6.2　重油燃烧装置 …… 56
2.7　固体燃料的燃烧 …… 62
2.7.1　块煤的燃烧 …… 62
2.7.2　粉煤的燃烧 …… 63
2.8　燃烧装置的发展趋势 …… 66
2.8.1　节约燃料的途径 …… 66
2.8.2　低氧浓度的燃烧 …… 67
2.8.3　浸没燃烧 …… 67
习题与思考题 …… 68

3　干燥设备 …… 69

3.1　干燥工程基础 …… 69
3.1.1　湿空气的状态参数 …… 69
3.1.2　湿空气的 H-h 图及 H-t 图 …… 71
3.1.3　湿物料的性质 …… 73
3.1.4　干燥过程的物料和热量平衡 …… 74
3.2　干燥特性和干燥时间 …… 76
3.2.1　干燥特性 …… 76
3.2.2　恒定干燥条件下的干燥时间 …… 78
3.3　干燥设备及其操作 …… 79

3.3.1 通风型……79
3.3.2 回转圆筒干燥机……80
3.3.3 真空干燥机……82
3.3.4 流化床式干燥机……83
3.3.5 输送型干燥机……85
3.3.6 热传导干燥机……86
3.3.7 微波干燥器与红外干燥器……87
3.4 干燥设备的选用与发展……90
3.4.1 干燥设备的选用……90
3.4.2 干燥流程的选用……90
3.4.3 干燥技术的发展趋势……91
习题与思考题……92

4 焙烧与烧结设备……93

4.1 概述……93
4.1.1 焙烧与烧结的分类……93
4.1.2 焙烧与烧结设备……94
4.2 流态化焙烧技术……94
4.2.1 流态化技术……95
4.2.2 流化床的形式……97
4.3 流态化焙烧设备……99
4.3.1 冶金流态化焙烧方法……99
4.3.2 流态化焙烧设备的结构……102
4.4 烧结技术及设备……108
4.4.1 烧结技术……108
4.4.2 烧结机……110
4.4.3 竖式焙烧炉……115
4.5 回转窑……116
4.5.1 回转窑……116
4.5.2 链箅机-回转窑……117
4.5.3 回转窑的改进方向……118
思考与练习题……118

5 熔炼设备……119

5.1 竖炉……119
5.1.1 竖炉内的物料运行和热交换……119
5.1.2 炼铁高炉……121
5.1.3 鼓风炉……132
5.1.4 鼓风炉的结构……133
5.2 熔池熔炼炉……139

5.2.1 反射炉 …… 140
5.2.2 反射炉的衍生炉 …… 142
5.3 塔式熔炼设备 …… 157
5.3.1 闪速炉 …… 157
5.3.2 基夫塞特炉 …… 161
5.3.3 锌精馏塔 …… 162
5.4 转炉 …… 164
5.4.1 顶吹转炉 …… 164
5.4.2 卧式转炉 …… 168
5.4.3 卡尔多转炉 …… 172
5.5 电炉 …… 174
5.5.1 矿热电炉 …… 174
5.5.2 电弧炉 …… 177
5.5.3 感应熔炼炉 …… 181
习题与思考题 …… 184

6 收尘与烟气净化设备 …… 185

6.1 烟气收尘基础知识 …… 185
6.1.1 收尘器的分类 …… 185
6.1.2 收尘器的性能 …… 188
6.2 机械式收尘设备 …… 192
6.2.1 重力收尘器 …… 192
6.2.2 惯性收尘器 …… 196
6.2.3 旋风收尘器 …… 197
6.3 袋式收尘器 …… 201
6.3.1 袋式收尘器的工作原理 …… 202
6.3.2 袋式收尘器的结构和选用 …… 203
6.4 静电收尘器 …… 206
6.4.1 工作原理 …… 206
6.4.2 影响静电收尘性能的因素 …… 208
6.4.3 静电收尘器的结构 …… 209
6.4.4 静电收尘器的分类 …… 210
6.5 湿式收尘器 …… 212
6.5.1 湿式收尘原理 …… 213
6.5.2 常用湿式收尘器的分类 …… 213
6.6 烟气中有害气体的净化 …… 214
6.6.1 铝电解的烟气净化 …… 214
6.6.2 低浓度二氧化硫烟气脱硫 …… 218
习题与思考题 …… 220

参考文献 …… 221

1 耐火及保温材料

1.1 概 述

1.1.1 耐火材料在冶金中的地位和作用

耐火材料是指耐火度不低于1580℃的无机非金属材料，它在一定程度上可以抵抗温度骤变和炉渣侵蚀，并能承受高温荷重。

冶金工业所用耐火材料占其生产总量的60%~70%；冶金炉是大量优质耐火材料的消耗者，耐火材料费用在冶金生产成本中占有重要的比例，据不完全统计，1t粗铜需消耗2~5kg镁砖；而目前，我国钢铁工业耐火材料的吨钢单耗为50kg左右，在钢铁工业发达国家一般为20kg左右，日本、韩国的吨钢约为10kg耐火材料。世界各国工业部门消耗比例列于表1-1。

表1-1 各国工业部门消耗比例 (%)

工业部门	日本	美国	原苏联	英国	法国
钢铁	69.7	50.7	60.1	73.3	6.5
有色金属	1.9	6.5	4.0	—	4.0
建材	10.3	17.8	8.1	9.1	14.5
石油化工	1.4	2.7	4.7	1.3	4.0
发电锅炉	0.1	0.8	—	1.1	—
机械及其他	16.6	21.5	23.1	14.5	13.5

由此可见，正确选择和使用耐火材料，对于延长炉子使用寿命、强化冶金生产过程、降低燃料消耗和生产成本都是非常重要的。

1.1.2 冶金炉对耐火材料的要求

耐火材料在高温设备中受高温条件的物理化学侵蚀和机械破坏作用，所以耐火材料的性能应满足如下要求：

(1) 耐火度高。现代火法冶金和其他工业窑炉的加热温度一般都是在1000~1800℃之间，耐火材料应具有在高温作用下不易熔化的性能。

(2) 高温结构强度大。耐火材料不仅应具有较高的熔化温度，而且还应具有在受到炉子砌体的荷重下或其他机械振动下不发生软化变形和坍塌。

(3) 热稳定性好。冶金炉和其他工业窑炉在操作过程中由于温度骤变引起各部分温度不均匀，砌体内会产生应力而使材料破裂和剥落。因此，耐火材料应具有抵抗破损的能力。

（4）抗渣蚀能力强。耐火材料在使用过程中，常受到高温炉渣、金属和炉尘的化学腐蚀作用；耐火材料应具有抵抗高温化学腐蚀的能力。

（5）高温体积稳定。冶金炉在长期高温使用中，炉砌内部由于晶形转变会产生不可恢复的体积收缩或膨胀，造成砌体的破坏。因此，耐火材料必须在高温下体积稳定。

（6）外形尺寸规整、公差小。砌体的砖缝虽然用耐火泥填充，但密度和强度均比制品差，在使用过程中容易被侵蚀。因此，应使砖缝越小越好，只有准确的外形尺寸才能达到这种要求。所以耐火制品不能有大的扭曲、缺角、溶洞和裂纹等缺陷，尺寸公差要合乎规定要求。

实际上并非所有耐火材料都要满足上述的全部要求，应根据条件合理地选用耐火材料。

1.2　耐火材料的分类、组成及性质

耐火材料的种类很多，除轻质耐火材料（绝热材料）外，所有耐火材料可根据不同特点进行如下分类。

1.2.1　耐火材料的分类

耐火材料的分类有多种方式。如按耐火材料的化学矿物组成、耐火材料的外形尺寸以及耐火材料制造方法等分类；而根据耐火材料的耐火度高低可分为：

（1）普通耐火材料：耐火度为1580~1770℃；

（2）高级耐火材料：耐火度为1770~2000℃；

（3）特级耐火材料：耐火度为2000℃以上。

1.2.2　耐火材料的一般化学矿物组成

耐火材料化学矿物组成是决定耐火材料物理性质和工作性能的基本因素。

1.2.2.1　化学组成

耐火材料的化学成分按含量的多少及其作用不同可分为主成分和副成分。

主成分是耐火材料的主体，是影响耐火材料的基本因素。如耐火材料的抗渣侵蚀能力就取决于主成分；酸性耐火材料（如主成分为 SiO_2）能够抵抗酸性炉渣的侵蚀，而碱性耐火材料（如主成分为 MgO）能够抵抗碱性炉渣的侵蚀。除碳质耐火材料以外，普通耐火材料的主成分都是氧化物，例如，硅砖中的 SiO_2，黏土质耐火材料中的 SiO_2 和 Al_2O_3，镁砖中的 MgO。副成分包括杂质和添加物，其化学成分也是氧化物，如 Fe_2O_3、K_2O、Na_2O 等，它使耐火材料的性能降低，有的具有溶剂作用，即在耐火砖的烧成过程中产生液相实现烧结。为了促进其高温变化和降低烧成温度，往往加入少量的添加剂成分，例如，矿化剂、烧结剂等。

1.2.2.2 矿物组成

在研究耐火制品的组成对其性质的影响时，不但要考虑化学组成而且也要考虑制品的矿物组成。原料及制品中所含矿物晶相种类和数量统称为矿物组成。同一化学成分的耐火材料，由于生产工艺的条件不同，所形成的矿物组成不同，致使性能差别很大。耐火材料的矿物组成包括主晶相和少量的基质。

主晶相是耐火材料中的主体，是熔点较高的结晶体，它在很大程度上决定耐火材料的性能，可以是一种或两种。例如，高铝砖中的莫来石和刚玉，镁砖中的方镁石，都是主晶相。

基质是填充在主晶相之间其他不同成分的结晶矿物和非结晶玻璃相，它的熔点低，起着溶剂作用，例如，镁铝砖的基质是一种称为尖晶石（$MgO \cdot Al_2O_3$）的结晶成分，依靠它将砖紧紧黏结成整体，因此也称结合相。基质的数量虽少，但它对耐火材料的性能影响很大，在耐火材料的使用过程中，往往首先从基质部分开始损坏。

1.2.3 耐火材料的物理性质

耐火材料的物理性质包括致密性、热电性、力学性和外形尺寸等。它也是衡量耐火材料质量好坏的重要指标，与其使用性能有着密切的关系。

1.2.3.1 致密性

耐火材料是固相和气相的非均匀质体，由不同形状和大小的气孔与固相构成宏观组织结构，对耐火材料的高温性能影响很大。它通常用气孔率、吸水率、体积密度、真密度和透气性来表示。

A 气孔率

耐火制品中，气孔体积占总体积分数。

耐火材料存在许多大小不一、形状不同的气孔，如图1-1所示，分为闭口气孔、开口气孔和连通气孔；开口气孔和连通气孔统称为显气孔，显气孔在耐火砖中占多数。由于气孔的形式不同，气孔率的表示有：

$$总气孔率 = (V_1 + V_2 + V_3)/V \times 100\% \tag{1-1}$$

$$显气孔率 = (V_2 + V_3)/V \times 100\% \tag{1-2}$$

式中，V，V_1，V_2，V_3分别为试样总体积、闭口气孔、开口气孔和贯通气孔的体积，m^3。

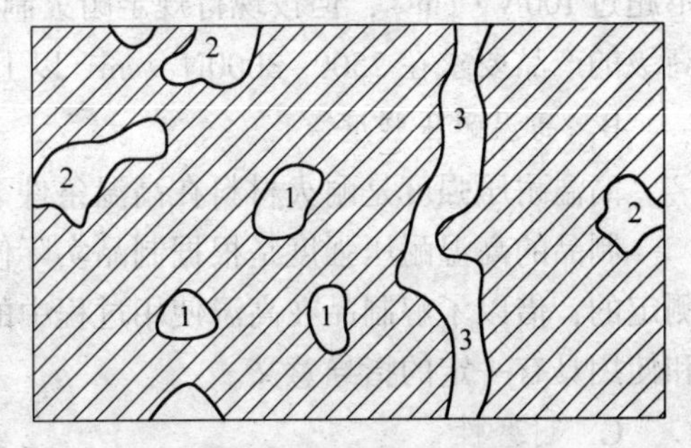

图1-1 耐火制品中气孔类型

1—封闭气孔；2—开口气孔；3—贯通的开口气孔

显气孔率是鉴定耐火材料质量的重要指标之一，因为它影响耐火砖的使用寿命。显气孔率大的耐火砖在使用过程中，熔融炉渣容易通过开口及连通气孔浸入耐火砖内部，缩短耐火砖的寿命。此外，显气孔率高的耐火砖在储存过程中容易吸收外界水分而受潮，降低耐火砖的寿命。所以，在耐火砖质量指标中一般对显气孔率有规定，例如，普通耐火砖的显气孔率在10%~28%范围内。

B 吸水率和透气性

吸水率是指耐火制品中显气孔吸收水的质量与制品干质量之比的分数，即：

$$吸水率 = (G_1 - G)/G \times 100\% \tag{1-3}$$

式中 G_1——耐火制品吸水后质量，kg；

G——耐火制品烘干质量，kg。

耐火制品的透气性是指耐火材料对一定压力的气体的透过程度，用透气率表示，即在单位压力差的空气作用下，在单位时间内，通过单位厚度和单位面积制品的空气量。耐火材料的透气性与制品内连通气孔的数量及气体压力有关，一般要求透气性越小越好。

C 体积密度

它是单位体积（含气孔体积）的质量，用符号“ρ”表示，单位为 $kg \cdot m^{-3}$：

$$\rho = m/V \tag{1-4}$$

式中 m——耐火材料的质量，kg。

D 真密度

它是指耐火材料除去全部气孔后，单位体积的质量，用符号“ρ'”表示：

$$\rho' = m/V - (V_1 + V_2 + V_3) \tag{1-5}$$

真密度不能表示出制品的宏观组织结构特征，但它的大小可以反映出原料的纯度、烧结程度及制品晶形结构的基本特征。

1.2.3.2 力学性质

A 常温耐压强度

常温耐压强度是指耐火制品在常温条件下单位面积上所能承受的压力，$N \cdot cm^{-2}$。它与制品的组织结构、成型压力和烧成温度等因素有关。

耐火砖在冶金炉中所承受的实际荷重并不大，一般不超过 $20N \cdot cm^{-2}$，特殊情况下也不超过 $100N \cdot cm^{-2}$，但按现行规定耐火制品的耐压强度不应低于 $1000 \sim 1500N \cdot cm^{-2}$，对高级的产品要求在 $2500 \sim 3000N \cdot cm^{-2}$以上。

B 高温耐压强度

高温耐压强度是耐火材料在高温条件下单位面积上所能承受的压力，$N \cdot cm^{-2}$。

制品的高温耐压强度是根据制品实际使用温度的要求，将试样加热到某一高温条件下测定的，借以了解制品在高温使用过程中的变化规律，这对于不定形耐火材料材质的选择和使用具有一定的指导意义。

C 耐磨性

耐火材料的耐磨性是指抵抗摩擦、冲击作用的能力，它取决于制品的矿物组织结构。在冶金炉内，由于炉料、液态炉渣和金属以及含尘炉气的摩擦和冲击作用，致使内衬被磨损，缩短了炉子使用寿命。

D 抗折强度

耐火材料的常温抗折强度与耐压强度有关，通常常温耐压较高制品，其常温抗折性能也较好。高温抗折能力强的制品，在高温条件下，对于物料的撞击、磨损、液态渣的冲刷等，均有较好的抵抗能力。

E 弹性模量

耐火材料的弹性模量是表征制品抵抗受力变形的能力。耐火制品在弹性极限内，外力作用产生的应力与应变之比称为弹性模量，即：

$$E = \sigma \Delta L/L \tag{1-6}$$

式中 E——弹性模量，$N \cdot cm^{-2}$

σ——制品所承受的应力，$N \cdot cm^{-2}$

$\Delta L/L$——制品相对长度的变化，即弹性变量。

由上式可知，弹性变量与弹性模量成反比。耐火制品的弹性模量越小，说明它的弹性变量越大，弹性好，有利于减少应力的破坏作用。

1.2.3.3 热、电性质

耐火材料的热、电性质有热膨胀性、导电性、热容性和导电性等。

A 热膨胀性

它是指制品热胀冷缩可逆变化的性质，其大小用线膨胀率β表示：

$$\beta_m = L_t - L_0/L_t(t - t_0) \tag{1-7}$$

式中 β_m——制品的平均线膨胀率，℃；

t_0，t——试样试验开始和终止温度，℃；

L_0，L_t——试样分别在t_0、t的长度，m。

B 导热性

导热性，即耐火材料传导热量的能力，用导热系数λ表示。影响其导热能力的主要因素是化学矿物组成、气孔率及温度。一般晶体的导热能力大于非晶体的玻璃质；气孔率大导热能力低；大部分耐火材料（例如，黏土砖和硅砖等）的导热性随温度升高而增加，而镁砖、碳化硅的导热性随温度升高而降低。

C 比热容

常压下加热1kg样品使之升温1℃所需的热量称之为耐火材料的比热容，用“c_p”表示。c_p与矿物组成、气孔率及温度有关。实验测定证明，比热容c_p随温度升高而缓慢增加，工程计算中一般采用平均比热容。它是计算砌体储热量的重要参数，同时比热容的大小对耐火材料的热稳定性也有影响。表1-2列出了几种耐火材料的平均比热容。

表1-2 耐火材料的平均比热容 （c_p/$kJ \cdot kg^{-1} \cdot K^{-1}$）

温度范围/℃	25~600	25~1000	25~1200	25~1400
黏土砖	0.921	0.963	0.996	1.022
镁质	0.883	0.942	0.971	1.000
硅质	1.13	1.193	1.214	—

D 导电性

用作电炉内衬的耐火材料，要考虑其导电性。在低温下，除碳质、石墨黏土质、碳化硅质等耐火材料较好的导电性外，其他耐火材料都是电的绝缘体，但温度升高到1000℃以上时，则其导电性有明显增加。这是由于高温下耐火材料内部开始有液相生成而电离所致。采用较纯的原料制成的耐火材料，其电绝缘性能大为提高。

1.2.4　耐火材料的工作性能

工作（使用）性能是决定耐火材料寿命的主要因素，它与耐火材料的化学矿物组成以及物理性质有着密切的关系。耐火材料的工作性能包括耐火度、荷重软化温度、抗渣性、热震稳定性和高温体积稳定性。

1.2.4.1　耐火度

耐火度是指耐火材料在无荷重时抵抗高温而不熔化的能力，用温度表示。由于耐火材料是由多种化学矿物组成的混合物，故没有一定的熔点，而是有一定的熔化温度范围。

耐火度是用比较法进行测定的，即将被测试样制成上底每边长 2mm，下底每边长 8mm，高为 30mm 的三角锥截头，将此锥头与已知耐火度且尺寸形状完全相同的标准锥同时放在耐火托盘上，如图 1-2 所示，然后放置电炉内以一定的升温速度进行加热。到某一温度，当试样锥的顶部同时弯倒接触底盘时，这时标准锥的耐火度即作为试样的耐火度。耐火度的标记表示方法，我国用标准锥的标号来表示，例如锥号 WZ171 的标准锥，其耐火度为 1710℃。

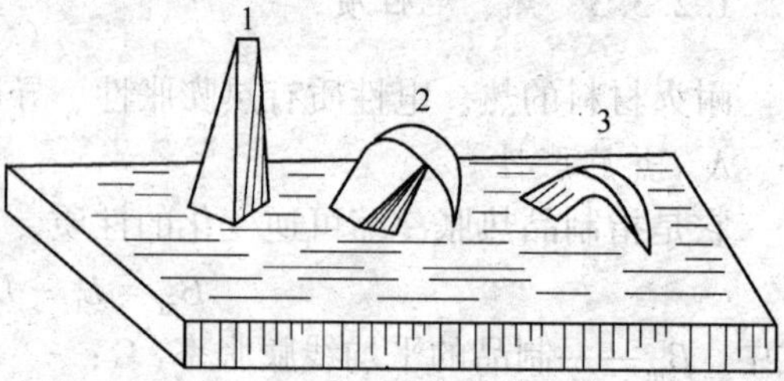

图 1-2　测温锥弯倒情况

1—软倒前；2—在耐火度下的软倒情况；
3—超过其耐火度时的软倒情况

当耐火材料的使用温度达到耐火度时，已经产生了大量的液相（70%~80%），而且还有荷重和炉渣的作用，所以耐火度不能作为材料使用温度来考虑，实际上它仅作为耐火材料纯度的鉴定指标。

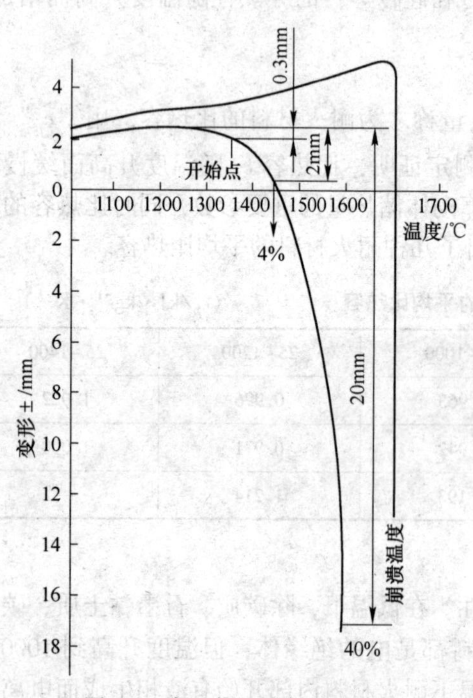

图 1-3　高温荷重软化变形曲线

1.2.4.2　荷重软化温度

荷重软化温度是指耐火材料在高温下抵抗荷重的能力。由于耐火材料在高温下产生液相，在负荷的作用下发生变形，故其高温抗压强度比常温下的低很多。

荷重软化温度的测定方法是将直径 36mm、高 30mm 的圆锥试样，在 1.96×10^5 Pa 压力下，在高温电炉内以一定的升温速度加热，测出试样的 3 个变形温度，如图 1-3 所示。即开始变形（从最高点下降 0.3mm）的温度和下降至原样高度的 4%（荷重软化点）及 40%（变形终了温度或坍塌温度）的变形温度。

应该注意，耐火度是在不承受荷重情况下的软化变形温度，荷重软化温度必须低于耐火度。荷重软化温度受多种因素影响，提高耐火材料的致密度，烧成温度和原料纯度，可以提高荷重软化温度。

1.2.4.3　抗渣性

耐火材料在高温下抵抗熔渣侵蚀的能力称为抗渣性。熔渣侵蚀是各种冶金炉（特别是熔炼炉）中耐火材料损坏的主要原因，所以抗渣性对耐火材料有着十分重要的意义。

熔渣对耐火材料侵蚀的原因，主要是在高温下熔渣与耐火材料的化学反应，产生易熔化合物而使耐火材料由表及里一层层的侵蚀，其次是熔渣的物理溶解和冲刷作用。抗渣性的主要影响因素有：

A　耐火材料和熔渣的化学成分

以SiO_2为主成分的氧化硅等酸性耐火材料，能抵抗SiO_2、P_2O_5等较多的酸性熔渣，因两者不起化学反应。但酸性耐火材料易被CaO、MgO较多的碱性炉渣所侵蚀，因为高温下两者间产生化学反应，生成易熔硅酸盐化合物。以MgO、CaO为主成分的氧化镁质，白云石质等碱性耐火材料则相反，对碱性炉渣的抵抗能力强，但对酸性炉渣抵抗能力差。而中性耐火材料，无论对酸性或碱性炉渣都有较强的抵抗能力。

B　炉内温度

化学反应的速度随着温度的升高而迅速增大，熔渣对耐火材料的化学侵蚀也是如此。温度在800~900℃之间，熔渣侵蚀不明显，到1200~1400℃以上时，化学侵蚀反应速度急剧增加。同时，熔渣温度越高，黏度越小，流动性增加，更容易渗入耐火材料的气孔及砖缝，反应接触面增加，侵蚀加剧。此外，物理溶解和机械冲刷作用也随炉温的升高越强烈。

C　耐火材料的气孔率

气孔率（尤其是开口及连同气孔率）越低，则熔渣越不容易渗入，反应接触面越小，抗渣性越好。因此，生产气孔率低的致密耐火砖是提高抗渣能力和延长其使用寿命的有效措施。

1.2.4.4　耐急冷急热性

耐火材料抵抗温度急变而不被破坏的能力称为耐急冷急热性或热震稳定性。耐急冷急热性的测定方法是：将试样放在炉内迅速加热到850℃，保温一定时间，然后立即浸入流动的冷水中，如此反复处理，直到试样的脱落质量达到最初质量的20%以上为止。实验结果用加热冷却的次数作为热震稳定性的指标。

表1-3为耐火砖的热震稳定性，由此可知，黏土砖的热震稳定性最好，硅砖、镁砖最差。

表1-3　各种耐火砖的热震稳定性　（次）

制品名称	细粒致密黏土砖	粗粒黏土砖	普通黏土砖	镁砖	镁铝砖	硅砖
热震稳定性	5~8	25~100	10~12	2~3	≥25	1~2

急冷急热会使耐火材料破损，这是由于耐火砖导热性较差，当其遭受急冷或急热时表层急剧收缩或猛烈膨胀产生应力，使表层产生崩裂或脱落。耐火材料在使用过程中应避免温度的激烈波动。一般耐火材料的热胀率越大，抗热震性越差；热导率越高，抗热震性越好，此外，制品组织结构、颗粒组成、制品形状等均对抗热震性有影响。

1.2.4.5 高温体积稳定性

耐火砖在烧成过程中，其物理化学变化往往没有完结。因而在高温下使用时，某些物理化学变化仍然继续进行。其结果使耐火砖的体积发生收缩或膨胀。通常称为残存收缩或膨胀，亦称重烧收缩或膨胀。它与一般的热胀冷缩有区别，热胀冷缩的体积变化是可逆的，而残存收缩或膨胀是不可逆的。

重烧线收缩或膨胀按下式计算：

$$\Delta L = (L_2 - L_1)/L_1 \times 100\% \tag{1-8}$$

式中 L_1，L_2——重烧前后试样长度，m。

重烧体积收缩或膨胀按下式计算：

$$\Delta V = (V_2 - V_1)/V_1 \times 100\% \tag{1-9}$$

式中 V_1，V_2——重烧前后试样体积，m^3。

耐火材料残存收缩的原因是由于耐火制品长期在高温的作用下，烧成作用继续进行，生成的液相填充气孔，使结晶颗粒进一步靠近；或由于再结晶作用使晶粒增大，密度增加而体积缩小，使体积发生非可逆收缩。耐火材料产生膨胀的原因主要是某些结晶体转变引起非可逆膨胀，在常用的耐火材料中，黏土砖、高铝砖和镁砖具有残存收缩的性质，而硅砖则因有晶形转变而发生残存膨胀。

残存收缩使冶金炉砌体砖缝增大，带来强度降低以及熔渣侵蚀加剧的后果。对于烘炉，若残存收缩过大，砖缝过宽，有可能引起炉顶下沉，甚至倒塌。

残存膨胀不大时，使砖缝致密，在一定条件下对炉顶寿命带来好的影响。但残存膨胀过大则不利，用这样的耐火砖筑炉时，有可能破坏炉体结构。

因此，规定各种耐火材料的重烧率不得超过0.5%~1.0%。

1.3 常用耐火材料及其特性

1.3.1 硅酸铝质耐火制品

硅酸铝质耐火材料是以氧化铝和二氧化硅为基本化学组成的耐火制品，按 Al_2O_3 的含量不同可分为半硅质、高铝质和黏土质等三类耐火制品。除主要成分外，耐火制品中还含有 Fe_2O_3、TiO_2、CaO、Na_2O 和 K_2O 等杂质成分，这些杂质的存在使制品耐火度大大降低。

1.3.1.1 Al_2O_3-SiO_2 二元系相图

Al_2O_3-SiO_2 二元系状态图如图1-4所示。

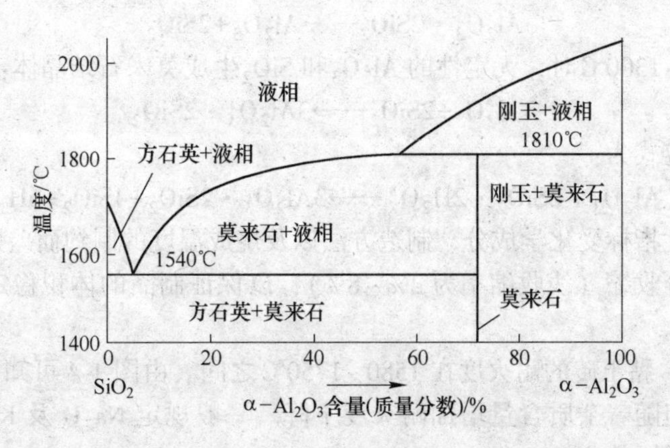

图 1-4 Al_2O_3-SiO_2二元系状态图

由图 1-4 可知：

(1) Al_2O_3-SiO_2二元系有两个共晶低熔点，即 1540℃和 1810℃。但硅酸铝质材料因含有杂质，会生成低熔点化合物，故它的开始熔化温度比共晶低熔点要低。杂质愈多，硅酸铝质耐火材料的耐火性能愈差。

(2) Al_2O_3-SiO_2二元系有三个平衡相，即方石英（SiO_2结晶体）、莫来石（$3Al_2O_3 \cdot 2SiO_2$结晶体）和刚玉（α-Al_2O_3结晶体）。随着 Al_2O_3的含量增加，方石英减少，莫来石和刚玉增加，液相线温度升高，硅酸铝质耐火材料的性能愈好。

1.3.1.2 黏土砖

在硅酸铝质耐火制品中，最常使用的为黏土砖。黏土砖的外表为浅棕黄色或黄色，加工成本低廉，工作温度在 1400℃左右，且对酸性炉渣有一定抵抗能力。目前，广泛用于冶金工业的各种加热炉、锻造炉、热处理炉以及有色冶金炉等炉渣侵蚀作用不大的部位。

黏土砖含 SiO_2 45%~65%和 Al_2O_3 30%~48%，SiO_2和 Al_2O_3在黏土砖内结晶形态为莫来石（$3Al_2O_3 \cdot 2SiO_2$），这是黏土砖的主晶相，其他成分是方石玉（SiO_2）和杂质组成的非结晶玻璃质。玻璃质起着结合剂作用，包围在莫来石结晶的四周，形成坚固的整体。

生产黏土砖的原料是天然的耐火黏土，其主要矿物组成是高岭石。根据性质不同，耐火黏土有硬质黏土和软质黏土，其主要矿物组成是高岭石。纯高岭石的分子式为 $Al_2O_3 \cdot 2SiO_2 \cdot 2H_2O$，实际的高岭石含有杂质，硬质黏土外观灰色，组织结构致密，可塑性差杂质少；经高温焙烧后的黏土熟料是制造黏土质耐火材料的主要原料。软质黏土组织松散，可塑性和黏结性很强，杂质多，是制造黏土砖的结合剂。

耐火黏土中的杂质主要是石英 SiO_2、铁的氧化物及钙、镁的盐类，它们起溶剂的作用，降低制品的耐火性能，尤其是铁的氧化物危害最大。为了保证黏土制品的质量，一般要求黏土中的 $Fe_2O_3<2.5\%$，$MgO+CaO<1.5\%$，$K_2O<1.5\%$。

黏土焙烧后的矿物相主要是莫来石和方石英。高岭石高温焙烧的反应如下：加热到 450~850℃时，分解结晶水，生成偏高岭石：

$$Al_2O_3 \cdot 2SiO_2 \cdot 2H_2O \longrightarrow Al_2O_3 \cdot 2SiO_2 + 2H_2O \quad (1\text{-}10)$$

加热到 930~960℃时，偏高岭石分解无定性的 Al_2O_3和 SiO_2：

$$Al_2O_3 \cdot 2SiO_2 \longrightarrow Al_2O_3 + 2SiO_2 \quad (1\text{-}11)$$

加热到1200~1300℃时，无定性的Al_2O_3和SiO_2生成莫来石结晶体：

$$3Al_2O_3 + 2SiO_2 \longrightarrow 3Al_2O_3 \cdot 2SiO_2 \quad (1\text{-}12)$$

综合焙烧反应式为：

$$3(Al_2O_3 \cdot 2SiO_2 \cdot 2H_2O) \longrightarrow 3Al_2O_3 \cdot 2SiO_2 + 4SiO_2 + 6H_2O \quad (1\text{-}13)$$

黏土砖的特性指标受化学成分、制造方法以及烧成温度的制约而差别较大，经高温焙烧后，使黏土充分收缩（线收缩率为2%~8%），以保证制品的体积稳定性。黏土砖主要特性指标要求为：

（1）耐火度。黏土砖的耐火度在1580~1750℃之间。由图1-4可知，提高Al_2O_3含量可提高耐火度，但随着杂质含量增加耐火度下降。一般规定Na_2O及K_2O的含量不超过2%，Fe_2O_3含量不超过5.5%。

按Al_2O_3含量及耐火度的不同可将制品分为四等：特等的耐火度不小于1750℃；一等的不小于1730℃；二等的不小于1673℃；三等的不小于1580℃。

（2）荷重软化温度。荷重开始软化温度为1250~1400℃，比其耐火度低很多，其原因与黏土砖的化学矿物组成及结晶结构有关。提高$3Al_2O_3 \cdot 2SiO_2$含量和降低杂质含量，能提高荷重软化温度。

（3）抗渣性。黏土砖含SiO_2在45%~65%之间，属于弱酸性耐火材料，对酸性炉渣有一定抵抗能力，但容易被碱性炉渣侵蚀。黏土砖抗渣能力与熟料含量有关，熟料含量越高，则气孔率越低，砖越致密，抗渣能力越强。

（4）耐急冷急热性。黏土砖的耐急冷急热性好，普通黏土砖为10~15次，多熟料黏土砖为50~100次。

（5）体积稳定性。在1350℃时，黏土砖的重烧收缩率约为0.5%~0.7%。这使炉子砌砖体的砖缝变宽，给炉子寿命带来不利的影响。

1.3.1.3 半硅砖

半硅砖是指$w(SiO_2)>65\%$，$w(Al_2O_3)=15\%\sim30\%$的耐火材料，属半酸性的耐火材料。生产半硅砖的原料大多采用天然含石英杂质的黏土和高岭石，制砖时同样需经高温焙烧。

由图1-4可知，半硅砖的性能与黏土砖的性能相近，其特点是高温体积稳定性好，抗酸性渣的能力较好，可以砌筑焦炉、酸性化铁炉内衬等。

1.3.1.4 高铝砖

高铝砖耐火材料的主要成分是Al_2O_3和SiO_2，矿物组成是莫来石和刚玉，以及由杂质生成的少量玻璃体。凡是$w(Al_2O_3)>48\%$的硅酸铝耐火制品统称为高铝质耐火制品，简称高铝砖。制品按Al_2O_3含量的不同分为三级：$w(Al_2O_3)>75\%$的为一级；$w(Al_2O_3)=65\%\sim75\%$的为二级；$w(Al_2O_3)=48\%\sim60\%$的为三级。按主要矿物组成又可分为：低莫来石质、莫来石质、莫来石-刚玉质和刚玉质等四类。

普通高铝砖的性能一般比黏土砖优越，其主要性能为：

（1）耐火度。普通高铝砖的耐火度介于1750~1790℃之间，耐火度随着Al_2O_3含量的增加而升高，$w(Al_2O_3)$ = 95%以上的刚玉质（α-Al_2O_3）高铝耐火制品，耐火度达1900~2000℃。Fe_2O_3、CaO 等杂质与游离的 SiO_2（莫来石结晶以外的）组成玻璃质，使高铝砖的耐火度降低。

（2）荷重软化温度。普通高铝砖的荷重软化温度比黏土砖高，介于1400~1530℃之间。荷重软化温度随着 Al_2O_3 含量的增加而提高，随杂质含量的增加而降低。

（3）抗渣性。高铝制品的主要成分是 Al_2O_3，而 Al_2O_3 属于两性氧化物，故既能抗酸性又能抗碱性渣的侵蚀，但抗酸性渣侵蚀能力不如硅砖，抗碱性渣侵蚀能力不如镁砖而优于黏土砖。制品的抗渣性随着 Al_2O_3 含量增加而增加。

（4）耐急冷急热性。高铝制品的耐急冷急热性主要与矿物组成有关，呈现比较复杂的情况。如电炉刚玉砖可达水冷50次，一般高铝砖只能承受水冷5~6次。

目前，高铝砖广泛用于砌筑高炉、热风炉、加热炉、回转窑以及铝熔炼炉等。

1.3.2　硅砖

硅砖是指 $w(SiO_2)$ > 93%的耐火制品。它是用天然所产的石英岩为原料，并加入少量的矿化剂（铁磷、石灰乳）和结合剂，成型后经高温（1350~1430℃）烧制而成。

1.3.2.1　SiO_2 的同质异性体

硅砖的主成分是 SiO_2，而 SiO_2 具有同质异性体的性质。在加热和冷却时，SiO_2 不同的异性体发生转变，并伴随有体积的变化。SiO_2 的同质异性体的转变如图1-5所示。SiO_2 的同质异性体及晶形转变见表1-4。

由图1-5可知：

（1）SiO_2 有三类晶形、七种变体及石英玻璃体。方石英熔点最高，变体转化时体积变化最大；石英熔点最低，变体转化时体积变化较小。硅砖中残留的石英在使用时转变为其他晶型，体积变化较大，使制品结构松散；鳞石英为矛头双晶相交错的网状结构，密度最小。硅砖的真密度愈小，说明鳞石英含量多，硅砖质量好。

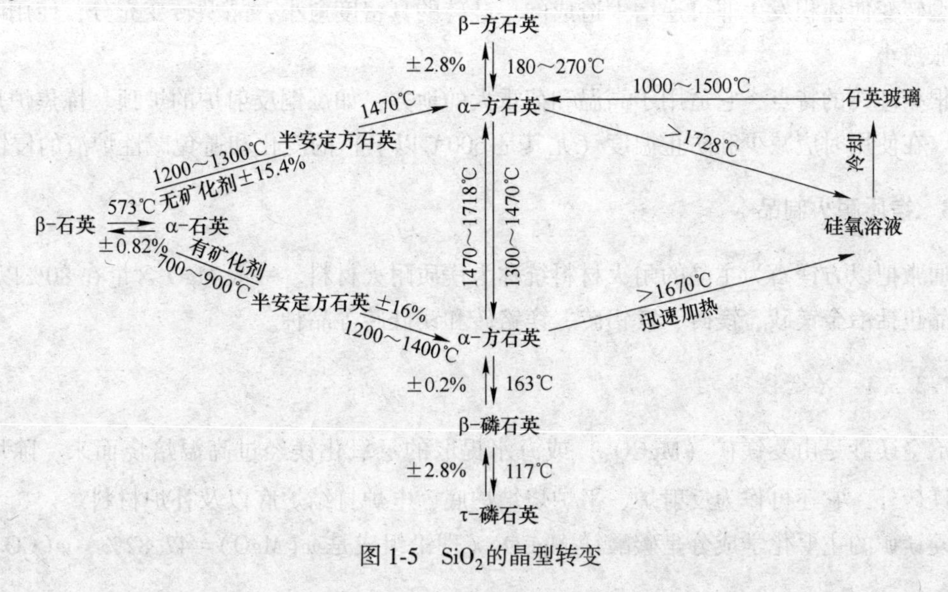

图1-5　SiO_2 的晶型转变

表 1-4 SiO_2的同质异性体及晶形转变

晶型	石英晶体	磷石英晶体	方石英晶体
变体	β-石英 α-石英	γ-磷石英 β-磷石英 α-磷石英	β-方石英 α-方石英
熔点	1600℃	—	1723℃
快速型转变	α↔β	α↔β↔γ	α↔β
迟钝型转变	方石英晶体↔石英晶体↔磷石英晶体↔石英玻璃		

（2）SiO_2同质异性体快速型和迟钝型转变。快速型转变是 SiO_2同类晶型不同变体之间的转变（如 α↔β↔γ 型转变），这类转变只是结构的畸变，转变温度低、速度快、可逆、体积变化小。迟钝型转变是不同晶体之间的转变，这类转变原子排序为新的结构，转变在高温下进行，转变的时间长（有矿化剂时转变快），多数是非可逆的，体积变化大。

（3）硅砖在 600℃下温度急剧变化热震稳定性变差。这是因为 SiO_2的快速转变造成的，因此在使用时应特别注意。

1.3.2.2 硅砖的性质和应用

（1）耐火度。硅砖的耐火度在 1690~1730℃之间，SiO_2含量越高，则耐火度越高。

（2）荷重软化温度。荷重软化温度比黏土砖及高铝硅均高，在 1620~1670℃之间，这是硅砖突出的性质，故它常用于砌筑高温炉的炉顶。

（3）抗渣性。属强酸性耐火材料。对酸性炉渣抵抗能力强，但易被碱性炉渣侵蚀。

（4）耐急冷急热性。硅砖的急冷急热性能很差。

（5）高温体积稳定性。硅砖长期在高温下时会产生残存膨胀。这是由于硅砖中 SiO_2迟钝型转变使体积发生非可逆增大造成的。硅砖的真密度愈小，晶型转变充分，使用时残存膨胀愈小。

根据硅砖的特点，它适用于高温和荷重大的地方，如炼铜反射炉的炉顶、炼焦炉炉体等处。在使用时应减少和防止温度（尤其是 600℃以下）的变化和避免碱性炉渣的侵蚀。

1.3.3 镁质耐火制品

通常把以方镁石为主晶的耐火材料统称为镁质耐火材料。一般 MgO 含量在 80%以上，其产品包括冶金镁砂、镁砖、镁铝砖、镁铬砖和镁硅砖等品种。

1.3.3.1 冶金镁砂

冶金镁砂是由菱镁矿（$MgCO_3$）或海水提取的氢氧化镁经过高温焙烧而来，除用于制作镁砖外，它还可作为反射炉、平炉烧结炉底、电炉打结炉底以及补炉材料。

菱镁矿的主要化学成分是碳酸镁 $MgCO_3$（理论组成是 $w(MgO)=47.82\%$、$w(CO_2)=$

52.18%），杂质有 CaO、SiO_2、Fe_2O_3和 Al_2O_3等。有的杂质能促进菱镁矿烧结，但含量过大时，使冶金镁砂的耐火性能显著降低。用菱镁矿生产冶金镁砂时，必须经过高温焙烧，其烧结反应为：

350 ~ 1000℃ 时 $MgCO_3 \longrightarrow MgO(\text{非结晶}) + CO_2\uparrow$ (1-14)

1000 ~ 1650℃ 时 $MgO(\text{非结晶}) \longrightarrow MgO(\text{晶体})$ (1-15)

菱镁矿在低温焙烧时分解得到的非结晶 MgO 称为轻烧镁石，即苛性镁石。

轻烧镁石质地疏松，化学活性很大，易与水反应而水化，即：

$$MgO(\text{非结晶}) + H_2O = Mg(OH)_2 \quad (1\text{-}16)$$

由于轻烧镁石易水化，不能用于制造镁质耐火材料，必须经过高温焙烧。菱镁矿经高温焙烧后称烧结镁石或死烧镁石，其中的 MgO 结晶为方镁石。方镁石组织结构致密，化学活性显著降低，不易水化，是生产镁质耐火制品的主要原料。

纯菱镁矿高温焙烧后为白色，真密度≥2600kg·m^{-3}，重烧收缩率不超过 0.5%。

1.3.3.2 普通镁砖的主要性能和应用

普通镁砖是由烧结镁石制造而来。按生产工艺不同，可分为不烧成镁砖（化学镁砖）与烧结镁砖两种。化学镁砖是在冶金镁砂中加入一定的黏结剂卤水和亚硫酸纸浆废液，经高压成型获得。烧结镁砖是用优质冶金镁砂为原料，用亚硫酸纸浆废液作黏结剂，成型后干燥，经高温烧成。二者比较，化学结合镁砂价格低，但许多性能不及烧结镁砖。普通镁砖的主要性能如下：

（1）耐火度。镁砖的耐火度高，大于 2000℃，属于高级耐火材料；主要是 MgO 的熔点高（2800℃）的缘故。

（2）荷重软化温度。镁砖的荷重软化温度较低，为 1500~1550℃，因此不能用来砌筑高温炉的炉拱顶。

（3）抗渣性。镁砖的抗碱性渣侵能力强，尤其是对含铁炉渣侵蚀的抵抗能力强，对酸性炉渣侵蚀的抵抗能力差。

（4）耐急冷急热性很差，仅 2~3 次。

（5）体积稳定性差。与其他耐火材料相比，镁砖的热膨胀系数最大，故在砌筑过程中，应留有足够的膨胀缝。

（6）导热性能很好。当用镁砖砌筑的炉体外层时，一般应有足够的隔热层，以减少散热损失。由于普通镁砖具有热稳定性差和高温结构强度低的两个主要缺点，因而限制了其使用范围。我国用加入 Al_2O_3的办法，成功地制造出了镁铝砖，它是以方镁石为主晶，镁铝尖晶（$MgO\cdot Al_2O_3$）为基质的耐火砖，既保留了镁砖耐火度高、抗碱性渣和氧化铁炉渣性能好的特点，又改进了热稳定性差和高温结构强度低的两个缺点。

镁铬砖的性能与镁铝砖差不多，但其价格贵，应用较少。

1.3.4 含碳耐火材料

含碳耐火材料是指由碳或碳的化合物制成的耐火材料。比较常见的有：碳砖、石墨黏土制品和碳化硅制品。碳砖是将质量好、含灰分低的冶金焦炭或无烟煤，经粉碎烘干后加入一定量熬好的焦油或沥青，经混合、成型，在隔绝空气下烧成。它具有耐火度高（只在3500℃升华）、抗渣性极强、热稳定性好等优点。其最大缺点是在氧化气氛中会产生强烈氧化，所以只能用在不和氧化性气氛接触的地方，如高炉炉底和炉缸、化铁炉炉缸、冶炼铁合金的电炉炉衬，以及冶炼铅、铝、锑等有色金属炉子的炉底、炉缸内衬。

石墨黏土制品是将质量良好的石墨配入部分软质黏土作黏结剂，混合后成型；在隔绝空气下烧成含碳量在20%～70%的制品。该制品抗氧化性比碳砖强，但耐火度则较低，一般为2000℃左右。

碳化硅（SiC）制品是以人造碳化硅（金刚砂）为原料，加入黏结剂，经高温煅烧而成含 $w(SiC) = 30\% \sim 90\%$ 的耐火制品，它基本上保留了碳砖所具有的特性，如导电导热性好，不易被熔融金属和炉渣所润湿，具有良好的抗渣性、热稳定性和抗氧化性。

碳化硅耐火制品造价昂贵，所以主要用于要求导热性和导电性高的热工设备上，如锌冶金的蒸馏罐、精馏塔、电阻炉的发热体等。

1.3.5　不定形耐火材料

不定形耐火材料是由一定级别的耐火骨料和粉料与一种或多种结合剂混合而成，而无须预先成型、烧成即可在现场按规定的形状和尺寸构筑成所需要的砌体。不定形耐火材料又称散状耐火材料，其种类很多，包括耐火浇注料、耐火喷涂料、耐火混凝土、耐火可塑料、耐火泥、补炉料、捣打料等。

不论哪种散状耐火材料，基本上都是由作为耐火基体的“骨料”和作为结合剂“胶结料”等两部分组成。骨料可以是黏土质、高铝质、硅石质、碱性耐火材料和其他特殊耐火材料；胶结料可以是水泥、磷酸盐、硫酸盐、水玻璃、膨润土以及其他特殊材料。

与耐火砖比较，不定形耐火材料的优点是：生产和使用简便，投资少，热能消耗低，生产效率高；可塑成任何形状的炉体构件，炉体的整体性、密封性和坚固性好；修补炉衬即迅速又经济。缺点是气孔率高，耐侵蚀性差，许多胶结剂使制品的耐火性降低。

近年来，不定形耐火材料发展很快，应用正在推广，国外有的国家的消耗量占耐火材料的三分之一。

1.3.5.1　耐火混凝土

耐火混凝土由耐火骨料、掺合料、胶结材料及水按一定比例混合、成型和硬化后而得到的耐火制品。它能承受高温作用，一般混凝土允许工作温度在300℃以下，而耐火混凝土允许温度最高可达1700℃。

与普通耐火砖相比，耐火混凝土具有制造工艺简单，可以制成任意形状，产品成品率高，能源消耗小，便于筑炉施工机械化等优点；还可以进行炉子整体浇注而减少砖缝，延长炉子寿命。所以，耐火混凝土是现代耐火材料的重要发展方向。目前已成功地运用于均热炉、各种加热炉、热处理炉、隧道窑、回转窑、煤气发生炉等许多热工设备上，并取得了满意的使用效果。

耐火混凝土存在的主要问题是：荷重软化温度较低、收缩较大、烘烤时间较长等。

耐火混凝土的种类很多。根据所用的胶结材料的不同，可以分为硅酸盐水泥耐火混凝土、水玻璃耐火混凝土、磷酸盐耐火混凝土等。根据其硬化条件，可分为水硬性、气硬性和热硬性混凝土三种。

1.3.5.2 耐火泥

耐火泥是由粉状物料和结合剂组成的供调制泥浆用的不定形耐火材料。用来填充砖缝，将砖块结合成整体，以增加砌筑物的强度、提高严密性、防止漏气、减少熔渣和金属液的渗透。就其性质而言应满足如下要求：耐火泥的化学矿物组成、物理性质和工作性质应和砌砖的性质相似或相同；耐火泥的颗粒组成应与设计允许的砖缝大小相适应，一般不大于砖缝的1/2～1/3；耐火泥调制后应具有良好的塑性和结合性，以免在干燥和烧结过程中出现裂纹；耐火泥在烧结后应具有较高的机械强度、致密性以及抗渣性。

耐火泥由骨料细粉和结合剂（胶结剂）两部分组成。骨料一般用各种耐火材料的熟料粉，如黏土熟料、矾土熟料、烧结镁石等。结合剂有各种水泥、磷酸盐、水玻璃、沥青油、卤水、硼酸、软质黏土等。不同结合剂适用于相应的骨料粉，例如，卤水只适用于镁耐火泥，硼酸仅适用于硅质耐火泥，软质黏土用于制造黏土和高铝耐火泥。

1.3.5.3 耐火浇注料

耐火浇注料按耐火骨料品种分为：高铝质（$w(Al_2O_3)\geqslant 45\%$）、黏土质（$10\%\leqslant w(Al_2O_3)\leqslant 45\%$）、硅质（$w(SiO_2)\geqslant 85\%$，$w(Al_2O_3)>10\%$）和镁质耐火浇注料等。耐火浇注料便于复杂制品成型，有利于筑炉施工机械化、成本低、降低了劳动强度，整体性好，耐崩裂性好，使用寿命与相应耐火砖相似，有的比耐火砖长，因此在工业炉窑上被越来越广泛的应用。

目前生产耐火浇注料的厂家很多，牌号不同，技术性能也不完全一样，另外还有轻质耐火浇注料、耐火纤维浇注料、耐热钢纤维增强浇注料以及镁质、镁铝质耐火浇注料等，可根据不同使用条件和炉型选用。

1.3.5.4 耐火可塑料和捣打料

可塑料是一种有可塑性的泥料或坯料，在较长时间内具有较高的可塑性，目前主要应用于工业炉捣打内衬和窑炉内衬的局部修补。可塑料具有高温强度高和热震稳定性好、耐剥落性强等特点。其缺点是施工效率低、劳动强度大。

耐火捣打料是一种没有可塑性的散状耐火材料，由耐火骨料和粉料、胶结剂或添加剂，按比例拌和后用捣打的方法成型。

1.4 耐火材料的外形尺寸

通用耐火砖形状尺寸（GB 2992—1982）砖号及代号命名方法见表1-5。

表 1-5　砖号及代号命名

砖号	字母或数字	T	z	c	s	k	j	短横线后的数字
	意义	通用砖	直形砖	侧楔形砖	竖楔形砖	宽楔形砖	拱脚砖	顺序号
代号	字母	Z	C	S	K	J	k	
	意义	直形砖	侧楔形砖	竖楔形砖	宽楔形砖	拱脚砖	错缝宽砖：数字末尾字母	

例如：砖号为 Ts-65、代号为 S3075k，b×a/a1×c = 300×75/55×225，表示通用竖楔形错缝宽砖，其高、上下宽及长分别为 300mm、75mm、55mm 和 225mm。各种形状砖的砖号、规格尺寸参见有关手册。

1.5　水冷与挂渣保护

在火法冶金生产过程中，许多的冶金炉如鼓风炉、烟化炉、闪速炉以及转炉和电炉等都有金属质水套或水箱作为其水冷保护层，有些金属构件在水冷的同时进行挂渣保护，还有一转炉（窑）的耐火砖内衬，进行热挂渣保护。这些措施均可延长炉衬的使用寿命。

1.5.1　水冷挂渣机理

高温冶金炉内耐火材料炉衬和熔融物之间的接触表面温度越低，耐火砖的损失越慢。当接触表面的温度低于某一临界点时，熔融物便凝结，因而炉衬被固态渣覆盖而被保护。由于炉衬外表面温度因水冷而保持恒定，温度梯度最大，因而热传导最强。局部热损失也最大，但导热率低的熔融物来不及将这些热量传导到衬砖最薄处，此处熔融物温度迅速降低。如果低于熔渣软化温度，则在衬砖表面形成起保护作用的一层致密固渣层，侵蚀即停止。

在冶金炉内，特别是渣线以上的炉衬在恶劣的热负荷条件下，很容易损坏缩短炉龄，为此在炉顶、炉端、炉身等部位及一些特殊构件（如澳斯麦特炉的喷料嘴）均设置各种类型的水套进行强化冷却。当炉子使用到后期，裸露的永久层紧贴水箱，其温度与炉内温度相差很大，这是一种不稳定状态。在冶炼后期氧化或还原时，只要炉渣烟尘一有机会与冷却水套上永久层相遇，会迅速冷却凝固，逐渐在其表面上挂起一层由渣和尘组成的保护层，其厚度不断地增长，直至挂渣层的表面温度等于挂渣层组成物的凝固温度为止，这时达到了一种热平衡状态。这层渣层是热与电的良好绝缘体，起到了保护水套的目的。

1.5.2　水套

水套或水箱是高温冶金炉内产生水冷挂渣必不可少的装置。水套装置通常有水冷水套和汽冷水套两种。根据不同的炉子有不同材质的水套，如鼓风炉水套内衬常用锅炉钢板焊接制作，用水冷却时，水套也有用普通钢板制造的；而闪速炉反应塔外部则采用铜制水套实行强制冷却。为了满足生产，延长使用寿命，不同的炉子对水套有不同的要求。但水套制造应符合如下要求：

（1）水套壁应采取整块制作，内壁最好采用压制成型，或采用翻边结构，尽量避免高温接触面的焊缝。

（2）用优质焊条连续焊接，水套制成进行水压试验合格后方能进行安装，炉子安装完工对整个系统进行水压试验合格后方能投入生产。

（3）水套尺寸误差允许2mm左右，安装时两水套间夹沾有水玻璃的石棉绳紧固，水套间石棉填缝在8~10mm之间。

另外，水套还必须设有：

（1）进出水管。进水管径应小于出水管径，一般每块水套设有一个进水管其位置在水套的下部或中下部，内接弯管或挡罩将水引向水套底部；出水管设在水套顶部，并稍向上倾斜，其溢流口高于水套顶缘，避免水蒸气滞留于水套顶部而被汽化，汽化冷却时宜设两个出水口。

（2）排污孔。设在水套底部为定期排出水套内积存的污垢，每块水套设1~2个；汽化冷却水套应在水套底部设排污管，定期排污。

（3）加强筋。在水套内外壁间焊接加强筋，以防止水套在一定压力和温度下工作时变形。

（4）调节阀。在每一进水管便于操作的位置设调节阀门，根据炉况调节水量。

1.5.3 热挂渣保护

与水冷挂渣不同，在冶金炉内人为地将熔渣黏挂到炉壁上，以保护衬砖不被迅速损坏的方法称之为热挂渣保护。如在炼铜转炉操作中，常利用Fe_3O_4熔点高、密度大的特点，特意转动炉体，将含有大量Fe_3O_4的炉渣黏挂到炉砖衬的内表面上，形成保护层，以达到延长炉子寿命的目的。热挂渣保护一般可分为挂渣护炉和溅渣护炉两类。

在20世纪90年代之前，炼钢转炉利用挂渣补炉操作来保护衬砖，但挂渣补炉只能解决转炉的两个大面（渣面、钢面），而最终对转炉寿命起决定作用的耳轴及其他部分则无法挂渣，只能采取喷补、贴补等方法，效果均不理想。因此，90年代初美国LTV公司印第安纳厂开始采用溅渣护炉技术，并获得成功。其后，美国伊斯帕特内陆钢公司使用溅渣护炉技术使其4号转炉的炉龄突破36000炉，持续使用了7年。

溅渣护炉是在转炉在出钢后，操作人员用通氮气的氧枪将转炉的终渣吹溅到砖衬上保护炉衬。吹氮溅渣护炉要求转炉终渣有较高的MgO含量和炉渣碱度，较低的FeO含量和适宜的黏度及渣量，因此，需在终渣中加入一定的改质剂来调整成分。

溅渣层之所以能很好地保护炉衬，那是基于熔渣的分熔特性。一般说来，炉渣的相组成是不均匀的，其中既有高熔点相，也有低熔点相，固态炉渣从开始出现液相到完全变成液相是在一个温度范围内完成的。所谓分熔现象，就是炉渣在升温熔化过程中炉渣中的低熔点相先行熔化，并以一定速度与高熔点相分离、从未熔化的炉渣中流出，并使未熔炉渣体积收缩、物相组成发生变化，因留下的是高熔点相而使炉渣的熔化温度升高，从而起到了保护作用。

1.6 绝 热 材 料

1.6.1 概述

为了减少炉子砌体的导热损失，必须在耐火砖外层加砌绝热材料。绝热材料的导热系数较低，一般为0.3W · m^{-1} · $℃^{-1}$以下，气孔率一般在50%以上，由于气孔多，因而体积密度小（≤1300kg · m^{-3}），机械强度低。

1.6.1.1　绝热材料的分类

绝热材料按使用温度不同分为：

（1）高温绝热材料。使用温度>1200℃，如轻质高铝砖、硅砖、镁砖、氧化铝空心球等。

（2）中温绝热材料。使用温度900～1200℃，如轻质黏土砖、蛭石等制品。

（3）低温绝热材料。使用温度，如硅藻土、石棉、水渣和矿渣棉等制品。

按体积密度可分为：

（1）一般绝热材料。体积密度<1300kg · m^{-3}。

（2）常用绝热材料。体积密度600～1000kg · m^{-3}。

（3）超轻质绝热材料。体积密度<300kg · m^{-3}。

1.6.1.2　绝热材料的特性

绝热材料具有如下特性：

（1）气孔率高，体积密度小。

（2）热容量和导热系数小。这是由于绝热材料的气孔率高，含有大量的气体，而气体的热容量和导热系数均较小所致。

（3）机械强度和抗渣性差。绝热材料气孔多，结构疏松，致使它抗压、耐磨性差，熔渣易渗透而被侵蚀。

绝热材料用于炉体绝热，不仅减少通过炉体的热损失、提高燃料的利用率，而且有利于提高温度，强化生产，并能改善炉子周围的劳动条件。实践证明，采用优质的轻质砖代替耐火砖，可节省能耗40%～60%，并使炉窑质量减轻，施工费用减少。

1.6.2　常用绝热材料

1.6.2.1　隔热砖

常用的隔热砖主要有黏土质、高铝质及硅藻土质的隔热耐火砖或制品。这些制品隔热性性能好但耐压强度低，因此有工厂已研究开发出了相应的轻质高强隔热砖，保持了低的导热系数，提高了制品的耐压强度和耐火度，不仅可作隔热砖使用，有事也可直接用于砌筑炉衬。

中低温绝热材料（蛭石、硅藻土、石棉、矿渣棉等）制品如下：

（1）蛭石制品，蛭石又称水云母。呈薄片状，含水5%～10%，熔点为1300～1370℃，蛭石受热水分蒸发、体积膨胀成为膨胀蛭石。膨胀蛭石是一种良好的绝热材料，可直接使用，或加黏结剂制成蛭石制品。

（2）硅藻土制品。硅藻土是藻类腐败后形成的多孔矿物，其主要成分是非结晶的SiO_2，并含有少量杂质，绝热性良好，使用温度。

（3）石棉制品。石棉为纤维状的蛇纹石，化学成分为含水硅酸镁（$3MgO \cdot 2SiO_2 \cdot$

$2H_2O$)，石棉制品有石棉粉、石棉绳、石棉板等，使用温度350~600℃。

(4) 矿渣棉。矿渣棉是熔融的冶金炉渣经高压蒸汽喷吹而成，具有导热性差、吸水性小的特点，使用温度为600~900℃。

高温绝热材料是指使用温度在1200℃以上的绝热材料，它包括各种轻质耐火材料(轻质黏土砖、轻质高铝砖、轻质硅砖等)、耐火纤维及其制品和各种空心球制品：

(1) 轻质高铝砖的性能。体积密度为500~1350kg·m^{-3}，常温耐压强度可达294~588N·cm^{-2}，气孔率≥50%以上。它是一种良好的高温绝热材料。

(2) 轻质黏土砖的性能。体积密度为400~1300kg·m^{-3}，耐压强度可达196~441N·cm^{-2}，最高使用温度可达1400℃。

(3) 轻质硅砖的性能指标。真密度不大于2300kg·m^{-3}；显气孔率不小于45%，体积密度不大于1200kg·m^{-3}，常温耐压强度不小于343N·cm^{-2}，耐火度不低于1670℃，在9.8N·cm^{-2}荷重下开始软化温度不小于1580℃。轻质硅砖的一级品一般用于轧钢加热炉顶及耐火材料工业烧成窑窑顶等，可直接与火焰接触，二级制品用于各种热工设备的隔热。

(4) 耐火空心球砖。耐火空心球砖及其制品是一种新型的保温材料，它除耐高温和保温性能好外，而且耐压强度高，耐磨耐侵蚀性能好，耐高温高速气流冲击好，因此它还可作高温炉的内衬，广泛应用于高温电炉、钼丝炉等热工设备上。

目前使用的有氧化铝空心球砖及其制品、氧化锆空心球砖及其制品等。氧化铝空心球含Al_2O_3>98%，自然堆积密度为700~800kg·m^{-3}，其制品的性能为：气孔率66.9%，体积密度1180kg·m^{-3}，耐压强度38.2N·cm^{-3}，导热系数(1000℃)0.78W·m^{-1}·℃，使用温度1800℃。

氧化锆空心球含Zr_2O_3在95%左右，自然堆积密度为1200kg·m^{-3}左右，导热系数是氧化铝空心球的一半，使用温度2200℃。

1.6.2.2 其他绝热材料

(1) 耐火纤维制品。耐火纤维又称陶瓷纤维。常用的是硅酸铝耐火纤维制品，其主要成分是Al_2O_3和SiO_2。耐火纤维制品具有质轻、耐高温、热容量小、隔热性好、抗热震性能好可加工性好等优点，因而在冶金、化工等工业炉窑上得到广泛应用。其缺点是强度低、易受机械碰撞和气流冲刷、物料摩擦作用而损坏，当与熔渣、熔液直接接触时易受熔液侵蚀而丧失隔热功能。耐火纤维及其制品可制成毡、毯、布和绳等，具体性能参见有关手册。

耐火纤维布、耐火纤维绳是用耐火纤维纱编织而成，在耐火纤维纱中可加入不同的增强材料，如玻璃纤维、黄铜丝或耐高温的合金丝，以增加耐火纤维布、绳的强度，可满足不同的使用温度和条件。耐火纤维布的厚度有2mm和3mm的，宽度为1000mm。耐火纤维带，厚度有2mm和3mm的，宽度为10~120mm。耐火纤维绳有方绳，边长6~35mm，圆绳3~35mm多种规格。硅酸铝耐火纤维布其技术性能见表1-6、表1-7。

(2) 岩锦和矿渣棉保温材料。岩棉和矿渣棉均为人造无机纤维材料，具有质轻、导热系数低、化学性能稳定、耐腐蚀、吸音、不燃烧和防震等特性，也可以制成毡、毯、板等各种制品，是一种使用广泛的隔热保温材料。使用温度比硅酸铝耐火纤维低，一般在低于600℃下使用。其价格明显低于硅酸铝耐火纤维制品。

表1-6　硅酸铝耐火纤维的基本性能

熔点/℃	颜色	导热系数（800℃）/W · m^{-1} · ℃	烧损失/%	体积密度/kg · m^{-3}
1760	白色	0.17	15~25	350~600

表1-7　硅酸铝耐火纤维布、绳技术性能

材　料	耐热合金丝型	黄铜丝型	玻璃纤维型
最高使用温度/℃	1260	650	550
连续使用温度/℃	100	600	450

岩棉和矿渣棉毡制品的密度可小到500~1800kg · m^{-3}，其热导率随温度升高而增大，如质量为0.14g · cm^{-3}的矿渣棉制品的热导率，100℃时为0.048W · m^{-1} · K^{-1}，200℃时为0.067W · m^{-1} · K^{-1}。

（3）膨胀珍珠岩制品膨胀珍珠岩制品密度小200~350kg · m^{-3}，绝热性能好，导热系数W · m^{-1} · K^{-1}，化学性能稳定，是一种常用的隔热材料。

习题与思考题

1-1 论述耐火及保温材料在冶金中的重要性？
1-2 分析耐火材料的化学矿物组成对耐火材料性能的影响？
1-3 耐火材料有哪些主要性质和用途？
1-4 有哪几种耐火材料制品，并比较其性能及用途？
1-5 论述耐火黏土、高铝矾土和菱镁矿高温焙烧的目的？
1-6 分析耐火材料在加热炉、熔炼炉内破损的原因？
1-7 论述耐火制品与不定型耐火材料的关系及各自的特点及用途？
1-8 反射炉熔炼炉渣为强碱性炉渣，该反射炉炉膛应用什么耐火砖砌筑？
1-9 怎样延长炉子的工作寿命，水冷保护对炉衬挂渣有何意义？
1-10 绝热材料的性能特点和种类有哪些？它们在性能与应用上有什么区别？
1-11 蒸汽管道保温用什么绝热材料最好？
1-12 熔炼炉炉壁外面保温用此绝热材料可否，如果不行又采用哪些绝热材料？

2 燃料与燃烧

2.1 概　述

冶金工业是消耗能源最多的工业部门之一。尽管能源的形式多种多样，除了燃料能（化学能）外，还有太阳能、水能、风能、潮汐能、波力能以及地热能等。但从目前世界的能源使用情况看，燃料能仍然占90%左右，所以现代工业中的主要能源还是燃料燃烧后产生的热量，在冶金工业中所使用的天然燃料主要是煤、石油和天然气等。

为了在冶金过程中合理选用燃料，必须了解所用燃料的特性以及燃烧过程的各种参数（如发热量、空气需要量、燃烧产物量和组成、燃烧温度等）的计算。

2.1.1 燃料的定义及种类

（1）燃料的定义。凡是在燃烧时能够放出大量的热，并且此热量能够经济地被利用在工业和其他方面的物质统称为燃料。但通常所说的燃料是指那些能在空气中进行燃烧，以碳为主要成分的物质，一般称之为“碳质燃料”，如煤、燃气和重油等。

（2）燃料的种类。在自然界中燃料的种类很多，按其来源和物态分类见表2-1。

表2-1　燃料的一般分类

燃料物态	燃料来源	
	天然燃料	人造燃料
固体	木柴、煤、硫化矿、页岩等	木炭、焦炭、粉煤、块煤、硫化矿精矿等
液体	石油	汽油、煤油、重油、酒精等
气体	天然气	高炉煤气、发生炉煤气、沼气、石油裂化汽等

2.1.2 组织燃烧过程和炉子工作关系

在炼铁高炉及炼铅鼓风炉中，热能来自于焦炭的燃烧；在炼钢转炉及炼锌竖罐中，热能来自于煤气或天然气、重油的燃烧；而在炼铜反射炉中，热能来自于粉煤或重油的燃烧，在闪速炉及基夫赛特炉等自热熔炼设备中，热能主要来自硫化矿精矿的燃烧等。也就是说燃料的燃烧是上述各种炉子的主要热源。因此，使用燃料的炉子中，燃烧装置是炉子的重要组成部分，而燃料的燃烧过程是炉子热工过程的重要内容。所以，燃烧过程不仅影响炉子的产量和质量，而且还影响炉子的使用寿命、车间的劳动生产条件和操作环境等，同时还在很大程度上决定产品的成本。

在炉子设计与生产中考虑如何合理地选用燃料，如何选择和计算燃烧装置，以及如何保证冶炼所需的高温等是非常重要的。例如，我国贵溪冶炼厂仅将精矿喷嘴和富氧系统进行技术改造，就将炉子的生产能力提高一倍，由原来的 200kt · a^{-1} 提高到 400kt · a^{-1}。因此，必须很好地组织炉内的燃烧过程，掌握燃料的特性及其燃烧过程的规律和燃烧计算，合理地设计燃烧器。

2.2　燃烧基础知识

对于冶金燃烧过程，有时需要化学反应进行得快一些；有时需要化学反应进行得慢一些，这就要控制燃烧的化学反应速度。因此，需要研究影响燃烧反应速度的因素：燃烧物质对燃烧反应速度的影响；温度对燃烧反应速度的影响；压力对燃烧反应速度的影响；反应物混合比对燃烧反应速度的影响。

燃烧理论有自由基燃烧理论，后来又提出了催化反应、光化学反应和连锁反应理论。在燃料配方中加入燃速催化剂以提高燃速，或者加入燃速阻化剂以降低燃速，这就是催化燃烧理论。

燃烧是气体、液体和固体燃料与氧化剂之间进行的一种强烈地化学反应。燃烧过程中总是伴随有质量、动量和能量传输现象。因此，学习燃烧之前首先要复习分子传输的三个基本定律：质量传输的扩散定律、动量传输的黏性定律和能量传输的导热定律。

燃烧过程分为三种类型：混合气的扩散速率比化学反应速率小得多的燃烧过程称之为“扩散燃烧”。相反，如果化学反应速率比扩散速率小得多，则称之为“动力燃烧”。最后，当化学反应速率与扩散速率相当时，则称为“扩散动力燃烧”。

2.2.1　着火过程与着火方式

任何燃烧反应均有一个从反应的引发到开始爆炸（或急剧反应）的反应加速过程，它是燃烧的孕育期。在孕育期的末尾，反应已加速到着火并开始燃烧的状态。因此，任何燃烧过程都要经历两个阶段，即着火阶段和燃烧阶段。着火阶段是燃烧的预备过程，着火过程是一种典型的受化学动力学控制的燃烧现象。

可燃混合气体的着火方式有两种：一种称为自燃着火，通常简称自燃；另一种叫做强迫着火，简称点燃或点火。自燃和点燃过程统称之为着火过程。把一定体积的混合气预热到某一温度，混合气的反应速率即自动加速，急剧增大直到着火，这种现象称为自燃。着火以后，可燃混合气所释放的能量已能使燃烧过程自行继续下去，而不需要外部再供给能量。强迫着火是在可燃混合气内的某一处用点火热源点着相邻一层混合气，而后燃烧波自动地传播到混合气的其余部分。因此，强迫着火是火焰的局部引发以及相继的火焰传播。点火热源可以是电热线圈、电火花、炽热体和点火火焰等。

自燃着火机理分为热自燃机理和链式自燃机理两类。所谓热自燃机理是在利用外部热源加热的条件下，使反应混合气达到一定的温度。在此温度下，可燃混合气发生化学反应所释放出的热量大于器壁所散失的热量，从而使混合气的温度升高。这又促使混合气的反应速率和放热速率增大，这种相互促进的结果，导致极快地反应速率而达到着火。所谓链自燃机理是由于链的分支使活化中心迅速增殖，从而使反应速率剧烈升高而导致着火。在这种情况下，温度的增高固然能促使反应速率加快，但即使在等温情况下亦会由于活化中心浓度的迅速增大而造成自发着火。

着火反应具有两个特征：

(1) 具有一定的着火温度 T_0。当反应系统达到该温度时，反应速率急剧增大，产生压力急升、放热发光等着火现象。

(2) 在着火温度达到之前有一个感应期，通常称之为着火延迟期。

2.2.2 热自燃过程

热自燃过程是由于温度不断升高所造成的。对于容器内燃料与空气组成的可燃混合气的热自燃过程，着火和燃烧都是在有限的容器内进行。因此，反应所放出的热量总有一部分要传给容器外的介质而损失掉。通常只是研究有散热情况下的着火条件，而不是要得到十分准确的数据，故谢苗诺夫作如下的简化假设进行推导：

(1) 只考虑热反应，忽略链反应的影响；

(2) 容器内混合气的成分、温度和浓度（或压力）是均匀的；

(3) T_0(容器壁温) = T_0(环境温度) = 定值；

(4) 容器与环境之间有对流换热，对流放热系数 α = 常数（不随温度变化）；

(5) 反应放出的热量 Q = 定值。

在着火以前混合气的温度并不太高，反应速率还不很大，第（2）条假设的物理模型称为“强烈渗混模型”。据此假设，可燃混合气的工况用温度和浓度的平均值（按容积平均）T 和 $C_{平均}$ 来表示，也就是不考虑由于反应所引起的浓度变化。容器内可燃气体化学反应的放热速率 q_1，放出的热一部分用于加热混合气体，另一部分则通过器壁传给环境，散热速率 q_2。

$$q_1 = k_0 \cdot P_i^n \cdot \exp\left(\frac{E}{R \cdot T}\right) \cdot Q \cdot V \tag{2-1}$$

$$q_2 = \alpha \cdot S \cdot (T - T_0) \tag{2-2}$$

式中 k_0——燃烧反应的碰撞因子；

P_i——反应物的分压，Pa；

n——反应级数；

Q——混合气体的反应热，即生成 1 摩尔产物所放出的热量，$J \cdot mol^{-1}$；

V——容器体积，m^3；

E——总反应的活化能，J；

α——防热系数，$W \cdot (m^2 \cdot K)^{-1}$；

S——容器表面积，m^2；

T——可燃混合气体的温度，K；

T_0——容器壁温度，K。

2.2.3 链式着火理论

谢苗诺夫的热自燃理论可以阐明混合气热自燃过程中的不少现象。实际上，大多数碳氢化合物的燃烧过程都是极复杂的链反应，真正简单的双分子反应却是不多的。有一些着火现象，如着火半岛、冷焰等，是无法用热自燃理论来解释的。用链式自燃理论有可能解释其中的一部分现象。所有的链反应都是由三个基本步骤组成的，即：

（1）链的引发——产生自由原子或自由基。

（2）链的传递——自由原子或自由基与一般分子反应，在生成产物的同时再生成自由原子或自由基，使反应一个接一个地进行下去。

（3）链的终止——自由原子或自由基等传递物一旦变为分子而消失，则链中断。

假设 C_0 为反应开始时由于热作用而生成活化中心的速率，f 为链分支反应的动力学系数，g 为链终断反应的动力学系数，C 为活化中心的浓度，则活化中心浓度随时间的变化为：

$$\frac{\mathrm{d}C}{\mathrm{d}t} = C_0 + (f - g)C \tag{2-3}$$

积分得到：

$$C = \frac{C_0}{f - g}\left(\mathrm{e}^{(f-g)t} - 1\right) \tag{2-4}$$

如果以 a 表示一个活化中心参加反应后生成最终产物的分子数，那么，反应速率（即生成最终产物的速率）为：

$$v = a \cdot f \cdot \frac{C_0}{f - g}\left(\mathrm{e}^{(f-g)t} - 1\right) \tag{2-5}$$

因为一般分子的活化能很大，因此，在普通温度下 C_0 的数值很小，它对链的发展影响很小、链的分支与终断速率是影响链发展的主要因素。而 g 与 f 是随外界条件（压力、温度、容器尺寸）的改变而改变的，然而这些条件对 f 和 g 的影响程度又各不相同。由于链的终断反应是属于原子间的化学作用，其活化能很小，因此，事实上它与温度无关；但链的分支速率则不然，因为其活化能很大，随着温度的升高对链分支反应速率影响越来越大，能促进活化中心的形成。这样，随着温度的变化，由于 g、f 变化的速率不同，$(f-g)$ 的符号将随温度而变化。这时反应速率 v 随时间的变化将有着不同的规律。

2.2.4　强迫着火

强迫着火或点燃（引燃）一般系指用炽热的高温物体引燃火焰，如电火花、炽热物体表面或火焰稳定器后面旋涡中的高温燃烧产物等。强迫着火和自燃着火在原理上是一致的。点燃过程如同自燃过程，亦有点火温度、点火延迟期和点火浓度极限。在工程上较为常用的点火方法有以下几种：

（1）炽热物体点火。常用金属板、柱、丝或球作为电阻，通以电流使其炽热；亦有用热辐射加热耐火砖或陶瓷棒等，形成各种炽热物体，在可燃混合气中进行点火。

（2）电火花或电弧点火。利用两电极空隙间放电产生火花，使这部分混合气温度升高，产生着火。这种方式大都用于流速较低、易燃的混合气中，如一般的汽油发动机，它比较简单易行。但由于能量比较小，故其使用范围有一定限制。对于温度较低、流速（或流量）较大的混合气，直接用电火花来点燃是不可靠的，甚至是不可能的。有时先利用它点燃一小股易燃气流，然后再借以点高速大流量的气流。

（3）火焰点火。所谓火焰点火就是先用其他方法将燃烧室中易燃的混合气点燃，形成一股稳定的小火焰，并以它作为热源去点燃较难着火的混合气（例如，温度较低、流速较大的混合气）。在工程燃烧设备中，如锅炉、燃气轮机燃烧室中，这是一种比较常用的点火方法，它的最大优点在于具有较大的点火能量。

点燃如同自燃一样，亦存在所谓的可燃界限。作出给定燃料和氧化剂的各种不同比例的混合气与最小点火能量的关系，就会得到如图 2-1 所示的 U 形曲线。该图显示：当混合气的组成为（或接近）化学计量比时其 E_{min} 最小。如果混合气变得较稀或较浓，E_{min} 开始缓慢增加，然后陡然升高。这就是说，太稀或太浓的混合气是不可能点火的。

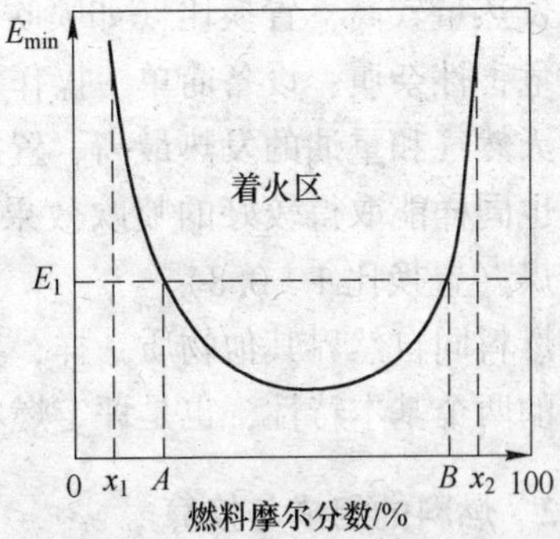

图 2-1 混合比对最小点火能量的影响

还有几点需要说明：

（1）在图 2-1 中，相应于 U 字里面的所有能量和组成都能导致着火，而在 U 字之外则不可能。

（2）如果混合气太稀或太浓，就不可能着火。可燃上限和下限（相应于图 2-1 中的 x_1 和 x_2）是燃料和氧化剂组合的特性。

（3）对于任一给定的能量 E_1，在组成上限（B）和下限（A）之间的所有混合气都能着火，而在这个界限之外则不能着火。

（4）如果 E_1 选取得较小，则着火范围——AB 变窄。当 E_1 小于最小值 E_{min} 时，对任何混合气都不能着火。

2.3 燃 料

凡是在燃烧时能够放出大量的热，并且此热量能够有效地被利用在工业和其他方面的物质统称为燃料，对燃料的要求为：

（1）在当前技术条件下，单位质量燃料燃烧时所放出的热量，在工业上能有效地加以利用。

（2）燃烧生成物呈气体状态，燃烧后的热量绝大部分含于其生成物中，而且还可以在放热地点以利用生成物中所含的热量。

（3）燃烧产物的性质对工业过程及设备不起破坏作用，没有毒性也没有侵蚀作用。

（4）燃烧过程易于控制。

（5）有足够的蕴藏量，便于开采。

2.3.1 燃料选用的一般原则

在冶金生产中，对于各种炉子所选用的燃料应当遵循技术上合理和经济上适用两个基本原则。技术上合理是指：能满足生产工艺要求和温度要求，有较好的生产条件和操作条件；经济上适用是指：合乎计划使用，综合利用的原则；合乎就地取材，减少运输的原则。

燃料的选用实例：高炉是炼铁生产的基本设备，它的热能来自燃料。在矿石原料中必须配比一定量的固体燃料，采用固体燃料做高炉生产的基本燃料是高炉生产技术工艺的要求。高炉使用的固体燃料必须有一定的块度（25~125mm）和机械强度（转鼓指数大于280~320kg）。需要人工制造的冶金焦炭能满足上述要求，所以焦炭是当前高炉使用的基本燃料。但由于焦炭的来源有限，故它又是一种贵重的燃料，在高炉风口处喷吹一些辅助燃料以降低焦比（kg/t_{Fe}）是当前国内外广泛采用的技术措施。喷吹燃料应具有的特点为：发热量较高，置换比（如喷吹1kg或$1m^3$燃料能置换多少公斤的焦炭）较大；不含和少含危害性杂质；设备简单，操作方便。天然气、焦炉煤气、重油和粉煤都可作为喷吹燃料。天然气和重油的发热最高、置换比大，是较理想的喷吹燃料。但就地选用焦炉煤气和粉煤也同样能取得较好的喷吹效果。但目前国内外多采用喷吹重油（置换比为1∶1.2）或粉煤（置换比1∶0.8）。

燃料同自然界其他物质一样，具有其本身的基本特性，而燃料的化学成分和发热量是燃料的两个基本特性，也是评定燃料的两个主要指标。

2.3.2 燃料的组成与换算

2.3.2.1 气体燃料的化学组成与换算

A 气体燃料的化学组成

气体燃料包括煤气、天然气、石油液化气及沼气，统称为燃气。燃气由各种简单气体组成的混合物，其中有可燃的和非可燃的。燃气中的可燃组分有CO、H_2、H_2S、CH_4和其他碳氢化合物C_mH_n。碳氢化合物燃烧放出的热量最多，H_2次之，CO最少。显然，燃气中可燃气体尤其是碳氢化合物含量越多，则燃气的质量越好。燃气中非燃烧的气体主要有N_2、CO_2、SO_2、O_2和H_2O等，它们不仅降低燃气的质量，而且在燃烧过程中需要吸收热量，使燃烧温度降低。有的燃气含有H_2S，它虽然可燃烧放热，但其燃烧产物SO_2有毒，对人和设备都有害，它和不可燃成分同属有害成分。另外，燃气中含有灰分和油类，应进行清除。

B 气体燃料组成的表示方法和换算

气体燃料有湿成分和干成分两种表示方法，即湿燃气（又称实用燃气）的组成：

$$CO^s + H_2^s + CH_4^s + N_2^s + \cdots + H_2O^s = 100\% \tag{2-6}$$

式中 CO^s，H_2^s，N_2^s……——分别代表湿燃气中CO、H_2、N_2等在其中所占的体积分数，上标“s”是燃气湿成分的标志。除去水分的燃气，称为干燃气，其组成为：

$$CO^g + H_2^g + CH_4^g + N_2^g + \cdots + O_2^g = 100\% \tag{2-7}$$

式中 CO^g，H_2^g，N_2^g……——分别代表湿燃气中CO、H_2、N_2等在其中所占的体积分数，上标“g”是燃气干成分的标志。

湿燃气中水蒸气的含量通常按饱和水蒸气含量计算，由于气体所含饱和水蒸气的数量随温度而变化，因此，湿燃气各组分的含量亦随温度而变化。为了消除这种影响，燃气的成分可用干成分表示。

由于实际使用的是湿燃气，因此在热工计算时需根据该温度下的饱和水蒸气量，将干成分换算成湿成分。其通式为：

$$R^s = R^g \times 100/(100 + 0.124g_{H_2O}^g) \tag{2-8}$$

式中 R^s——湿燃气中各成分的体积分数，%；

R^g——干燃气中各成分的体积分数，%；

$g_{H_2O}^{g}$——1m³干燃气含饱和水蒸气量，g·m⁻³。

【例题 2-1】 已知煤气的干成分为（%）：CO^g 29.84，H_2^g 15.40，CH_4^g 3.08，CO_2^g 7.73，O_2^g 0.35，N_2^g 43.60。试确定此该煤气在平均温度为25℃时的湿成分。

解：查得高炉煤气在25℃时 = 26.0g·m⁻³，根据式（2-8）可求的各组分的湿成分为：

$$R^s = R^g \times 100/(100 + 0.124 g_{H_2O}^{g}) = R^g \times 100/(100 + 0.124 \times 26) = R^g \times 0.969$$

$$CO^s = CO^g \times 0.969 = 29.84\% \times 0.969 = 28.91\%$$

$$H_2^s = H_2^g \times 0.969 = 15.40\% \times 0.969 = 14.92\%$$

$$CH_4^s = CH_4^g \times 0.969 = 3.08\% \times 0.969 = 2.98\%$$

$$CO_2^s = CO_2^g \times 0.969 = 7.73\% \times 0.969 = 7.49\%$$

$$O_2^s = O_2^g \times 0.969 = 0.35\% \times 0.969 = 0.34\%$$

$$N_2^s = N_2^g \times 0.969 = 43.60\% \times 0.969 = 42.25\%$$

$$H_2O = 26.0 \times 22.4/(18 \times 1000) = 0.03235\text{m}^3$$

$$H_2O^s = 0.03235/(1 + 0.03235) = 0.0313 = 3.13\%$$

2.3.2.2 固体和液体燃料的化学组成与换算

固体（液体）燃料的化学成分可用元素分析方法和工业分析方法测定。元素分析法测定结果为元素分析成分；工业分析法测定结果为工业分析成分。

A 固体和液体燃料的元素分析法

固体和液体燃料虽然物理状态不同，但它们都是由碳、氢、氧、氮、硫五种元素以及水分和灰分所组成。它们在燃烧过程中的变化及对燃烧的影响分述如下：

碳（C）：碳在固液体燃料中以单质和化合物状态存在，而在液体燃料中则完全以化合物形态存在，即与氢、氧、氮等元素组成复杂的有机化合物。碳能燃烧并放出大量的热量，约为33913kJ·kg⁻¹（C），是主要可燃成分；在煤中 w(C)= 50%~90%，而在液体燃料中碳含量一般在85%以上。

氢（H）：氢在固、液体燃料中以两种形式存在：一种是与碳、硫化合的氢，称为可燃氢或有机氢，能燃烧并放出大量的热量，约为碳的3.5倍，为143020kJ·kg⁻¹(H)；另一种是与氧化合物的氢，称为水合氢，不可燃烧。氢在液体燃料中约含10%，而在固体燃料中则在6%以下。

氧（O）：固、液体燃料中的氧与碳、氢等元素化合。这种化合了的氧，既不能燃烧，又不能助燃，反而使燃料的质量降低。所以氧是固、液体燃料中的有害成分，含量越低越好。

氮（N）：氮是惰性成分，不能燃烧。它的存在是燃料中的可燃质减少，降低燃料的质量，而且氮在高温（大于2100℃）下与 O_2 生成 NO_x，NO_x 是有害气体，不过氮在固、液体燃料中的含量仅为1%~2%。

硫（S）：固、液体燃料中的硫以三种形态存在：（1）有机硫与碳、氢化合的硫；（2）硫化矿，如 FeS_2；（3）硫酸盐硫，存在于各种硫酸盐中，例如，$CaSO_4$、$FeSO_4$ 中的硫。有机硫和硫化矿中的硫能燃烧，称可燃硫或挥发硫，其燃烧产物 SO_2 有毒；硫酸盐中的硫不能燃烧。故要求燃料中的硫含量，但对硫化矿精矿自热熔炼要补充的燃料对硫的含量不作要求。

水分（W）：水分是有害的，它不仅降低可燃成分百分含量，而且使燃料发热量降低。液体燃料含水2%以下，固体燃料较高且波动范围大。

灰分（A）：灰分是燃料中不能燃烧的矿物质，其组成主要是 SiO_2、Al_2O_3、CaO、Fe_2O_3等。液体燃料灰分含量一般在0.3%以下，固体燃料灰分含量多在2%~40%之间。它不仅降低可燃组成的含量，影响燃料燃烧过程，而且还影响冶炼过程。低熔点的灰分影响尤甚，易熔化结块妨碍通风，清渣困难，故一般要求灰分熔点大于1300℃，灰分含量不超过10%~13%。

B 固、液体燃料的元素组成表示方法和换算

根据生产实践的需要，固、液体燃料各化学组成的质量百分含量用以下4种成分来表示：

（1）实用成分：它包括全部水分和灰分的燃料质量分数（%），即：

$$C^y + H^y + O^y + N^y + S^y + A^y + W^y = 100\% \tag{2-9}$$

（2）干燥成分：除去水分以外的燃料质量分数（%），即

$$C^g + H^g + O^g + N^g + S^g + A^g = 100\% \tag{2-10}$$

（3）可燃成分：除去水分和灰分以外的燃料质量分数（%），即

$$C^r + H^r + O^r + N^r + S^r = 100\% \tag{2-11}$$

（4）有机成分：除去水分、灰分和硫以外的燃料质量分数（%），即

$$C^j + H^j + O^j + N^j = 100\% \tag{2-12}$$

式（2-9）~式（2-12）中的右上标y、g、r、j，分别表示为实用成分、干燥成分、可燃成分、有机成分；C、H、O、N、S、A、W为碳、氢、氧、氮、硫、灰分和水分的质量分数。

固、液体燃料各化学成分的换算系数见表2-2。

表2-2 固、液体燃料各化学成分的换算系数

已知的燃料组成（质量分数）	换算成下列组成的换算系数			
	有机成分	可燃成分	干燥成分	实用成分
有机成分	1	$\frac{100-S^r}{100}$	$\frac{100-(A^g+S^g)}{100}$	$\frac{100-(S^y+A^y+W^y)}{100}$
可燃成分	$\frac{100}{100-S^r}$	1	$\frac{100-A^g}{100}$	$\frac{100-(A^y+W^y)}{100}$
干燥成分	$\frac{100}{100-(S^g+A^g)}$	$\frac{100}{100-A^g}$	1	$\frac{100-W^y}{100}$
实用成分	$\frac{100}{100-(S^y+A^y+W^y)}$	$\frac{100}{100-(A^y+W^y)}$	$\frac{100}{100-W^y}$	1

【例题 2-2】 已知烟煤的成分为(%)：C^r 81.5、H^r 5.00、O^r 10.00、N^r 2.00、S^r 1.5、A^g 12.00、W^y 15.00，求该煤的实用成分。

解:先求灰分的实用成分 A^y,然后根据 W^y和 A^y,求其他元素的实用成分:

$A^y = (100 - W^y)/100 \times A^g = (100 - 15.00)/100 \times 12.00\% = 10.20\%$

$C^y = [100 - (W^y + A^y)]/100 \times C^r = [100 - (15.00 + 10.20)]/100 \times 81.50\%$

$= 0.748 \times 81.50\% = 60.96\%$

同理:$H^y = 0.748 \times 5.00\% = 3.74\%$,$O^y = 0.748 \times 10\% = 7.48\%$

$N^y = 0.748 \times 2.00\% = 1.50\%$,$S^y = 0.748 \times 1.50\% = 1.12\%$

则 $C^y + H^y + O^y + N^y + S^y + A^y + W^y = (60.96 + 3.74 + 7.48 + 1.50 + 1.12 + 10.20 + 15.00) = 100\%$

C 固、液体燃料的工业成分表示方法

由于元素分析比较复杂,在工业上常常采用比较简单的工业分析法进行分析。工业分析法是测定固、液体燃料的水分(W)、灰分(A)、挥发分产率(V)和固定碳(F)的含量,将分析结果表示成这些成分在燃料中的质量百分数,作为评价和选择燃料的重要指标。即

$$W + V + F + A = 100\% \tag{2-13}$$

式中 W, V, F, A——燃料中水分、挥发分、固定碳和灰分的质量分数(%)。

工业分析法是将一定质量的固(液)体燃料试样加热到110℃,是其水分完全蒸发,测出水分的含量(W);接着将干燥后的试样在850℃下隔绝空气加热(干馏),使挥发物挥发并测出其含量(V),挥发物的主要成分是 H_2、CH_4、C_nH_m 和 N_2等气体,能燃烧且形成较长的火焰;干馏后的试样即焦炭让其充分燃烧,燃烧掉的物质是固定碳(F);剩余的是灰分(A)。应该指出,固定碳不是全部的含碳量,还有少量的氢和硫。

燃料工业分析结果,能反映燃料的许多特性,挥发物和固定碳能燃烧,它们的含量越多,燃料的质量越好;挥发物越多,燃料燃烧的火焰长,可作为火焰炉的燃料;焦炭的性质、颜色、气孔、强度等,能初步判断煤结焦性的好坏;灰分和水分愈多,说明燃料的质量愈差。

2.3.3 燃料发热量及计算

2.3.3.1 燃料发热量及标准燃料的概念

燃料的发热量是指单位质量或单位体积的燃料在完全燃烧时所放出的热量,用 Q 表示,单位是 $kJ \cdot kg^{-1}$或 $kJ \cdot m^{-3}$。根据燃烧产物中水存在的状态不同又可分为高发热量 Q_{GW}和低发热量 Q_{DW}。

高发热量 Q_{GW}是指燃料完全燃烧后燃烧产物冷却到使其中的水蒸气凝结成0℃的水时放出的热量;而低发热量 Q_{DW}是指燃料完全燃烧后燃烧产物冷却到使其中的水蒸气凝结成20℃的水时放出的热量。1kg 的水由 0℃ 汽化并加热到 20℃ 所消耗的汽化热为 2512.2kJ,而燃烧产物中水的来源有两方面:一方面是燃料中含有的水 $W(\%)$;另一方面是燃料中 $H(\%)$ 的燃烧生成的水,Q_{GW}与 Q_{DW}之间的换算公式为:

$$Q_{GW} = Q_{DW} + 25.122(W + 9H) \tag{2-14}$$

式中 W, H——燃料中的水和氢的质量分数值,例如,燃料中水分含量为 12%,则$W = 12$。

2.3.3.2　标准燃料的概念

为了统计燃料的用量和比较同类热工设备燃料的消耗量，通常用标准燃料来衡量。规定发热量为 29308kJ · kg^{-1}（气体燃料为 29308kJ · m^{-3}）的燃料为标准燃料。例如，低发热量 Q_{DW} = 24201kJ · kg^{-1}的烟煤，标准燃料为 24201/29308 = 0.83kg。

2.3.3.3　发热量的计算

燃料发热量可用量热计测量，但在炉子热工计算中，往往根据成分进行计算。

A　气体燃料发热量的计算

燃气发热量是简单可燃气体燃烧放出热量之和，即

$$Q_{DW} = 126.2CO^s + 107.8H_2^s + 359.1CH_4^s + 597.7C_2H_4^s + \cdots + 231.2H_2S^s \quad (2\text{-}15)$$

式中　CO^s，H_2^s，CH_4^s，…——100m^{3}湿燃气中各成分体积数，m^3；

Q_{DW}——湿燃气的低发热量，kJ · m^{-3}。

【例题 2-3】　根据例题 2-1 的计算结果，求煤气的低发热量 Q_{DW}。

解：由式（2-15）可知，煤气的发热量为

$$Q_{DW} = 126.2CO^s + 107.8H_2^s + 359.1CH_4^s$$
$$= 126.2 \times 28.91 + 107.8 \times 14.92 + 359.1 \times 2.98 = 6385\text{kJ} \cdot \text{m}^{-3}$$

B　固、液体燃料发热量根据元素组成进行计算

由于固、液体燃料的化合物非常复杂，所以很难根据成分获得准确的结果。目前多采用经验公式，其中应用最广的是门捷列夫公式：

$$Q_{DW} = 339C^y + 1030H^y - 109(O^y - S^y) - 25W^y \quad (2\text{-}16)$$

式中　C^y，H^y，O^y，S^y，W^y——100kg 实用燃料中各元素及水的质量 kg；

Q_{DW}——固液体燃料的低发热量，kJ · kg^{-1}。

【例题 2-4】　根据例题 2-2 的计算结果，求烟煤的低发热量 Q_{DW}。

解：由式（2-16）可知，烟煤的发热量为：

$$Q_{DW} = 339C^y + 1030H^y - 109(O^y - S^y) - 25W^y$$
$$= 339 \times 69.96 + 1030 \times 3.74 - 109(7.47 - 1.12) - 25 \times 15 = 23450\text{kJ} \cdot \text{kg}^{-1}$$

C　固、液体燃料发热量根据分析结果进行计算

煤的发热量有以下计算公式，即：

褐煤　$$Q_{DW} = (10F + 6500 - 10W - 5A) \times 4.18 - \Delta Q \quad (2\text{-}17)$$

烟煤　$$Q_{DW} = (50F - 9A + K - \Delta Q) \times 4.18 \quad (2\text{-}18)$$

无烟煤　$$Q_{DW} = [100F + 3(V - W - K')] \times 4.18 - \Delta Q \quad (2\text{-}19)$$

式中　F，V，W，A——100kg 燃料中固定碳、挥发分、水分、灰分的质量，kg；

K——经验系数，与黏结序数和灰分有关，其值见表 2-3；

K'——经验系数，与灰分有关，其值见表 2-4；

ΔQ——高低发热量的差值，单位是 kJ · kg^{-1}，即：

$V < 18\%$ 时，　$$\Delta Q = [2.97(100 - W - A) + 6W] \times 4.18 \quad (2\text{-}20)$$

$V \geqslant 18\%$时， $\Delta Q = [2.16(100 - W - A) + 6W] \times 4.18$ (2-21)

表 2-3 经验系数 K

V/%	≤20		>20~30		>30~40		>40	
黏结序数①	<4	<5	>4	>5	<4	<5	<4	>5
K	4300	4600	4600	5100	4800	5200	5050	5500

① 黏结序数是表示煤的焦渣特性，<4 为不熔融黏结渣；>5 为熔融黏结渣。

表 2-4 经验系数 K′

V/%	<3.5	≥3.5
K′	1300	1000

2.3.4 常用燃料

2.3.4.1 燃气

冶金生产常用的燃气有高炉煤气、焦炉煤气、发生炉煤气、重油裂化气和天然气等。钢铁企业广泛采用高炉煤气和焦炉煤气；有色冶金企业往往使用发生炉煤气或石油裂化气。

与固、液体燃料比较，燃气有许多优点：燃气易与空气混合，燃烧较完全；燃气可进行预热，有利于提高燃烧温度；燃气燃烧过程便于控制，火焰长短、燃烧温度、炉气性质等便于调节；燃气便于输送，燃烧操作劳动强度小，劳动环境好。

燃气的质量，主要取决于它的化学成分，含碳氢化合物越多，则燃气的质量越好。表 2-5 为常用燃气的性质及用途。

表 2-5 常用燃气的性质及用途

名 称		高炉煤气	焦炉煤气	发生炉煤气	天然气
燃气干成分（质量分数）/%	CO^g	25~31	4~8	24~33	—
	H_2^g	2~3	53~60	0.5~15	0~2
	CH_4^g	0.3~0.5	19~25	0.5~3	85~97
	$C_mH_n^g$	—	1.6~2.3	0.2~0.4	0.1~0.4
	H_2S^g	—	—	0.04~1	0~5
	$CO_2^g+H_2S^g$	9~15.5	2~3	5~7	0.1~2
	O_2^g	0~1	0.7~1.2	0.1~0.3	—
	N_2^g	47~53	7~13	46~66	1.2~4
Q_{DW}/kJ·m^{-3}		3553~4598	15466~16720	4138~6479	33440~38456
燃烧温度/℃		2003	1998	1600	1900~1986
用 途		热风炉、平炉燃料	高炉喷吹、热风炉燃料	炉子、发动机燃料，化工原料	高炉、热风炉、平炉燃料
注意事项		易中毒	易爆炸	易中毒	易爆炸

2.3.4.2　液体燃料

用于冶金的液体燃料主要有重油、重柴油和轻柴油。而重油具有发热量高、燃烧时火焰辐射能力大和燃烧过程便于控制和调节的特点，因而在冶金生产中得到较为广泛的应用。其质量指标见有关手册。

重油为褐色或黑色，是天然石油（原油）蒸馏后的常压、减压渣油和裂化渣油等残渣油的统称。重油的性能不仅和原油有关而且和加工方法有关。其性能有：

（1）黏度 E_t。重油黏度表征输送和雾化的难易程度，常以恩氏黏度°E 来表示：

$$E_t = (t℃，200\text{mL 油流出的时间})/(20℃，200\text{mL 油流出的时间}) \tag{2-22}$$

式中　E_t——重油在 t℃的黏度。

如果所用的重油不是标准牌号的，则黏度和温度的关系应通过实验确定。

（2）密度 ρ_t。随温度变化 ρ_t 可用下式计算：

$$\rho_t = \rho_{20}/[1 + \beta(t - 20)] \tag{2-23}$$

式中　ρ_{20}，ρ_t——重油在 20℃、t℃时的密度；$t \cdot m^{-3}$：

$$\rho_{20} = 0.92 \sim 0.98 t \cdot m^{-3} \approx 1 t \cdot m^{-3}$$

β——体积膨胀系数，和重油的密度有关，用下述经验式来确定：

$$\beta_{\text{重油}} = 0.0025 - 0.002\rho_{20} \tag{2-24}$$

$$\beta_{\text{焦油}} = 0.0026 - 0.002\rho_{20} \tag{2-25}$$

（3）比热 c_t。在 20～100℃ 范围内，重油的比热 c_t 可近似地取 1.80～2.09kJ·(kg·℃)$^{-1}$，对黏度较大的渣油取其上限；焦油的比热 c_t 为 2.09～2.42kJ·(kg·℃)$^{-1}$。t℃时重油的真比热也可用下述经验式进行计算：

$$c_t = 1.736 + 0.0025t \tag{2-26}$$

（4）热导系数 λ_t。重油的传热系数随温度上升而略有下降，一般可近似地取 0.13～0.16W·(m^2·℃)$^{-1}$，焦油则可取 0.12～0.17W·(m^2·℃)$^{-1}$；也可用下述经验式计算：

$$\lambda_t = 136.7/\rho_{15} \times (1-0.00054t) \times 10^{-3} \tag{2-27}$$

（5）熔化潜热。重油为 167～251kJ·kg^{-1}；焦油为 209～293kJ·kg^{-1}。

（6）闪点。在常压下石油产品蒸气与空气的混合物在接触火焰闪出火花并立即熄灭时的最低温度，叫做闪点。它表征油的易燃程度，可用来判断发生火灾的可能性和确定防火等级。测定闪点的装置有开口型和闭合型两种，所以其数值也有开口和闭口之分。同一油品，其开口闪点比闭口闪点高 15～25℃。

（7）燃点、自燃点。在一个大气压下，石油产品蒸气与空气的混合物当遇到火焰着火并继续燃烧的最低温度，叫做燃点。重油的燃点一般比开口闪点高 10～30℃。不用引火，可燃液体自行着火的最低温度叫做自燃点，一般石油产品的自燃点均在 200℃以上。

（8）凝固点。油品丧失流动状态时的温度叫做凝固点，它是输送和储存作业的重要指标，重油的凝固点约为 11～25℃，有的高达 36℃。

2.3.4.3　固体燃料

冶金生产使用的固体燃料主要是煤及其加工产品焦炭和粉煤。煤虽然具有分布广、储量多和使用方便的优点，但由于它燃烧操作劳动强度大和燃烧过程不便于调节和控制等缺点，在冶金生产中很少直接应用。

A 煤

煤是古代植物在地下经长期碳化形成的。根据碳化的程度不同，煤分为泥煤、褐煤、烟煤和无烟煤四种，其基本特征见表2-6。

煤的密度有干燥质煤的密度和假密度，其计算方式为：

$$\rho_{干} = 144/(100 - 0.5A^{g}) \tag{2-28}$$

$$\rho_{假} = 100\rho_{干}/[100 + (\rho_{干} - 1)K] \times (100 - K)/(100 - W^{y}) \tag{2-29}$$

式中 K——系数，$K=4+1.06W^{y}$。

表2-6 不同碳化程度的煤的基本特征

煤的品种	特征							
	碳化时间	密度	挥发物	固定碳	结焦性	比数 /KJ·(kg·℃)$^{-1}$	热导系数 /W·(m·℃)$^{-1}$	用途
泥煤	短	小	多	少	无	—	—	地方性燃料
褐煤	较短	较小	较多	较少	无	1.67~1.88	0.029~0.174	气化、化工原料
烟煤	较长	较大	较少	较多	好	1.25~1.50	0.19~0.65	燃烧、气化、焦炭
无烟煤	长	大	多	多	无	1.09~7.17	0.19~0.65	民用、气化

我国煤的分类标准是根据煤的挥发物和胶质层的厚度不同，分为无烟煤、焦煤、肥煤、气煤、弱黏结煤和长焰煤等十大类，具体情况见国家标准（GB 5751—1986）。在工业用煤中，烟煤的耗量占居首位。

烟煤含挥发物30%~40%，固定碳50%~60%，灰分10%~30%，水分2%~10%，发热量Q_{DW}为23000~29000kJ·kg^{-1}，最大的特点是具有结焦性。我国用胶质层（煤粉在300~600℃干馏时产生的胶质体）厚度Y表示煤的结焦性的好坏。用于炼焦的煤必须具有良好的结焦性。用于气化和燃烧的煤，不应具有结焦性，否则因结焦阻碍通风影响气化和燃烧。

B 焦炭

焦炭是炼焦烟煤在炼焦炉内经高温（900~1100℃）干馏形成的。它是冶金生产的优质燃料，是高炉、鼓风护等竖炉专用燃料。在炼焦生产过程中还产出焦煤气和煤焦油等副产品。

优质冶金焦炭的断口为银灰色，具有金属般的响声，气孔率大（45%以上），发热量Q_{DW}为$(25\sim29)\times10^{3}$kJ·kg^{-1}。焦炭用于竖炉不仅提供热量，而且对炉子工艺有很大的影响，在还原性的竖炉中，焦炭不仅是燃料，而且还是还原剂。因此，对冶金焦炭有一定的理化要求，参见冶金焦炭标准。

C 粉煤

工业用的粉煤，其粒度为0.05~0.07mm，挥发物大于20%。制造粉煤的原煤一般是用烟煤或烟煤与其他煤配合。粉煤通常用作回转窑、反射炉的燃料，而且可用作高炉、闪速炉的喷吹燃料。

与块煤比较，粉煤的优点是：用劣质煤和煤屑加工的粉煤，可达到同样的燃烧效果；粉煤可采用流态化输送，而且燃烧操作劳动强度小；粉煤的粒度小，易与空气混合；燃烧过程便于控制调节，燃烧较完全。

2.4 燃烧计算

2.4.1 概述

燃料燃烧计算是根据燃料在燃烧过程中物质平衡的原理进行的，它是炉子热工计算的重要组成部分。

燃料燃烧计算的内容有：燃烧需要的空气量、燃烧产物的生成量、成分和密度以及燃烧的温度。

燃烧需要的空气量是保证燃料完全燃烧、选择风机和设计空气管道必不可少的数据。燃烧产物的生成量、成分和密度，是设计排烟系统（烟道、烟囱、抽烟机等）和计算炉气黑度所必需的。燃烧温度，是正确选择炉子所用燃料、合理组织燃烧过程和能否满足炉温要求的重要依据。

在燃料的计算过程中，为了简便燃烧计算，有以下假设条件：

（1）气体的体积按标准状态（0℃，101325Pa）下的体积计算。在标准状态下，1kmol 的任何气体，其体积为 22.4m^3。

（2）燃料的化学成分，按实际使用状态时成分计算，即固体（液体）燃料为应用成分，气体燃料为湿成分。

（3）燃料完全燃烧，当温度不高于 2100℃时，不计热分解消耗的热量和分解的产物。

（4）燃料燃烧需要的氧气来自空气。空气的成分由 O_2和 N_2组成，不计其他气体。按体积，空气中 O_2的含量为 21%，N_2的含量为 79%。如果需要按湿空气计算时，则取饱和水蒸气的含量。

燃料燃烧计算的方法有分析计算法，图解计算法和经验公式计算法等。本章主要是介绍分析计算法和经验公式计算法。

2.4.2 空气需要量、燃烧产物量及其成分的计算

2.4.2.1 燃气燃烧空气需要量的计算

燃气燃烧的空气需要量包括理论空气需要量和实际空气需要量，理论空气需要量是根据燃气完全燃烧反应计算出来的，其燃烧反应方程式见表 2-7。但在实际燃烧过程中，由于燃料与空气混合不均匀，造成不完全燃烧。因此，为减少或避免燃烧的不完全燃烧，实际空气需要量比理论空气需要量多。实际空气需要量 L_n与理论空气需要量 L_0之比，称为燃料燃烧的空气消耗系数，用 n 表示，即：

$$n = L_n / L_0 \tag{2-30}$$

从表 2-7 可看出，标准状态下，1m^3气体燃料完全燃烧所需的空气量为：

$$L_0 = 100/21 \times 100 \times [1/2CO^s + 1/2H_2^s + 2CH_4^s + (n+m/4)C_nH_m^s + 3/2H_2S^s - O_2^s] \quad (2\text{-}31)$$

空气消耗系数 n 由表 2-8 选定，实际空气需要量按下式计算：

$$L_n = nL_0 \quad (2\text{-}32)$$

表 2-7 标准状态下 1m³燃气燃烧时的燃烧反应

湿成分（质量分数）/%	反应方程式（体积比）	需氧体积 /m³·m⁻³	燃烧产物体积/m³·m⁻³				
			CO_2	H_2O	SO_2	N_2	O_2
CO^s	$CO + \frac{1}{2}O_2 = CO_2$ $1:\frac{1}{2}:1$	$\frac{1}{2}CO^s$	CO^s				
H_2^s	$H_2 + \frac{1}{2}O_2 = H_2O$ $1:\frac{1}{2}:1$	$\frac{1}{2}H_2^s$		H_2^s			
CH_4^s	$CH_4 + 2O_2 = CO_2 + 2H_2O$ $1:2:1:2$	$2CH_4^s$	CH_4^s	$2CH_4$			
$C_nH_m^s$	$C_nH_m + \left(n+\frac{m}{4}\right)O_2 = nCO_2 + \frac{m}{2}H_2O$ $1:n+\frac{m}{4}:n:\frac{m}{2}$	$\left(n+\frac{m}{4}\right)C_nH_m^s$	$nC_nH_m^s$	$\frac{m}{2}C_nH_m^s$			
H_2S^s	$H_2S + \frac{3}{2}O_2 = SO_2 + H_2O$ $1:\frac{3}{2}:1:1$	$\frac{3}{2}H_2S^s$		H_2S^s	H_2S^s		
CO_2^s	不燃烧		CO_2^s				
SO_2^s	不燃烧				SO_2^s		
O_2^s	消耗	O_2^s					
N_2^s	不燃烧					N_2^s	
H_2O^s				H_2O^s			

表 2-8 各种燃料燃烧时空气消耗系数 n 的经验值①

燃烧过程	烟煤	无烟煤/焦炭	褐煤	粉煤/重油	煤气
人工操作	1.5~1.7	1.4~1.45	1.5~1.8	1.2~1.25	1.15~1.2
自动控制操作	1.2~1.4	—	—	1.15	1.05~1.1

① 采用燃料与空气混合良好的燃烧装置时 n 取低值，反之取高值。空气消耗系数 n 是组织燃料燃烧过程的重要参数。在确定空气消耗系数的大小时应考虑燃料的种类、燃烧方法和燃烧设备和影响。

2.4.2.2 固液体燃料燃烧空气需要量的计算

固、液体燃烧理论空气需要量的计算与燃气的计算方法一样，其燃烧反应见表 2-9。

表 2-9 1kg 固、液体燃料燃烧时的燃烧反应

燃料各组分的含量（质量分数）		反应方程式（摩尔比）	需氧量/kmol	燃烧产物量/kmol				
应用成分/%	kmol			CO_2	H_2O	SO_2	N_2	O_2
C^y	$\frac{C^y}{12}$	$C + O_2 = CO_2$ 1∶1∶1	$\frac{C^y}{12}$	$\frac{C^y}{12}$				
H^y	$\frac{H^y}{2}$	$H_2 + \frac{1}{2}O_2 = H_2O$ $1:\frac{1}{2}:1$	$\frac{H^y}{4}$	$\frac{H^y}{2}$				
S^y	$\frac{S^y}{32}$	$S + O_2 = SO_2$ 1∶1∶1	$\frac{S^y}{32}$			$\frac{S^y}{32}$		
O^y	$\frac{O^y}{32}$	消耗掉	$\frac{O^y}{32}$					
N_2^y	$\frac{N^y}{28}$	不燃烧					$\frac{N^y}{28}$	
W^y	$\frac{W^y}{18}$	不燃烧			$\frac{W^y}{18}$			
A^y		不燃烧、无气态产物						

根据表 2-9 分析，可得出 1kg 燃料完全燃烧的所需理论空气需要量为：

$$L_0 = (22.4 \times 100)/(21 \times 100) \times (C^y/12 + H^y/4 + S^y/32 - O^y/32) \tag{2-33}$$

当固液体燃料的空气消耗系数 n 确定后，实际空气需要量 L_n 按式（2-32）计算。

2.4.2.3 燃料燃烧产物的计算

根据燃烧反应的物质平衡原理，燃料燃烧产物的计算内容有：气态产物的生成量、气态产物的成分和密度。

A 燃烧产物生成量的计算

碳质燃料燃烧生成的气态产物主要有 CO_2、H_2O（g）、SO_2、N_2 和 O_2，它们是由燃料中的可燃物燃烧生成或非可燃物（除灰分）转入的，以及助燃空气带入的标准状态下 $1m^3$ 的湿燃气完全燃烧时生成的产物量 V_n 为各成分生成量之和，即：

$$V_n = V_{CO_2} + V_{SO_2} + V_{N_2} + V_{O_2} \tag{2-34a}$$

由表 2-7 中的产物量以及空气带入的 N_2、O_2 和水分量来计算燃烧产物量：

$$V_n = [CO^s + H_2^s + 3CH_4^s + (n + m/2)C_nH_m^s + CO_2^s + 2H_2S^s + SO_2^s + N_2^s + H_2O^s] \times 1/100 + (n - 21/100)L_0 + 0.00124 g_{H_2O}^g L_n \tag{2-34b}$$

同理，由表 2-9 中，亦可计算固液体燃料燃烧产物量：

$$V_n = (C^y/12 + S^y/32 + H^y/2 + W^y/18 + N^y/28) \times 1/100 + (n - 21/100)L_0 + 0.00124 g_{H_2O}^g L_n$$

式中 V_n——燃烧产物的量，$m^3 \cdot m^{-3}$（或 kg^{-1}）；

式中其他符号同前。

B 燃烧产物的成分

燃烧产物成分是燃烧产物中各组分所占的体积分数：

$$CO_2' = V_{CO_2}/V_n \times 100 \quad N_2' = V_{N_2}/V_n \times 100 \quad SO_2' = V_{SO_2}/V_n \times 100$$
$$H_2O' = V_{H_2O}/V_n \times 100 \quad O_2' = V_{O_2}/V_n \times 100 \tag{2-35}$$

式中 V_{CO_2}，V_{SO_2}，…——标准状态下燃烧产物中 CO_2、SO_2、N_2、H_2O、O_2 的体积数，可分别由表 2-7 或表 2-9 求得，单位为 $m^3 \cdot m^{-3}$ 燃气或 $m^3 \cdot kg^{-1}$ 燃料。

C 燃烧产物的密度

燃烧产物密度是指标准状态下 $1m^3$ 燃烧产物所具有的质量，用 ρ 表示。

已知产物成分时，密度亦可根据燃料燃烧产物的成分按下式计算：

$$\rho_0 = (44CO_2' + 18H_2O' + 64SO_2' + 28N_2' + 32O_2')/22.4 \times 100 \tag{2-36a}$$

当不知燃烧产物成分时，可用参加反应物的总质量除以燃烧产物的总体积得出密度，即根据燃料燃烧过程物质平衡的关系按下列公式计算。对气体燃料：

$$\rho_0 = 1/V_n[28CO^s + 2H_2^s + (12n + m)C_nH_m^s + 34H_2S^s + 44CO_2^s + 32O_2^s + 28N_2^s + 18H_2O] \times 1/100 \times 22.4 + 1.293L_n/V_n \tag{2-36b}$$

对于固体、液体燃料用下式计算：

$$\rho_0 = [(1-A^y) + 1.293L_n]/V_n \tag{2-36c}$$

2.4.2.4 各种燃料燃烧计算的经验公式

各种燃料燃烧计算理论空气需要量 L_0 和实际产物生成量 V_n 的经验式可参考表 2-10。按表中的经验公式计算的结果亦具有足够的准确性。

表 2-10 燃料计算的经验公式（标态下）

燃料种类	理论空气需要量 L_0 /$m^3 \cdot m^{-3}$ 或 $m^3 \cdot kg^{-1}$	实际燃烧产物生成量 V_n /$m^3 \cdot m^{-3}$ 或 $m^3 \cdot kg^{-1}$
木柴和泥煤	$\frac{0.256}{1000}Q_{DW} + 0.007W^y - 0.06$	$\frac{0.227}{1000}Q_{DW} + 1.09 + 0.007W^y + (n-1)L_0$
各种煤	$\frac{0.241}{1000}Q_{DW} + 0.5$	$\frac{0.213}{1000}Q_{DW} + 1.65 + (n-1)L_0$
各种液体燃料	$\frac{0.203}{1000}Q_{DW} + 2.0$	$\frac{0.265}{1000}Q_{DW} + (n-1)L_0$
煤气 $Q_{DW} < 12500kJ \cdot m^{-3}$	$\frac{0.209}{1000}Q_{DW} - 0.25$	$\frac{0.173}{1000}Q_{DW} + 1.0 + (n-1)L_0$
煤气 $Q_{DW} > 12500kJ \cdot m^{-3}$	$\frac{0.26}{1000}Q_{DW} - 0.25$	$\frac{0.272}{1000}Q_{QW} + 0.25 + (n-1)L_0$

续表 2-10

燃料种类	理论空气需要量 L_0 /$m^3 \cdot m^{-3}$或$m^3 \cdot kg^{-1}$	实际燃烧产物生成量 V_n /$m^3 \cdot m^{-3}$或$m^3 \cdot kg^{-1}$
焦炉与高炉混合气	$\frac{0.239}{1000}Q_{DW} - 0.2$	$\frac{0.226}{1000}Q_{DW} + 0.765 + (n-1)L_0$
天然气 $Q_{DW} < 35800kJ \cdot m^{-3}$	$\frac{0.264}{1000}Q_{DW}$	$\frac{0.282}{1000}Q_{DW} + 0.83 + (n-1)L_0$
天然气 $Q_{DW} > 35800kJ \cdot m^{-3}$	$\frac{0.264}{1000}Q_{DW}$	$\frac{0.282}{1000}Q_{DW} + 0.83 + (n-1)L_0$

2.4.3　燃烧温度的计算

以燃料供热的炉子，炉温的高低主要取决于燃料燃烧的温度。所谓燃烧温度是指燃烧时其气态产物（烟气）所能达到的温度。燃烧产物所含热量越多，温度就越高。由于燃烧条件不同，燃烧温度有理论燃烧温度 t_{th} 和实际燃烧温度 $t_{c.p}$。

2.4.3.1　理论燃烧温度

理论燃烧温度是指在绝热条件下燃料完全燃烧时所达到的温度，用 t_{th} 表示。理论燃烧温度可根据燃料燃烧过程的热平衡关系求得。

按单位（标准 m^3或 kg）燃料燃烧计算，实际燃烧过程的热收入与热支出见表 2-11。

根据热平衡原理，燃料燃烧过程的热收入等于热支出，即：

$$Q_{DW} + Q_f + Q_a = V_n C_{c.p} t_{c.p} + Q_{t.d} + Q_i + Q_{t.c} \tag{2-37}$$

式中　$C_{c.p}$——燃烧产物的平均比热，$kJ \cdot (m^3 \cdot ℃)^{-1}$。

表 2-11　单位（标准 m^3或 kg）燃料燃烧过程的热收入与支出

热收入/$kJ \cdot kg^{-1}$(或 $kg \cdot m^{-3}$)	热收入/$kJ \cdot kg^{-1}$(或 $kg \cdot m^{-3}$)
(1)燃料完全燃烧放出的热量 Q_{DW}； (2)燃料带入的物理热 $Q_f = C_f t_f$； (3)空气带入的物理热 $Q_a = L_n C_n t_a$	(1)燃烧产物吸收的热量 $Q_{c.p} = V_n C_{c.p} t_{c.p}$； (2)燃烧产物在高温下热分解消耗的热量 $Q_{t.d}$； (3)燃料不完全燃烧而损失的热量 Q_f； (4)由燃烧产物传给周围物体的热量 $Q_{t.c}$
$Q_{DW}+Q_f+Q_a$	$Q_{c.p}+Q_{t.d}+Q_f+Q_{t.c}$

由以上关系，燃料燃烧的实际燃烧温度的计算式为：

$$t_{c.p} = Q_{DW} + Q_f + Q_a - Q_{t.d} - Q_i - Q_{t.c} / V_n C_{c.p} \tag{2-38}$$

式中　$t_{c.p}$——实际燃烧温度，℃。

按上式求燃烧温度是很复杂的，影响因素很多，且 $Q_{t.d}$、Q_i、$Q_{t.c}$、$C_{c.p}$ 都与燃烧温度有关，故不能直接算出。当燃烧温度不超过 2100℃时，燃烧产物很少发生热分解。因此，在这种情况下，热分解热可忽略不计 $Q_{t.d} = 0$；若在绝热条件下完全燃烧，即 $Q_{t.c} = 0$、$Q_i = 0$。燃烧产物吸收的热量 $Q_{c.p}$ 按下式计算。

$$Q_{c.p}=V_n C_{c.p} t_{th} \tag{2-39}$$

式中 t_{th}——理论燃烧温度,℃。

则式（2-34）为：

$$Q_{DW}+Q_f+Q_a \approx V_n C_{c.p} t_{th} \tag{2-40a}$$

由以上关系，燃料燃烧的理论燃烧温度的计算式为：

$$t_{th}=Q_{DW}+Q_f+Q_a/V_n C_{c.p} \tag{2-40b}$$

由于燃烧产物的平均比热 $C_{c.p}$ 是理论燃烧温度 t_{th} 的函数。为了计算简便，工程上往往利用 *I-t* 图图解法近似计算。*I-t* 图如图 2-2 所示，即

$$t_{th}=f(I,\ V_L\%) \tag{2-40c}$$

式中 I——燃烧产物在理论燃烧温度时的热含量，$kJ \cdot m^{-3}$；

$V_L\%$——过剩空气在燃烧产物中的体积分数,%。

根据已知的 I 和 $V_L\%$，便可从图 2-2 中查得理论燃烧温度 t_{th}。其计算方法和步骤为：

（1）求出燃烧产物的理论热含量。燃烧产物的理论热含量是假设在燃烧过程中不存在

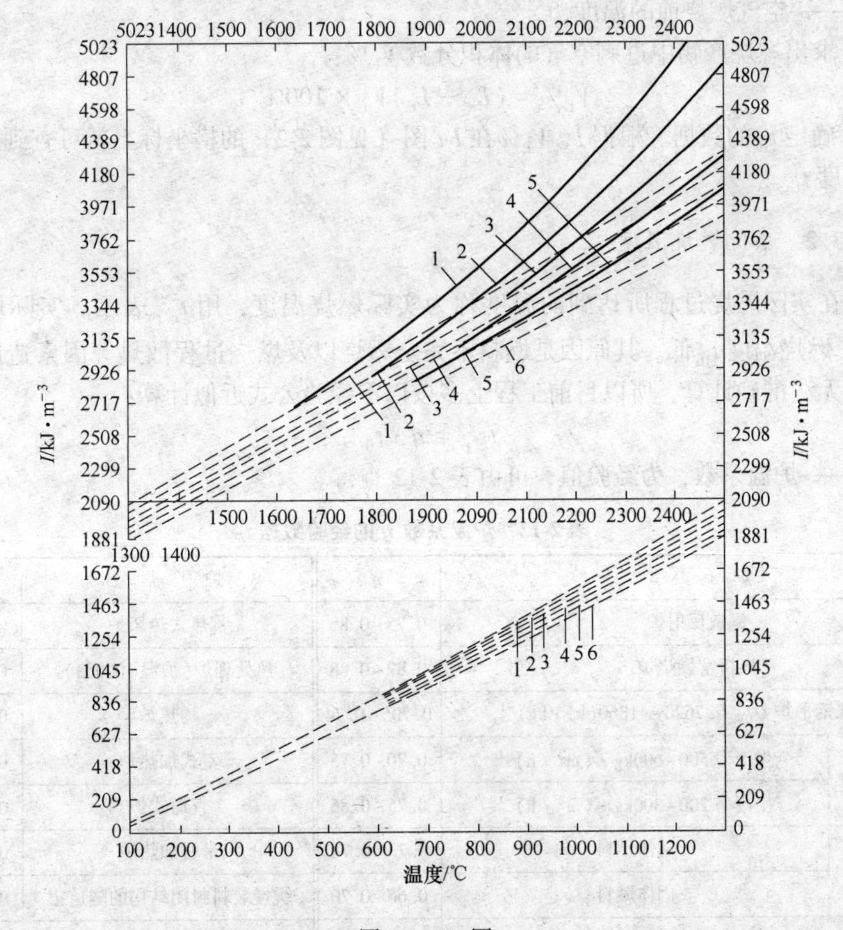

图 2-2 *I-t* 图

（适用于重油、烟煤、无烟煤、焦炭、发生炉煤气及 $Q_W=8360\sim12540kJ \cdot m^{-3}$ 的高炉-焦炉混合煤气等的燃烧产物）

1—$V_L=0\%$；2—$V_L=20\%$；3—$V_L=40\%$；4—$V_L=60\%$；5—$V_L=80\%$；6—$V_L=100\%$（空气）；

V_L—燃烧产物中过剩空气的体积百分数，$V_L=(L_n-L_0)/V \times 100\%$

任何热损失的理想条件下，燃烧产物单位体积中所含的物理热，以 I 表示。计算式为：

$$I = t_{th} \cdot C_{c.p} = (Q_{DW} + Q_f + Q_a)/V_n \tag{2-41}$$

燃料的物理热 Q_f，对于固体（液体）燃料，一般不进行预热，而在常温下含有的物理热很少，可忽略不计。对于燃气，往往进行预热，其含有的物理热可按下式计算：

$$Q_f = C_f \cdot t_f \tag{2-42}$$

式中　C_f——燃气的平均比热，$kJ \cdot (m^3 \cdot ℃)^{-1}$；

t_f——燃气预热的温度，℃。

燃气是多种简单气体的混合体，而每一种气体的数量和比热又不相同，因此燃气的平均比热 C_f 按下式计算：

$$C_f = C_{CO} \times CO^s\% + C_{H_2} \times H_2^s\% + C_{CH_4} \times CH_4^s\% + C_{CO_2} \times CO_2^s\% + \cdots \tag{2-43}$$

空气带入的物理热 Q_a 可按下式计算：

$$Q_a = L_n \cdot C_a \cdot t_a \tag{2-44}$$

式中　C_a——空气在 t_a 温度下比热，$kJ \cdot (m^3 \cdot ℃)^{-1}$；

t_a——空气燃烧前的温度，℃。

（2）求出燃烧产物中过剩空气的体积分数 $V_L\%$：

$$V_L\% = (L_n - L_0) V_n \times 100\% \tag{2-45}$$

（3）确定 t_{th} 的数据。根据 I、$V_L\%$ 在 I-t 图（见图 2-2）的横坐标上就可查到所求的理论燃烧温度 t_{th}。

2.4.3.2　实际燃烧温度

燃料在实际燃烧过程所达到的温度称为实际燃烧温度，用 $t_{c.p}$ 表示。实际燃烧温度 $t_{c.p}$ 比理论燃烧温度 t_{th} 低。其原因是燃料不完全燃烧以及燃烧过程散热等因素造成的热损失。由于无法准确计算，所以目前工程上多按以下经验公式近似计算：

$$t_{c.p} = \eta \cdot t_{th} \tag{2-46}$$

式中　η——炉温系数，为经验值，可由表 2-12 查得。

表 2-12　炉温系数 η 的经验数据

炉子类型		η	炉子类型	η
铜锍反射炉		0.75~0.85	蓄热式热风炉	0.92~0.98
离析窑燃烧炉		0.82~0.88	热处理炉(炉温 1000℃)	0.65~0.70
重油炼钢平炉 Q_{DW} = 37620~41860$(kJ \cdot kg)^{-1}$		0.705~0.74	均热炉	0.68~0.73
连续加热炉	生产率 500~600$kg \cdot (m^2 \cdot h)^{-1}$	0.70~0.75	室式加热炉	0.75~0.85
	生产率 200~300$kg \cdot (m^2 \cdot h)^{-1}$	0.75~0.85	直通式炉	0.72~0.76
室式窑（间隙作业）	气体燃料	0.73~0.78	带材加热炉	0.75~0.80
	固体燃料	0.66~0.70	缓慢装料封闭结构的隧道窑	0.75~0.82
回转窑(粉煤、煤气、重油)		0.70~0.75	水泥煅烧回转窑	0.65~0.75
隧道窑(煤气、重油)		0.78~0.83	球团竖式焙烧炉燃烧室	0.92~0.95

【例题 2-5】　某铜精炼反射炉以重油为燃料，其化学组成（质量分数，w/%）为：C^r

88.2, H^r 10.4, O^r 0.3, N^r 0.6, S^r 0.5, W^y 1.0, A^g 0.2。已知助燃空气在燃烧前预热到200℃，求实际助燃空气量；燃烧产物的体积、组成和密度；实际燃烧温度。

解：(1)燃料组成换算。燃烧计算须按燃料的实用组成来进行，因此，须将可燃组成换算成实用组成。按表2-2的换算系数，先将 A^g 换算成 A^y，再换算其他成分：

$A^y = A^g \times (100 - W^y)/100 = 0.2 \times (100 - 1)/100 = 0.198\%$

$C^y = C^r \times [100 - (W^y + A^y)]/100 = 88.2 \times [100 - (1 + 0.198)]/100 = 87.14\%$

同理可算得：$H^y = 10.28\%$；$O^y = 0.296\%$；$N^y = 0.592\%$；$S^y = 0.494\%$。

则 $A^y + C^y + H^y + O^y + N^y + S^y + W^y = (0.198 + 87.14 + 10.28 + 0.296 + 0.592 + 0.494 + 1)\% = 100\%$

(2) 计算助燃空气理论空气量按式（2-31）计算：

$$L_0 = 22.4 \times 100/(21 \times 100) \times [C^y/12 + H^y/4 + S^y/32 - O^y/32]$$
$$= 0.0889C^y + 0.2667H^y + 0.0333(S^y - O^y)$$
$$= 0.0889 \times 87.14 + 0.2667 \times 10.28 + 0.0333(0.494 - 0.296) = 10.5\text{m}^3_{标准} \cdot \text{kg}^{-1}$$

设此条件下选用高压重油喷嘴，其空气消耗系数由表2-8查得，取 $n = 1.2$，则实际空气需要量为：

$$L_n = nL_0 = 1.2 \times 10.5 = 12.6\text{m}^3_{标准} \cdot \text{kg}^{-1}$$

(3) 燃烧产物量。根据式（2-34a）和表2-9计算燃烧产物各成分的体积：

$$V_{CO_2} = C^y/12 \times 22.4/100 = 87.14/12 \times 22.4/100 = 1.63\text{m}^3_{标准} \cdot \text{kg}^{-1}$$

$$V_{H_2O} = (H^y/2 + W^y/18) \times 22.4/100 = (10.28/2 + 1/18) \times 22.4/100 = 1.16\text{m}^3_{标准} \cdot \text{kg}^{-1}$$

$$V_{SO_2} = S^y/32 \times 22.4/100 = 0.494/32 \times 22.4/100 = 0.00346\text{m}^3_{标准} \cdot \text{kg}^{-1}$$

$$V_{O_2} = 21/100(L_n - L_0) = 0.21 \times (12.6 - 10.5) = 0.44\text{m}^3_{标准} \cdot \text{kg}^{-1}$$

$$V_{N_2} = N^y/28 \times 22.4/100 + 79/100 \times L_n = 0.592/28 \times 22.4/100 + 79/100 \times 12.6$$
$$= 9.959\text{m}^3_{标准} \cdot \text{kg}^{-1}$$

则 $V_n = V_{CO_2} + V_{H_2O} + V_{SO_4} + V_{N2} + V_{O_2}$

$$= 1.63 + 1.16 + 0.00346 + 0.44 + 9.959 = 13.19\text{m}^3_{标准} \cdot \text{kg}^{-1}$$

(4) 燃烧产物组成：

$$CO'_2 = V_{CO_2}/V_n \times 100\% = 1.63/13.19 \times 100\% = 12.36\%$$
$$H_2O' = V_{H_2O}/V_n \times 100\% = 1.16/13.19 \times 100\% = 8.79\%$$
$$SO'_2 = V_{SO_2}/V_n \times 100\% = 0.00346/13.19 \times 100\% = 0.03\%$$
$$O'_2 = V_{O_2}/V_n \times 100\% = 0.44/13.19 \times 100\% = 3.34\%$$
$$N_2 = V_{N_2}/V_n \times 100\% = 9.959/13.19 \times 100\% = 75.48\%$$

(5) 燃烧产物密度。按式（2-36）：

$$\rho_0 = [44CO'_2 + 18H_2O' + 64SO'_2 + 28N'_2 + 32O'_2]/22.4 \times 100$$
$$= [44 \times 12.36 + 18 \times 8.79 + 64 \times 0.03 + 28 \times 75.48 + 32 \times 3.34]/22.4 \times 100$$
$$= 1.30\text{kg} \cdot \text{m}^{-3}_{标准}$$

(6) 重油的发热量。按式（2-14）为：

$$Q_{DW} = 339C^y + 1030H^y - 109(O^y - S^y) - 25W^y$$
$$= 339 \times 87.14 + 1030 \times 10.28 - 109 \times (0.296 - 0.494) - 25 \times 1 = 40125.44\text{kJ} \cdot \text{kg}^{-1}$$

(7) 燃烧温度的计算。由式 (2-44) 计算燃烧产物的理论热含量 I。

由于重油温度不高 (常温) Q_f 可忽略不计；助燃空气预热至 200℃，其物理热 Q_a 按式 (2-40) 计算，查得，200℃时，干空气的平均比热 $C_a = 1.306 kJ \cdot (m^3 \cdot ℃)^{-1}$。

则
$$Q_a = L_n C_a t_a = 12.6 \times 1.306 \times 200 = 3291.12 kJ \cdot kg_{重油}^{-1}$$

Q_a 值也可按 $V_L\% = 100\%$ 的那条线，从 I-t 图查得。于是，燃烧产物的理论热含量：

$$I = (40125.44 + 0 + 3291.12)/13.19 = 3291.63 kJ \cdot m_{标准}^{-3}$$

$$V_L\% = (L_n - L_0)/V_n = (12.6 - 10.5)13.19 = 16\%$$

根据 I 和 $V_L\%$ 由图 2-2 的 I-t 图查得 $t_{th} = 1940℃$。

由表 2-12 取炉温系数 $\eta = 0.75$，则实际燃烧温度为：

$$t_{c,p} = \eta \cdot t_{th} = 0.75 \times 1940 = 1455℃$$

2.4.3.3　影响燃烧温度的因素

根据实际燃烧温度的表达式 (2-38) 可知，影响实际燃烧温度的因素有以下方面：

(1) 燃料的发热量 Q_{DW}。燃料的发热量越高，其理论燃烧温度越高。故对要求高温的炉子，应选择发热量高的优质燃料。但对于气体燃料，当 Q_{DW} 在 3400~8400kJ · m^{-3} 标准范围内时，其燃烧温度随 Q_{DW} 值的增加而增长较快；当 Q_{DW}>8400kJ · m^{-3} 标准时，随着 Q_{DW} 的增加，其生成烟气量 V_n 也增加较快，因而使单位体积燃烧产物的热含量没有多大变化 (本质地讲，燃烧温度主要取决于单位体积燃烧产物的含热量)，所以其理论燃烧温度增长缓慢。

(2) 空气和燃气的预热温度。燃烧温度随着燃料和空气的物理热含量 Q_f 和 Q_a 增加而升高，为增加 Q_f 和 Q_a 采取燃烧前预热燃气和空气，但预热空气较为方便，对发热量高的燃气效果更大。这是实际采用提高燃烧温度的普遍有效的办法。

一般利用炉子废气的热量采用换热装置来预热空气。这样不仅提高了燃烧温度，而且利用了废气的热量，节约了燃料。从经济观点看，用预热的办法比提高发热量等其他办法提高燃烧温度更为合理。

(3) 使燃料完全燃烧。不完全燃烧所造成的热损失量 Q_i 增加，将使燃烧温度降低。因此应控制好助燃空气量，并根据燃料特点，采用相应的燃烧措施，如加强燃气与空气的混合，加强重油的雾化等，以使燃料充分燃烧。

(4) 空气消耗系数 n。它影响燃烧产物的生成量和成分，并影响燃料的燃烧程度，从而影响燃烧温度。因为空气消耗系数太大 ($n \gg 1$)，使燃烧产物体积增大而导致燃烧温度降低；如果空气消耗系数过小 ($n \leqslant 1$ 时)，则造成不完全燃烧，而同样使燃烧温度降低。因此，为提高燃烧温度，应在保证完全燃烧的前提下，尽可能减小空气消耗系数 n。

(5) 助燃空气的富氧程度。从燃烧计算可知，燃料产物的主要组分 (质量分数 w/%) 是 N_2 一般约 (70%~80%)，而 N_2 又绝大多数来自助燃空气。如果采用富氧或纯氧气做助燃剂，使燃烧产物体积大大减小，燃烧温度显著上升。生产实际表明，富氧程度对发热量较高的燃料影响较大，而对发热量较低的燃料影响较小。当采用富氧来提高燃烧温度时，富氧空气在含氧 27%~30% 有明显效果，而再提高富氧程度，效果便越来越不明显。

(6) 减小燃烧产物传给周围物体的散热量 $Q_{t.c}$。燃烧过程中向外界散失的热量，是使实际温度降低的因素之一。为减小这项损失，应加强燃烧室的保温。

(7) 提高燃烧强度。燃烧强度是指燃烧室空间的单位容积在单位时间内所燃完的燃料量（或以放出热量的多少来表示）。若燃烧技术合理，加快完全燃烧速度，提高燃烧强度，增加热量的收入，从而使实际燃烧温度上升，这是生产实践中通常采用的方法。当然，在一定条件下提高燃烧强度是有限的，超过这个限度再增加燃料量，将导致燃料的不完全燃烧而对温度的提高无益。

2.5 气体燃料的燃烧装置

2.5.1 气体燃料的燃烧

气体燃料的燃烧包括以下三个阶段，即：煤气与空气的混合，混合后的可燃气体的加热和着火，完成燃烧化学反应而进行正常燃烧。

2.5.1.1 煤气与空气的混合

要使煤气进行燃烧，首先必须使煤气中的可燃成分的分子与氧的分子进行接触，这样才有可能使燃烧进行。煤气与空气的混合速度的快慢，将直接影响到煤气的燃烧速度以及火焰的长度。气体的混合主要是两个气体射流的混合，其实质是一个紊流扩散和机械掺混过程。影响两个气体射流混合速度的因素主要有：

(1) 煤气和空气的流动方式。当其他条件相同时，平行射流的混合速度最慢，火焰最长，而且两射流间的交角越大，越有利于混合。

(2) 气流速度。气体的混合可认为是一个扩散过程。气流速度越大，紊流扩散作用就越强烈，混合也就越快。此时，由于紊流扩散的出现，火焰长度随气流速度的增大而有所减小。

(3) 气流相对速度（速度差）。对于两平行流动的射流来说，除了射流本身的绝对速度以外，它们之间的相对速度即速度差也对混合有很大影响。气流的速度差越大，混合就越快。

(4) 气流直径。气流直径越大，完成混合所需要的时间就越长，火焰亦越长。中心射流的喷口直径越小，射流中心线上的混合越快。

(5) 煤气发热量。当其他条件相同时，煤气发热量越大，所需要的空气量就越多，因而混合时间就越长。

(6) 空气消耗系数。操作上常常把改变空气消耗系数（调节空气阀门）作为调整火焰长度的一个手段。增大空气消耗系数能使混合加快，火焰缩短。反之，则混合放慢，火焰拉长。

以上是影响煤气空气混合速度的主要因素及其基本规律。在设计或选择烧嘴时，可以根据上述因素对混合的影响规律来改变烧嘴的结构。以便得到所需要的火焰长度。

2.5.1.2 煤气和空气混合物的加热和着火

混合后的煤气和空气的混合物，只有在被加热到一定温度时才能进行燃烧反应。也就是前述的“着火温度”。为了实现着火过程，应将可燃混合物加热到着火温度，并且可燃混合物的成分应在着火浓度极限之内。点火时，如果第一次失败，则必须将烟道闸板打开，使炉内的可燃气体排走后再进行点火，否则会发生爆炸。

2.5.1.3 完成燃烧反应而进行正常燃烧

在炉内，当将煤气和空气的混合物点着之后，则立即开始燃烧。如果燃烧的过程能连续地进行下去，在炉内保持稳定的火焰，这就是煤气的正常燃烧阶段。

煤气燃烧过程包括混合、着火和正常燃烧三个阶段。其中混合过程是一种物质扩散现象，而着火和正常燃烧是传热和化学反应现象。所以，混合的充分与否是决定煤气燃烧过程的关键。要使煤气完全迅速地燃烧，就必须创造条件，促使煤气与空气充分混合，这是设计煤气烧嘴的主要任务。

2.5.2 火焰的传播

火焰正常燃烧后需通过热量的传递使燃烧反应区向前推进。

2.5.2.1 火焰的传播概念

可燃气体在点火后，其燃烧反应首先是在局部地区开始，然后通过燃烧反应区所放出的热量把邻近的未燃气体加热，使其达到着火温度而燃烧起来。这种通过热量的传递而使燃烧反应区逐渐向前推移的现象称为“火焰的传播”。根据混合气的流动状态，把火焰传播分为层流火焰传播和湍流火焰传播。

在一个水平放置的玻璃管中充入已经混合均匀的可燃气体（见图 2-3）。在管子的一端装有点火器，另一端和大气相通以保持恒压。在点火以后，在点火源附近的一层气体达到着火温度时，便开始激烈的化学反应，即开始着火，形成一层平面火焰，称为火焰前沿（燃烧前沿）。火焰前沿的温度很高，它的热量传给相邻的一层可燃混合物，使其温度不断提高，达到着火温度，使相邻的一层可燃混合物也开始着火燃烧。原来的火焰前沿的位置上已是燃烧完了的燃烧产物，新着火的一层可燃混合物又变成了火焰前沿，它又将热量向前传去。这样，一层一层地被加热，着火燃烧，可以看到火焰前沿连续地向前移动。用外部热源点火以后，一旦形成火焰前沿，燃烧便能连续地进行下去。这种由于热量传递而使火焰前沿移动的燃烧过程叫做火焰正常传播或正常燃烧。

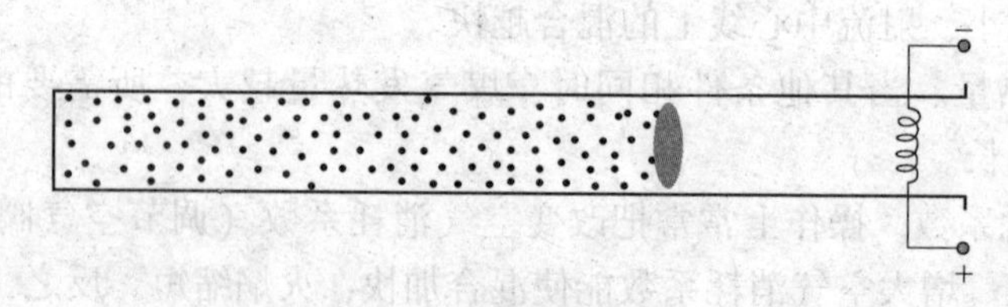

图 2-3 火焰传播示意图

火焰传播速度（u）表示可燃混合物燃烧的快慢。火焰传播速度大，可燃混合物燃烧较快；火焰传播速度小，可燃混合物燃烧较慢。所以火焰传播速度是各种煤气的又一个特性指标。实验证明，在太贫或太富的混合物中火焰均不能传播。在极限富油或贫油的混气中，火焰传播的可能最小传播速度约等于（1~2）m/s。火焰能以最小速度传播的极限成分称为火焰传播界限。火焰传播界限有时可用近似经验估算法来确定，传播界限上限一般约是化学当量计算浓度的3倍，下限大约是它的50%。

如果上述实验管内的可燃混合物不是静止的，而是流动的，其流动的速度为 v，则火焰传播速度 u 的方向与 v 的方向是相反的，这时，则可能有三种情况：

（1）当 $|v|=|u|$ 时，即两者速度相等，但方向相反，这时火焰前沿的位置将是稳定的；

（2）当 $|v|<|u|$ 时，火焰前沿就会向管内移动，在烧嘴中发生这种现象便称为“回火”；

（3）当 $|v|>|u|$ 时，火焰前沿就会向管口移动而最终脱离开管口，这种现象便称为“脱火”。

实际上，煤气烧嘴形成的火焰都近似于锥形的，即形成锥形的火焰前沿。此时，在火焰前沿面的法线方向上，气流的分速度 u_n 也必须和这个方向上的火焰传播速度 u_n 相平衡。只有这样，才能保证稳定的火焰，否则将发生“回火”或“脱火”现象。“回火”或“脱火”都容易引起烧坏设备，甚至造成爆炸事故。另外，即使燃烧器出口断面上可燃混合物的平均速度大于火焰传播速度，但由于烧嘴的加工精度不够，烧嘴中有污物沉积等也会造成速度的不均匀，使有些部位的速度小于火焰传播速度，引起“回火”。所以在生产中应经常清理烧嘴。

2.5.2.2 火焰传播速度的影响因素

火焰传播速度的大小，目前只能靠实验的方法直接测定。如前所述，火焰传播速度不仅取决于可燃气体本身的物理化学性质，而且还和测量方法、测量装置、气流的紊动性以及管壁的散热情况等外界条件有关。由于火焰传播过程实质上是化学反应和传热过程的综合，所以影响火焰传播速度的因素主要有以下几点：

（1）可燃混合物的本性。火焰传播速度与煤气的物理化学性质有关。速燃气体的火焰传播速度大，缓燃气体的火焰传播速度小。导热系数大的，气体内部传热快，所以火焰传播也快。H_2的导热系数最大，所以火焰传播最快。煤气与空气的配比（即空气消耗系数）也影响火焰传播速度。而且超过一定的范围，火焰将不能传播。在理论上讲 $\varepsilon=1$ 时可燃混合物的火焰传播速度最大；因为这时单位体积的可燃混合物发出的热量最大；但是，如图2-4所示，火焰传播速度的最大值并不是在空气消耗系数 $\varepsilon=1.0$ 的地方，而是在 $\varepsilon<1.0$ 的地方，大多数在 $\varepsilon=0.5\sim0.9$ 的范圈内，即当空气少量不足的情况下火焰传播速度最大。在煤气浓度偏高的条件下，燃烧的连锁反应的活性中心浓度较大，燃烧反应进行较快，加速了火焰传播。相反，则使 v_n 值均减小，甚至不能向前传播。当煤气中含有惰性气体 CO_2 和 N_2 时，也会使火焰传播速度减小。

（2）可燃混合物的预热温度。提高可燃混合物的初始温度能显著提高火焰的传播速度。如图2-5所示是几种常用煤气的火焰传播速度与初始温度的关系。由图中可以看出，v 随温度的增高而急剧上升，这是因为预热温度高，则将可燃混合物加热到着火温度所需要的时间越短，火焰传播速度则越快。因此，把空气或煤气预热不仅能提高燃烧速度，也有利于完全燃烧。

（3）流动性质。层流时火焰传播速度小，紊流时火焰传播速度大。当层流时，火焰前沿面基本上是平面；而当紊流时，由于气流质点发生脉动，会把火焰前沿面“打乱”，

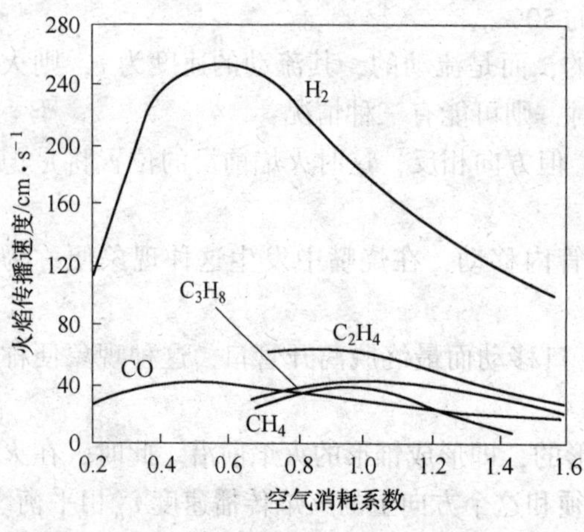

图 2-4　火焰传播速度与空气消耗系数的关系

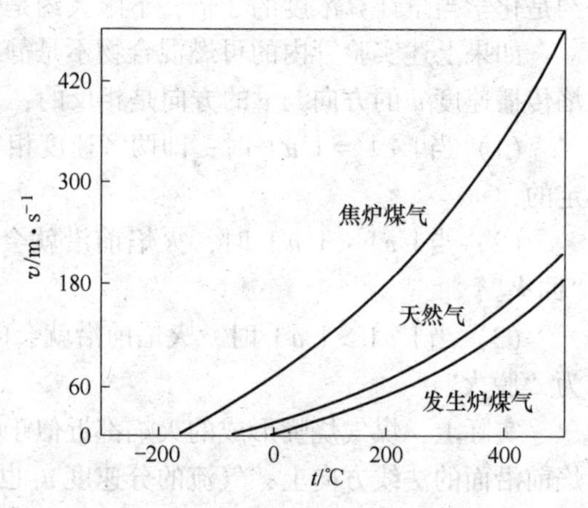

图 2-5　火焰传播速度与温度的关系

而使前沿面变成曲折的波浪形面。因此，在气流单位横断面上，实际的火焰前沿面总面积增加了，火焰前沿的厚度也有所增加；这样在单位时间内燃烧掉的燃料量增加，放出来的热量多，火焰的温度升高，也就使火焰前沿以更大的速度向前传播。气流速度越大，传播速度也越快。

（4）对外部的散热条件。在绝热条件下，火焰传播较快；而当向外界强烈散热时，火焰传播速度则较小。对于紊流，当管径增大时，管子的相对散热面积减小，有利于火焰的传播；当管径减小时，火焰的传播速度也减小。当管径小到一定值时，由于相对散热面太大，可燃混合物燃烧的热量迅速向外散失，而使火焰不能向前传播，即不能继续燃烧。

（5）其他如压力、含尘量、少量的水蒸气等也影响火焰传播速度。

研究火焰传播的本质以及火焰传播速度与各种影响因素之间的关系有如下的意义：

1）可以给提高燃烧速度和改进燃烧技术指出方向；

2）火焰传播速度的数据是设计燃烧器时不可缺少的依据。

为了保证燃烧过程和火焰的稳定，必须使可燃混合物的喷出速度与该条件下的火焰传播速度相适应，或两者之间必须保持平衡。如果可燃混合物的喷出速度太大，超过了火焰的最大传播速度，火焰就会被吹灭，产生“脱火”，开炉点火时，可燃混合物的流量不能太大就是这个原因。反之，如果可燃混合物的喷出速度小于火焰的传播速度，火焰就会回窜到烧嘴内部（对无焰烧嘴而言），产生“回火”，严重的回火将会引起爆炸。

根据煤气与空气在燃烧前的混合方式不同，将煤气的燃烧方法分为两类，即有焰燃烧法和无焰燃烧法。

2.5.3　有焰燃烧（扩散燃烧）方法

有焰燃烧法（扩散式燃烧），指的是煤气与空气在燃烧器（简称烧嘴）中不预先混合或只有部分混合，而是在离开烧嘴进入炉内以后，在炉内（或燃烧室内）边混合边燃烧，即混合与燃烧是同时进行，形成一个火焰。这种燃烧方式的燃烧器结构最简单，开发与利用这种燃烧使其具有更广泛的实用性。但这种燃烧的速度受到混合速度的限制，火焰较长，这种“边混式”的燃烧，通称为“有焰燃烧”。因为其中的混合过程是一种物质扩散现象，故有焰燃烧的原理属于“扩散燃烧”，它主要决定于物理方面的因素。在这种燃烧方法中，因为煤气中有部分的碳氢化合物在炉膛内因不能立即与空气混合而燃烧，使它在高温下受热后裂化，析出微小的固体碳粒。这种碳粒具有较强的辐射和反射能力，而且能辐射出可见光波，呈现出明亮的火焰，故称为“有焰燃烧”。

2.5.3.1　有焰燃烧的特点

有焰燃烧的火焰黑度大，辐射能力强；沿火焰长度上温度分布均匀；有的烧嘴可改变火焰情况、调节火焰长度，因而能控制沿长度上的温度分布；要求煤气的压力较低，一般为50~300Pa即可。对煤气含尘、含焦油量要求不严，可以使用未清洗的发生炉煤气；一般不发生回火，因此预热温度不受限制，有利于回收废热和节约燃料；烧嘴结构紧凑，每个烧嘴的燃烧能力较大，调节比也较大；混合较差，因而燃烧强度低，需要较大的燃烧空间和较大的空气消耗系数（ε=1.1~1.25）才能完全燃烧。理论燃烧温度较低，但温度分布较均匀；空气管道、风机等系统较复杂，尤其用于烧嘴数量很多的炉子上，较为不便。有焰燃烧的主要矛盾是煤气和空气的混合，燃烧速度与燃烧完全程度就主要取决于煤气和空气的混合速度与混合的完全程度。

2.5.3.2　火焰结构和火焰长度

在采用边混式有焰燃烧时，在炉内形成一个有一定外形的火炬，通称为火焰。当煤气以层流流动从管口喷入到大气中燃烧时形成火焰。火焰中分成明显的几个区域。中心为煤气，最外层为空气，当煤气与空气靠分子扩散混合达到一定比例时，形成燃烧带，燃烧后的燃烧产物向两方扩散。如果不是在大气中，而是在燃烧室中燃烧，情况稍有变化，如图2-6所示，燃烧后的高温炉气将有一部分循环到火焰根部。这种循环气体的数量与气流速度、燃烧室的形状和尺寸等因素有关，如图2-7所示为火孔的直径、流量与火焰长度的关系。由图2-7可见，开始段为层流火焰，火焰长度随着燃料流量的增加而增加，达到最高点后曲线明显下降，即火焰由层流转向紊流，火焰长度反而有所缩短；紊流状态下燃料流量继续增加，火焰长度又有所增加。理论上火焰长度的数值应该是由燃烧开始到可燃成分含量为零的长度。

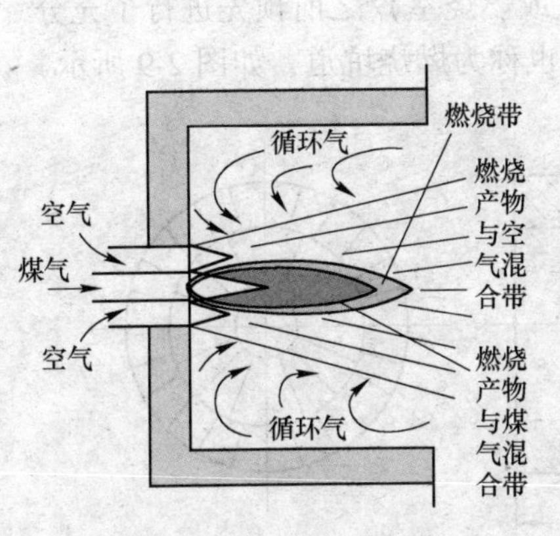

图2-6　燃烧室内火焰结构

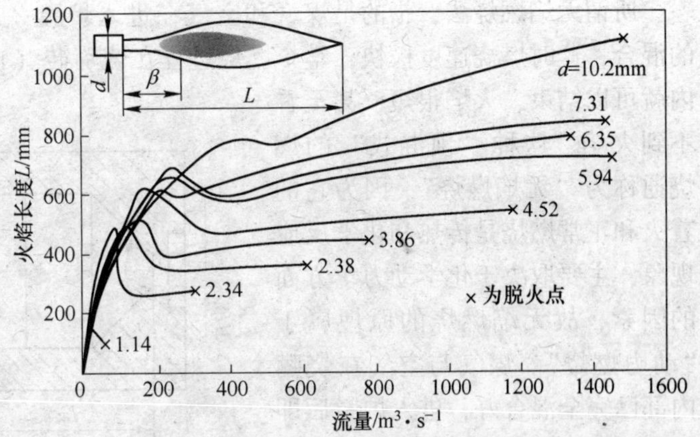

图2-7　火孔的直径、流量与火焰长度的关系

d—火孔直径；*L*—火焰长度；*β*—燃烧中心与火口间的距离

在有焰燃烧中，影响火焰长度的因素主要就是那些影响气流混合的因素，即凡是有利于混合的因素都可以使火焰长度变短；凡是不利于混合的因素都会使火焰长度变长。在实际生产中或在设计燃烧器时，影响火焰长度的因素主要考虑以下几点：

（1）煤气的喷出速度。在紊流的条件下，如喷口直径不变，则煤气喷出速度增加火焰长度基本不变。因为当速度增加时，涡动扩散增加，混合加快，可以使火焰长度缩短；但另一方面，速度增加，流出的煤气量也增加，完成混合所需要的距离也拉长，综合这两方面的因素，所以速度增加时火焰长度仍基本不变。

（2）煤气喷口的直径。煤气喷口直径有最显著的影响。喷口直径越小，火焰越短，火焰长度基本上和喷口直径成正比。在不改变煤气流量的条件下，缩短火焰可采取减小喷口直径或将煤气流股分成若干个小细流，实质上就是增加了和空气的接触面积。

（3）空气的喷出速度。空气喷出速度越大，火焰越短。这可以靠增加空气流量或缩小空气喷口断面的办法来达到。

（4）空气、煤气的预热温度。与冷空气、煤气相比，预热后火焰更加靠近烧嘴喷口，火焰更加稳定。当烧嘴负荷不变时，预热后空气和煤气的喷出速度增加，而对燃烧速度的影响是，如预热后空气、煤气的速度差变大，混合将加快，火焰变短。反之，预热后使速度差变小，火焰将变长。但是，当空气、煤气预热到着火温度以上的高温时，则不论在任何情况下，燃烧将加快进行，得到很短的火焰。

（5）机械涡动。使空气与煤气具有一定的交角，如图 2-8 所示中：（a）使空气旋转；（b）和在流股进程中安放固体障碍物；（c）都能增强混合，缩短火焰长度。

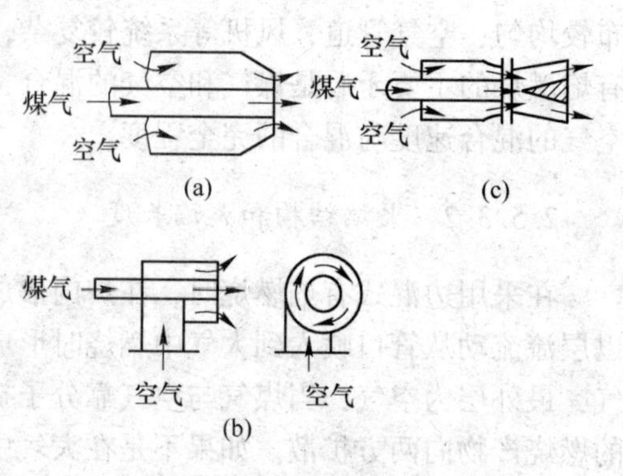

图 2-8　几种加强混合的方式

（a）平行气流混合；（b）螺旋气流混合；（c）锥角障碍混合

2.5.4　无焰燃烧（动力燃烧）方法

所谓无焰燃烧法，指的是煤气和空气在进入炉膛（或燃烧室）之前预先进行了充分的混合，这时燃烧速度极快，整个燃烧过程在烧嘴砖（也称为燃烧坑道，如图 2-9 所示）内就可以结束，火焰很短，甚至看不到火焰，这种“预混式”的燃烧通称为“无焰燃烧”。因为它的着火和正常燃烧是传热和化学反应现象，主要取决于化学动力学方面的因素，故无焰燃烧的原理属于“动力燃烧”。煤气与空气在烧嘴内部已完全混合好，进入炉膛后即可立即进行燃烧，产生的火焰辐射能力小，似无焰。

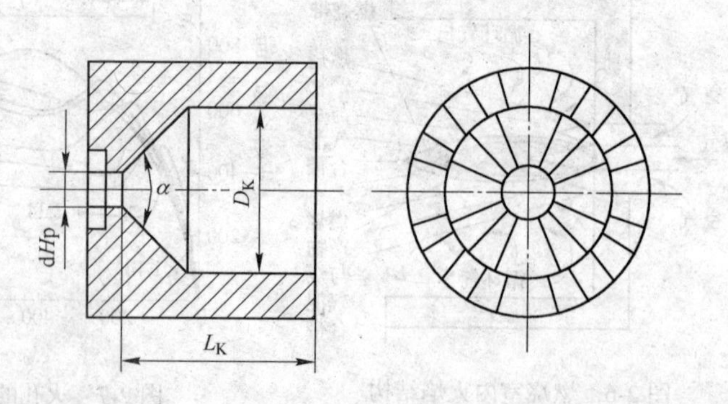

图 2-9　燃烧坑道结构示意

2.5.4.1 无焰燃烧的特点

无焰燃烧的反应速度快，火焰中的游离碳粒比较少，火焰黑度小，辐射能力弱，火焰长度短，且不容易控制。高温区集中在烧嘴附近，要求煤气的压力较高，对于燃烧不同煤气的喷射式烧嘴所需煤气的压力大约在500~3000Pa范围内。无焰燃烧时，空气、煤气的预热温度受到限制，原则上不能高于混合气体的着火温度。一般空气最高预热至550℃，煤气最高预热至300℃；由于燃烧速度快，而且燃烧空间的热强度（指$1m^3$燃烧空间在1h内由于燃料的燃烧散发出的热量）高，比有焰燃烧时大100~1000倍之多，所以用较小的空气系数（$\varepsilon=1.02\sim1.05$）就能达到完全燃烧，且理论燃烧温度较高。为了防止回火和爆炸，每个烧嘴的燃烧能力不宜过大；无焰燃烧可省掉一套鼓风机等送风设备。对于使用冷风的炉子，可省去全部的空气管道。使炉子结构简单、紧凑。

2.5.4.2 无焰燃烧时的火焰稳定性

在生产实践中对无焰燃烧的火焰稳定性必须重视。无焰燃烧是煤气与空气已预先混合，故在燃烧时火焰前沿就有可能传播到烧嘴内部而产生“回火”现象，使燃烧不稳定，严重时将把烧嘴烧坏或产生爆炸。为了使无焰燃烧不致发生回火，最主要的是在设计和操作时，必须使可燃混合物的喷出速度调节到允许的最小值时仍能大于实际火焰传播速度。这一点就限制了无焰烧嘴的调节比（即调节范围，指烧嘴最大与最小燃烧能力的比值）。

无焰燃烧应尽可能使喷出速度分布均匀化。如果速度分布不均匀，而靠喷口的周边速度小时，有可能使火焰沿周边传播到烧嘴内部。一旦局部回火，将引起整个管内的回火。故烧嘴喷头做成收缩形的，使周边的气流受到一些“挤压”的作用而加速，可使速度分布均匀化。必须及时清除烧嘴内的这些污物避免发生回火现象。当开启烧嘴时，在开启过程中最容易造成回火，特别是当开启速度较慢的时候，在操作时应特别引起注意。在喷射式烧嘴上，喷头口径愈大的烧嘴愈容易发生回火，采用水冷喷头，可减少回火现象。

无焰燃烧火焰不稳定的另一现象是“脱火”。可燃混合物的喷出速度大于火焰传播速度时，则发生脱火。脱火后，火焰中断，延续下去即产生灭火，造成温度降低，并在反应器内充满可燃气体，存在爆炸的危险。为了避免回火必须使烧嘴喷出速度大些，同时喷出速度大时又不致发生“脱火”，宜采用“燃烧坑道”，如图2-9所示。它是靠炽热的坑道内表面的辐射和对流传热，使可燃混合物一进入坑道就迅速接受热量，快速地被加热到着火温度而燃烧；坑道的锥角很大，使得在混合物射流周围形成循环气流，燃烧后的高温气体循环回来加入到刚喷出的可燃混合物中去，起着“连续点火”的作用，使混合物迅速点火燃烧。这两种作用使得混合物在燃烧坑道内的实际的火焰传播作用和燃烧强度达到了极高的程度，因而以一般喷射式烧嘴所能达到的速度来喷出混合物时，不会造成脱火的现象。

2.5.5 烧嘴

有焰燃烧法所用的燃烧装置称为有焰烧嘴。由于煤气和空气的混合特点不同，有焰烧嘴的种类也很多，但任何一种烧嘴都是在某一特定生产条件下的产物。因此，在分析烧嘴的结构特点和选择烧嘴时，必须和烧嘴的使用条件结合起来。一些常用烧嘴的结构、特点和使用性能见表2-13。

表 2-13　常用气体燃料装置的结构和特点

名称	结　构	特点和使用性能
套管式烧嘴	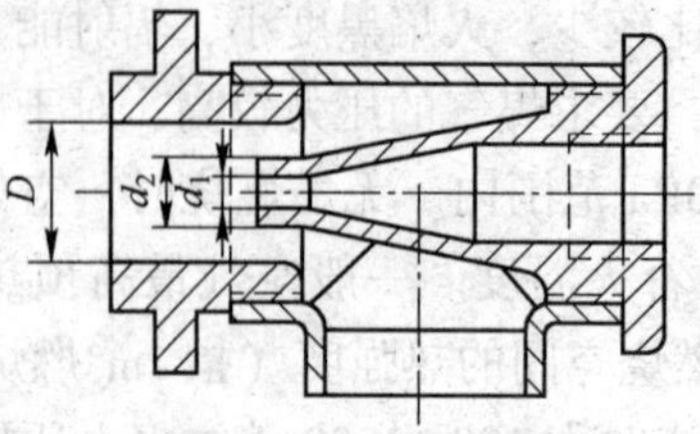	结构简单，气体流动阻力很小，所需的煤气压力与空气压力低，一般 80~150Pa。由于混合较差，燃烧缓慢。火焰较长，因此需要有足够大的燃烧空间，以便保证煤气在炉内能完全地燃烧。同时，空气消耗系数也较大（ε=1.2 左右）。所以，这种烧嘴适合于用在煤气压力较低和需要长火焰的场合
DW-1 型	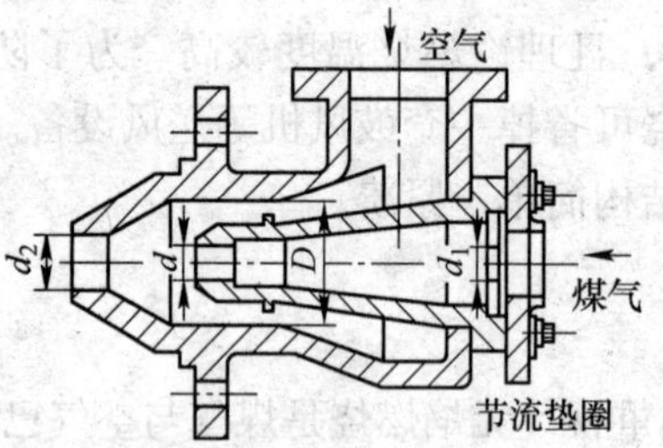	煤气和空气在烧嘴内部就开始相遇，在空气通道内还设置了涡流导向叶片，混合条件较好，可以得到比较短的火焰。在较小的空气消耗系数（ε=1.05~1.15）条件下能保证完全燃烧。空气压力比套管式烧嘴要大一些，烧嘴前的空气压力应保持在 200Pa 以上
扁缝涡流式烧嘴	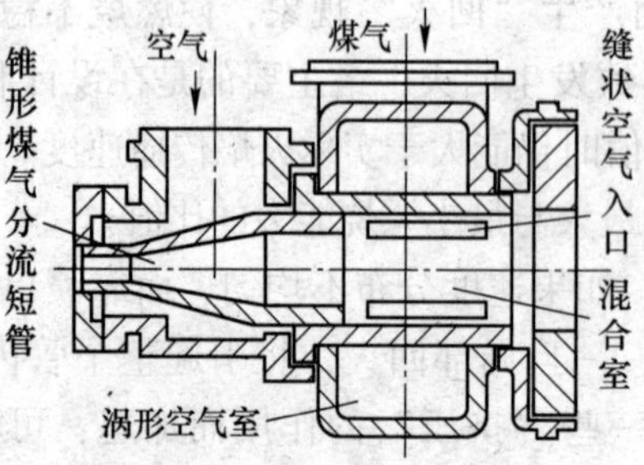	有焰烧嘴中混合条件最好的、火焰最短的一种，适用于发热量为 5443~8374kJ · m^{-3} 的发生炉煤气和混合煤气。火焰很短，当混合气体出口速度为 10~12m · s^{-1} 时，火焰长度约为出口直径的 6~8 倍。要求烧嘴前的煤气和空气压力为 150~200Pa。当混合气体的出口速度超过 15m · s^{-1} 时就可能灭火
环缝涡流式烧嘴	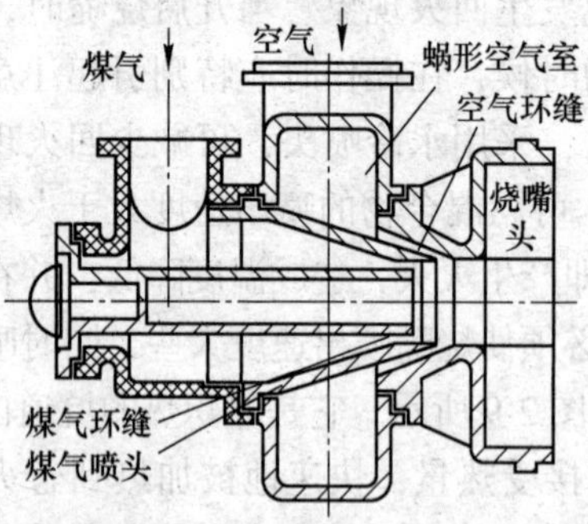	空气从蜗形空气室通过空气环缝旋转喷出，在烧嘴头中与煤气相遇而开始混合。它主要用来燃烧 3768~9211kJ · m^{-3} 的混合煤气和清洗过的发生炉煤气。环缝式烧嘴所需的煤气压力和空气压力约为 200~400Pa。煤气应清洗干净，否则容易堵塞喷口。最小出口速度一般都限制在 10m · s^{-1} 左右
平焰烧嘴	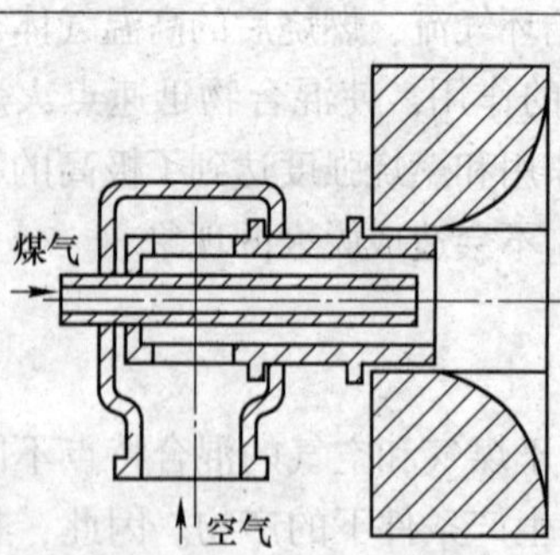	空气以切线入口的方式或经螺旋叶片从烧嘴旋转喷出，经过喇叭形或大张角出口的烧嘴砖，使旋转气流产生了较大的离心力而获得较大的径向速度。煤气可以从喷口轴向喷出，靠空气旋转形成的负压，而吸入到空气流内，沿平展气流方向混合，边混合、边燃烧，形成平火焰。喇叭形有点火源的作用，保证稳定燃烧，并使火焰烧嘴开始点火也较容易

套管式烧嘴、低压涡流式烧嘴、扁缝涡流式烧嘴和环缝涡流式烧嘴现在已有定型的结

构系列，各种烧嘴的更多参数可参考《工业炉设计参考手册》。新近开发的烧嘴有很多种，下面介绍三种。

2.5.5.1　高速烧嘴

煤气与空气在具有很高热负荷的燃烧室内，在一定压力的作用下，使其很好地混合与燃烧。燃烧的气体随温度的升高而产生体积的膨胀，在体积膨胀与压力的作用下产生很高的喷出速度，借助喷射力的作用，扰动炉内原有的废气产生强烈地旋转，使炉内温度达到均匀。所以高速烧嘴实际上就是在烧嘴前附加了一个小的燃烧室，煤气在室内燃烧，产生的高温气体以很高的速度（$100\sim300\text{m}\cdot\text{s}^{-1}$）从燃烧室喷出，而进入炉内燃烧。但是为了得到高的喷出速度，燃烧室必须要有足够的压力和极高的温度。由于燃烧室承受着非常高的热负荷，需要采用特殊的高级耐火材料（应具有高耐火度，高绝热相，耐高温冲刷等性能）。如图2-10所示是一种典型的二段式高速烧嘴示意图。煤气预先和理论空气量的一半相混合，混合物在一次燃烧室内均匀地不完全燃烧，并以高速喷出，然后再用二次空气在炉内终燃。由于燃烧分两个阶段进行，炉气又向火焰回流，燃烧比较完全，炉气中 NO_x 含量较少。

2.5.5.2　无焰烧嘴

无焰燃烧法所用的燃烧装置称为无焰烧嘴。以煤气作为喷射介质，按比例吸入助燃所需要的空气量，并经过充分混合，而后喷出燃烧。其结构示意图如图2-11所示。

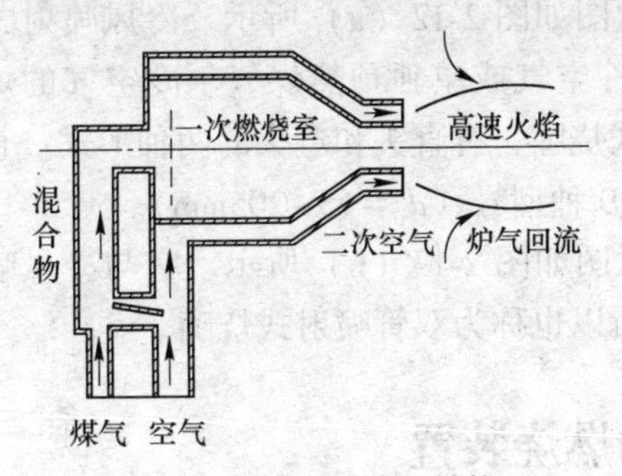

图2-10　高速烧嘴的结构

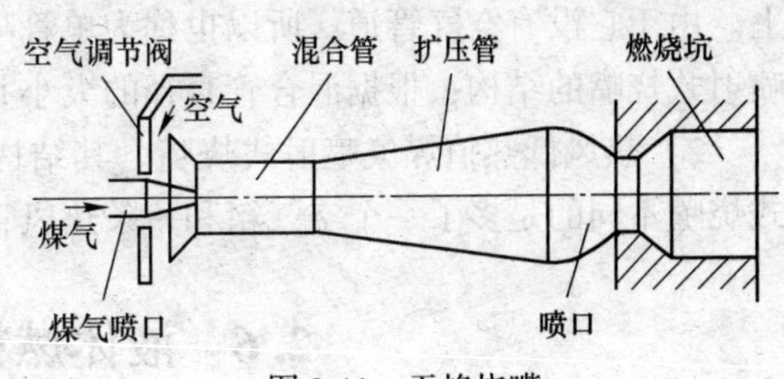

图2-11　无焰烧嘴

各部分的主要用途及特点如下：

喷射管：高压的喷射介质由此喷出。

吸入管：空气由此吸入，为减小空气进入时的阻力，吸入管作成喇叭形的。

混合管：吸入的空气在此与煤气温合，使混合气流的速度场均匀化。一般将混合管前半部作成稍微收缩形，有利于速度场的均匀。而且管壁应光滑。

扩张管：主要是把一部分动能转变为可以利用的压力能，以减小喷射介质所必需的开始压力。另外，扩张管也有助于浓度的均匀化。

烧嘴喷头：它的出口作成收缩状的，使混合物进入加热坑道以前使速度场得到进一步均匀化，以免火焰沿管壁速度较小的地方窜入管内，产生回火现象。所以对于燃烧能力较大的烧嘴（直径大于60mm时），其喷头应当装上散热片，或者做成水冷式的，以便加强散热，这是防止回火的有效措施。而燃烧能力较小的烧嘴，其喷头可自然冷却。

燃烧坑道：它的作用是将可燃混合物能迅速加热到着火温度以保证稳定燃烧。

2.5.5.3　喷射式无焰烧嘴

喷射式无焰烧嘴其构造形式很多，按所烧的煤气发热量高低，可以分为低发热量和高发热量两种。前者适用于发热量为（3768～9217）$kJ \cdot m^{-3}$的发生炉煤气、高炉煤气和高炉、焦炉的混合煤气；后者适于发热量较高的焦炉煤气和天然煤气等。低热值煤气喷射式烧嘴在冶金中普遍应用，这种喷嘴目前有冷风喷射式烧嘴和热风喷射式烧嘴两种系列。在此仅介绍常用的喷射式烧嘴的结构和性能（见图2-12）。

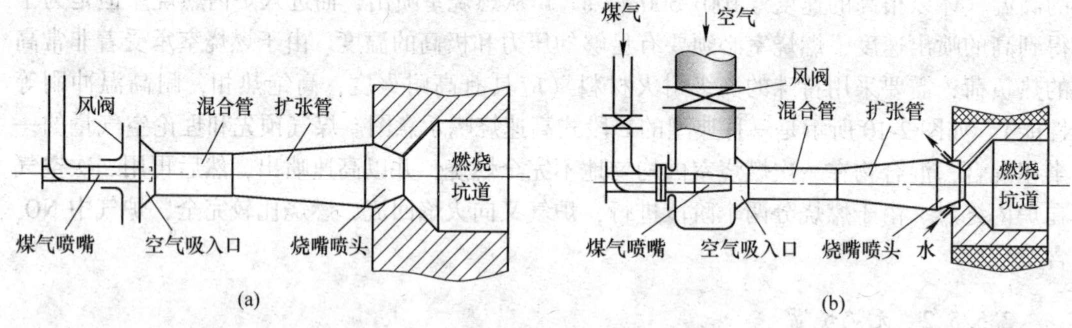

图2-12　冷风低热值煤气喷射式烧嘴

喷射式烧嘴有两种基本结构：

1）冷风低热值煤气喷射式烧嘴。其结构示意图如图2-12（a）所示。冷风喷射式烧嘴主要用在烧$Q=3768 \sim 9211 kJ \cdot m^{-3}$的冷煤气、冷空气或单独预热煤气、冷空气的炉子上。由于它没有空气管道，所以也称为单管喷射式烧嘴，有直头和弯头的两种形式。直头喷射式烧嘴的结构，根据混合管直径的大小共有19种型号（$d_p=15 \sim 205mm$）。

2）热风低热值煤气喷射式烧嘴。其结构示意图如图2-12（b）所示。它与冷风喷射式烧嘴不同的是多了一个空气箱和一条热风管，所以也称为双管喷射式烧嘴。

2.6　液体燃料的燃烧装置

液体燃料也是冶金生产中常用的一种燃料，多用重油，个别情况下也有用焦油和柴油的。下面以重油的燃烧为主说明液体燃料的燃烧装置，其燃烧原理、燃烧方法和燃烧装置对其他液体燃料基本上也是一样的。

2.6.1　重油的燃烧过程

2.6.1.1　油雾的燃烧

为保证重油的完全燃烧，必须供给充足的空气以达到良好的混合和必要的着火热力学条件。由于重油的性质特点，燃烧过程中要增加与空气的接触面积，重油燃烧时，必须先把它破碎成微小颗粒的油雾，也就是所谓的“雾化”。重油的燃烧过程包括雾化与混合、着火和燃烧三个阶段。研究重油的燃烧就是重点研究油雾的燃烧。

油雾是由大量的细小油粒群所组成，为了弄清油雾的燃烧规律，可从个别到整体，先研究单个油粒的燃烧过程。如图 2-13 所示是一个油粒燃烧过程的示意图。在油粒进入高温含氧的介质中时，由于油的沸点较低（一般为 200~300℃），受热后即开始蒸发，首先产生可燃的油蒸汽，它们在高温下与氧接触就发生燃烧反应。同时因油及油蒸汽都系复杂的碳氢化合物所组成，如果在与氧分子接触之前就达到较高温度时，则发生热解与裂化。油的蒸汽热解时产生固体的碳和氢气。其反应式简单写出为：

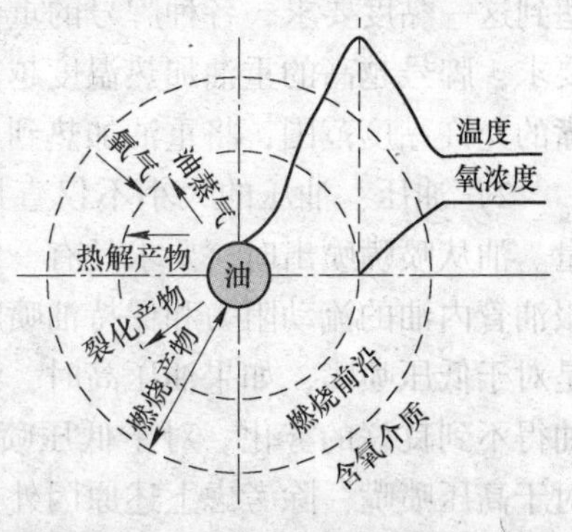

图 2-13 一个油粒燃烧过程的示意图

$$C_nH_m \longrightarrow nC + \frac{m}{2}H_2 \tag{2-47}$$

对于没有来得及蒸发的油粒本身，如果剧烈受热而达到较高的温度，液体状态的油也会发生裂化现象。其结果产生一些较轻的气体可燃物，从油粒中跑出，剩下的较重分子，则是固体的焦粒或沥青。与此同时，在浓度差的作用下，油蒸汽等气态碳氢化合物逐渐向外扩散，而周围的氧分子也逐渐向油粒表面扩散，两者混合，其浓度达到适当比例（$n=1.0$ 附近），并被加热到着火温度时，便开始着火和燃烧。这样便沿着燃烧反应区形成一个前焰球面。在前焰球面上，火焰温度最高，产生的热量则由前焰面向四周传递，燃烧产物也向四周扩散，而氧气的浓度则降到最低。

油蒸汽等碳氢化合物的燃烧反应过程，也是分支连锁反应，不过比煤气反应过程更为复杂，反应的过程也要慢些。油雾中，油粒的直径有大有小，油粒和空气（含氧介质）都是流动的，各处的温度不尽一样，各油粒燃烧后生成的热量互相传递，油粒之间互相影响等，都是与单个油粒燃烧不同的。但本质上，油雾的燃烧仍是单个油粒燃烧的综合，其中仍然包含着前述燃烧机理中的几个阶段。因此，重油雾化的好坏是保证燃烧顺利进行的一个先决条件，只有雾化的好，才能蒸发的快。但只是蒸发的快还不行，还必须使蒸发产物与空气（氧气）迅速混合，才能燃烧的快。所以，研究重油燃烧过程时应着重研究两个条件：一是油的雾；二是空气与油雾的混合。

2.6.1.2 油的雾化

因雾化可借助气体的冲击作用或机械作用而实现，所以现在冶金炉上常用的雾化方法有低压空气雾化、高压空气（或蒸汽）雾化和机械雾化三种。在冶金生产中目前多采用气体雾化。根据雾化的方法不同，常把油喷嘴分为低压油喷嘴、高压油喷嘴和机械油喷嘴（油压式喷嘴）。在生产中喷嘴雾化质量的好坏直接影响重油的燃烧速度。如雾化的颗粒越小则雾化的质量越好，从而燃烧的效果也越好。燃料油、雾化剂和喷嘴结构都对雾化质量有一定的影响。

(1) 燃料油。我国目前炉子上使用的燃料油多为减压渣油；有时也掺一些常压渣油，其油温、油压和油质都对雾化质量有很大影响。

1）油温：重油在 0℃时都呈固体状态，固态油不能直接雾化。在生产实践中，为了保证雾化的良好条件，必须将油加热呈液体状态，要求油的黏度最好不超过 5~15°E，为达到这一黏度要求，各种牌号的重油加热温度一般为 70～110℃。显然，为达到同一黏度要求，牌号越高的重油加热温度越高。因此，为了保证雾化质量，应根据重油的牌号和喷嘴的允许黏度范围，将重油加热到所需要的温度。

2）油压：油压的大小不仅直接影响到油的流速与流量，而且也能影响到雾化的质量。油从喷嘴喷出时，要求具有一定的喷出速度，因此油管内应保持一定的油压，用以克服油管内油的流动阻力和保持油喷时的喷出速度。采用气体雾化时，油压不宜太高，特别是对于低压喷嘴，如果油压高时，油的流速太快，使得雾化剂来不及对油充分起作用，使油得不到良好的雾化。对于低压喷嘴油压一般在 $1kg \cdot cm^{-2}$ 以下，甚至到 $0.5kg \cdot cm^{-2}$。对于高压喷嘴，除考虑上述原因外，还必须考虑高压雾化剂在和油射流相遇时的反压力的大小，应使油压高于该处的反压力，否则油会被雾化剂“封住”而喷不出来，这种情况对于内混式高压喷嘴来说要特别注意。另外，油压波动会影响燃烧的稳定性，因此在油路上还安装有稳压器以稳定油压。

3）油质：油中一般都含有 1%～2.5%的机械杂质，它影响雾化质量，所以在管路上安置油过滤器，以清除机械杂质。

（2）雾化剂。生产中常用的雾化剂有空气和蒸汽。在其他条件相同时，蒸汽雾化较空气雾化的质量为好。但蒸汽雾化需要多增加一套蒸汽供应系统，而对脱碳要求较严，吸水作用特别敏感的炉子不宜用蒸汽雾化。此两种雾化方法目前在生产中都在使用。

雾化质量与雾化剂的喷出速度有关，速度越大，雾化质量越好，所以在生产中要求雾化剂具有较高的原始压力，以达到较大的喷出速度。根据雾化剂压力的大小，可以分为低压雾化和高压雾化。低压雾化多采用鼓风机将空气加压至 1000Pa 的压力；高压雾化是用空压机一般将空气加压到 0.3～0.8MPa，或采用 0.2～1.2MPa 的蒸汽。

低压雾化一般都用燃烧所需空气量的 65%～100%做雾化剂，故空气与油粒混合较好，且燃烧过程较快，形成短而软的火焰。空气喷出速度一般只有 $50 \sim 80m \cdot s^{-1}$，因此油粒颗粒直径较大（半径为 0.2～0.025mm），且喷嘴的结构尺寸也大，从而限制了这种喷嘴的燃烧能力。每个喷嘴的燃烧能力一般不超过 $250 \sim 300kg \cdot h^{-1}$。其动力消耗少、生产费用低、生产时喷嘴噪声小，且维护也较容易。

高压雾化是用少量的雾化剂，如用燃烧所需空气量的 10%～15%的压缩空气，或每公斤油采用 $0.5 \sim 0.8kg \cdot cm^{-2}$ 的高压蒸汽作雾化剂，借助于高压所产生的高速气流（速度可达 300～400m/s）将油雾化，雾化质量良好，油粒半径可达 0.0021～0.0006mm。这种烧嘴结构紧凑，燃烧能力大。由于用较少的空气和蒸汽做雾化剂，燃烧用的空气与油粒的混合较差，为保证完全燃烧，要求空气消耗系数大（$\varepsilon = 1.2 \sim 1.25$）。因此，高压雾化气、油混合物的喷出速度大，燃烧的火焰长而硬。同时动力消耗大、生产费用高、喷嘴噪音大、维修困难。

（3）喷嘴结构。喷嘴的结构形式很多，对雾化质量影响很大。在喷嘴结构中，影响雾化质量的主要结构尺寸是：雾化剂的出口断面；油出口断面；雾化剂与油流股的交角；雾化剂的旋转角度；油的旋转角度；雾化剂与油相通的位置；雾化剂或油的出口孔数、各孔的形状以及它们之间的相对位置等因素。这些因素都影响着雾化剂对油射流单位表面上作用力的大小、作用面积和作用时间，因而影响颗粒的平均直径，同时也影响油雾的张角和流股断面上油粒的分布。生产和设计部门在设计制造新喷嘴（或改造旧喷嘴）时，也多是从上述因素着手来改善雾化质量。

2.6.1.3 油雾与空气的混合

油被雾化成油雾之后，还必须与大量的空气良好地混合才能迅速燃烧。由于油雾与空气的混合，不像煤气与空气混合那样容易，所以重油燃烧就不像煤气燃烧那样容易得到短的火焰和达到完全燃烧。采用重油作燃料的炉子，必须要特别注意强化油雾与空气的混合过程。而油雾与空气的混合，基本上仍然是两个射流的混合，混合规律及影响因素同两个气体射流（如煤气与空气的混合）大体上相仿。凡是有利于气体射流混合的措施均可以运用在油喷嘴上以强化油雾与空气的混合。油雾与气体在烧嘴口平行混合，如图 2-14（a）所示；使空气成旋转气流与油雾相遇，如图 2-14（b）所示；使空气分两次与油雾相遇，如图 2-14（c）所示。当然，在实现这些措施的时候具体参数（速度、交角等）要由实验确定。

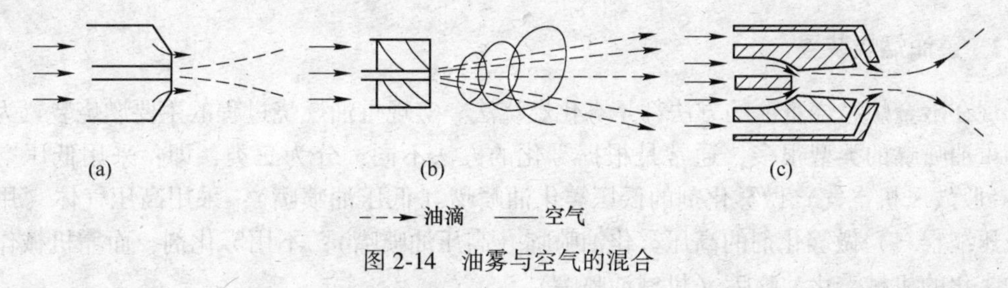

图 2-14 油雾与空气的混合

雾化与混合也是互相联系的两个过程，特别是对于低压油喷嘴，由于燃烧用的空气也是雾化剂，所以雾化过程与混合过程是同时进行的，凡是影响雾化质量的因素同时也影响混合过程。另外，重油在燃烧过程中会产生“烟粒”（直径 0.01~0.05μm）和“焦粒”（直径 25~150μm），这些固体颗粒燃烧速度很慢，所以重油燃烧时，总的燃烧强度（它表示单位时间内在燃烧室的单位容积内，最大可能完全燃烧掉的燃料量 $kJ \cdot m^{-3}$）以及完全燃烧程度主要受到这些固体颗粒燃烧速度的限制。因此，当强化油雾与空气混合时，应考虑到固体颗粒扩散燃烧的特点，采用分段供给空气，组织分段燃烧是合理的。

2.6.1.4 燃烧时的温度条件

和煤气一样，重油也只有在达到着火温度时，才能着火燃烧。即使在着火温度下，重油也不像煤气那样能够瞬时就燃烧掉。所以燃烧重油时必须保证点火和连续稳定的温度条件。油、气混合物的着火温度一般为600℃左右。为了创造良好而稳定的着火条件以使油雾能迅速受热着火燃烧，除了靠燃烧室（或炉膛）的高温条件外，而更重要的是靠喷嘴砖所形成的高温气体循环。喷嘴砖与煤气燃烧时的燃烧坑道作用相同。温度很高的喷嘴砖内表面，把热量传给油雾并提高油雾温度；而且喷嘴砖的张角比油雾的张角大，这就可能在喷嘴砖内造成气体的循环，使高温的燃烧产物直接与油雾和空气相混合，可使油雾的温度更快地升高并加速蒸发、热解过程；同时，循环回来的高温气体起到了“点火”的作用，使油雾迅速燃烧。高温气体连续地循环，就起“连续点火”作用，而使油雾连续燃烧不致脱火。这样，不但强化了燃烧，而且也可保证燃烧的稳定性。所以采用循环高温气体的办法强化重油燃烧过程是很有效的。常用的方法有：利用突然扩张产生循环区；使气体旋转流动产生回旋气流；在喷嘴坑道中装一内套管，造成循环通道，使高温气体有组织地沿通道再循环回到火焰根部；靠抽力的作用强行将高温气体循环一部分到火焰根部。凡是采用循环气体的燃烧装置，一般都点火容易，燃烧稳定，燃烧强度较高，燃烧完全。另一种利用高温气体强化重油燃烧过程的方法是采用“喷射式喷嘴”，它是利用其他燃料的燃烧产物（如天然气或焦炉煤气）作为雾化剂，因此，这种喷嘴的雾化剂不但速度大，而且温度高。这样重油在被很好雾化的同时，即被加热，使雾化、蒸发、热解等过程迅速进行，这种喷嘴可以达到很高的燃烧能力。

总之，有了良好的油、气混合物，且达到着火温度后，即可进行燃烧。但为了保证全面正常的燃烧，还应根据油耗量的变化，随时调节雾化剂用量和燃烧所需的空气量。研究这些问题的目的是为了根据炉子热工的要求，正确地组织和强化重油燃烧过程。总之，雾化、混合和高温是强化重油燃烧的三要素。对于设计重油燃烧装置、掌握和改进烧重油炉子的热工操作，这些都是应注意的主要方面。

2.6.2 重油燃烧装置

现在冶金炉燃烧重油的方法都是雾化燃烧法。实现重油燃烧过程的主要燃烧装置为喷嘴。重油喷嘴的类型很多，通常是根据雾化的方法不同，分为三类，即：采用低压空气（用一股鼓风机空气）做雾化剂的低压雾化油喷嘴（低压油喷嘴）；采用高压气体（用蒸汽或压缩空气）做雾化剂的高压雾化油喷嘴（高压油喷嘴）；不用雾化剂，而靠机械作用使油雾化的机械雾化油喷嘴（机械油喷嘴）。

在冶金生产中，各种类型喷嘴必须适应所用重油种类、炉子类型、被加热物的形状、运行条件（运行维护方法自动化）等。近来，为了减少排烟污染以保持环境卫生，出现了低过剩空气喷嘴、高速喷嘴和超声波喷嘴等特殊喷嘴。

各类喷嘴都应该满足一定的要求：具有一定的燃烧能力，并有较大的调节比，且调节灵敏；在最小风量和最低风压下，仍能保证油的雾化质量；助燃空气可调，且调节范围大，精度高；火焰张角和火焰长度要适应炉子的要求，有的炉子还要求火焰长度可调；结构简单轻便，工作可靠，操作、清理和维修方便；喷嘴的燃烧能力，在制造上应保证有20%的余量等。下面介绍冶金生产中常用的一些油喷嘴结构原理及其工作特点。

2.6.2.1 低压雾化油喷嘴

低压油喷嘴的空气不仅是雾化剂，而且是油燃烧所需的氧化剂，空气量必须同油保持相应的比例。为此，随着油量的变化应相应地调节空气量，而且这一调节不应改变空气的喷出速度。低压油喷嘴的空气出口断面应是可调节的。当空气量增多或减少时，空气的喷出速度才会因出口断面的改变而维持在一定的范围，从而可保证雾化质量。

（1）C-Ⅰ型低压油喷嘴。这种喷嘴的结构如图2-15所示。其主要的特点是油和空气都以直流形式喷出（空气不旋转）。空气喷出速度是靠偏心轮的作用，前后移动油管周围的套管来调节空气出口断面而保持一定的。喷嘴的结构较简单，加工制造均方便。喷嘴的工作条件：喷嘴前油压通常为50~100kPa，油黏度为3~5°E，空气可预热至250~300℃。火焰长度随喷嘴大小、油压以及空气的压力不同而波动于1~4m之间，雾化角为25°~30°；调节比约为1∶3。此喷嘴有6种型号。

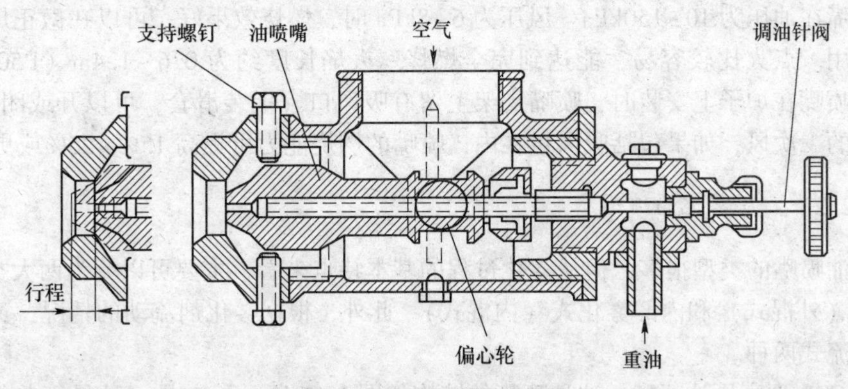

图 2-15 C-Ⅰ型低压油喷嘴

(2) K 型低压油喷嘴。此喷嘴是在空气喷出口之前装有叶片（其结构可参考手册），使空气呈旋转气流喷出，并且与油射流有 75°~90°的交角。故又称为涡流式喷嘴。由于空气与油射流以一定角度相交，所以它们的接触面积和接触时间都大为增加，可以改善雾化和混合。该喷嘴空气出口断面是不可调的，但由于旋转气流的作用，雾化质量在允许调节范围内仍比较好。此喷嘴火焰短、张角大，适用于中小型炉子。喷嘴油量的调节是使用伸入油管内的针阀，调节性能比较灵敏。同时针阀还起到清扫油孔防止堵塞的作用。但是，针阀的制造比较复杂，加工精度要求较高。喷嘴要求的空气压力为 3~7kPa；油压为 50~150kPa。生成的火焰长度波动于 0.5~1.5m 之间，雾化角为 75°~90°。

(3) RK 型三级雾化低压油喷嘴。这种喷嘴的结构如图 2-16 所示。喷嘴油量调节和 K 型相似，转动把手，使针阀前进或后退以改变喷口断面。空气量的调节是转动调风轮，使轴动轴套转动。由于轴动轴套和空气喷头管之间是离合器形式的连接，在油套筒的上面固定有一导向螺钉，所以，当轴动轴套转动时，导向槽在导向螺钉上转动，因槽是螺旋形的，可迫使喷嘴管前进或后退，即改变了空气喷出口断面。该喷嘴由于是三级雾化，且一级和二级的空气均以切线方向的小孔进入，呈旋转气流与油相遇，雾化质量较好。

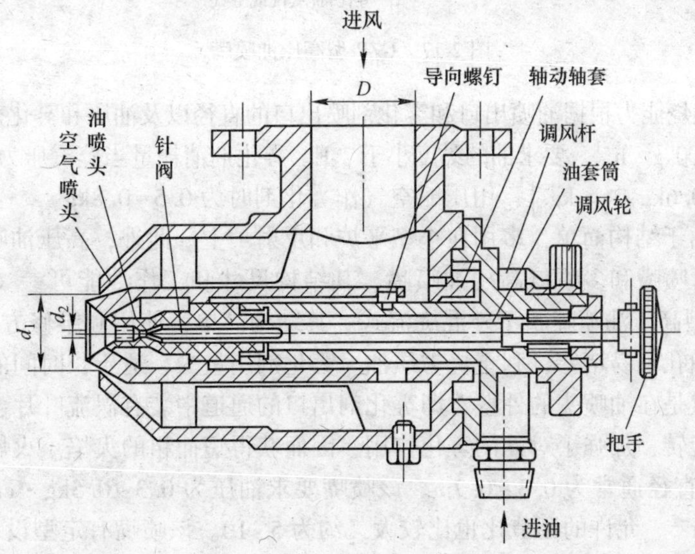

图 2-16 RK 型低压油喷嘴

该喷嘴在油压为10~150kPa、风压为6~8kPa时，燃烧效果好，可以在微正压操作的炉子上应用。点火比较容易，能达到完全燃烧。火焰长度约为0.6~1.4m（P50喷嘴）。此外，油喷嘴在炉子上安装时，喷嘴支架上留有吸风口（上装滑套，可以开或闭），可吸入一定量的二次风，如果包括吸风量在内，喷嘴的燃烧能力可提高15%~25%或更多些。

2.6.2.2 高压雾化油喷嘴

高压油喷嘴的类型很多，但从雾化过程的基本特点来看，主要可以分为两大类，即外部雾化式（外混式）和内部雾化式（内混式）。此外，根据雾化剂流动的情况，又分为直流式和旋流式两种。

（1）GZP型高压油喷嘴。这种喷嘴的结构如图2-17所示。它是一种最简单的高压喷嘴，属于外混直流式。该喷嘴雾化剂喷口呈收缩状，使雾化剂与油射流的交角为25°以加强雾化。雾化剂的喷出速度低于临界状态下的音速。当雾化剂压力较高时，喷嘴可以保证良好的雾化质量。当雾化剂压力较低（例如低于3kg · cm^{-2}）时，则雾化质量变坏，在生产中火焰将出现较长的黑根。该喷嘴形成的火焰外形细而长（小喷嘴2.5~4m；大喷嘴可达6~7m），火焰扩张角只有10°左右。

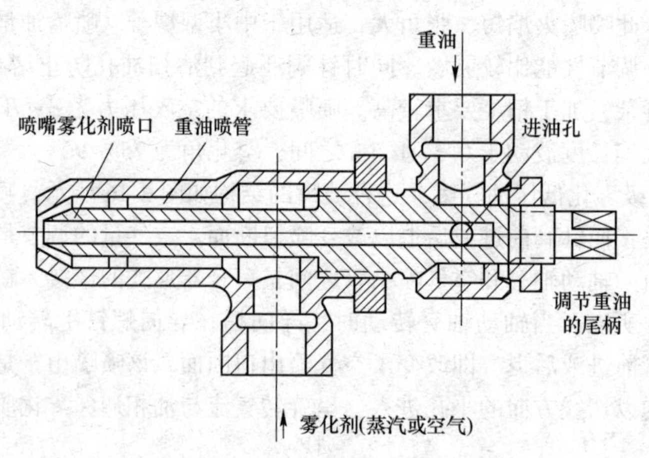

图2-17 GZP型高压油喷嘴

该喷嘴的燃烧能力根据油喷出口和雾化剂喷出口的直径以及油压和雾化剂压力的不同而异，一般为7~400kg · h^{-1}。要求油的黏度小于7°E。雾化剂消耗量当蒸汽压力为3~6kg · cm^{-2}时，约为0.4~0.6kg$_{蒸汽}$ · kg$_{油}^{-1}$，用压缩空气作雾化剂时为0.5~0.8kg$_{蒸汽}$ · kg$_{油}^{-1}$。

GZP喷嘴由于结构简单，多用在小型平炉和反射炉上。此外，高压油喷嘴还有HB型喷嘴、拉瓦尔管喷嘴和多喷口高压油喷嘴。其结构尺寸和工作性能可参《工业炉设计参考手册》。HB型高压油喷嘴属于外混旋流式。其结构简单，使用和维修方便，点火容易，燃烧稳定，喷油孔不易堵塞，利于烧劣质油。雾化剂用量少，适于长时间的连续运行。该喷嘴的主要特点是在油喷头的外壁，即雾化剂出口的通道中装有涡流叶片，使雾化剂喷出时形成强烈的旋转，加强了对油的雾化作用，因而获得短而粗的火焰。火焰的长度一般在4m以下，火焰直径通常为0.3~0.7m。该喷嘴要求油压为0.3~0.5kg · cm^{-2}，雾化剂压力大于3kg · cm^{-2}。允许的调节比也比较大，约为5~10。该喷嘴有定型设计。

（2）带拉瓦尔管的两级雾化高压油喷嘴。该喷嘴中一级雾化采用了拉瓦尔管，即雾化剂经一段扩张管后才和重油相遇，然后又有二级雾化。所以，该喷嘴雾化质量较好，喷嘴能力较强。在拉瓦尔管后，还有一段扩张和一段收缩管，其目的是为了使油粒在气流断面上分布更加均匀。该喷嘴要求油压为 $2kg \cdot cm^{-2}$。雾化剂压力：用压缩空气时为 $5kg \cdot cm^{-2}$；用蒸汽时为 $6\sim6.5kg \cdot cm^{-2}$。雾化剂消耗量用压缩空气时为 $1.0Nm^3 \cdot kg^{-1}$；用蒸汽时为 $1.0kg \cdot kg^{-1}$。采用拉瓦尔管时，拉瓦尔管的尺寸按高压气体流出原理进行设计，并且加工制造要精细和准确，否则扩张管将有可能造成能量损失而达不到预期效果。该喷嘴的燃烧能力一般为 $100\sim600kg \cdot h^{-1}$。另外，为不使油的黏度增大而降低雾化质量，高压喷嘴最好采用温度较高的（可为200~300℃）过热蒸汽或压缩空气作雾化剂。

（3）多喷口高压油喷嘴的结构特点是在喷嘴一周有九个喷口，每个喷口都采用类似拉瓦尔管的形式，使雾化剂先收缩后扩张。油由内管经九孔在收缩口处与雾化剂相遇。试验表明，这种喷嘴雾化效果好，火焰动能大，能自然带入炉内大量空气，喷嘴的燃烧能力高。

2.6.2.3 机械雾化式油喷嘴

机械雾化式油喷嘴也称为油压式喷嘴，其主要特点是不用雾化剂，而是利用高压重油以高速从小孔喷出时所产生的强烈脉动或离心分散作用使重油得到雾化。其喷嘴有很多种，如图2-18所示为反流式双口喷嘴。当燃料流量较低时，第二喷口关闭，燃料以很高的压力进入第一喷口的涡流腔中，由第一喷口喷出并与空气混合，雾化质量很高。当燃料流量增加时，燃料压力增高打开密封阀门，燃料经第一和第二两个喷口喷出。由于第二喷口的燃料压力较低，雾化质量恶化；进一步增加燃料流量，由于第二喷口燃料压力升高，雾化质量逐步改善。显然，在第二喷口刚刚打开时，不可避免地存在一个雾化质量较差的燃料流量范围。为了避免这一问题，通常的做法是将第一喷口的喷雾锥角设计得比第二喷口的略大，在距喷嘴出口很近处形成撞击喷射，充分利用两股射流的撞击动量，这种做法有助于改善雾化质量。提高第二喷口密封阀门的开启压力，使第二喷口的喷射在第一喷口喷射压力较高时介入，可以减小雾化油滴的尺寸，改善油滴的尺寸分布。

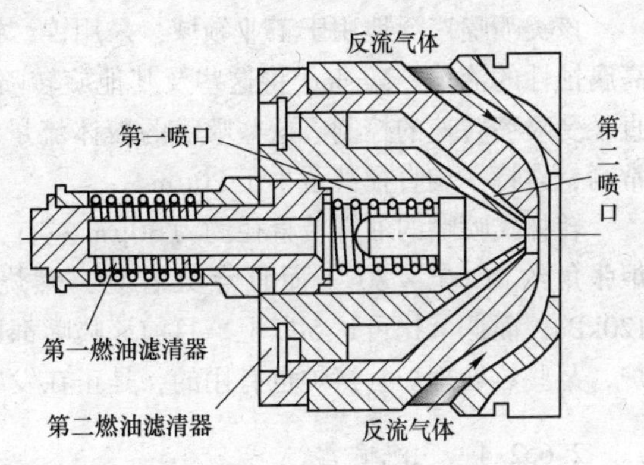

图2-18 反流式双口喷嘴

它其实就是在双口喷嘴的头部加了一个帽，使燃烧室内的气体可以反流进入一个狭窄的气体通道。当初设计这种喷嘴的主要目的，是对暴露于火焰中的喷嘴头部进行冷却，防止过热，并清除喷嘴头部的积炭。但在使用中却发现，它不仅具有这些功能，还能明显改善雾化质量，特别是在第二喷口刚刚开启时雾化较差的阶段。Clare等人研究了反流气体流道内静止和运动气体对雾化油滴平均直径的影响。结果表明：当反流道内的气体静止不动时，雾化油滴的索特平均直径从171μm减小到148μm；喷雾锥角变小，在最小流量时甚至可以减小30°，这将增大燃烧室内燃烧的不均匀程度；而当反流道内存在气体的涡流运动时，雾化油滴的索特平均直径从171μm减小到了126μm，喷雾锥角变宽。可见，反流道内气体涡流运动的强弱能够控制雾化的质量和喷雾锥角的大小。

转杯式喷嘴如图 2-19 所示，是把燃料油喷到一个高速旋转的杯形装置中，在离心力的作用下，油呈放射状细粒从杯口飞出，与此同时，还受到与其反向旋转的空气流的作用而被雾化。

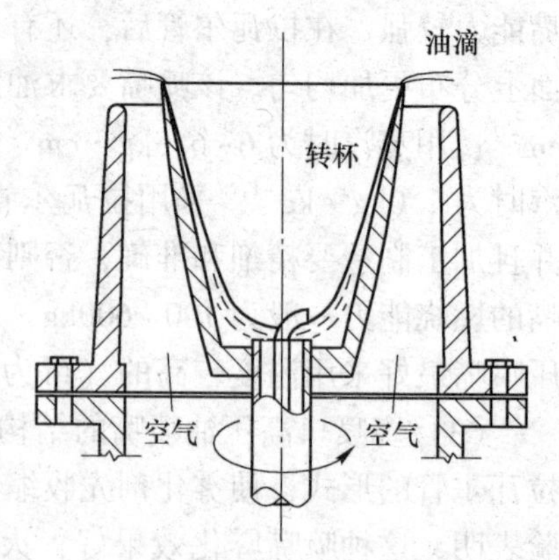

图 2-19　转杯式喷嘴

喷嘴装有风扇由电机带动，当电机带动空心轴转动时，此时油通过进油弯管流入转杯内，转杯在空心轴的带动下以每分钟 3000~7000r 的高速度旋转，由于强大的离心力作用，油在转杯中形成一层紧贴壁的很薄油膜，而后以放射状沿切线方向飞离杯口。在此过程中进行雾化，并在一次空气的作用下形成锥形的雾化柜，进入炉内燃烧。光滑旋转面旋转喷嘴的雾化质量可以通过以下途径加以改善：(1) 提高旋转面的转速；(2) 减小液体流量；(3) 减小液体的黏度；(4) 将旋转面的边缘做成锯齿状。

该类喷嘴广泛地用于工业领域，采用镍、钼、钛等合金制造的风轮旋转喷嘴可以耐受高腐蚀性的液体。Maslers 将这些及其他旋转喷嘴应用于雾化干燥领域，其雾化液滴平均直径受喷嘴转速的控制。这些喷嘴的液体流量很大，最大可达 $40kg \cdot s^{-1}$，而雾化质量非常高，索特平均直径甚至小于 20μm。

转杯式喷嘴的油雾粒直径约为 30μm 左右，且粒度比较均匀，这是突出的优点。雾化炬张角约为 60°~80°，而且点火容易，燃烧稳定，火焰短。油压不高，一般为 30~120kPa，而调节比可达 5 以上。目前该喷嘴都比较重，噪音较大，现在多用于中、小型锅炉，某些热处理炉、窑炉也有用的，是正在发展中的一种喷嘴。

2.6.2.4　气泡喷嘴

上述两相流喷嘴有一个共同的特点：连续液体首先喷射成为圆射流或液膜射流，再在高速气流的作用下碎裂成液滴。还有一种借助于气体雾化的方法，即将气体在喷嘴内部上游区域直接溶入液体中，在液体内部形成气泡，并在混合室内以泡状流动；气泡在两相流动过程中加速、变形、膨胀，在喷嘴出口将液体挤压成丝线状，并于离开喷嘴出口的极短距离内，由于内外压差的增大而急剧膨胀，溶解气体的闪急微爆作用将液体“炸”成十分细小的液滴，这种喷嘴称为气泡喷嘴，如图 2-20 所示。

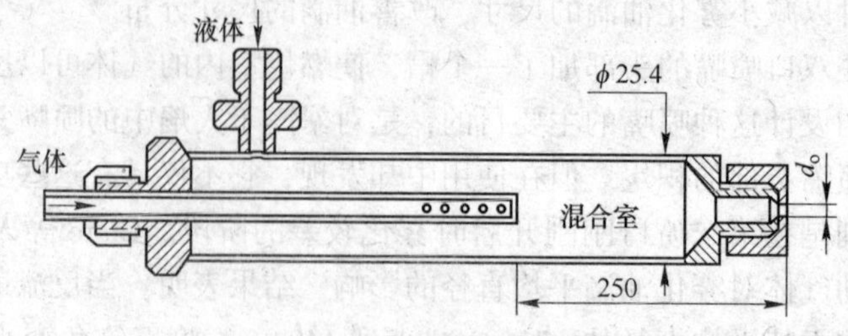

图 2-20　气泡喷嘴结构示意图

气泡喷嘴的优点在于：

(1) 使用的气体介质很少，可在小气液比下（小于3：17）获得良好的雾化效果。

(2) 气液体的喷射压力均较低。

(3) 喷孔直径 d_0较大，可避免结焦阻塞。

(4) 雾化质量受液体黏度的影响较小。

(5) 碳烟排放少。

(6) 工作可靠性高，易于保养，成本低廉。缺点是需要一套附加的供气装置。

气泡喷嘴可用于燃烧重渣油的锅炉，重渣油的沸点高、挥发性差、黏度和表面张力高。这种喷嘴的流量特性和气泡在喷嘴内部的形成，取决于喷嘴各部分的尺寸、喷嘴几何形状、液体性质和气液体的注入压力等因素，雾化质量则取决于喷嘴的流量特性、气泡在喷嘴内部的形成和在喷嘴外部的碎裂，许多学者对此进行了研究。如果气泡喷嘴的喷孔过大会造成混合室内的压力过低，当混合室内的压力与气体供给压力之比低于临界压力比时，气体进入混合室的速度将达到音速，在混合室中产生高频哨声，这种高频哨声作为激励源有利于液体的碎裂雾化。

2.6.2.5 超声喷嘴

为了强化油的燃烧过程，节约燃料，将超声波振荡用于雾化油滴，然后经油喷嘴燃烧。当液体喷射到一个快速振动的固体表面时，在固体表面就会形成一层波状液体薄膜，随着固体振动振幅的增大，液膜表面波的振幅也增大。Lang 最先证实，当液膜表面波的振幅增大到一定值时，波的顶部就会变得不稳定并碎裂，从固体表面喷射出大量细小的雾状液滴。Berger 研究了如图 2-21 所示的超声喷嘴。

该喷嘴实际上是一个共振装置，它由夹在铁金属外壳中的一对压电圆片组成，雾化面位于喷嘴出口处。如图 2-22 所示，两个压紧的压电圆片作为高频电输入的一极，金属外壳作为另一极。当两极的极性随高频输入信号往复变化时，压电圆片就会以输入信号相同的频率发生振动，振动产生的超声压力波沿喷嘴轴向传播，造成喷嘴端部发生与输入信号同频率的振动。设计的喷嘴长度正好等于一个压力波的波长，压力波在喷嘴两个端面的来回反射造成压力波的叠加和共振，形成标准波模式。由于自由端边界条件的限制，波峰位于喷嘴的两个端面处。振动振幅的大小与外壳的直径有关，由于喷嘴出口端外壳的直径变小，因而振动的振幅被放大，出口端振幅远远大于入口端振幅，增大的幅度与喷嘴直径的变化相等。根据雾化的需要，压力波振幅最少应放大 6~8 倍，喷嘴出口端振动的振幅最起码应有几个微米。

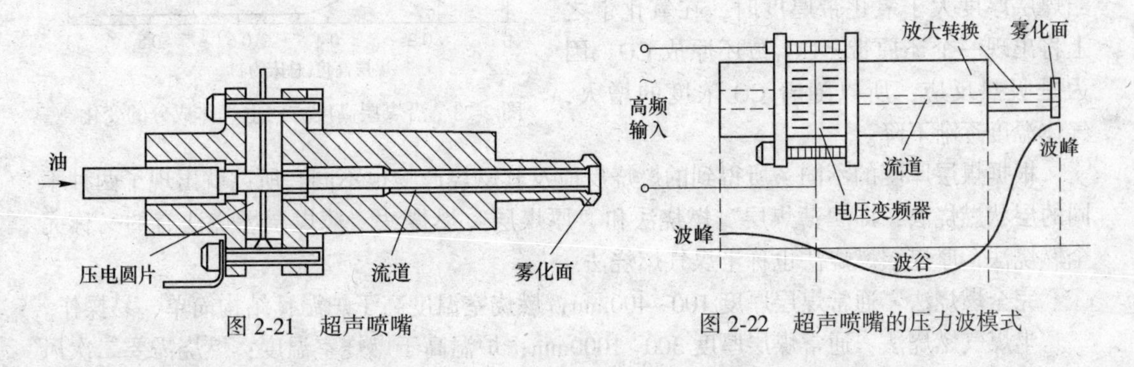

图 2-21 超声喷嘴　　图 2-22 超声喷嘴的压力波模式

超声喷嘴是一种电控喷嘴，它的最大优点是在很低的液体传输速率下能够获得极佳的雾化质量，液滴尺寸细小而均匀，最小直径仅为1~5μm。超声喷嘴于20世纪60年代就用于小型锅炉控制加热，以后20a也多在燃烧领域得到应用。超声喷嘴的局限是不能用于液体流动速率较高的场合，而大多数燃油炉却恰好属于这个范畴。超声喷嘴在55kHz频率下的最大液体体积流量为1.95mL·s^{-1}，超过这个流量将会造成雾化质量的恶化。解决的方法可以采用将超声喷嘴与气哨喷嘴组合成一个复合喷嘴，这样喷嘴头部空腔内所产生的共振会使振动的振幅进一步放大，缺点是压电圆片的振动频率将受到限制。

2.7　固体燃料的燃烧

2.7.1　块煤的燃烧

块煤的层状燃烧法是一种最简单最普通的燃烧方法。它是使煤炭在自身重力的作用下堆积成松散的料层，而助燃用的空气则从下而上地穿过煤块之间的缝隙并和煤进行燃烧反应。这种燃烧方法的主要优点是设备简单和燃烧稳定。缺点是对煤炭质量要求较高，燃烧强度不能太大，加煤和清渣的体力劳动比较繁重。

2.7.1.1　块煤的层状燃烧过程

块煤的层状燃烧是一个比较复杂的物理化学过程，其燃烧反应基本上与煤气发生炉中的汽化过程相同。当煤炭加进燃烧室后，首先要经过干燥和干馏作用而放出水分和挥发分，然后才是固定碳的燃烧。挥发分多的煤燃烧的火焰较长，反之则火焰较短。

关于料层内部固定碳本身的燃烧过程，可用图2-23中所给出的煤层高度方向上气体成分的变化曲线（*AB*灰渣带，*BC*氧化带，*CD*还原带，*DE*干馏带）来说明。从图2-23中可以看出，在氧化带中，碳的燃烧除了产生CO_2以外，还产生少量CO。在氧化带末端（该处氧气浓度已趋近于零），CO_2的浓度达到最大，而且燃烧温度也最高。实验证明，氧化带的高度大约等于煤块尺寸的3~4倍。当煤层厚度大于氧化带厚度时，在氧化带之上将出现一个还原带，CO_2被还原成CO，因为是吸热反应，所以随着CO浓度的增大，气体温度逐渐下降。

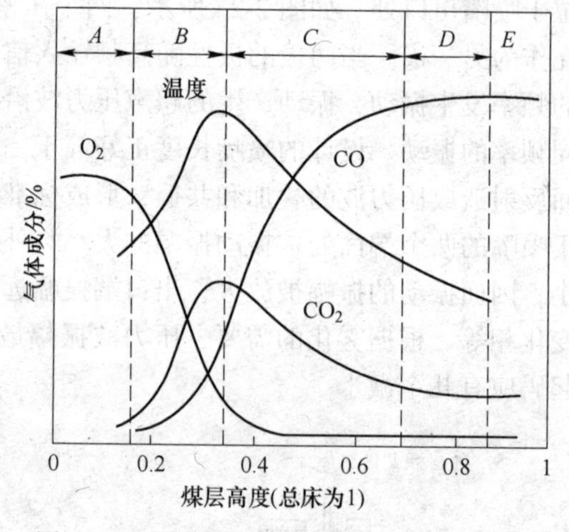

图2-23　沿煤层高度方向上气体成分的变化

根据煤层厚度的不同，所得到的燃烧反应及其燃烧产物也不同，所以就出现了两种不同的层状燃烧法，即“薄煤层”燃烧法和“厚煤层”燃烧法。薄煤层燃烧法有的又称完全燃烧法，厚煤层燃烧法也称半煤气燃烧法。

完全燃烧法：通常煤层厚度100~400mm；燃烧室温度高于炉温；结构简单，易操作。

半煤气燃烧法：通常煤层厚度300~1000mm；炉温高于燃烧室温度；燃烧需要二次风

(通常一次风量为60%~70%，二次风量为30%~40%)；结构较为复杂，操作较难。

2.7.1.2 块煤层状燃烧室的结构

在中小型燃煤炉中多采用人工加煤燃烧室，它是由燃烧室容积、燃料层、灰层、炉栅（炉箅）、灰坑（鼓风空间）等组成，如图2-24所示。

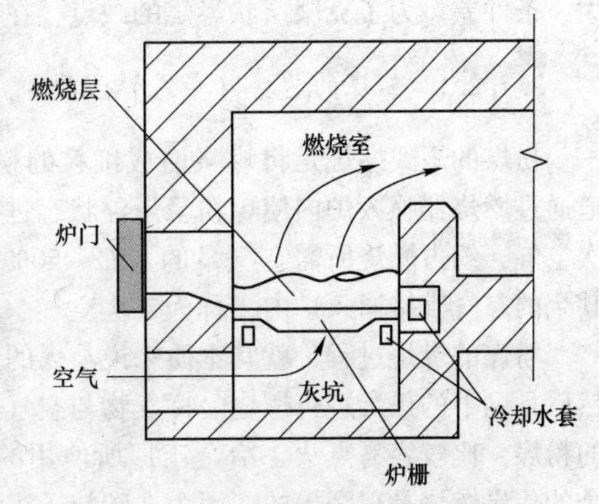

图2-24 人工加煤层状燃烧室示意图

(1) 燃烧室。燃烧室是指燃烧室中煤层上部的空间。其作用为：使燃烧产物顺利而均匀地由煤层逸出；并能使可燃气体在此空间能完全燃烧（对完全燃烧的燃烧室而言）。燃烧室的容积，一般是按照一定的燃烧室容积热强度来考虑的，同时和炉栅热强度也有关系。而这两个数据又都与煤质和操作方法有关。燃烧室容积过小时，会造成燃烧不完全，燃烧室内炉气压力过大，加煤门冒火。容积过大时虽能使煤中的可燃成分在燃烧室内充分燃烧，但炉内易抽入冷风，炉膛内温度反而不高，从而影响到炉子的产量和质量。根据生产实践，在用一般烟煤的条件下，对于熔炼炉或加热炉容积热强度 $q_v=(251\sim335)\times10^4\text{kJ}\cdot(\text{m}^3\cdot\text{h})^{-1}$ 较为合适。在炉栅热强度为 $q_f=150\sim180\text{kg}\cdot(\text{m}^2\cdot\text{h})^{-1}$ 时选用下限，当 q_f 值加大时可相应提高容积热强度。当煤质差发热量低时，也应适当提高容积热强度以压低燃烧室高度。而对于干燥炉等低温的炉子的燃烧室容积热强度 q_v 一般可采用 $10^5\sim1.26\times10^4\ \text{kJ}\cdot(\text{m}^3\cdot\text{h})^{-1}$。

(2) 燃料层。对于正常燃烧时的燃料层要求为：燃料层要有一定的厚度，在料层中燃料的块度为10~50mm，燃料层必须在断面上厚薄均匀等。另外，气体的成分沿燃料层的高度也是变化的。所以根据燃料的种类及燃烧方法的不同，燃料层的厚度一般可按表1-1相关数据选取。

(3) 灰层。灰分在燃料中与水分一样是个废物，灰在燃烧过程中，存在不良的影响。但在炉栅上保留约50~100mm厚的灰层，很有必要。因为它可保护炉栅，使其不受高温作用，能够得到比较均匀的风量分布，空气经过灰层而得到预热，能加强燃料燃烧。

(4) 炉栅。炉栅也称炉箅和炉排，它的作用是为了支撑燃料层和灰层，并使空气能够均匀进入。炉栅由铸钢或铸铁制成，形状有条状和板状。炉栅的缝隙面积当用鼓风机鼓风时可取为炉栅总面积的10%~15%，如是自然抽风时，则可取为炉栅总面积的50%。而炉栅的面积 Fg 系根据炉栅热强度 q_f 及燃料消耗量 B 来计算。在设计时，炉栅长度不应大于2m，而每个加煤口所对应的炉栅宽度不要大于1.2m，这都是为了操作方便。

(5) 灰坑。灰坑是指炉栅下面的空间，主要作用是积存灰渣，并使一次空气沿炉栅分布均匀。灰坑的体积不能太小，不然需要经常清理炉灰，否则积灰易堵塞进风口，清灰频繁也影响炉子正常工作。所以灰坑的高度一般取为600~800mm。

2.7.2 粉煤的燃烧

虽然块煤的层状燃烧法的设备简单，建设快，但它对煤的质量及块度有一定要求。含碎屑多、灰分和水分高的煤，都不适于层状燃烧。还有块煤燃烧时因与空气接触面小，故燃烧速度慢，燃烧温度低，且燃烧极不完全。层状燃烧的燃烧过程也不易控制，劳动强度大、条件差。为了克服层状燃烧的缺点，在有些冶金炉上采用粉煤燃烧法。

2.7.2.1　粉煤的悬浮（炬式）燃烧

粉煤的炬式燃烧是将煤炭磨成细粒的粉煤（一般 0.05~0.07mm），然后用空气沿管道通过燃烧器喷入炉内使煤粉呈悬浮状态进行火炬式燃烧。用来输送粉煤的空气，称为一次空气，约占燃烧所需空气量的 15%~50%（煤中挥发物含量越高，一次空气量越大），其余的空气直接通入炉内，称为二次空气。

粉煤的燃烧过程，就其本质来说与煤的层状燃烧相似。首先是挥发物的逸出及燃烧，然后是剩下的焦炭进行燃烧。挥发物与空气在涡流情况下很容易混合，所以挥发物含量多的粉煤，比较容易点火，冶金工厂所使用的粉煤，其挥发物含量最好不小于 20%。而剩余的焦炭燃烧是很缓慢的，因为在碳粒子表面附有气态燃烧产物所形成的黏性薄膜，此薄膜厚度是随温度的升高而增加，所以就阻碍了气体的扩散及燃烧反应的进行。为了提高燃烧速度，必须将附在碳粒子表面的薄膜除掉，采用涡流式的粉煤烧嘴可达到这个目的。

和煤的层状燃烧比较起来，这种燃烧方法具有的优点是：由于粉煤颗粒细，与空气接触面大，故燃烧速度快，在较少的空气消耗系数（$\varepsilon=1.2\sim1.25$）下可完全燃烧，因而能保证获得较高的燃烧温度。其燃烧过程易于调节，并可实现炉温自动控制，而且开炉敏捷，大大地改善了劳动强度。粉煤火焰具有较高的辐射能力，可以利用劣质煤和碎煤，二次空气预热的温度不受限制。

粉煤燃烧的主要缺点是：粉煤燃烧后的灰分大部分落在炉膛中，对金属加热和熔炼质量均有影响，而且在高温下灰分易侵蚀炉体。另外，在粉煤的制备上也还存在着设备和操作上的一些问题而影响生产。在采用粉煤燃烧时应注意安全，当有高温热源存在时，常引起粉煤的爆炸。另外粉煤在长期储存时会发生自燃而引起爆炸。

粉煤燃烧时生成的火焰很长，因粉煤颗粒在炉内燃烧完全需要一定的时间，故这种燃烧方法适用于大型的冰铜反射炉或大型回转窑等。

2.7.2.2　粉煤的制备

粉煤制备系统包括原煤的储放、破碎、运输；煤的干燥、粉碎、储存；粉煤的输送等。

在冶金厂中，由于车间多、粉煤用户点多，采用全厂集中供应的粉煤制备系统需要设备多，投资多，输送距离远，因而较少采用。根据一些地区的经验，一般按一座或一组炉子建立单独的粉碎、输送系统。全厂或几个车间合用一套原煤堆放、破碎和干燥设施。这样，其结构紧凑，设备简单，造价低。缺点是供煤量及粉煤的细度波动大，且没有粉煤中间储存槽，粉煤机发生故障时要停炉。如图 2-25 所示即为这种粉煤的制备系统。

它们的工作情况，以图 2-25 说明：煤经斗式提升机加入煤斗内，由此落入粉煤机，磨细后的粉煤与一次空气以规定的流速送往粉煤烧嘴，然后进入炉内燃烧。在该系统中烟道、抽烟机和烟管是用来将炉内烟气抽回，利用其废热将煤进行干燥。制造粉煤的原煤应具有挥发分大于 20%、灰分小于 10%、水分低于 10%和尽可能少的硫分等。为此，粉煤多用 60%~70%的无烟煤和 40%~30%的烟煤混配而成。

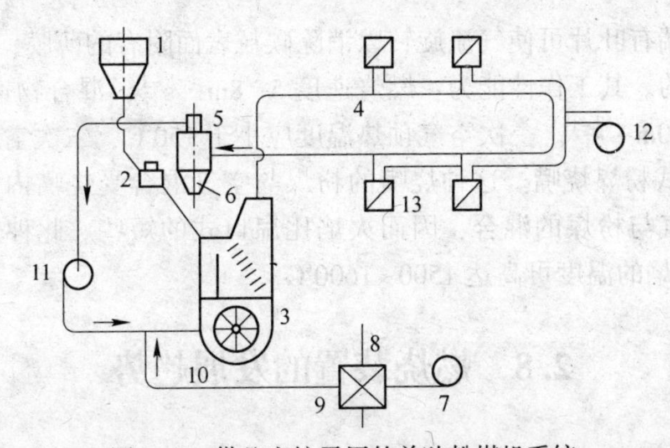

图 2-25 供几座炉子用的单独粉煤机系统

1—煤斗；2—给煤机；3—竖井式粉煤机；4—粉煤管；5—旋风集粉器；6—回粉管；7，11—风机；8—烟道；9—换热器；10—热空气管道；12—二次风风机；13—炉子

2.7.2.3 粉煤烧嘴

粉煤烧嘴的形式，随着煤质和炉子的技术要求而异，所以烧嘴的形式也很多。按烧嘴出口断面形状可分为圆形及扁口型。后者的火焰较宽、铺展性好，同时气层较薄，有利于粉煤与二次空气的混合，但不能造成气流的旋转运动；因而不利于粉煤的运动与燃烧。按气体的运动方式，可分为直流式与涡流式。后者的粉煤与空气混合物形成涡流状自烧嘴喷出，粉煤在燃烧带停留的时间较长（因粉煤颗粒按螺旋形运动），而且与空气的混合较充分，有利于粉煤的燃烧。按送风方式，可分为单管式与双管式。单管式粉煤烧嘴没有二次空气管，助燃空气全部作为一次空气与粉煤混合，故粉煤的燃烧速度慢，火焰很长。双管式粉煤烧嘴除了有一次空气与粉煤的混合喷出管以外，还有二次空气喷出管，在二次空气的扰动作用下，粉煤的燃烧得到强化，生成的火焰较短。

(1) 涡流式双管粉煤烧嘴。这种烧嘴的结构如图 2-26 所示。目前我国大型冰铜反射炉均使用此种烧嘴。其断面为圆形，二次空气从切线方向通入，在出口处与粉煤及一次空气的混合物相遇，带动后者一同成旋涡状喷出。在一次空气与粉煤的出口处有一锥形扩散阀，其作用是使粉煤与一次空气成一定的角度（45°~75°）与二次空气相遇，以加强混合和改善燃烧。扩散阀的调节由手柄操纵。烧嘴能力为 1.1~1.4t/h，总风量 9000~12000Nm^3/h，混合物喷出速度 24~26m/s，一次风压 120~180Pa，二次风压 200~600Pa，一次风出口速度 17~20m/s，二次风出口速度 22~30m/s。

(2) 多缝式粉煤烧嘴。这种烧嘴的结构如图 2-27 所示。其烧嘴的特点为：可调节出口

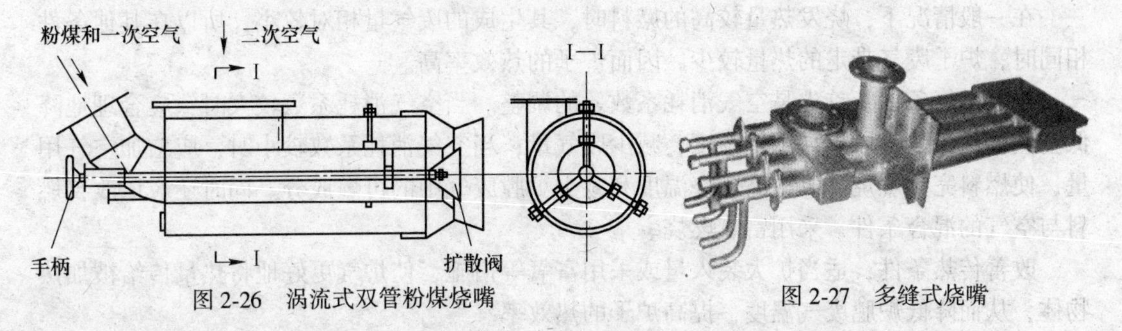

图 2-26 涡流式双管粉煤烧嘴　　图 2-27 多缝式烧嘴

断面；在中心管前端有叶片可使气流旋转以消除碳粒表面附有的薄膜，从而达到混合好和缩短燃烧时间的目的。其工作性能为：燃烧速度 5~8m · s^{-1}，混合物速度 15~20m · s^{-1}，二次空气速度 10~20m · s^{-1}。一次空气预热温度应小于 150℃，二次空气可预热至高温。

（3）套管涡流式粉煤烧嘴。这种烧嘴的粉煤与空气混合受烧嘴内部螺旋形叶片的扰动作用，加强了空气与粉煤的混合，因而火焰比扁口式的短些。此种烧嘴的燃烧能力为 1.2~1.5t · h^{-1}，火焰的温度可高达 1500~1600℃。

2.8 燃烧装置的发展趋势

2.8.1 节约燃料的途径

除一般的节约原则外，在炉子生产中是用单位热耗来衡量燃料节约的程度。炉子的单位热耗等于燃料的燃烧热与炉子生产率 G 之比，或等于单位重量物料在炉内的热焓增量与热效率之比：

$$b = \frac{\Delta I}{\eta} \quad \mathrm{kJ \cdot kg^{-1}} \tag{2-48}$$

式中　ΔI——单位质量物料在炉内的热焓增量，kJ · kg^{-1}；

　　　η——炉子热效率。

因此，单位热耗与 ΔI 值成正比，与炉子热效率成反比。为了节约燃料，必须提高炉子的热效率，同时也要注意降低 ΔI 值。这就是节约燃料的两个基本途径。

降低 ΔI 值方面：单位质量的物料，在炉内加热（或熔化）时其热焓的增量（ΔI）决定于工艺和原料条件。要想降低 ΔI 值，就必须改变原料及工艺的条件。用这种方法降低单位燃耗，在有些情况下也存在着极大的潜力。如在炼钢部门采用铁水热装；在均热炉上提高热锭率和提高钢锭火炉温度等都能节约大量燃料。再如，充分利用从轧钢到热处理的过程中上道工序结束时金属中的余热来进行下道工序。

提高炉子热效率的一些基本措施：

（1）提高空气（及煤气）的预热温度。主要是利用炉膛排出的废气预热空气及煤气，并合理地提高它们的温度。这是节约燃料的重要措施。这实际上是使炉膛排出的废热部分地返回炉膛中去，以增加炉膛的热收入，从而降低燃料的消耗量。

（2）提高燃料的发热量，改善燃烧、传热条件，以减少炉气带走的热量，提高热效率。

在一般情况下，烧发热量较高的燃料时，其生成的废气量相对较小，所以在其他条件相同时，炉子废气带走的热量较少，因而炉子的热效率高。

改善燃烧条件，首先是空气消耗系数 ε 的调整。当空气消耗系数较大时，应合理地降低空气消耗系数，以提高燃烧温度，减少废气量；当空气消耗系数较小时，应增加空气用量，使燃料完全燃烧，以提高燃烧温度和减少炉膛废气中的可燃成分。同时还应该改善燃料与空气的混合条件，采用富氧燃烧。

改善传热条件，适当扩大装入量或采用富氧等措施，使炉气更好地将热量传给被加热物体，从而降低炉膛废气温度，提高炉子的热效率。

(3) 减少炉子的热损失，也是提高热效率的一个途径。可采取增强绝热，改善炉子的气密性，减少周期性工作的炉子的蓄热损失，适当调节炉内压力以减少炉气的漏损等，均可达到减少炉子热损失的目的。

(4) 确定合理的热负荷，对于提高炉子的热效率是十分重要的。因为炉子热负荷消耗于有效热、热损失和废热三方面。与炉子热效率最高点相对应的热负荷，称为最经济的热负荷，用这个热负荷操作时，热效率最高，单位热耗最低。而有效热不再显著升高时的热负荷称为生产率很高的热负荷，用这样的热负荷操作时，炉子的生产率很高，但是热效率并不很高。所以，综合考虑，实际上合理的热负荷应在最经济的热负荷与生产率很高的热负荷之间，其具体数值视需要而定。一般在热负荷过大的情况下，降低热负荷，能减少燃料消耗。

2.8.2 低氧浓度的燃烧

随着现代工业的发展，冶金工厂中的燃料燃烧产物（如灰尘、SO_2、CO_2和NO_x等），对大气已造成严重的污染。为了防止大气污染，应降低废气中的二氧化硫与氧化氮的含量。

废气净化的措施主要是采取各种除尘器进行除尘。

减少二氧化硫的措施是采用含硫低的原油，或将重油脱硫。其方法有间接脱硫法，它是使常压蒸馏残渣油，再进行减压蒸馏，以便分离出减压轻油，然后再进行氢化脱硫，使重油含硫量减到0.1%~0.2%。还有一种直接脱硫法，它是使常压蒸馏残渣油直接进行氢化脱硫，可得含硫1%的重油。目前，进行燃料脱硫和由燃烧产物中除去二氧化硫的方法还远未得到广泛应用。

燃烧时产生的NO_x有两种来源：一种是高温NO_x，它是由空气中的氮在高温下氧化而生成；另一种是燃料NO_x，是由燃料中所含的氮化物燃烧时转化而成的。控制高温NO_x的基本措施是降低燃烧温度，减少过剩空气，缩短高温持续时间。目前，对含氮量小于200ppm（ppm，即10^{-6}）的燃料，燃料中的NO_x只占总NO_x量的7%，可以不考虑。但是燃料中含氮量约达0.2%时，来自燃料的NO_x量则占总NO_x量的46%，故必须考虑烟气脱NO_x装置，否则就达不到防止污染的指标。但烟气脱NO_x的成本很高，应用有限。

大气的污染是一个广泛而复杂的问题，上面仅从燃料燃烧的角度进行了简单的阐述。

2.8.3 浸没燃烧

浸没燃烧是冶金中的一种新型燃烧技术。

重有色金属矿由FeS_2、$CuFeS_2$或FeS_2、PbS_2等组成。在炼铜或炼铅时，加入的矿落入熔池，生成Cu_2S-FeS熔体，或PbS-FeS熔体。这种硫化物熔体的熔点为950~1100℃，在冶炼温度1250℃下为液体，因此加入的物料在熔池中处于固体、液体混合的半熔体状态。将空气鼓入含有硫化矿物的熔体中，气流中的氧与硫化矿物反应放出的热加热熔体，这种燃烧反应在熔池中进行的过程叫做熔池熔炼，属于浸没燃烧。

浸没燃烧法的燃烧过程属于直接接触传热。熔池熔炼就是利用浸没燃烧来完成的，熔池熔炼如图2-28所示。从炉顶加入的硫化矿落入下面的熔体中，使熔体温度下降。燃烧喷枪4从顶部插入到下部的熔池2，在熔池2中进行浸没燃烧。高温烟气经烟道5进入余热锅炉。在熔池 2 区域，细小气泡在液层中上升时，强烈地搅拌了熔池内液体，并迅速将液体加热，然后烟气脱离液面被排出。燃烧放出的热量使熔体温度升高，温度升高的熔体又被上部落下的矿料降低温度，这样一直持续下去。熔炼产生的粗铅或冰铜下降至炉底 1，定期从粗铅口或冰铜口排放。

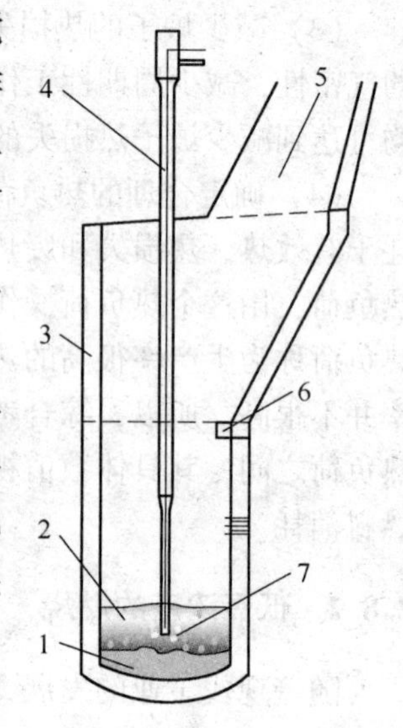

图 2-28　浸没燃烧示意图

1—炉底；2—熔池；3—炉体；4—喷枪；5—烟道；6—挡溅板；7—浸没燃烧口

与传统"焙烧—熔炼"相比，采用浸没燃烧熔炼具有以下优点：

(1) 气、液两相直接接触时所形成的无数气泡表面就是传热面，故传热面很大。由于气泡在熔体中剧烈搅动，强化了传热过程，烟气的热量最大限度地传给了被加热的熔体，故换热系数非常大。其热效率高，可高达 95%以上，单位产品的能耗减少。

(2) 与"焙烧—熔炼"相比，设备简单、紧凑，节省钢材，投资少。

(3) 反应产出的烟气中 SO_2 浓度高，可以制酸，硫的回收率高，环境友好。

(4) 在浸没燃烧设备中，顶部插入喷枪鼓入富氧，提高冶金化学反应速度，强化熔炼。

由于浸没燃烧法具有上述优点，因此，熔池顶吹熔炼在有色金属冶炼中广泛，成为节能的重要措施之一。

习题与思考题

2-1 用燃烧理论说明块煤燃烧的条件。

2-2 简述冶金过程燃烧计算的内容与意义。

2-3 简述气体燃烧的特点。

2-4 比较两类气体燃烧装置的优缺点。

2-5 简述液体燃烧装置在冶金中的应用。

2-6 说明使用固体燃烧装置的注意事项。

2-7 分析节约燃料的方法和注意事项。

2-8 举例说明有色金属硫化矿燃烧的方法和注意事项。

3 干燥设备

在人类的生产和生活中，经常遇到需要把某一种湿物料除去湿分的情况。借热能使固体物料中水分汽化，随之被气流带走而脱除水分的过程称为干燥。固体含水物料即为被干燥物料，气体称为干燥介质。干燥过程的本质为被除去的湿分从固相转移到气相中，这种方法能够较彻底地除去物料中的湿分，但能耗较大。

干燥的目的：

(1) 物料经过干燥后，不仅易于包装、运输，更重要的是产品在干燥情况下更稳定，不易破坏，便于储存。

(2) 物料经过干燥后达到下一道工序对固体含水量的要求。

在干燥过程中，不产生化学反应，物料呈散状固体，水分要从固体内部扩散到表面，从表面借热能汽化而至气相中，因此，干燥既是传热过程，又是传质过程。

冶金过程中的原料、半产品和产品基本都需要干燥。有些干燥操作不是单独为一个作业过程，而是在焙烧、煅烧或熔炼过程中伴随进行。例如，铁精矿烧结、氢氧化铝煅烧制取氧化铝，七水硫酸锌制取硫酸锌等。干燥是冶金过程的一个重要环节。

3.1 干燥工程基础

3.1.1 湿空气的状态参数

3.1.1.1 湿空气的湿度

湿空气是干空气和水蒸气组成的混合物，不饱和的热空气被用作干燥介质。在干燥过程中，湿空气中水蒸气的质量是不断变化的，而其中干空气仅作为湿和热的载体，其质量是不变的。因此，为了计算方便，以干空气的质量作为空气湿度的计算基准。

(1) 空气的湿度 H。空气的湿度是指单位质量干空气所含水蒸气的质量，单位为kg · kg^{-1}，表示为：

$$H = \frac{\text{水蒸气质量}}{\text{干空气质量}} = \frac{n_v M_v}{n_G M_G} = \frac{M_v P_v}{M_G (P - P_v)} \tag{3-1a}$$

式中 n_v——水蒸气的物质的量，mol；

n_G——干空气的物质的量，mol；

M_v——水蒸气摩尔质量，kg · mol^{-1}；

M_G——空气摩尔质量，kg · mol^{-1}；

P——湿空气总压，kPa；

P_v——水蒸气分压，kPa；

H——空气的湿度，$kg_{水} \cdot kg^{-1}_{干空气}$。

因为 $M_v = 18$，$M_G = 29$，故式（3-1a）可写为：

$$H = \frac{18}{29} \frac{p_v}{p - p_v} = 0.622 \frac{p_v}{p - p_v} \tag{3-1b}$$

（2）饱和湿度 H_s。当湿空气和水处于平衡状态时，水蒸气的分压等于同温度下饱和空气中水蒸气分压 P_s，这时空气的湿度称为饱和湿度 H_s，表示为：

$$H_s = \frac{n_v}{n_G} \frac{M_v}{M_G} = 0.622 \frac{P_s}{P - P_s} = 0.622 \frac{P_s}{P - P_s} \tag{3-2}$$

由式（3-2）可知，系统的饱和湿度是总压和温度的函数，当总压一定时，仅是空气温度的函数，故 H_s 作为温度函数可表示在湿度图上。当 $P_s = P$，即在液体沸点时，H_s 变为无限大。

（3）湿度百分数 H_p。它是在相同温度和总压下，空气的湿度和饱和湿度的比值，即：

$$H_p = \frac{H}{H_s} \times 100\% = \frac{P_v}{P_s} \frac{P - P_s}{P - P_v} \times 100\% \tag{3-3}$$

（4）相对湿度 H_r。通常又称为相对湿度体积分数，它为水蒸气的分压与同温度下水的饱和蒸气压之比，即：

$$H_r = \frac{P_v}{P_s} \times 100\% \tag{3-4}$$

当温度达到液体沸点时，$P_v = P_s$ 则 $H_r = 1$，说明此时空气已被水蒸气饱和。当温度低时，也就是 $P_s \ll P$，相对湿度 H_r 接近于湿度体积分数 H_p。H_r 可以确定空气能不能继续容纳水分。H_r 越小，空气中的湿含量距离饱和状态愈远。

3.1.1.2　湿空气的热焓量及湿热容

（1）湿空气的比热焓量 h 是单位质量干空气的热焓量和带有的水蒸气的热焓量之和。湿空气的热焓量表示为：

$$h = c_G t + H(c_V t + r_0) \tag{3-5a}$$

式中　c_G——干空气的比容，其值为 $1.00 kJ \cdot (kg \cdot ℃)^{-1}$；

c_V——水蒸气的热容，其值为 $1.93 kJ \cdot (kg \cdot ℃)^{-1}$；

r_0——水蒸气在 0℃时的潜热，为 $2492 kJ \cdot kg^{-1}$；

h——湿空气的热焓量，$kJ \cdot kg^{-1}$。

水蒸气的比热焓量 h 为：

$$h = (1.00 + 1.93H)t + 2492H \quad kJ \cdot kg^{-1} \tag{3-5b}$$

由式（3-5b）可知，温度越高，湿度越大，则比热焓 h 越大。

（2）湿热容 C_H。在等压下将单位质量的干空气及其所含的水蒸气提高单位温度差所需的热量，表示为：

$$C_H = C_G + C_V H = 1.00 + 1.93H \tag{3-5c}$$

式中　C_H——湿比热容，$kJ \cdot (kg \cdot ℃)^{-1}$。

3.1.1.3 湿空气的温度

(1) 干球温度 t。用一般温度计测得湿空气的温度称为干球温度，干球温度为空气的真实温度，一般所说的空气温度是指干球温度。

(2) 露点温度 t_D。保持湿空气的湿度不变使其冷却，达到饱和状态凝结出露水时的温度即为露点温度。

(3) 绝热饱和温度 t_s。在绝热的情况下，若气体和液体长时间接触，使两相传热、传质趋于平衡，最终气体被饱和，气、液两相所达到的同一温度即为绝热饱和温度。

(4) 湿球温度 t_w。使测温仪器的感温部分处于润湿状态时所测的温度称为湿球温度。

对于某一定干球温度的湿空气，其相对湿度越低，湿球温度值也越低；饱和湿空气的湿球温度与干球温度相等。应该指出：绝热饱和温度 t_s 和湿球温度 t_w 在数值上近似相等，只在空气—水系统是这样的，而对其他系统，湿球温度远高于绝热饱和温度。

3.1.1.4 湿空气的绝热饱和比热焓量 h_s

湿空气的比热焓量 h 近似地等于湿空气在对应的绝热饱和情况下的比热焓量 h_S。

3.1.1.5 湿空气的比容 v

湿空气的比容指 1kg 干空气和其所带有的水蒸气占有的容积，单位为 m^3/kg。

3.1.2 湿空气的 *H-h* 图及 *H-t* 图

用公式对干燥过程进行计算，往往很复杂。为了简化计算，可采用湿空气的温度-湿度图（见图 3-1）和比热焓量-湿度图（见图 3-2）。每个图都是在特定的压强下（即 100kPa）作出的，以干球温度 t 为横坐标，湿度 H 为纵坐标作图，图中有九种曲线，各种曲线的意义如下：

(1) 等干球温度（t）线。在图 3-1 及图 3-2 中，与纵坐标平行的直线，其读数标在图底边的横坐标上。

(2) 等湿度线 H。在图 3-1 及图 3-2 中，与横坐标平行的直线，其读数标在图右边的纵坐标上。

(3) 等比热焓（h）线。即等绝热饱和比热焓（h）线。在图 3-2 中，倾斜的虚线，其读数标在斜轴上，从式（3-5a）知，h 是湿空气的 t 与其 H 的函数，$h=f(t, H)$。

(4) 等相对湿度（H_r）线。即图 3-1、图 3-2 中标有体积分数的凸线或凹线，图中 $H_r=100\%$ 的曲线称为饱和湿度线，此时空气完全被水汽所饱和；$H_r>100\%$ 的区域为过饱和区，此时湿空气成雾状；$H_r<100\%$ 的区域为不饱和区域。该区域有利于干燥过程。

(5) 等湿球温度（t_w）线。对空气—水系统来说，称绝热冷却线，在图 3-2 中为倾斜的细线，与等比热焓（h）线靠近。

(6) 湿比热容（C_H）线。在图 3-1 中，它的读数在图上方的横坐标上。湿热容仅随温度而变，而湿热容-湿度线为一直线。

(7) 蒸发潜热线。在图 3-1 中，为一近似直线，其读数在图左方的纵坐标上。

(8) 干空气比容（v）线。在图 3-1 中，为一直线，其读数在图左方的纵坐标上。

（9）饱和比容（v_s）线。对于饱和空气，其湿度 $H=H_s$，则饱和空气的比容为：

$$v_s = (0.773 + 1.244H_s)\left(1 + \frac{t}{273}\right) \tag{3-6}$$

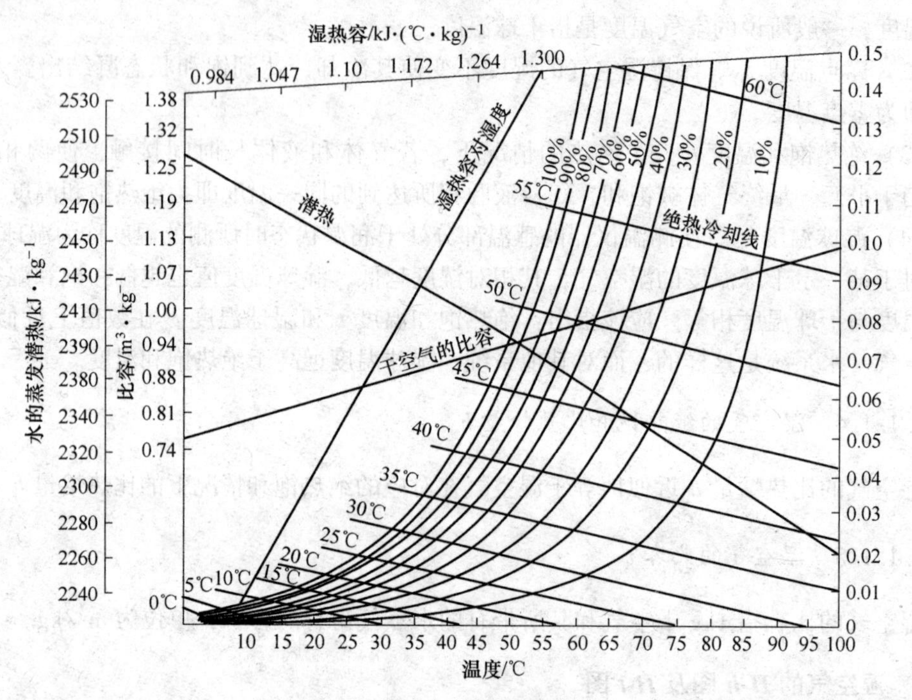

图 3-1　湿空气的温度-湿度图

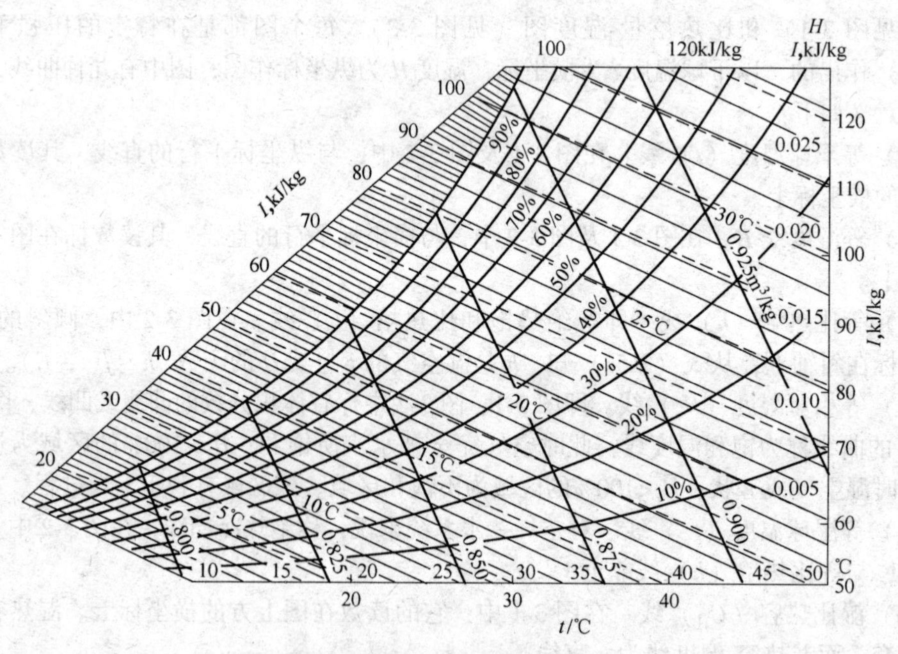

图 3-2　湿空气的比热焓量-湿度图

在一定的温度和湿度下，空气的比容 v 可在干空气的比容线及饱和容积线之间，用内插法求得。在如图 3-2 所示中有湿空气的等比容线。

利用湿度图可以确定湿空气的性质，如温度、湿度、相对湿度和热焓量等。为了确定湿空气的性质，必须先知道其中任意两个独立参数，其他参数便可以从图中查得。

3.1.3 湿物料的性质

在干燥过程中，水分从固体物料内部向表面移动，再从物料表面向干燥介质中汽化。用空气作干燥介质时，干燥速率不仅取决于空气的性质，也取决于物料中所含水分的状态。

3.1.3.1 水分与物料的结合方式

（1）化学结合水。指与离子或结晶体的分子结合的水分，这种水分干燥不能除去。

（2）吸附水分。指附着在物料表面的水分，其性质和纯水相同，在任何温度下，其蒸汽压等于同温度下纯水的饱和蒸汽压，是极易用干燥方法除去的水分。

（3）毛细管水分。指多孔性物料孔隙中所含有的水分。干燥时，这种水分受毛细管的吸收作用而移到物料表面，因此，干燥速率取决于物料中孔隙的大小。大孔隙中的水分跟吸附水分一样，极易干燥除去。

（4）溶胀水分。指渗入到物料细胞壁内的水分，它是物料组成的一部分，因此物料的体积相应增大。例如，离子交换树脂在水中长时间溶胀吸收的水分。

3.1.3.2 平衡水分和自由水分

根据物料所含水分能否用干燥方法除去，可分为平衡水分和自由水分。

当某一物料与具有一定温度及湿度的空气接触时，物料将排除水分（或吸收水分）而保持其湿度为一定值。若空气的情况不改变，则物料中所含水分量永远维持此定值，并不因与空气接触时间的延长而再有变化。此值称为该情况下物料的平衡水分或平衡湿度。平衡水分随着物料的种类而异。对于同一物料，又因所接触的空气性质不同而不同。如图 3-3 所示为某些物料在 20℃时平衡水分与空气相对湿度的关系。

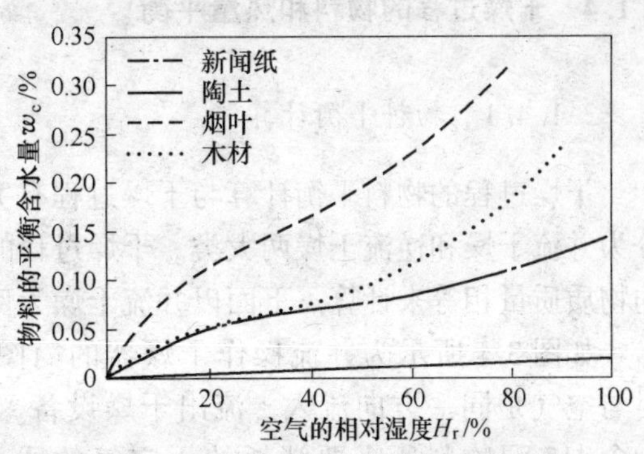

图 3-3 某些物料在 20℃时的平衡水分与空气相对湿度的关系

平衡水分是物料在一定的干燥条件下，能够用干燥方法除去所含水分的极限值。而干燥所能除去的水分，是物料中所含的大于平衡水分的水分，称这部分水分为自由水分。物料所含的总水分为自由水分与平衡水分之和，在干燥过程中可以除去的水分，仅为自由水分。

3.1.3.3 结合水与非结合水

固体中存留的水分依据固、液间相互作用的强弱，简单地分为结合水分和非结合水分。结合水分包括湿物料中存在于细胞壁内的和毛细管内的水分，固、液间结合力较强；非结合水分包括湿物料表面上附着水分和大孔隙中的水分，结合力较弱。

综上所述，平衡水分和自由水分，结合水分和非结合水分是两种概念不同的区分方法。非结合水分是干燥中容易除去的水分，而结合水分较难除去；是结合水还是非结合水仅取决于固体物料本身的性质，与空气状态无关。自由水分是在干燥中可以除去的水分，而平衡水分是不能除去的。自由水分和平衡水分的划分除与物料有关外，还决定于空气的状态。几种水分的关系可表示如下：

物料中的水分
- 自由水分
  - 非结合水分——首先除去的水分
  - 能除去的结合水分
- 平衡水分——不能除去的结合水分

3.1.3.4　湿物料中水分含量

湿物料中水分含量有两种表示方法：

（1）湿基含水量（w）。以湿物料为基准计算的水的质量分数（$kg_{水} \cdot kg^{-1}_{湿物料}$）或体积分数：

$$w = \frac{湿物料中水分的质量}{湿物料中干物料的质量} \times 100\% \tag{3-7}$$

（2）干基含水量（X）。以绝干物料为基准计算湿物料中水的含水量，$kg_{水} \cdot kg^{-1}_{绝干料}$：

$$X = \frac{湿物料中水分的质量}{湿物料中绝干物料质量} \tag{3-8}$$

两者的关系：

$$w = \frac{X}{1 + X} \times 100\% \tag{3-9}$$

3.1.4　干燥过程的物料和热量平衡

3.1.4.1　物料平衡计算

干燥过程的物料平衡计算与干燥过程有关。通常按被干燥物料与气流方向是否相同，分为并流干燥和逆流干燥两大类。干燥过程的物料平衡计算用流入口的物质质量与流出口的物质质量相等来计算。下面以并流干燥为例。

如图3-4所示为并流操作干燥器的简图。物料与空气是同一方向流入、流出干燥设备。令 m 为含1kg湿物料所需要消耗的干空气的质量数，kg；w_1 为物料进入干燥器时的湿基含水量，kg；w_2 为物料离开干燥器时的湿基含水量，kg；H_1 为空气进入干燥器时的湿度，kg/kg；H_2 为空气离开干燥器时的湿度，kg/kg；则干燥器的物料平衡为：

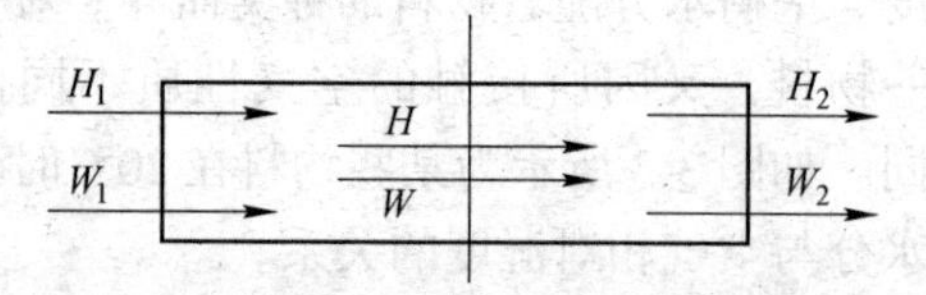

图3-4　并流接触的干燥器示意图

$$w_1 + mH_1 = w_2 + mH_2 \tag{3-10}$$

当 w_1、w_2 和 H_1 为定值时，使空气的出口湿度 H_2 尽可能大，则 m 有最低的数值。当空气在干燥器出口处被饱和，即 $H_2 = H_w$（湿球温度下的湿度）时，m 的数值最小。最小的空气消耗量 m_{min} 表示为：

$$m_{min} = \frac{w_1 - w_2}{H_w - H_1} \tag{3-11}$$

3.1.4.2 热量衡算

通过热量衡算可以找出热量的分配关系。一般在干燥装置中，热量在预热器内加入，干燥器内不补充加热，计算过程以汽化 1kg 水分为基准。如图 3-5 所示为干燥器热量衡算示意图。

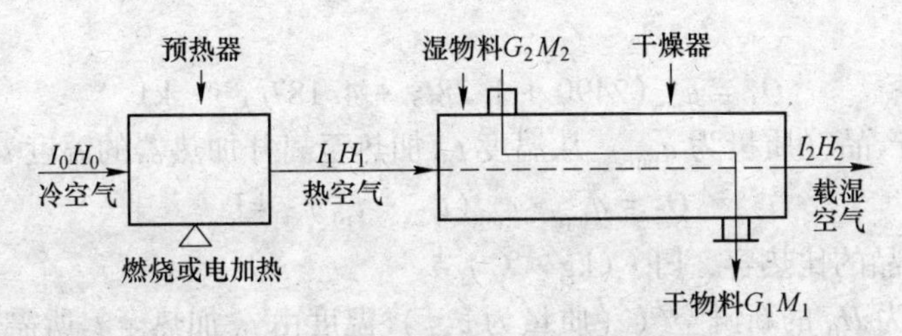

图 3-5 干燥器热量衡算示意图

根据图 3-5，当过程达到稳定状态后干燥器的热量衡算列于表 3-1 中。所以有：

$$\frac{G_2 \cdot c \cdot t_{M_1}}{W} + 4.18t_{M_1} + \frac{L \cdot h_0}{W} + Q = \frac{G_2 \cdot c \cdot t_{M_2}}{W} + \frac{L \cdot h_2}{W} + Q' \quad (3\text{-}12)$$

或

$$Q = \frac{L}{W}(h_2 - h_0) + Q_M + Q' - 4.18t_{M_1} \quad (3\text{-}13)$$

式中 Q_m——使物料升温所需的热量，$Q_M = \frac{G_2 \cdot c \cdot (t_{M_2} - t_{M_1})}{W}$；

G_1，G_2——分别为进入和离开干燥器物料的质量，kg；

W——水分汽化量，kg；

c——干燥后物料的热容，$kJ \cdot (kg \cdot ℃)^{-1}$；

t_{M_1}，t_{M_2}——分别为进入和离开干燥器物料的温度，℃；

h_0——进预热器时空气的热焓量，$kJ \cdot kg^{-1}$；

h_1，h_2——分别为进入和离开干燥器时空气的热焓量，$kJ \cdot kg^{-1}$；

Q——汽化 1kg 水所消耗的热量，$kJ \cdot kg^{-1}$；

L——干空气量，kg；

Q'——热量损失，$kJ \cdot kg^{-1}$。

由式（3-13）可以求出汽化 1kg 水所需加入的热量。

表 3-1 干燥器的热量衡算

输入热量/$kJ \cdot kg^{-1}(H_2O)$	输出热量/$kJ \cdot kg^{-1}(H_2O)$
（1）物质带入的热量：$G_1 = G_2 + W$ G_2带入热量：$\frac{G_2 \cdot c \cdot t_{M_1}}{W}$，$W$带入热量为：$4.18W_{t_{M_1}}$	（1）干燥后物料带走的热量：$\frac{G_2 \cdot c \cdot t_{M_2}}{W}$
（2）空气带入的热量：$\frac{L \cdot h_0}{W}$	（2）废气带走的热量：$\frac{L \cdot h_2}{W}$
（3）预热器内加入的热量：Q	（3）热量损失：Q'

3.1.4.3 干燥过程的热效率

干燥过程中热量的有效利用率是决定过程经济性的重要方面。为了确定干燥过程中热量的有效利用率，通过以下分析，将干燥过程消耗的总热量分解为四个方面：

（1）水分 q_{mw} 由入口温度 $t_{入}$ 加热并汽化，至气态温度 t_2 后随气流离开干燥系统，所需热量：

$$Q_1 = q_{mw}(2490 + 1.28t_2 + 4.187t_{入}) \quad kJ \tag{3-14}$$

（2）干燥的产品（质量为 q_{mp}）从温度 t_{p1} 加热至离开加热器的温度 t_{p2} 所需热量：

$$Q_2 = q_{mp} \cdot c_{mp}(t_{p2} - t_{p1}) \quad kJ \tag{3-15}$$

式中 c_{mp}——产品的比热容，$kJ \cdot (kg \cdot ℃)^{-1}$。

（3）将湿度为 H_0 的新鲜空气（质量为 q_{mL}）温度由 t_0 加热至 t_2 所需热量：

$$Q_3 = q_{mL}(1.01 + 1.88H_0)(t_2 - t_0) \quad kJ \tag{3-16}$$

（4）干燥系统损失的热量 Q_L。

干燥系统中加入的总热量消耗如上面所述的四个方面。其中，Q_1 是直接用于干燥的，Q_2 是达到规定含水量所不可避免的。因此，干燥过程的热效率（$\eta_{热}$）定义为：

$$\eta_{热} = \frac{Q_1 + Q_2}{Q_1 + Q_2 + Q_3 + Q_L} \tag{3-17}$$

提高热效率可以从提高预入口空气热温度和降低废气出口温度这两方面着手：

1）降低废气出口温度可以提高热效率，但同时降低了干燥效率，延长了干燥时间，增加了设备容积；另外，废气出口温度如果过低以至接近饱和状态，气流易在设备及管道出口处散热而析出水滴。通常废气出口温度需比进干燥器气体的湿球温度高 20~50℃。

2）提高空气的预热温度也可提高热效率。空气预热温度高，单位质量干空气携带的热量多，干燥过程所需要的空气用量少，废气带走的热量相应减少。故热效率得以提高。但是，空气的预热温度应以物料不致在高温下受热破坏为限。对不能经受高温的物料，采用中间加热的方式（即在干燥器内设置一个或多个中间加热器）可以提高热效率。

3.2 干燥特性和干燥时间

3.2.1 干燥特性

从本质上看干燥过程是一个传热、传质过程。干燥过程得以进行的条件是湿物料表面的水蒸气分压超过热气体（以下或称干燥介质）中的水蒸气分压，湿物料表面的水蒸气基于压差向干燥介质中扩散，湿物料内部的水再继续向表面扩散而被汽化。

3.2.1.1 干燥特性曲线

如前所述，在干燥过程中，水分在湿物料表面的汽化与物体内部水分的迁移是同时进行的。所以干燥速率的大小取决于这两个步骤。在大多情况下，干燥速率由试验测得。

干燥特性曲线如图 3-6 所示。整个干燥过程分为预热、恒速、降速和平衡四个阶段。

（1）预热阶段。温度很低的湿物料与热气体开始接触后，物料和水分温度升到水分汽化温度的阶段。预热阶段的时间很短，继而进入恒（等）速阶段。

（2）恒速阶段。只要热气体的性质（温度、湿度、水蒸气分压等）不变，它传给湿物料的热量等于物料表面水分汽化所需要的热量，则物料表面温度将恒定（B_3C_3线段）；只要物料表面有充足的水分，汽化速度就恒定，只要物料内部有足够的水分向外扩散，干燥速率也必定恒定（B_2C_2），物料含水量则迅速等速下降（B_1C_1）。

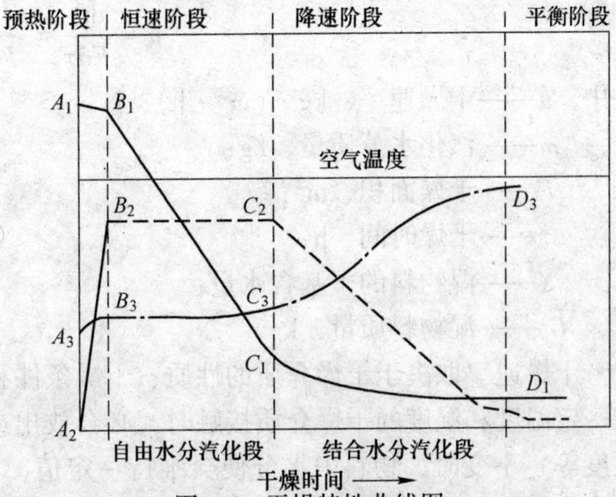

图 3-6　干燥特性曲线图

下标 1—物料含水量曲线；下标 2—干燥速度曲线；下标 3—物料温度曲线

物料表面的传热速率表示为：

$$R_c = \frac{dQ}{Ad\tau} = \frac{C_w dW}{Ad\tau} = \alpha(t - t') \tag{3-18}$$

式中　R_c——物料表面的传热速率，$J \cdot (m^2 \cdot h)^{-1}$；

Q——热气体传给物料的热量，J；

C_w——t℃时水的汽化潜热（质量能），$J \cdot kg^{-1}$；

α——热气体和物料表面的传热系数，$J \cdot (m^2 \cdot h \cdot ℃)^{-1}$；

t，t'——分别为热气体和湿物料表面的温度，℃；

W——水分汽化量，kg；

τ——干燥时间，h；

A——传热面积，m^2。

当 t 和 t'为定值，α 亦为定值时，传热速率 R_c 为恒值，干燥速率也恒定。

提高热气体的温度和传热能力以及降低其中的水蒸气含量，均有助于提高恒速阶段的干燥速率和缩短干燥时间。

（3）降速阶段。随着干燥的进行，当物料内部的水分不足以补充物料表面的汽化水分后，干燥速度逐渐降低，物料表面将有一部分呈干燥状态。物料温度逐渐升高（C_3D_3），热量向内部传递，很可能使蒸发面移向内部。水汽由内部向外流动，流动阻力越来越大，故干燥速率降低迅速。潮湿物料表面逐渐减少，当物料表面刚出现干燥状态时，称物料的含水量为第一临界含水量 w_{k1}，当外表面全部呈干燥状态时称物料的含水量为第二临界含水量 w_{k2}，实际上当恒速阶段一结束即达到第一临界含水量（通常称为临界含水），此含水量与物料性质有关。

（4）平衡阶段。当物料含水量达到在该干燥条件下的平衡水分 w_p时，物料的含水量和干燥速率都不再变化，干燥过程终了。

3.2.1.2　干燥速率

湿物料中水分向表面的扩散速率和表面水分的汽化速率决定了该物料的干燥速率，可以用单位干燥面积在单位时间内汽化湿物料的水分质量表示：

$$u = \frac{\mathrm{d}m}{F\mathrm{d}\tau} = \frac{\mathrm{d}G_g X}{F\mathrm{d}\tau} \tag{3-19}$$

式中 u——干燥速率，$\mathrm{kg} \cdot (\mathrm{m}^2 \cdot \mathrm{h})^{-1}$；

m——汽化水分质量，kg；

F——干燥面积，m^2；

τ——干燥时间，h；

X——湿物料的干基含水量；

G_g——湿物料质量，kg。

干燥速率取决于干燥介质的性质、干燥条件和操作以及物料含水的特性。当湿物料和有一定温度和湿度的干燥介质接触时，必会放出或析出水分，当干燥介质的状态（温度、湿度等）不变时，物料中水分便会维持一定值。此值为该物料在一定干燥介质状态下的平衡水分，也是在该状态下该物料可以干燥的限度。在该干燥介质状态下，只有物料中超出平衡水分的那部分水分才能脱除。由于四周环境的空气均有一定的温度和湿度，所以物料都只能干燥到和周围空气相应的平衡水分值。

3.2.1.3 影响干燥速率的因素

影响干燥速率的因素有：物料的自身性质、物料的含水特性、干燥条件、干燥的操作水平和临界湿度。

（1）物料的性质与形状。湿物料的物理结构、化学组成、形状和大小、物料层的厚薄、温度、含水率及水分的结合方式等都影响干燥速率。

（2）干燥介质的温度与湿度。介质的温度越高，湿度越低，干燥速率越大，温度与相对湿度相比，温度是主导因素。

（3）干燥介质的流速和流向。在干燥开始阶段，提高气流速度，可加速物料表面的水分汽化蒸发，干燥速度也随之增大，而当干燥进入内部水分汽化阶段，则影响不大。

（4）干燥器的结构。以上各因素都和干燥器的结构有关，许多新型的干燥器就是针对某些因素而设计的。

3.2.2 恒定干燥条件下的干燥时间

在恒定干燥条件下，物料从最初含水量 X_1 干燥至最终含水量 X_2 所需要的时间 τ，可根据相同情况下的干燥速率曲线求取。

（1）恒速干燥阶段的干燥时间。

设恒速干燥阶段的干燥速率为 $u_{恒}$，由式（3-19）得：

$$\mathrm{d}\tau = \frac{G_g \mathrm{d}X}{F \cdot u_{恒}} \tag{3-20}$$

积分得恒速干燥时间 τ_1：

$$\tau_1 = \frac{G_g}{F \cdot u_{恒}}(X_1 - X_C) \tag{3-21}$$

式中 X_1，X_C——分别为湿物料开始时的干基含水量和临界干基含水量。

（2）降速干燥阶段的干燥时间。

降速干燥阶段中，物料的干燥速率随物料含水量的减少而降低，物料的含水量从临界含水量 X_C降至 X_2所需的时间用图解积分法求得。在特定情况下用近似计算法求得。例如，在降速干燥阶段中干燥速率与干燥物料中的自由水分含量（$X-X_C$）成正比时，由式（3-19）积分得降速干燥时间 τ_2：

$$\tau_2 = \frac{G_g(X_C - X_e)}{F \cdot u_{恒}} \ln \frac{X_C - X_e}{X_2 - X_e} \tag{3-22}$$

式中　X_2，X_e，X_C——分别为干燥终结时的干基含水量、平衡干基含水量和临界干基含水量。

3.3　干燥设备及其操作

由于要干燥的物料传质迥异，对干燥要求不同，生产规模有小有大，所以实用的干燥设备十分繁杂且不易分类。下面为一干燥器（机）分类明细。

物料越细，干燥越困难，除因其表面积大，表面吸附水多，又难以脱干外，还因其自身结块严重，难以碎开，或者干燥后板结，所以干燥设备的发展在很大程度上与粉体的发展有关。

搅拌型干燥器在冶金中运用最广泛，下面重点介绍这类设备。

3.3.1　通风型

物料静止型的通风干燥设备多用于小规模，例如实验室用的鼓风干燥箱。

如图 3-7 所示是一种连续通风带式干燥器。热干燥介质连续透过多孔输送带（编织网带或孔板链带），干燥输送带上的湿物料。这种干燥器的通道总长可达 50m，由若干小干燥室组成。采用并流式，可适用于不同热敏性物料。最高允许进气温度为 400℃。干燥设备在单位时间内，$1m^3$干燥体积所能蒸发的水的质量 $kg \cdot (m^3 \cdot h)^{-1}$称为汽化强度，输送型通风干燥设备的汽化强度约 $50kg \cdot (m^3 \cdot h)^{-1}$，热效率 50%~70%。设备构造简单、操作、维护方便，应用广泛。但不适合冶金中物流量大、有腐蚀性的场合。

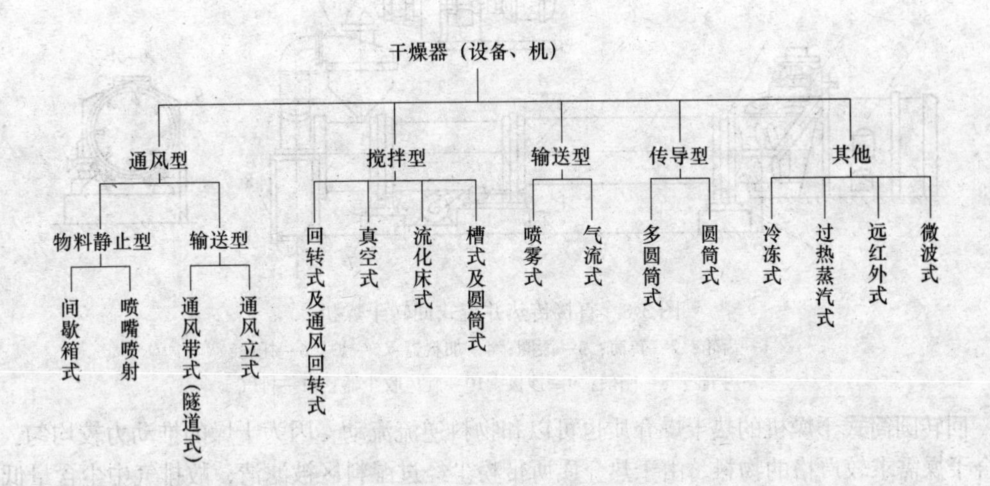

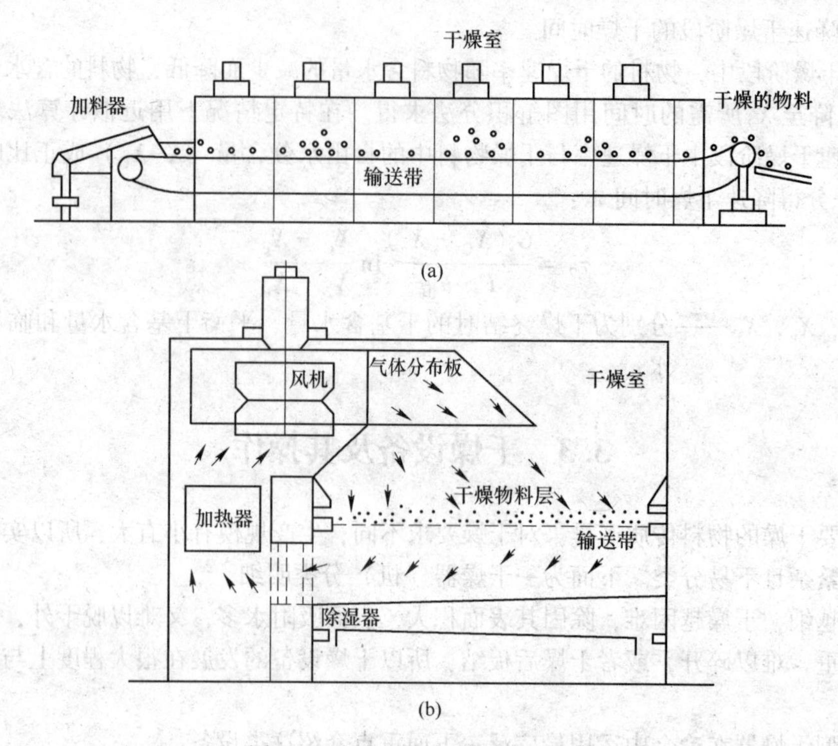

图 3-7　连续通道式干燥器示意图

（a）正视图示意；（b）断面图示意

3.3.2　回转圆筒干燥机

如图 3-8 所示是一个直接传热并流式搅拌型回转圆筒干燥机。回转圆筒的 L/D 约为 5，转速 2~6r/min，筒体倾斜安装倾角 1°~5°。筒内设有翻动和抬散物料的搅拌抄板，抄板的形式很多，如图 3-9 所示，对黏性和较湿的物料适于用升举式抄板；颗粒细而易引起粉末飞扬的物料适宜用分格式。物料在筒体内的充填率一般小于 0.25。

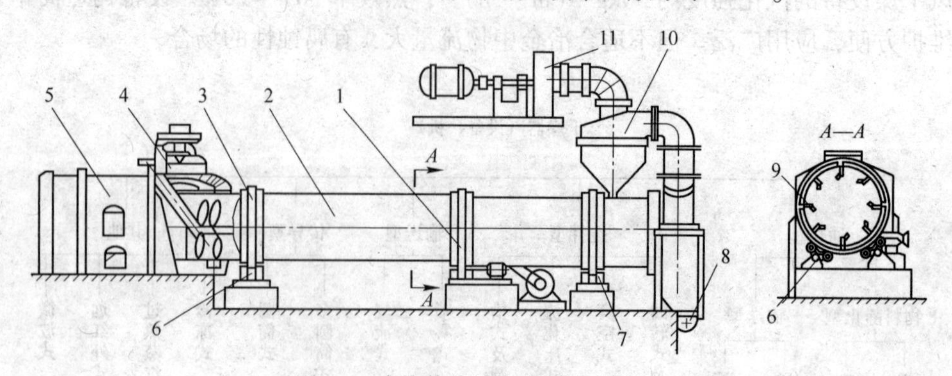

图 3-8　直接传热并流式回转干燥机

1—齿轮；2—转筒；3—滚圈；4—加料器；5—炉；6—托轮；

7—挡轮；8—闸门；9—抄板；10—旋风收尘器；11—排气

回转圆筒式干燥机的热干燥介质也可以和物料逆流流动，因为干燥的推动力较均匀，故适合干燥需求较严格的物料。由于热介质所带粉尘经过湿料区被滤清，故排气中尘含量低。

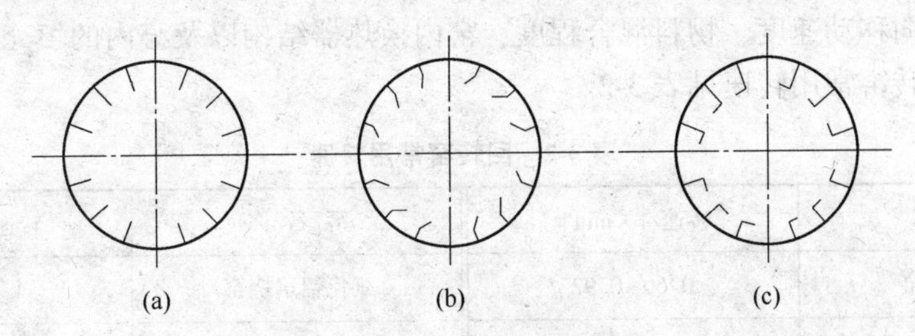

图 3-9 升举式抄板
(a) 180°升举式；(b) 135°升举式；(c) 90°升举式

这种干燥机机械化程度高，生产能力大。易于实现自动控制，产品质量好，应用范围广。为减少气流带出的粉尘量，气流出口速度一般应小于 2~3m/s，对微细物料，应小于 0.5~1m/s。

回转圆筒式干燥机的结构一般由下列几部分组成：

(1) 筒体与窑衬。筒体由钢板卷成，内砌筑耐火材料，用以保护筒体和减少热损失。

(2) 滚圈。筒体、衬砖和物料等所有回转部分的重量通过滚圈传到支承装置上，滚圈达几十吨，是回转窑最重的部件。

(3) 支撑装置。由一对手轮轴承组和一个大底座组成。一对托轮支撑着滚圈，允许筒体自由滚动。支撑装置的套数称为窑的挡数，一般有 2~7 挡，其中一挡或几挡支撑装置上带有挡轮，称为带挡轮的支撑装置。挡轮的作用是限制或控制窑回转部分的轴向位置。

(4) 传动装置。筒体的回转是通过传动装置实现的。传动末级齿圈用弹簧板安装在筒体上。为了安全和检修的需要，较大型的回转窑还设有使窑以低转速转动的辅助传动装置。

(5) 窑头罩与窑尾罩。窑头罩是连接窑热端与流程中下道工序（如冷却机）的中间体。燃烧器及燃烧所需空气经过窑头罩入窑。窑头罩内砌有耐火材料，在固定的窑头罩与回转的筒体之间有密封装置，称为窑头密封。窑尾罩是连接窑冷端与物料预处理设备以及烟气处理设备的中间体，其内砌有耐火材料。在固定的窑尾罩与回转的筒体间有窑尾密封装置。

(6) 燃烧器。回转窑的燃烧器多数从筒体热端插入，通过火焰辐射与对流传热将物料加热到足够高的温度，使其完成物理和化学变化。燃烧器有喷煤管、油喷嘴、煤气喷嘴等，因燃料种类而异。外加热窑是在筒体外砌燃烧室，通过筒体对物料间接加热。

(7) 热交换器。为增强对物料的传热效果，筒体内设有各种换热器。

(8) 喂料设备。根据物料入窑形态的不同选用喂料设备。干的物料或块料，由螺旋给料器喂入或经溜管流入窑内。含水分 40%左右的生料浆用喂料机挤进溜槽，流入窑内或用喷枪喷入窑内。呈滤饼形态的含水稠密料浆，如 $Al(OH)_3$，可用板式饲料机喂入窑内。

回转圆筒式干燥机的主要操作参数有：

(1) 转速。窑体转动起到翻动和输送物料的作用，提高转速有助于强化窑内气流对物料的传热。回转窑的转速（窑体每分钟转动的周数）与窑内物料活性表面、物料停留时间、物料轴向移动速度、物料混合程度、窑内换热器结构以及窑内的填充系数等都有密切的关系。回转窑常用转速见表 3-2。

表 3-2 回转窑常用转速

窑名称	转速/r · min^{-1}	窑名称	转速/r · min^{-1}
铅锌挥发窑	0.60～0.92	氧化铝焙烧窑	1.71～2.74
氧化焙烧窑	0.7～1.00	碳素窑	1.10～2.10
镍锍焙烧窑	0.50～1.30	黄镁矿渣球团焙烧窑	0.50～1.30
氧化铝熟料窑	1.83～3.00	耐火材料煅烧窑	0.30～1.70

（2）窑内物料轴向移动速度和停留时间。物料在窑内移动的基本规律是：随窑转动的回转物料被带起到一定高度，然后滑落下来。由于窑是倾斜的，滑落的物料同时就沿轴向前移动，形成沿轴线移动速度。窑内物料的轴向移动速度有很多因素，特别是与物料的状态有关。虽然做过各种研究，得出不少经验公式，但各个公式有其局限性，不是普遍适用。

3.3.3 真空干燥机

大多数常压密闭干燥器都可能在真空下运行。采用中空轴可增加传热面积。这种干燥器能在较低温度下得到较高的干燥速度，故热量利用率高，也可加入惰性气体。设备除适用于泥糊状、膏状物料的干燥外，尤其适用于维生素、抗生素等热敏性物料以及在空气中易氧化、燃烧、爆炸的物料的干燥。常用的真空干燥设备有真空箱式干燥器、带式真空干燥器、耙式真空干燥器。

真空耙式干燥器的结构如图 3-10 所示，也叫做圆筒搅拌型真空干燥器。由筒体和双层夹套构成，筒内有回转搅拌耙齿，回转于空轴上，转速 3～8r/min。其主要部件有：壳体、耙齿、出料装置、加料装置、粉碎棒、密封装置、搅拌轴和传动装置。要干燥的膏状物料由加料口加入后，向筒体夹套内通入低压蒸汽。物料一方面被蒸汽间接加热，另一方面被耙齿搅动、拌匀，蒸发出的水蒸气由蒸汽口用真空泵抽出。

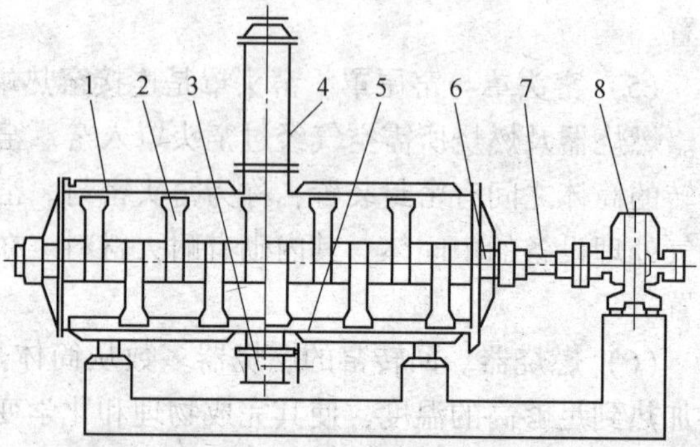

图 3-10 真空耙式干燥器

1—壳体；2—耙齿；3—出料装置；4—加料装置；5—粉碎棒；6—密封装置；7—搅拌轴；8—传动装

其工作原理：被干燥物料从壳体上方正中间加入，在耙齿的搅拌下，物料轴向来回走动，与壳体内壁接触的表面不断更新，受到蒸汽的间接加热，耙齿的均匀搅拌，粉碎棒的粉碎，使物料表面水分更有利的排出，气化的水分经干式除尘器、湿式除尘器、冷凝器，从真空泵出口处放空。

真空耙式干燥器具有结构简单、操作方便、使用周期长、性能稳定可靠、蒸汽耗量小、适用性能强、产品质量好等特点，特别适用于不耐高温、易燃、调温下易氧化的膏状物料的干燥，该机经用户长期使用证明是良好的干燥设备。

间歇式真空干燥设备一般由密闭干燥室、冷凝器和真空泵 3 部分组成。间歇操作的箱式真空干燥器如图 3-11 所示。

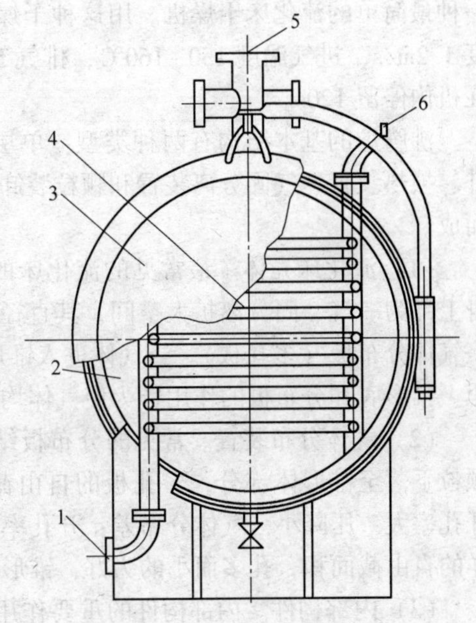

图 3-11　箱式真空干燥器

1—冷凝水出口；2—外壳；3—盖；4—空心加热板；5—真空接口；6—蒸汽进口

3.3.4　流化床式干燥机

流化床式干燥机是一种用流体搅拌特殊形式的搅拌型干燥机。沸腾床的床型有柱形床和锥形床。对于浮选精矿宜采用柱形床；对于宽筛分物料和在反应过程中气体体积增大很多或颗粒逐渐变细的物料，宜用上大下小的锥形床。沸腾床断面形状可为圆形、矩形、椭圆形。圆形断面的炉子，炉体结构强度较大，散热较小，空气分布均匀，因此得到广泛采用。当炉床面积较小而又要求物料进口间有较大距离时，可采用矩形或椭圆形断面。沸腾炉的炉膛形状有扩大形和直筒形两种。为提高操作气流速度，减少烟尘率和延长烟尘在炉膛内停留时间，以保证烟尘质量，目前沸腾炉多采用扩大形炉膛。另外，沸腾炉还有单层床与多层床之分。对吸热过程或需要较长时间的反应过程，为提高热量和流化介质中有用成分的利用率，宜采用多层沸腾炉。

流化床式干燥机（器）是将粉粒状、膏状(乃至悬浮液和溶液）等流动性物料放在多孔板等气流分布板上，由其下部送入有相当速度的干燥介质。当介质流速较低时，气体由物料颗粒间流过，整个物料层不动；逐渐增大气流速度，料层开始膨胀，颗粒间间隙增大，再增大气流速度，相当部分物料呈悬浮状，形成气—固混合床，即流化床。因流化床中悬浮的物料很像沸腾的液体，故又称沸腾床，而且它在许多方面呈现流体的性质，如有明显的上界面，并保持水平。若再增大气流流速，颗粒几乎全部被气流带走，就变为气体输送。因此，气流速度是流化床干燥机最根本的控制因素，适宜的气流速度应介于使料层开始流态化和将物料带出之间。单层圆筒流化床如图 3-12 所示。

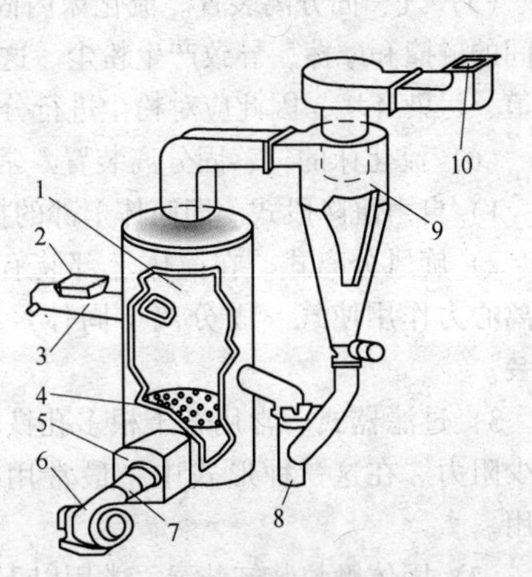

图 3-12　单层圆筒流化床干燥机

1—料室；2—湿物料；3—进料器；4—分布板；5—加热器；6—鼓风机；7—空气入口；8—干物料；9—旋风分离器；10—空气出口

流化床干燥器的干燥速度很快，流化床内温度均匀且易调节，时间也较易选定，故可得到水分极低的干燥物料。

流化床干燥设备发展迅速，种类繁多，有连续、半连续、间断生产三大类。按结构有单层、多层、卧式多室脉冲、锥形，以及喷动、振动和惰性载体等多种形式。图 3-12 是一种最简单的流化床干燥机。用这种干燥机干燥氯化铵时，床层高 300~400mm，气流速度 1.2m/s，进气温度 150~160℃，排气 50~60℃，负压操作，物料粒度为 0.45~0.3mm，在机内停留 120s。

沸腾炉的基本结构有两种类型：单层与多层。一般由壳体、气体分布装置、内部构件、换热装置、气固分离装置和颗粒装卸装置所组成。多层流化床由多个单层流化床叠合而成。

（1）流化床壳体。最常见的流化床的床身是一圆柱形容器，下部有一圆锥形底，体身上部为一气、固分离扩大空间，其直径比床身大许多。在圆筒形容器与圆锥形底之间有一气体分布板（多孔板）。当气体进入锥形部分后，通过分布板上升，以使固体颗粒流态化。锥形底和分布板的作用皆为使气体均匀分布，以保证较好的流化质量。

（2）气体分布装置。常见的分布板结构为多孔板。为了使气体分布均匀和不使床内颗粒下落至锥形体部分，多孔板的自由截面积小于空塔截面积的 50%，即开孔率 50%。开孔率大，压降小，气体分布差；开孔率小，气体分布好，但阻力大，动力消耗大。对同样的自由截面积，孔多而小的为好，锥形孔较直孔好。

（3）内部构件。内部构件的重要作用是破碎大气泡和减少近混。内部构件的主要形式有挡网、挡板、填充物、分散板等。

（4）换热装置。流化床的换热可通过外夹套或床内换热器。当用床内换热器时，除应考虑一般换热器要求外，还必须考虑到对床内物料流动的影响。即换热器的形式和安装方式应当尽量有利于流体的正常流动。实践证明，采用列管换热器时，列管放在距设备中心 2/5 半径处换热效果较好。总之流化床的传热效果较好。

（5）气、固分离装置。流化床内固体粒子运动激烈，引起粒子之间以及粒子和设备之间的碰撞和摩擦，导致产生粉尘。这些粉尘被气体带出会影响产品质量（如触媒）、塞管道、污染环境，因此应对粉尘进行分离。

（6）流化床的气、固分离装置。常用以下三种形式：

1）自由沉降段式。即筒体上部的扩大部分，粒子因气速减慢而自由沉降。

2）旋风分离式。在筒体上部装有旋风分离器，根据气体和固体的相对密度不同，靠离心力作用使气、固分离。固体经导料管将其送至床层中，或作为干燥物料送去包装。

3）过滤器式。常用若干根多孔铁管外包玻璃布制成，且用反吹方法使粉尘脱落以减少阻力。在这三种形式中，最常用的是旋风分离器，而常将几个旋风分离器串联使用。

（7）固体颗粒装卸装置。常用以下三种形式：

1）重力法。靠颗粒本身的质量使颗粒装入或流出，设备最简单，适于小规模生产。

2）机械法。用螺旋输送机，皮带加料机，斗式提升机等。此法不受物料湿度及粒度等的限制，但需专门的机械。

3）气流输送法。此法输送能力大，设备简单，但对输送的物料有一定要求，也较常用。

冶金工厂常用振动流化床干燥器。图 3-13 是其中一种振动流化床干燥机的简图。通过振动可使物料更充分均匀地分散于气流中。其结果是减少了传热、传质的阻力，减少了滞留带和颗粒的聚积，提高了干燥速度，大大缩短了干燥时间。例如，将振动流化床干燥器用于湿分较大的精矿，湿精矿在流化段仅停留 12s，总的停留时间仅 70~80s，可将含水 14%~26%的湿精矿干燥为含水 0.2%~0.4%的干精矿，宽 1m、长 13m 的干燥器处理量可达 7.6t/h。

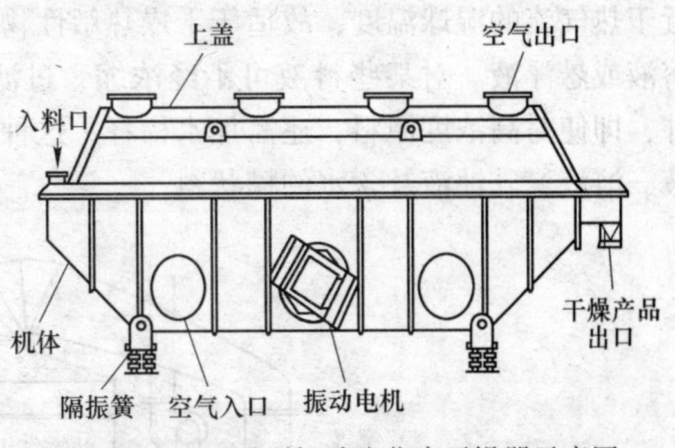

图 3-13 ZLG 系列振动流化床干燥器示意图

黏性大、含水量高的泥糊状物料难以在干燥介质流中分散和流态化。在干燥器底部放入一些惰性载体（例如，石英砂；氧化铝、氧化锆的小球；颗粒盐等），当它们在一定流速的气流作用下流化时，就会将湿物料黏附在其表面，继而使之成为一层干燥的外壳。由于惰性载体互相碰撞摩擦，又会使干外壳脱落，被介质流带走，而载体自身又与新的湿物料接触，再形成干外壳，如此循环，使细的湿黏物料也可在流化床干燥机中得到充分的干燥。

3.3.5 输送型干燥机

输送型干燥机最典型的是载流干燥和喷雾干燥器。图 3-14 是一种典型的载流干燥（输送型干燥）系统——气流式干燥机，其干燥主体是一根直立圆筒（也有为数根圆筒的）。由图 3-14 可见，由燃烧炉出来的热介质（热烟道气），高速（通常为 20~40m/s）进入筒底的粉碎设备，将由给料设备送到粉碎设备中的湿物料全部悬浮，湿物料在圆筒中被干燥，而后被输送到气—固分离及卸料设施内。这种干燥设备构造简单、造价低、易于建造和维修，干燥效果也很好，设备的汽化强度大，但能耗较大，要求干燥筒长度大。为克服这些缺点发展出采用交替缩小和放大直径的脉冲管代替直筒管倒锥式，采用直径上大下小的倒锥干燥筒，使气流速度自下而上逐渐减小，将被干燥物料按粒度大小悬浮于筒的不同高度；多级式，将 2~3 级气流干燥筒串联，可降低干燥筒总高度；旋流式，利用旋风分离器作为干燥器，气流夹带着物料以切线方向进入旋风干燥器，颗粒在惯性离心力的作用下悬浮于旋转气流中被迅速干燥。

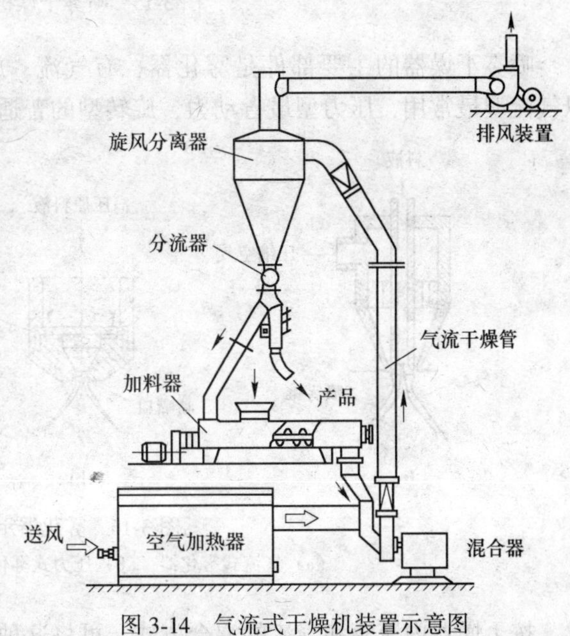

图 3-14 气流式干燥机装置示意图

图 3-15 是另一种典型的载流干燥（输送型干燥）系统，即喷雾干燥器。原料液以一定压力由喷嘴喷出，形成雾化液，液滴直径一般为 100~200μm，表面积非常大，遇到热气流，可在 20~40s 内完成干燥过程。液滴水分多的阶段即恒速干燥阶段，液滴温度仅接

近于热气流的湿球温度，故适于干燥热敏性物料，喷雾干燥可处理湿含量为40%~90%的溶液或悬浮液。对某些料液可不经浓缩、过滤，虽然可能不太经济，但为了形成雾化条件，即使对高浓度原料，还需加水稀释，这种干燥器应用广泛，可以处理多种物料的悬浮液、溶液、乳浊液及含水的糊状料。

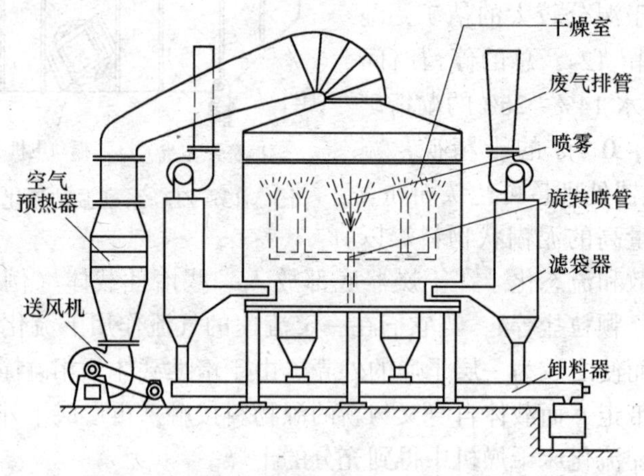

图 3-15　喷雾干燥机示意图

喷雾干燥器的主要部件是雾化器，有气流、旋转、压力三种类型，如图 3-16 所示。以气流型最常用，压力型最省动力，旋转型的普适性最大。

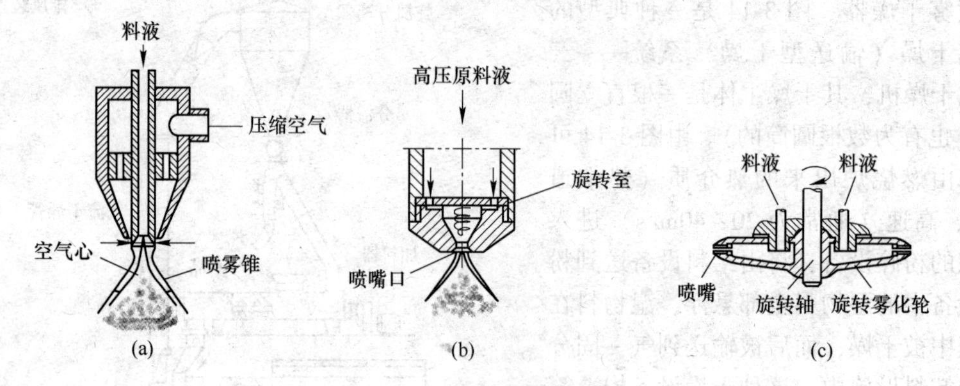

图 3-16　雾化器示意图

(a) 气流式雾化器；(b) 压力式雾化器；(c) 离心雾化器

按干燥器内液滴和气流的混合方式，可将这种干燥器分为并流、逆流和混合流三种类型。用不同的雾化器和不同的混合方式可组成多种形式的喷雾干燥器。这种组合干燥器的产品有良好的分散性，大多数不需要再粉碎和筛选。由于是密闭操作，故不易污染环境，并适合大规模生产。

3.3.6　热传导干燥机

图 3-17 为一种常见的传导型圆筒干燥机。两圆筒向相反方向旋转，其上部设有原料液储槽。热介质通过位于圆筒中心部位的旋转接管加入和排出。圆筒上面附着的原料液膜厚度由调节两圆筒间的间隙来控制，一般为 0.1~0.4mm。加入加料器的原料液在圆筒上

部直接蒸发浓缩，以薄片状黏附在圆筒下部的表面上，干燥在圆筒旋转一周内完成，总计时间约10~15s。传热效率非常高，可达80%~90%，上部罩斗用于吸走干燥时产生的热蒸汽。

这种干燥机适合处理重金属溶液，有机或无机盐溶液和泥浆状物料以及活性污泥等，可连续地直接将这些料浆干燥成粉末或片状干燥物，也适用于食品、药品的干燥处理。

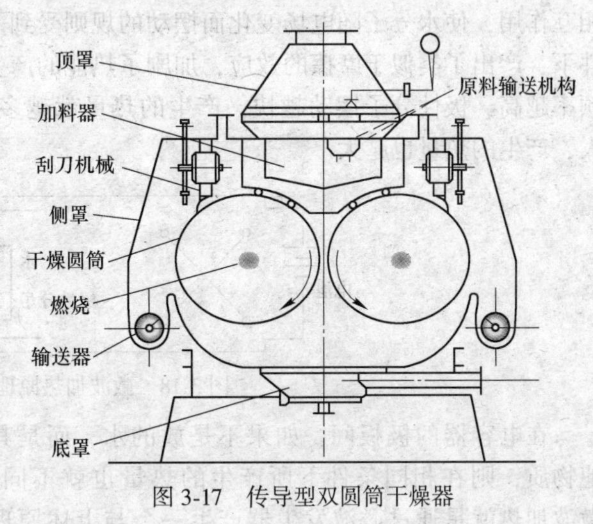

图3-17 传导型双圆筒干燥器

3.3.7 微波干燥器与红外干燥器

3.3.7.1 微波干燥器

将需要干燥的物料置于高频电场内，借助于高频电场的交变作用而使物料加热，以达到干燥物料的目的，这种干燥器称为高频干燥器。电场的频率在300MHz的称高频加热，在300~300GHz之间的称超高频加热，也称微波加热。微波通常指频率从3×10^{8}Hz到3×10^{11}Hz的电磁波。在微波波段中，又划分为4个分波段，见表3-3。

表3-3 微波的分波段划分

波段名称	波长范围	频率范围
分米波	1m~10cm	300MHz~3GHz
厘米波	10~1cm	3~30GHz
毫米波	1cm~1mm	30~300GHz
亚毫米波	1~0.01mm	300~3000GHz

根据电磁波在真空中的传播速度C与频率f、波长λ之间的关系：$C=f\times\lambda$，相对于3×10^{8}Hz到3×10^{11}Hz的微波频率范围的微波波长范围为1~1mm左右。由此可见，微波的频率很高，波长很短。考虑到微波器件和设备的标准化，以及避免使用频率太大造成对雷达和微波通信的干扰，目前微波加热所采用的常用频率为0.915GHz和2.45GHz，对应的波长分别为0.330m和0.122m。

微波加热作用可用极性分子在外加电场作用下迅速转动来解释。图3-18表示在微波能作用下加热的简要原理。电池通过一个换向开关与电容器的极板连接，极板之间放一杯水。当开关合上时，两极间产生的电场作用，使杯中的水分子带正电的氢端趋向电容器的负极，并使带负电的氧端趋向正极，这就使水分子按电场方向规则地排列。如转向开关打向相反方向，水分子的排列也跟着转向。如不断地快速转换开关方向，则外加电场方向也迅速变换，导致水分子的方向也不断变化摆动。又因分子本身的热运动和相邻分子之间的相互作用，使水分子随电场变化而摆动的规则受到了阻碍和破坏，分子处于杂乱运动的条件下，产出了类似于摩擦的效应，加剧了热能的产生，使水的温度迅速升高。外加电场的频率越高，极性分子摆动越快，产生的热量就越多，外加电场越强，分子摆动振幅也越大，产生的热量也越大。

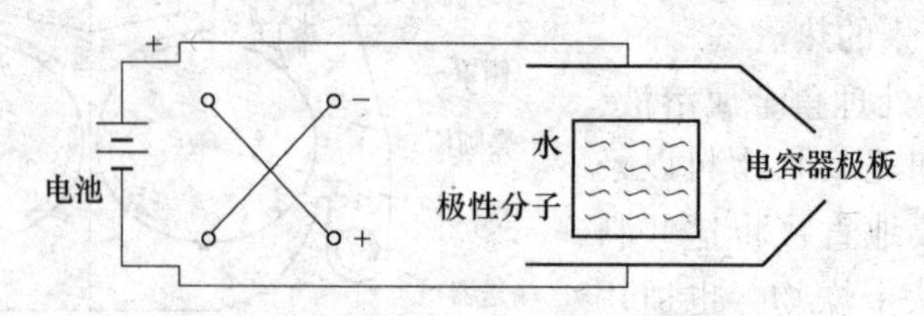

图 3-18　微波加热原理示意图

在电容器的极板间，如果不是放的水，而是其他物质，则在相同条件下所产生的热量也就不同。微波加热就是通过微波发生器产生一个与上述原理相同的交替变化的外加电场。微波的频率属超高频，如 915×10^6 Hz、2450×10^6 Hz 等，一秒钟内这样快速的变化，使极性分子摆动之快，迅速产生的热量之大是可想而知的。

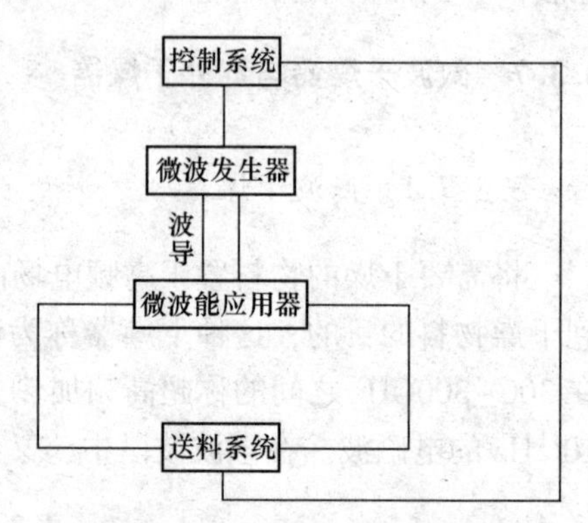

图 3-19　微波加热器的结构简图

微波加热设备主要由微波发生器、波导、微波能应用器、物料输送系统和控制系统等几个部分组成，如图 3-19 所示。

微波发生器是微波加热设备的关键部分，该部分由磁控管和微波电源组成，其主要作用是产生设备所需要的微波能量，以便将此能量传输到相应的微波能应用器中，并在其中实现对物料不同目的的加工处理。微波波导通常是一段具有特定尺寸的矩形或圆形截面的微波传输线，它保证将微波发生器产生的微波能量送到微波能应用器中。微波能应用器是实现物料与微波场相互作用的空间，微波能量在此转化成热能、化学能等，来实现对物料的各种处理。控制系统是用来调节微波加热设备的各种运行参数的装置，保证设备的输出功率、输送速度、冷却或排潮可以根据规定的最佳工艺规范，方便、灵活地调整控制。

综上所述，微波发生器、微波传输和波导系统、微波能应用器是微波加热设备中的重要组成部分。

微波与传统干燥陶瓷材料相比，可以大大缩短干燥时间，增长铸模的寿命，从而降低了成本。K. Orth 用微波干燥陶瓷过滤零件，其零件具有较高的多孔性。在相同的功率下，传统干燥时间是微波干燥的 30～32 倍，能耗为 2.5 倍，而生产能力则约为一半，从而可看出微波加热干燥的优越性。

瑞士的 Rene Salina 开发出了工业规模的陶瓷材料微波干燥机，干燥机的类型有：半干状态陶瓷材料干燥机；全干状态陶瓷材料干燥机；粉浆浇铸干燥机；粉浆浇铸模干燥机；石膏旧模再干燥机；石膏新模干燥机。

微波干燥机的主要系统有：四单元系统的 MRT4000/8 型，结构如图 3-20 所示；双层微波干燥机如图 3-21 所示。上述的微波设备可根据具体需求进行自由组合。

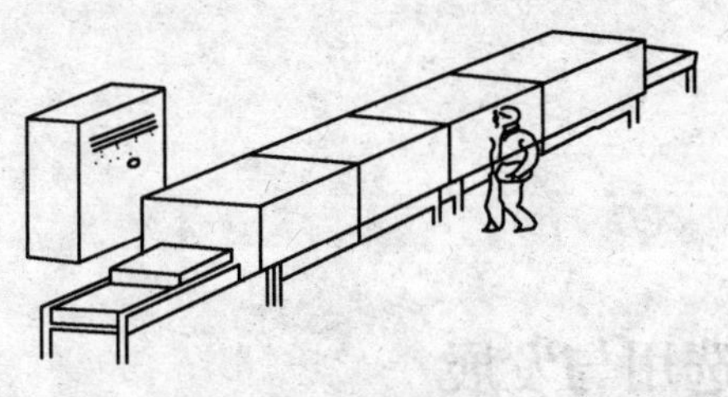
图 3-20　MRT4000/8 型微波干燥机示意图

图 3-21　双层微波干燥机

3.3.7.2　红外线干燥器

红外线加热干燥利用红外线辐射源发出的红外线（0.72～1000μm）投射到被干燥物料，使温度升高，溶剂汽化。红外线介于可见光和微波之间，红外线是波长范围在 0.4～1000μm 的波，一般把 5.6～1000μm 之间的红外线称为远红外线，而把 0.4～5.6μm 的称为近红外线。红外线被物体吸收后能生热，这是因为物质分子能吸收一定波长的红外线能量，产生共振现象，引起分子原子的振动和转动而使物质变热。物体吸收红外线越多，就越容易变热，达到加热干燥的目的。

红外线发射器分电能、热能两种。红外线干燥用的辐射源中，有红外线干燥灯泡，红外线石英管型灯泡，非金属发热体，煤气燃烧器等，如图 3-22 所示，这些辐射器的辐射能在波长方面各有不同的特点。用电能的如灯泡和发射板，用热能的如金属发射板或陶瓷发射板。

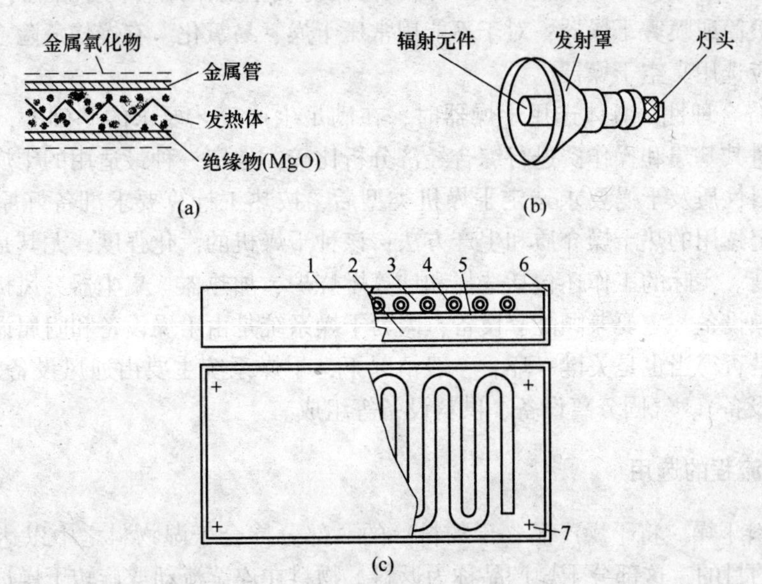

图 3-22　几种红外辐射器示意图

（a）管式远红外辐射器；（b）灯式辐射器；（c）碳化硅板远红外辐射器

1—远红外辐射层；2—绝热填料层；3—碳化硅板或石英砂板；4—电阻线；5—石棉板；6—外壳；7—安装孔

红外线干燥的特点：

（1）热辐射率高，热损失小；

（2）设备尺寸小，易操控；

（3）建设费用低，制造简便；
（4）加热速度快，传热效率高；
（5）有一定的穿透能力；
（6）产品质量好。

3.4 干燥设备的选用与发展

3.4.1 干燥设备的选用

干燥操作是一种比较复杂的过程，很多问题还不能从理论上解决，需要借助于经验。干燥器的种类很多，实际生产中如何选用，主要应根据物料性质和形态（块状、粉状、晶形、粒度范围、密度、含水量、水分结合方式、热敏性、浆状、膏状等）、产品质量（外观、色泽、含水量等）和生产能力，以及对所选干燥器的基建费和操作费用进行经济核算，比较后才能决定一种最适用的干燥器。选用干燥设备要考虑的因素如下：

（1）生产能力。生产能力大的可选用连续式干燥器，以便缩短干燥时间，稳定操作。生产能力小的，可选用间歇式干燥器。

（2）产品质量。有些产品要求干燥条件比较苛刻，如在医药工业中，要求洁净无菌，避免高温分解，就必须采用密闭的真空干燥器。

（3）物料性质。对不太敏感的块状和散粒状物质主要采用转筒干燥器；液状或浆状物料常采用滚筒或喷雾干燥器；对于不能用常压干燥、易氧化、有爆炸危险或产生有毒蒸汽的物料，应选用真空干燥器。

（4）经济合理性。具体选用干燥器时，在满足生产工艺要求的基础上，还要考虑经济合理性。对其基建和操作费进行综合经济分析比较，选定一种最适用的干燥器。

根据物料性质及干燥要求选定干燥机类型后，按热工计算要求准备好原始资料和数据，包括确定选用的热干燥介质和生产方法；该种干燥机的汽化强度，尤其是干燥类似物料的汽化强度。实际的工作还包括选择和计算燃烧炉、加热器、集尘器、风机等。

选择干燥设备一定要兼顾配套设备，因为干燥系统是由干燥设备和附属设备组成。附属设备选择是否得当也是关键一环。一般情况下，干燥系统主要由通风设备、加热设备、主机（干燥设备）、气固分离设备、供料设备等组成。

3.4.2 干燥流程的选用

（1）返料干燥。将干燥产品（干物料）的一部分掺合于湿物料之中以达到降低进口湿物料湿度的目的，这部分干燥产品称为返料。物料在连续流动或旋转干燥过程中，因物料湿度过大或黏度增加，导致在干燥过程中产生物料结球或结疤现象，以及因湿度大造成的出料温度低而达不到产品的要求，均可以采用返料的方式加以解决。返料的干燥过程，将出料口干物料的一部分用运输装置引至湿物料进口，与湿物料混合后进入干燥室。返料的比例依需要而定。因此，返料对于某些物料干燥操作的顺利进行和保证产品质量是必不可少的重要工艺手段，同时可以缩小设备规模。返料的量据湿物料的湿含量高低及工艺要求而定。如 $NaHCO_3$的干燥必须采用返料方式，将重碱湿度由15%~20%降到9.5%以下，否则将会产生结疤和包锅现象。若重碱含水为20%，则每1000kg重碱需返碱1500kg，含水为14%返料量为1000kg。

(2) 喷雾干燥的流程。该法干燥的流程类型很多，有气、液两相向下的并流喷雾流程，有气流向上、液体雾滴向下的逆流喷雾流程，有气流向上、液体雾滴向水平方向喷入的错流喷雾流程。喷雾干燥器对雾滴要求其直径为20~60μm。因此，将料液分散成极细的雾滴，对于喷雾干燥是一个关键。它对于喷雾干燥的技术经济指标和产品质量等影响极大。在干燥过程中，料液和热气流也可以是逆流和错流等流程，需视生产条件而选择。

(3) 载流干燥的流程。该法干燥的流程类型很多，有多级并流、逆流和错流。应根据物料的性质设计操作方式。

3.4.3 干燥技术的发展趋势

随着生产不断地发展，开发出许多高科技干燥技术，如撞击流干燥、对撞干燥、声波干燥、过热蒸汽干燥、热泵干燥、超临界流体干燥等新技术。其中，我国于20世纪80年代已开始研发热泵干燥技术，到1996年，已有400套这样的装置成功地应用于食品加工、木材、陶瓷、颜料、染料、化工原料等工业中。热泵干燥的突出优点是：将由干燥器排出的高湿、低温废气利用起来，高湿、低温的废气经过热泵系统后，其中湿分被冷凝，温度升高，可以循环使用。因此在能源紧张的今天，热泵干燥是值得推荐的干燥技术。超临界流体干燥技术就是利用超临界流体的性质与一般流体不一样，例如，超临界流体在临界点附近，压强与温度的微小变化就引起密度的大幅度变化，从而开发的新型高科技干燥技术。我国近几年来在超临界流体干燥技术的工艺实验和干燥机理方面作了不少深入的研究工作。

干燥是能量消耗较大的单元操作之一。这是由于无论是干燥液体物料、浆状物料，还是含湿的固体物料，都要将液态水分变成气态，因此需要供给较大的汽化潜热。统计资料表明，干燥过程的能耗占整个加工过程能耗的12%左右。因此，必须设法提高干燥设备的能量利用率，节约能源，采取措施改变干燥设备的操作条件，选择热效率高的干燥装置，回收排出的废气中部分热量等都是干燥技术的发展方向。干燥操作的节能途径有如下方面：

(1) 减少干燥过程的各项热量损失。一般说来，干燥器的热损失不会超过10%，大中型生产装置若保温适当，热损失约为5%。因此，要做好干燥系统的保温工作，求取一个最佳保温层厚度。

(2) 降低干燥器的蒸发负荷。物料进入干燥器前，通过过滤、离心分离或蒸发等预脱水方法，增加物料中固体含量，降低干燥器蒸发负荷，这是干燥器节能的最有效方法之一。例如，将固体含量为30%的料液增浓到32%，其产量和热量利用率提高约9%。对于液体物料（如溶液、悬浮液、乳浊液等），干燥前进行预热也可以节能，因为在对流式干燥器内加热物料利用的是空气显热，而预热则是利用水蒸气的潜热或废热等。对于喷雾干燥，料液预热还有利于雾化。

(3) 提高干燥器入口空气温度、降低出口废气温度。由干燥器热效率定义可知，提高干燥器入口热空气温度，有利于提高干燥器热效率。但是，入口温度受产品允许温度限制。在并流的颗粒悬浮干燥器中，颗粒表面温度比较低。因此，干燥器入口热空气温度可以比产品允许温度高得多。一般来说，对流式干燥器的能耗主要由蒸发水分和废气带走这两部分组成，而后一部分占 15%~40%，有的高达 60%，因此，降低干燥器出口废气温度比提高进口热空气温度更经济，既可以提高干燥器热效率，又可增加生产能力。

（4）部分废气循环。部分废气循环的干燥系统，由于利用了部分废气中的部分余热使干燥器的热效率有所提高，但随着废气循环量的增加而使热空气的湿含量增加，干燥速率将随之降低，使湿物料干燥时间增加而带来干燥装置费用的增加，因此，存在一个最佳废气循环量的问题。一般的废气循环量为总气量的 20%~30%。

习题与思考题

3-1 现有 10t 铜精矿，其含水量 20%（湿基），将其干燥至含水量 0.5%（干基），还有多少吨。

3-2 说明干燥曲线的规律性？

3-3 干燥的设备有哪几大类？如何选用？

3-4 回转圆筒式干燥机由哪几部分组成？说明其功能。

3-5 简述流化床干燥机的主要结构和特点。

3-6 简述微波干燥机的主要结构和设备原理。

3-7 如何选用常用干燥机？

3-8 分析影响干燥的因素。

3-9 干燥过程如何节能？

3-10 以常压湿空气为干燥介质，将湿物料的含水量从 20%干燥至 5%（湿基）。已测得物料临界含水量 $X_c = 0.12\text{kg} \cdot \text{kg}_{绝干料}^{-1}$，平衡含水量 $X_e = 0.02\text{kg} \cdot \text{kg}_{绝干料}^{-1}$，$G/S = 8\text{kg}_{绝干料} \cdot \text{m}^{-2}$ 干燥表面，降速阶段的干燥速率为直线且其斜率 $k = 10\text{kg}_{绝干料} \cdot (\text{m}^2 \cdot \text{h})^{-1}$，求干燥的总时间。

4 焙烧与烧结设备

4.1 概 述

焙烧大多为下步的熔炼或浸出等主要冶炼作业做准备，在冶炼流程中常常是一个炉料准备工序，但有时也可作为一个富集、脱杂、金属粉末制备或精炼过程。焙烧和烧结焙烧设备是实现这些冶金过程的重要保证，与其他设备截然不同。在低于物料熔化温度下完成某种化学反应的过程中，绝大部分物料始终以固体状态存在，因此焙烧的温度以保证物料不明显熔化为上限。因此，应该学习焙烧和烧结焙烧设备。

焙烧泛指固体物料在高温不发生熔融的条件下进行的反应过程。冶金中把广义的焙烧又分为焙烧（Roasting）、煅烧（Calcinating）和烧结（Sintering），其含义分别为：

（1）焙烧。矿石、精矿在低于熔点的高温下，与空气、氯气、氢气等气体或添加剂起反应，改变其化学组成与物理性质的过程。

（2）煅烧。将固体物料在低于熔点的温度下加热分解，除去二氧化碳、水分或三氧化硫等挥发性物质的过程。

（3）烧结。固体矿物粉配加助熔剂、燃料和其他必要反应剂，并添加适当水分，在炉料熔点温度（或炉料软化点温度）发生化学反应，生成一定量的液相，冷却后使颗粒产生黏结成块的过程。

通常矿石焙烧之后接湿法冶金过程，煅烧产出冶金产品或半产品，矿石烧结之后接火法冶金过程。在冶金中，煅烧的设备主体与焙烧的相同，本章不专门介绍煅烧设备。

4.1.1 焙烧与烧结的分类

根据工艺的目的，焙烧大致分为氧化焙烧、盐化焙烧、还原焙烧、挥发焙烧和烧结焙烧，其中，盐化焙烧包括硫酸化焙烧、氯化焙烧和苏打焙烧，磁化焙烧属还原焙烧。按物料在熔炼过程中的运动状态，分为固定床焙烧、移动床焙烧、流态化焙烧和飘悬焙烧。氧化焙烧是为了获得金属氧化物，因而是在氧化气氛下完成的，并大多以空气作为氧化剂。盐化焙烧的目的在于使炉料中某些金属及其氧化物或硫化物等全部或部分转化为易溶于水或稀酸溶液中的可溶盐。还原焙烧是一种在还原性气氛下进行的焙烧过程。还原剂可以用固体、液体或气体等碳质还原剂。使用煤或焦粉等固体还原剂时，在焙烧过程中碳先转化为 CO 等气体还原剂，然后起还原的作用。还原焙烧的原料大多为氧化物或氯化物，产物则多为低价氧化物或金属及其混合物。挥发焙烧的目的是使炉料中某些组分转变成焙烧条件下易挥发的物质，从而达到与炉料主体部分分离，并富集在烟尘中或冷凝成凝聚相。

烧结是在完成氧化、盐化或还原等焙烧目的的同时还要使粉（粒）状炉料生成一定量的液相，冷却后结成多孔块状料，因而要严格遵守烧结焙烧的温度制度，按供风方式分为吸风烧结和鼓风烧结。前者是从烧结机料面点火向下吸入空气，焙烧反应和烧结层由料面向下移动进行；后者则从烧结机小车底部点火后向上鼓入空气，焙烧反应和烧结层由料层底部向上移动进行，因此两者所进行的烧结焙烧过程的方向正好相反。

有色金属生产中像烧结焙烧硫化铅精矿时，吸风烧结会生成熔体铅，它不仅阻碍料层的通风，使烧结不能均匀地进行，而且还会堵塞炉箅或流入风箱引起故障。鼓风烧结法既可避免熔体铅引起的故障，又可使料层受到鼓风支撑而变疏松透气。因此，鼓风烧结的烧结速度快，所产的烧结块的透气性比吸风烧结的好，脱硫率也比吸风烧结的高，也便于利用烟气制酸。在钢铁冶金生产中，吸风烧结可以利用烧结过程中烟气携带的热量，采用鼓风和吸风混合式烧结。

4.1.2　焙烧与烧结设备

焙烧技术有固定床、移动床、流态化和飘悬焙烧技术。焙烧设备统称焙烧炉，主要有多膛焙烧炉、回转窑、流态化焙烧炉、飘悬焙烧炉、烧结机和竖式焙烧炉等。

固定床焙烧的炉料平铺在炉膛上，炉气仅与炉料表面接触，故气-固界面接触有限，质、热传递很不理想。因而生产率低，劳动强度大，烟气浓度低不便回收利用，但烟尘率低。多膛炉焙烧基本属固定床焙烧。固定床焙烧只在特殊情况下使用，如氧化锌尘脱氯、氟，高砷铜精矿脱砷焙烧等。

移动床焙烧因炉料靠重力或机械作用，在焙烧时缓慢移动，而炉气则与炉料逆（顺）流或垂直的相对运动，故气-固间接触较好。常用的设备有烧结机、竖炉和回转窑等。

流态化焙烧又称假液化床焙烧或沸腾焙烧。固体粉（粒）料在自料层底部鼓入的空气或其他气体均匀向上的作用下，料层变成流态化状，故气-固间相对运动很剧烈，热、质传递迅速，整个流化床层内温度和浓度梯度很小。有时为了强化过程又不致过分地增加烟尘率，精矿粉料常先经制粒后再加入炉内，故称制粒流态化焙烧。

飘悬焙烧因炉料飘悬在炉中，气-固间相对运动虽不及流态化焙烧剧烈，但气-固间热、质传递仍然很迅速，并且固体粒子间几乎不直接接触，所以允许采用更高的焙烧温度，以及允许在飘悬炉内存在一定的温度梯度和炉料的浓度梯度。

多膛焙烧炉通常为间隔多层炉膛、多层炉床结构。炉内壁衬以耐火砖。在中心轴上连结着旋转的耙臂随轴转动，转动耙臂采用空气冷却。物料由顶部加入，并依次耙向每层炉盘外缘或内缘相间的开孔，依次由一层降落至下一层，经干燥、焙烧后从最底层排出。炉气在炉内向着与物料相反的方向流动，直到干燥预热最上层的物料后逸出。与其他焙烧炉相比，多膛焙烧炉出炉烟气温度低、散热能力强；缺点是温度难以控制，焙烧时间长，生产能力小。对于依次进行不同焙烧反应的焙烧，此种炉子倒是很方便；但由于能耗高，在冶金中很少用，在此也不再介绍。

烧结的设备有烧结机、竖式焙烧炉和链箅机-回转窑三种，以焙烧机为主。现用的烧结机多为步进式烧结机和带式烧结机。竖式焙烧（烧结）炉是用来焙烧球团的最早设备。竖炉的规格以炉口的面积来表示。目前最大竖炉断面积为 2.5m×6.5m（约 16m^2）。链箅机-回转窑焙烧（烧结）由链箅机、回转窑和冷却机组合成。

4.2　流态化焙烧技术

现代冶金中大量使用颗粒或粉末状的固体物料为原料。这些散状固体物料在加工、储存、输送过程中与气体和液体物料相比有诸多不便之处。由于颗粒间内摩擦力的作用，在一定受力范围内，散状物料可以承受切向应力的作用。只有在切向应力超过一定限度后，散状物料才与黏性流体一样，会产生剪切运动，并表现出一定的黏性。固体散料层与流体行为的不同，主要是由于散料层的内摩擦力远大于流体的内摩擦力所致。所以只要能通过某种方式消除这一内摩擦力的作用，即可使散料层具有某种流体的特性。

4.2.1 流态化技术

固体散料的流态化技术是把固体散料悬浮于运动的流体之中，使颗粒与颗粒之间脱离接触，从而消除颗粒间的内摩擦现象，达到固体流态化。随着作用于颗粒群的流体流速的逐步增加，流态化将从散式流态化，历经鼓泡流态化、湍动流态化（以上三者可统称为传统流态化）、快速流态化最终进入流化稀相输送状态。

在一个上边敞口，底部是一块带有许多微细小孔的多孔板的容器中鼓入一些固体颗粒。颗粒将堆积在容器的底部形成一个颗粒床层，其全部质量由容器底部的多孔板来支持。如果从底部多孔板的微孔中向容器内通入少量的流体，流体就会经过床层中颗粒之间的孔隙向上流过固体床层。当流体的流量很小时，固体颗粒不因流体的经过而移动。这种状态被称之为固定床。随着流体流速的增加，流体通过固定床层的阻力将不断增加。固定床中流体流速和压差关系可用经典的 Ergun 公式来表达：

$$\frac{\Delta p}{H} = 150\frac{(1-\varepsilon)^2}{\varepsilon^3}\frac{\mu u}{d_v^2} + 1.75\frac{1-\varepsilon}{\varepsilon^3}\frac{\rho_f u^2}{d_v} \tag{4-1}$$

式中 Δp——具有 H 高度的床层上、下两端的压降，Pa；

ε——床层孔隙率；

d_v——单一粒径颗粒等体积当量直径，m，对非均匀粒径颗粒可用等比表面积平均当量直径 $\bar{d}_p$ 来代替；

u——流体的表观速度，由总流量除以床层的截面积得到，$m \cdot s^{-1}$；

μ——流体黏度，Pa · s；

ρ_f——流体密度，$kg \cdot m^{-3}$。

根据式（4-1），随着流体速度的不断增大，当 u 达到某一临界值以后，压降 Δp 与流速 u 之间不再遵从 Ergun 公式，而是在达到最大值 Δp_{max} 之后略有降低，然后趋于某一定值即床层静压。此时，床层处于由固定床向流化床转变的临界状态，相应的流体速度为临界流化速度 u_{mf}。此后床层压降几乎保持不变，如图 4-1 中实线所示。

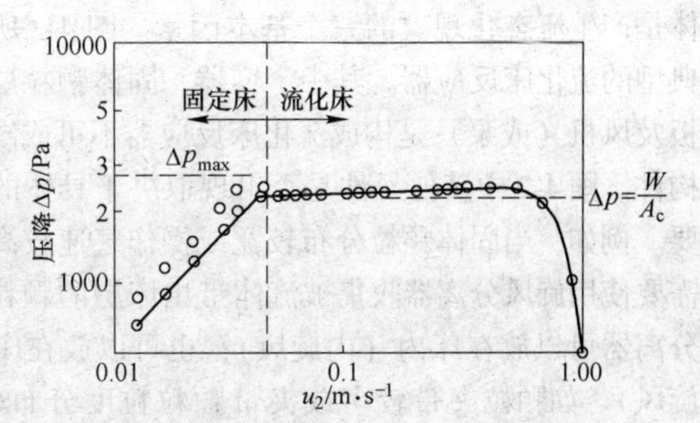

图 4-1 均匀粒度沙粒床层的压降与气速的关系

一般适合流化的颗粒尺寸是在 30μm~3mm 之间。对于 30μm 以下的超细颗粒，要在比较精确控制气流速度的条件下才可以被流化，离开流化床后的气固分离成本高。总之，形成固体流态化要有以下几个基本条件：

(1) 有一个合适的容器作床体，底部有一个流体的分布器。

(2) 有大小适中的足够量的颗粒来形成床层。

(3) 有连续供应的流体（气体或液体）充当流化介质。

(4) 流体的流速大于起始流化速度，但不超过颗粒的带出速度。

传统固体流态化有两个最基本特征：

(1) 流化床层具有许多液体的性质。流化颗粒的流动性还使得随时或连续地从流化床中卸出和向流化床内加入颗粒物料成为可能。

(2) 通过流化床层的流体压降等于单位截面积上所含有的颗粒和流体的总质量：

$$\Delta p = [\rho_p(1-\varepsilon_{mf}) + \rho_f\varepsilon_{mf}]gh \tag{4-2}$$

式中　ρ_p，ρ_f——分别为颗粒与流体的密度，$kg \cdot m^{-3}$。

理想的流化状态是固体颗粒间的距离随着流体流速的增加而均匀地增加，以保持颗粒在流体中的均匀分布。这种颗粒的均匀悬浮使所有颗粒都有均衡的机会和流体接触，均匀的流化保证了全床中均匀的传质和传热效率，以及均匀的流体停留时间（实际的流化床中会出现颗粒及流体在床层中的非均匀分布）。在很大的流体速度操作范围内，颗粒都会较均匀地分布在床层中。对这种流化状态，我们称之为散式流态化。用气体作流化介质，一般会出现两种情况：对于较大和较重的颗粒如B类（粗颗粒湖泊鼓泡颗粒）和D类颗粒（过粗颗粒或喷动细颗粒），当气速超过起始流态化速度时，多余的气体并不是进入颗粒群中去进一步增加颗粒间的距离，而是形成气泡，并以气泡的形式很快地通过床层。这种流化状态被称为聚式流态化。对于较小和较轻的颗粒，如A类颗粒（细颗粒或可充气颗粒），在气速刚刚超过起始流化速度的一段操作范围内，多余的气体仍进入颗粒群中供其均匀膨胀而形成散式流态化，但进一步提高气速将导致气泡的生成而形成聚式流态化。

聚式流化床中存在有明显的两相：一相主要是气体的（中间实际上经常夹带有少量颗粒）气泡相或称稀相；另一相为由颗粒和颗粒间气体所组成的颗粒相或称密相，又常称为乳相或乳化相。聚式流态化的流化质量较散式流态化差。为了提高聚式流化床中的气固接触效率，可以用加内构件及提高气速等方法来破碎气泡。

在流态化床中，容器、固体颗粒层及向上流动的流体是产生流态化现象的三个基本因素。图4-2所示为一典型的流化床反应器。其中，容器、固体颗粒层、分布板及风机（或泵）是构成流化床反应器不可或缺的基本构件。图4-2中其他元件是否出现取决于具体的应用需要。例如，当固体颗粒分布较宽或操作气速较高时，就需要使用旋风分离器收集被流体带出床层的颗粒。旋风分离器可以放在床内（内旋风），也可以放在床外（外旋风）。如颗粒夹带较多或夹带颗粒粒度分布较宽时，有可能需要多级旋风分离器来分离。有时旋风分离器也可以用其他气固分离器来代替。经旋风分离器或其他气固分离器回收的颗粒，常通过返料管返回流化床。当反应具有较大的反应热或生成热时，可采用换热管或夹套换热器对床层进行加热或冷却。如果用流化床进行造粒

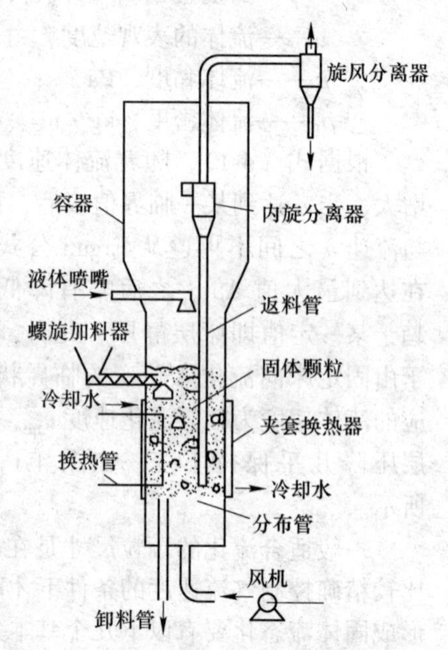

图4-2　典型流化床反应器示意图

或干燥操作，必然要有螺旋加料器或液体喷嘴。

把流化床、固定床和移动床三种不同的流体—固体接触形式的反应器相比较，可以看出流化床既有显著的优点，又有不足之处，需要加以克服。

流化床的优点如下：

(1) 由于可采用细粉颗粒，并在悬浮状态下与流体接触，流—固相界面积大（可高达 $3280\sim16400m^2/m^3$），有利于非均相反应的进行，因此单位体积设备的生产强度要低于流化床高于固定床。

(2) 由于颗粒在床内混合激烈，使颗粒在全床内的温度和浓度均匀一致，床层与内浸换热表面间的传热系数高达 $200\sim400W\cdot(m^2\cdot K)^{-1}$。全床热容量大，热稳定性高，这些都有利于强放热反应的等温操作。

(3) 流化床内的颗粒群有类似流体的性质，可以大量地从装置中移出、引入，并可以在两个流化床之间大量循环。

(4) 由于流—固体系中空隙率的变化可以引起颗粒曳力系数的大幅度变化，以致在很宽的范围内均能形成较浓密的床层，所以流态化技术的操作弹性范围宽，单位设备生产能力大、设备结构简单、造价低，符合现代化大生产的需要。

流化床的缺点：

(1) 多相流系统规律复杂，过程的工程放大技术难度较大。

(2) 在传统流态化反应器中，大气泡的存在易造成气体短路，再加上床内返混明显，使气体严重偏离活塞流。

(3) 固体颗粒在传统流化床中激烈混合（近似为理想混合），所以在固体连续移出、引入时，其停留时间分布不均，降低了固体的出口平均转化率。

(4) 由于流化床中两相接触时间短，故只适用于反应速率高的过程。

(5) 有颗粒磨损现象和颗粒对设备有一定磨蚀作用。

4.2.2 流化床的形式

按气、固流化形态，流化床有气、固稀相流化床、密相流化床两种基本形式；按多个流化床室的组合，流化床有卧式多室床与竖式多层床两种形式。实际生产中一个床内往往有多种流化形态，循环流化床中有气固稀相流化流动和密相流化流动。

气、固密相流化床可以操作在无气泡状态下（气、固散式流态化），也可以操作在有气泡状态下（鼓泡流态化、湍动流态化和节动流态化）。其中，有气泡的气、固密相流化床是工业应用中最常见的床型。从流态化的发展历史上看，“流态化”一词在很长一段时间几乎成了“鼓泡流态化”的代名词。其特点为：

(1) 大量固体颗粒可以方便地在床内和床间往来输送。

(2) 气泡的存在提供了床内颗粒返混和“搅动”的动力，使得气、固之间的传热效率很高，床层温度均匀。

(3) 气泡促成了气、固之间较高的传质速率。

(4) 可以流化的固体颗粒尺寸分布范围很广。

(5) 流化床结构简单，适于大规模操作。

一个典型的气、固密相流化床是由床体、气体分布器、旋风分离器、料腿、换热器、扩大段和床内构件等若干部分所组成。

根据工艺要求，工业应用的循环流化床具有不同的形式。总体而言，循环流化床由提升管和气、固分离器、伴床及颗粒循环控制设备等部分构成。气、固两相在提升管内可以并流向上、并流向下或逆流运动。

图 4-3 所示为两种常见的循环流化床系统。流化气体从提升管底部引入后，携带由伴床而来的颗粒向上流动。在提升管顶部，通常装有气、固分离装置（如旋风分离器），颗粒在这里被分离后，返回伴床并向下流动，通过颗粒循环控制装置后重新进入提升管。在实际工业应用中，提升管主要用作化学反应器，而伴床通常可用作调节颗粒流率的储藏设备、热交换器或催化剂再生器，如图 4-3 所示。操作中还需从底部向伴床中充入少量气体，以保持颗粒在伴床中的流动性。

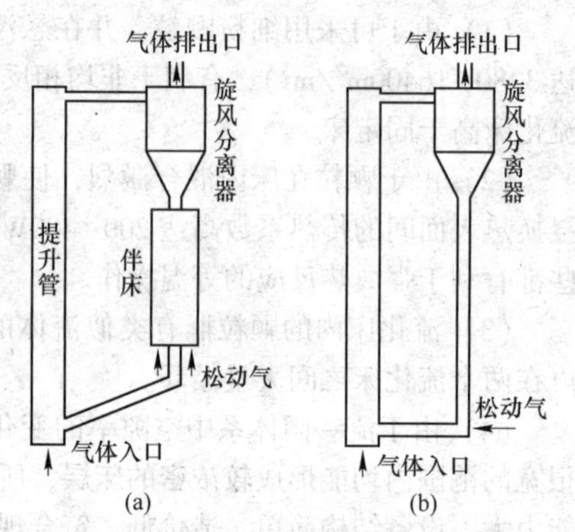

图 4-3 常见的两种循环流化床系统
（a）有伴床的循环流化床；（b）立管式循环流化床

有效地控制和调节颗粒循环速率是实现循环流化床稳定操作的关键。常见的颗粒循环控制方式有机械式，如滑阀、蝶阀、螺旋加料器等，以及非机械式（如 L 阀、J 阀、V 阀、双气源阀等）。颗粒循环控制设备的另一个重要作用是防止气体从提升管向伴床倒窜。

根据循环流化床结构及操作条件的不同，目前工业用循环流化床装置主要可分为气相催化反应器及气固反应器两类。催化裂化提升管反应器及循环流化床燃烧反应器是这两种反应器的典型例子。

卧式多室流化床。硫化锌精矿在 600℃以上温度焙烧时，矿中的 ZnO 与 Fe_2O_3反应形成铁酸锌。为避免铁酸锌在焙烧中生成，采用双室卧式流化床焙烧，如图 4-4 所示。

竖式多层流化床。国外采用多层流态化煅烧炉，直接喷入燃料油煅烧。在多层流化床中将空气与燃料油由底部加入，与从床顶加入的物料呈逆流接触，将煅烧炉自上而下分为物料预热段，燃烧室与空气预热段（见图 4-5）。这种安排有利于热量的综合利用。

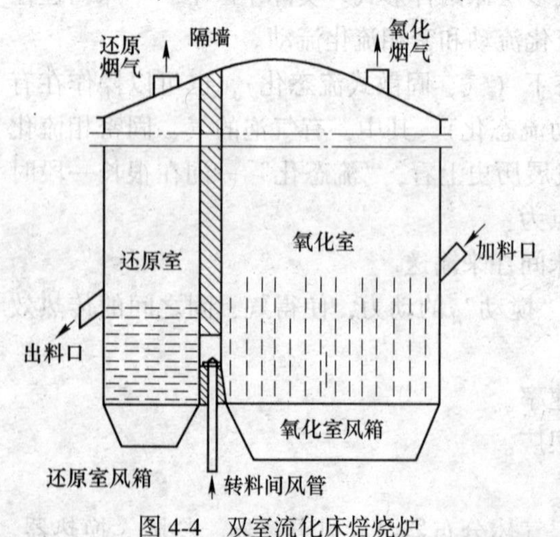

图 4-4 双室流化床焙烧炉

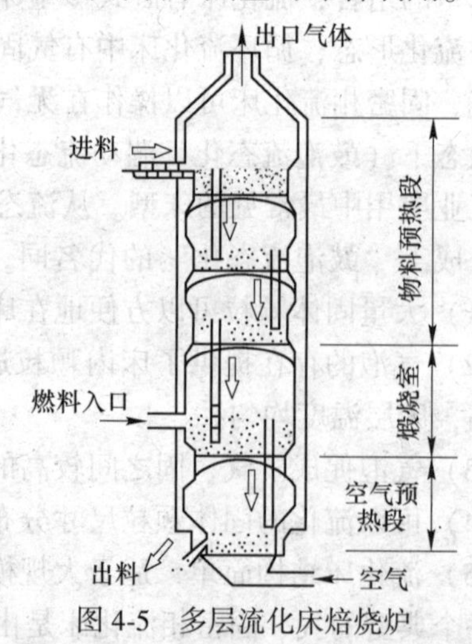

图 4-5 多层流化床焙烧炉

4.3 流态化焙烧设备

冶金工业中的矿石焙烧处理量大，热能消耗多，流态化技术因气、固接触效率高而成为其首选的操作方式。它符合强化生产、便于移热和输送等要求，因而矿石焙烧是流态化技术应用面较广的领域之一。

4.3.1 冶金流态化焙烧方法

流态化技术可以应用于铁矿石的直接还原，贫铁矿的磁化焙烧，有色金属的氯化、氟化焙烧，矿物及焙砂的流态化浸出和浸取液从矿物表面及孔隙中的洗涤，明矾石的综合利用，焙烧硫化锌精矿和焙烧氢氧化铝生产氧化铝等都是重要流态化工业过程。

4.3.1.1 循环流化床焙烧

氢氧化铝煅烧采用循环流态化床来焙烧氧化铝，该反应温度可高达1000~1100℃，由无灰燃料（油或煤气）与空气直接燃烧供热。炉内平均颗粒浓度为100~200kg/m^3，出口端附近气速为3~4m/s。图4-6所示为德国鲁奇（Lurqi）公司的氧化铝焙烧炉。在提升管式炉内进行$Al(OH)_3$焙烧，由喷入的燃料油在炉子中直接燃烧供热，空气分两次加入提升管，循环物料由伴床经松动风加入。由于产品含热量很大，可用作新鲜物料的预热，以降低能耗。煅烧使$Al(OH)_3$转变为Al_2O_3。

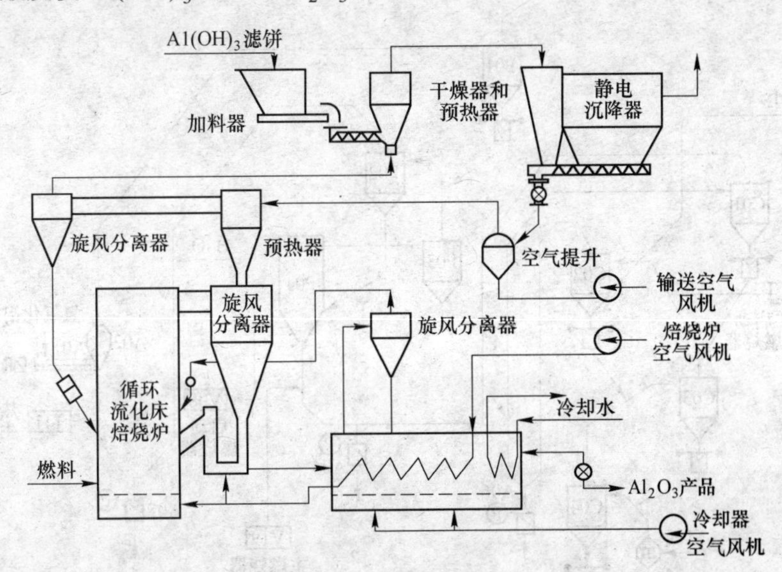

图4-6 鲁奇公司的循环流化床氧化焙烧炉

循环流化床焙烧炉特点：流化床焙烧炉是一种带有风帽分布板的炉体，与旋风收尘器及密封装置组成的循环系统，通过出料阀开度调节物料的循环时间以控制产品的质量。大量物料的循环，导致整个主反应炉内温度非常均匀、稳定，可以维持较低的焙烧温度，通常为900~950℃，停留时间20~30min；电除尘器为干燥段的组成部分。它能处理高固含的气体，进口含尘高达900g/m^3，出口排放浓度仍能达到50mg/m^{3}的要求。系统利用罗茨式风机供风，供风量几乎不受压力波动的影响，便于严格控制燃料燃烧的空气过剩量；全系统正压操作。

4.3.1.2　气态悬浮焙烧（GSC）

气态悬浮焙烧属于典型的气、固稀相流态化床。丹麦史密斯公司1984年至今建造的焙烧炉结构示意图及总图如图4-7所示。氢氧化铝经螺旋输送机送到文丘里干燥器中，与旋风预热器P02出来的大约350~400℃烟气相混合传热，脱去大部分附着水后进入P01旋风预热器进行预热、分离。P01分离出的氢氧化铝和来自热分离旋风筒（P03）的热气体（1000~1200℃）充分混合进行载流预热并带入P02，氢氧化铝物料被加热至320~360℃，脱除大部分结晶水。C01旋风分离出来的风（600~800℃）从焙烧炉P04底部的中心管进入，从旋风预热器P02出来的氢氧化铝沿着锥部的切线方向进入焙烧炉，以便使物料、燃料与燃烧空气充分混合，在V08、V19两个燃烧器的作用下，温度约为1050~1200℃，物料通过时间约为1.4s，高温下脱除剩余的结晶水，完成晶型转变。焙烧后的氧化铝在热气流的带动下进入热分离旋风筒P03中分离，由P03底部出来的物料被一次冷却系统C02旋风分离出来的风带入C01中冷却，C03旋风分离出来的风把C01出来的料带入C02中冷却。同样，C04旋风分离出来的风把C02出来的料带入C03冷却，而由C03分离出的料则被A03进风口的风带入C04中，氧化铝经C01、C02、C03、C04四级旋风的冷却后，温度变为180℃左右，在C02入口处装有燃烧器T12，作为初次冷态烘炉用。

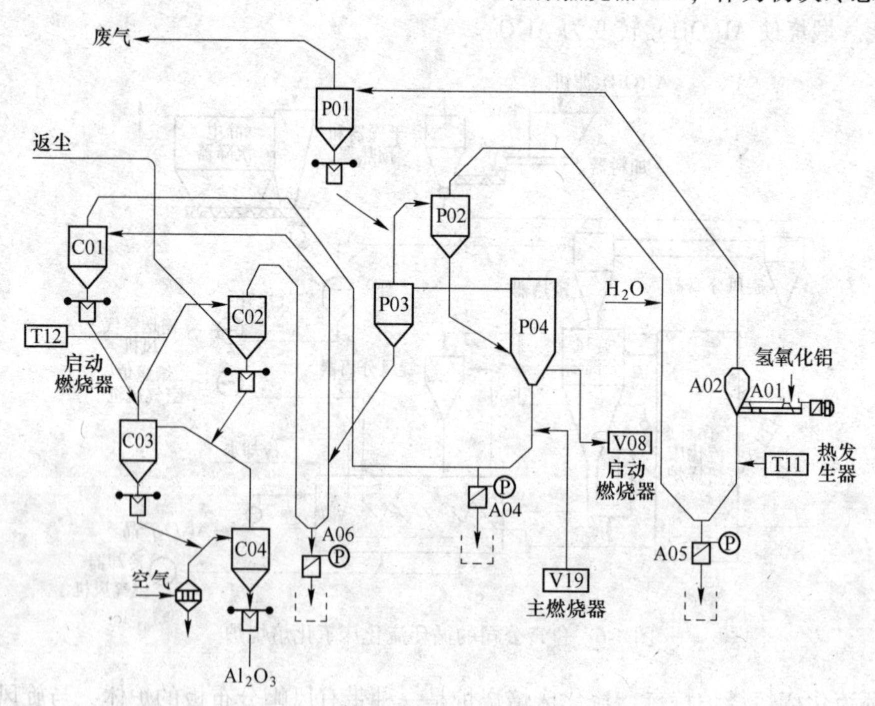

图4-7　气态悬浮焙烧炉结构示意图

A01—给料螺旋；A02—文丘里干燥器；P01，P02—干燥、预热旋风筒；A04~A06—放料筒；P03，P04—气态悬浮焙烧主要反应炉；C01~C04—冷却旋风筒；T11—热发生器；T12，V08—启动燃烧器；V19—主燃烧器

气态悬浮焙烧炉的特点：

（1）主反应炉结构简单。焙烧炉与旋风收尘器直接相连，炉内无气体分布板，物料在悬浮状态，于数秒内完成焙烧，旋风筒内收下成品立即进入冷却系统。

（2）系统阻力降较小，焙烧温度略高，通常为1150~1200℃。

（3）除流态化冷却机外，干燥、脱水预热、焙烧和四级旋风冷却各段全为稀相载流换热。

（4）开停车简单、清理工作量少。

（5）干燥段中的热发生器（T11），可及时补充因水分波动引起的干燥热量不足，维持整个系统的热平衡。

4.3.1.3 密相流化床焙烧

锌精矿的沸腾焙烧属于密相流化床焙烧。流态化焙烧炉按床型分，有柱型床和锥型床两种；按炉膛形状分，有扩大形和直筒形两种。一般选用圆形带扩大型的炉体（鲁奇型），风帽为蘑菇形。这样的炉型布风均匀，烟尘率较低。沸腾层高度在1000~1100mm左右，炉床布置测温热电偶，监测炉内温度变化情况。沸腾炉温度的变化直接影响到锌焙砂质量和炉子运行寿命。炉内温度的变化与入炉的矿量、矿的组分含量、含水量、矿料粒度、鼓风量及抽风量等有关。

流态化焙烧工艺流程要根据具体条件及要求而定，焙烧性质、原料、地理位置等因素不同其选择的流程也不尽相同。流态化焙烧工艺流程一般可分为四部分，即炉料准备及加料系统、炉本体系统、烟气及收尘系统和排料系统。因此，锌精矿的沸腾焙烧通常包括以下过程：

（1）把进厂的锌精矿按一定比例配料；

（2）必要时干燥后筛分，经过皮带或斗式提升机送至加料仓，均匀给料；

（3）流态化焙烧；

（4）焙烧矿冷却；

（5）含尘烟气余热锅炉回收热量，并收粗粒尘；

（6）经过旋风和电收尘捕集焙尘；

（7）净化气体送制酸。

密相流化床焙烧的特点：生产能力大，粉状沸腾焙烧的单位床能力为6.5~7.2t·$(m^2\cdot d)^{-1}$，通过配料制粒（粒度0.15~4.7mm）再进行流态化焙烧，床处理能力达到30.4t·$(m^2\cdot d)^{-1}$。炉顶SO_2浓度高、温度分布均匀，焙砂质量较好。设备结构简单、易于实现自动化控制。条件控制得当，砷、铅、镉脱除率高，焙砂质量可以达到Pb1.0%、Cd0.05%、S1%的控制要求。

流态焙烧技术在冶金领域应用广泛，其典型应用实例总结于表4-1中。

表4-1 流态化焙烧技术冶金领域中的应用情况

应用	流化床的功能	流型	流化气体	流化颗粒	产品	备注
氢氧化铝焙烧	脱化合水	循环流态化	燃烧气	Al_2O_3	Al_2O_3	约1050℃
	脱化合水	气态悬浮焙烧（GSC）	燃烧气	Al_2O_3	Al_2O_3	约1050℃

续表 4-1

应　用	流化床的功能	流　型	流化气体	流化颗粒	产　品	备　注
铀加工（工艺Ⅱ）	反应器Ⅰ	鼓泡流态化	空气	UO_3	长大的 UO_3	300~400℃
	反应器Ⅱ	鼓泡流态化	H_2 和 N_2	UO_2	UO_2 固态	约 550℃
铁矿石还原	反应器	鼓泡流态化	H_2	铁矿石	铁（Fe）	
		喷动床	天然气	铁矿石和铁-碳颗粒	铁（Fe）	
硫矿石焙烧	焙烧器	鼓泡流态化	空气	硫矿石	SO_2（气态）焙烧矿（固态）	650~700℃
二氧化钛生产	反应器	鼓泡流态化	Cl_2	钛铁矿石和还原剂（如焦炭）	$TiCl_4$（气态）	约 950℃，$TiCl_4$ 被进一步氧化成 TiO_2
煅烧	煅烧器	鼓泡流态化	空气和燃料	石灰水或白云石	CaO（固态）	燃料喷入床内

4.3.2　流态化焙烧设备的结构

硫化锌精矿的焙烧目前主要采用流态化焙烧炉。流态化焙烧炉具有热容量大且热场分布均匀、炉内各处温差小、反应速度快、焙烧强度高、操作简单、固-气之间传热传质效率高等特点，因而焙烧过程被大大强化。

流态化炉是流态化焙烧的主体设备。流态化焙烧炉按床断面形状可分为圆形（或椭圆形）、矩形。圆形断面的炉子，炉体结构强度较大，材料较省，散热较小，空气分布较均匀，因此得到广泛应用。当炉床面积较小而又要求物料进出口间有较大距离的时候，可采用矩形或椭圆形断面。流态化焙烧炉按炉膛形状又可分为扩大型（鲁奇型）和直筒型（道尔型）两种。为提高操作气流速度，减小烟尘率和延长烟尘在炉膛内的停留时间，目前新建焙烧炉多采用扩大型（鲁奇型）炉，如图 4-8 所示。图 4-9 所示为前室加料直筒型流态化焙烧炉。

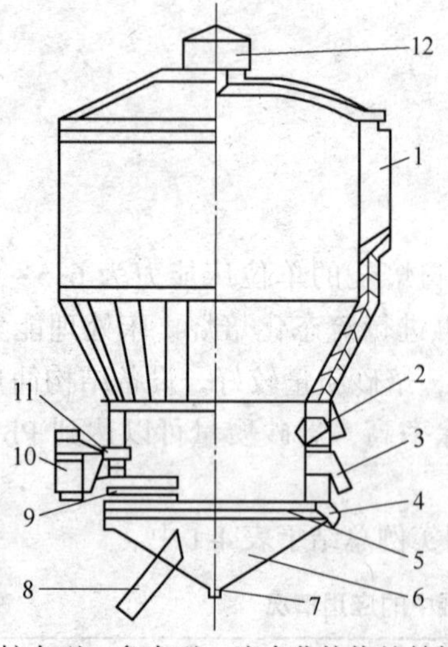

图 4-8　扩大型（鲁奇型）流态化焙烧炉结构示意图
1—排气道；2—烧油嘴；3—焙砂溢流口；4—底卸料口；5—空气分布板；6—风箱；7—风箱排放口；8—进风管；9—冷却管；10—高速皮带；11—加料孔；12—安全罩

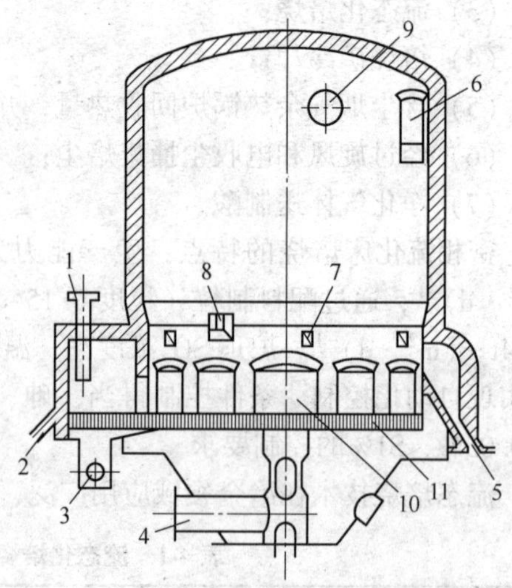

图 4-9　前室加料直筒型流态化焙烧炉
1—加料孔；2—事故排出口；3—前室进风口；4—炉底进风口；5—焙砂溢流口；6—排烟口；7—点火孔；8—操作门；9—开炉用排烟口；10—汽化冷却水套安装口；11—空气分布板

（1）备料。合理地搭配各个矿种进行流态化焙烧是生产出合格的锌焙砂的一个重要环节。锌精矿是浮选产品，其粒度基本一致，含水分，常有结块现象。因此，锌精矿进炉前必须经配料、粉碎、过筛处理。入炉的矿料必须控制锌精矿中铅、镉的含量，因为矿中的 PbO 在沸腾炉内很难脱除。配矿用抓斗、皮带在料仓和输送过程中完成。

目前锌精矿的流态化焙烧采用干式加料，控制入炉水分小于9%。水分较高时，应预先干燥。通常采用回转圆筒干燥窑来完成锌精矿的干燥。

（2）流态化焙烧炉本体。流态化焙烧炉炉体主要由气体分布器、炉墙（包括流态化层和炉膛空间等部分炉墙）、炉顶、加料口（包括前室）、水套、烟气出口、排料口等部分组成。

气体分布器也称炉底或炉床，由钢制多孔底板、风帽和耐火材料组成。主要作用是将流化气体均匀地分布在整个床层截面上。在许多情况下，气体分布器还起到支撑流化颗粒的作用。分布器的形式有多种多样，如多孔板式、微孔板式、多管（树枝式）、泡罩式、浮阀式、多层板式等。一般来说，分布器需要有足够的压降才能保证气体在整个床层截面上的均匀分布。分布器压降大于整个床层压降的10%~30%是对分布器压降较常见的要求。但在实际工业应用中，因为床层较高，为了减小压头损失，分布器的压降有时设计在全床压降的5%左右。流化床中气泡的初始尺寸与分布器的形式有很大关系。在分布器上方的一定距离内，气、固两相的流动行为受分布器影响很大而与床层主体有明显不同。该区域习惯上被称为“分布器控制区”或“分布板区”。分布器控制区内的流动行为及传热、传质对整个流化床的功效都可能产生较大作用，尤其是在进行快速反应的流化床化学反应器中，表现得特别明显。

风帽和气体分布板为焙烧炉重要的组成部分。气体分布板一般由风帽、花板和耐火材料衬垫构成。气体分布板需满足以下要求：

1）使进入床层的气体分布均匀，创造良好的初始流态化条件，有一定的孔眼喷出速度，使物料颗粒特别是使大颗粒受到激发湍动起来；具有一定的阻力，以减少流态化层各处的料层阻力的波动。

2）不漏料、不堵塞、耐摩擦、耐腐蚀、不变形。

3）结构简单，便于制作、安装和检修。

风帽周围由耐火混凝土固定。流态化层和炉膛两处空间要满足炉料完成物理化学反应所需时间，确保得到满足工艺需要的焙烧矿。它们必须满足以下要求：

1）必须使空气经过炉底的整个截面均匀地送入沸腾层。

2）不应使炉内焙烧矿漏入炉底的送风斗中。

3）炉底应能够耐热，不至于在高温时发生变形或损坏。

空气能否均匀进入沸腾层主要取决于风帽的排列及风帽本身的结构。对于圆形炉子来说，以采用同心圆的排列较为合适，如图4-10（a）所示，它可以保证靠边墙的一圈风帽也能得到均匀的排列。如用正方形排列或等边三角形排列，则靠边墙部分有些空出的地方不便于安排风帽。对于长方形炉子，则采用正方形排列较为适当，如图4-10（c）所示。风帽大致可分为直流式、侧流式、密孔式和填充式四种。锌精矿流态化焙烧广泛应用侧流式的风帽，如图4-11所示。从风帽的侧孔喷出的空气紧贴分布板进入床层，对床层搅动作用较好，孔眼不易被堵塞，不易漏料。风帽下面是风箱，让鼓风机送来的风均匀分配到风帽。

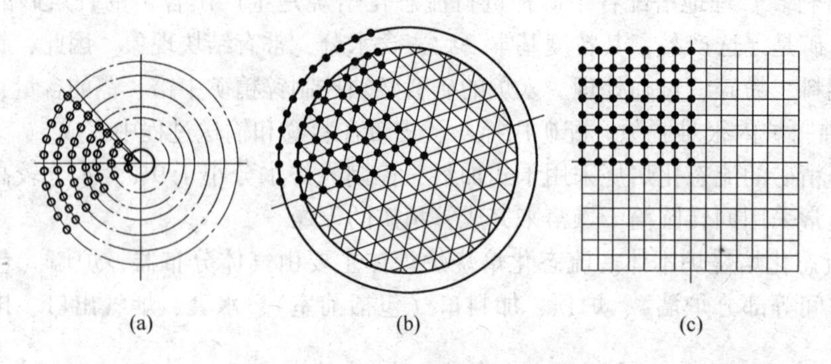

图 4-10　炉底风帽分布形式

(a) 同心圆排列；(b) 等边三角形排列；(c) 正方形排列

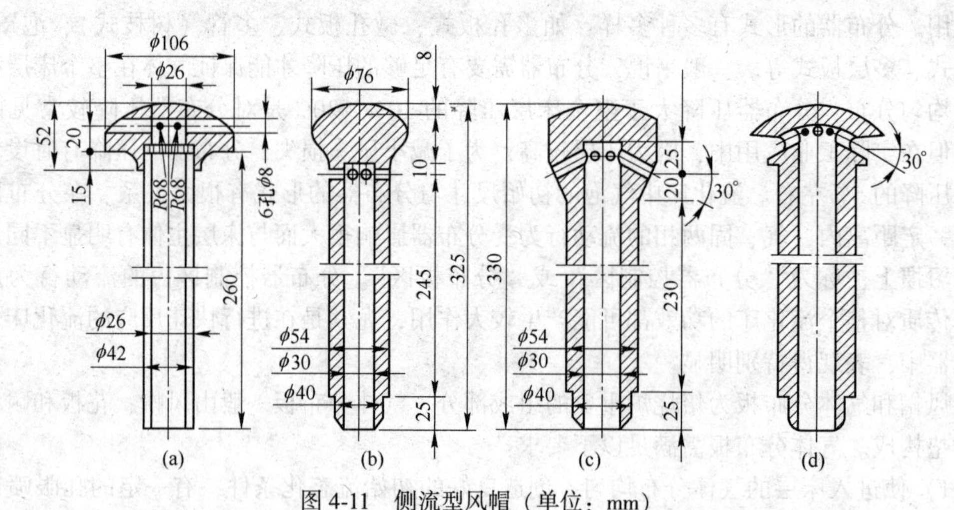

图 4-11　侧流型风帽（单位：mm）

(a) 内设阻力板风帽；(b) 平孔风帽；(c)，(d) 斜孔风帽

炉墙包括自由空域和扩大段。炉内气固浓相界面以上的区域称为自由空域或自由空间。由于气泡逸出床面时的弹射作用和夹带作用，一些颗粒会离开浓相床层进入自由空域。一部分自由空域内的颗粒在重力作用下返回浓相床，而另一部分较细小的颗粒则最终被气流带出流化床。颗粒是否被带出取决于颗粒的特性（尺寸、密度和形状）、流化气体特性（密度、黏度）、流化气速和自由空域的高度。扩大段位于流化床上部，其直径大于流化床主体的直径，并通过一锥形段与主体相连。扩大段可以显著地降低气流的速度，从而有助于自由空域内的颗粒通过沉降作用返回浓相，减少颗粒带出及降低自由空域内的颗粒浓度。对于流化床化学反应器来说，较低的自由空域颗粒浓度对于减少不利的副反应往往是至关重要的。流态化焙烧炉扩大部分炉腹角一般为 4°～15°，当灰尘有黏性时最好小于 10°。

炉内气、固浓相界面以上的区域称为流化床。流化床内的温度分布可分为三个区域：

1）距下料口 1000mm 左右为预热带，其温度为 1050℃。由于是投料的区域，矿料湿，水分大量蒸发吸收热量。进入该区域的空气量较少，有利于硫化铅与硫化镉的挥发。

2）在炉内中央较大一片区域，为反应带，该区域空气量充足，锌精矿中 ZnS 与 O_2充分接触，进行激烈的氧化反应，生成ZnO，并放出大量的热，该区域温度最高为1150℃。

3）离出料口1000mm左右为降温带，该区域空气量过剩，使矿内残留的含S矿料进一步氧化反应，充分脱离锌焙砂中的杂质。这一区域的排料口，空气使锌焙砂降温，然后排出炉体外面，成为所需要的产品。该区域温度为1130℃。

为了维持流化床内的温度分布，需要把冶金反应释放出来的多余热量排出。排热有直接喷水法和间壁换热法。多数厂家用间壁换热法，在流化床的侧墙上布置水套。水套的作用是带走流态化层的余热，增加处理能力。水套有箱式水套和管式水套两种。箱式水套埋在侧墙内，管式水套插入硫化层中。箱式水套的结构如图4-12所示。

（3）流态化焙烧炉的加料装置。流态化焙烧炉有干式加料和浆式加料两种。浆式加料要求加料装置耐磨、耐腐蚀，烟气的收尘与制酸系统较为庞大，已少用，目前普遍采用干式加料。干式加料又有抛料机散式加料和前室管点式加料两种。早期设计的沸腾炉很多都有前室。生产实践表明，在进行氧化焙烧时，由于前室空气过剩系数较主床小，而且温度也较低，有利于硫化铅和硫化镉的直接挥发，从工艺上看是有利的。但是也存在着致命的缺点，前室易堵塞，风帽“戴帽”，严重时造成停炉。因此，目前已很少采用。国外大的沸腾炉多用抛料机进料，而国内则常用皮带式抛料机或圆盘加料机。在水分达标的情况下，首推皮带抛料机进料，它具有进料均匀，易调节的优点；但在水分较高而且不稳定的情况下，则用圆盘较为合适，圆盘的适应性较皮带强，10%左右的水分也能维持正常生产。锌精矿流态化焙烧的抛料机如图4-13所示。抛料机就是一台带速18m/s的皮带输送机，还有相应的抛料部件。

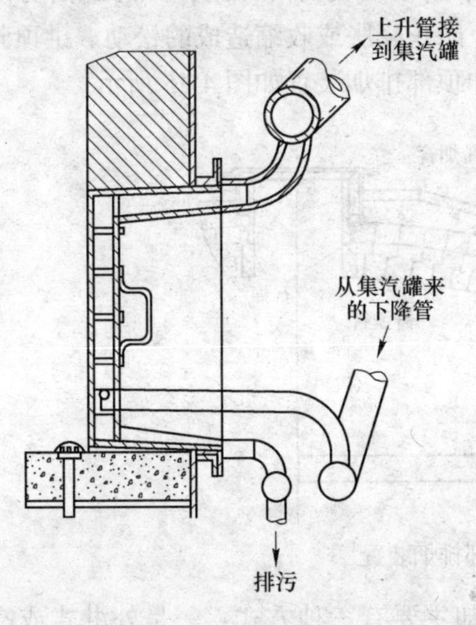

图4-12　汽化冷却水套

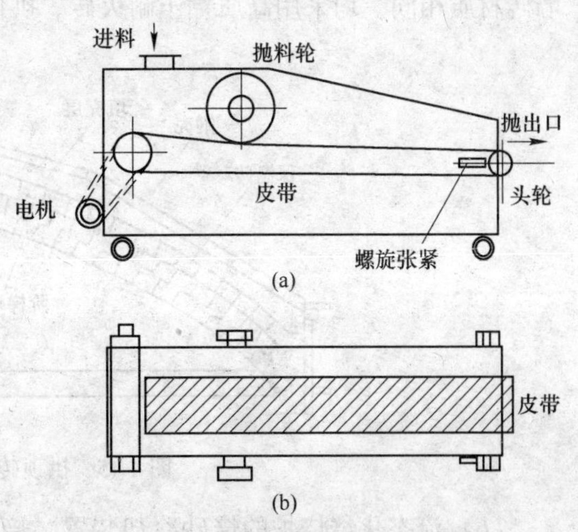

图4-13　锌精矿流态化焙烧的抛料机

（a）正视图；（b）俯视图

（4）流态化焙烧炉的排料装置。排料口设在焙烧炉下部，有溢流排料口和底流排料口。焙烧炉产出的焙砂，一部分由溢流放出口排出，另一部分随烟气带出，少量大颗粒焙砂由设置于底部的排料口排出。溢流排料口的高度即为流态化层的高度，焙烧矿由此排出。底流排料装置虽然排出量少，但它却防止了大颗粒的沉积，通过连续和间断地排出块状物，有效地延长了炉期。底流排料装置如图 4-14 所示。抽板排料装置的结构复杂，操作繁琐，物料积累在底排料区，易形成黏结。目前抽板排料装置取消了底排料区和抽板阀，改为从底部侧墙设置倾斜排料管排料，或用钟罩阀排料装置。

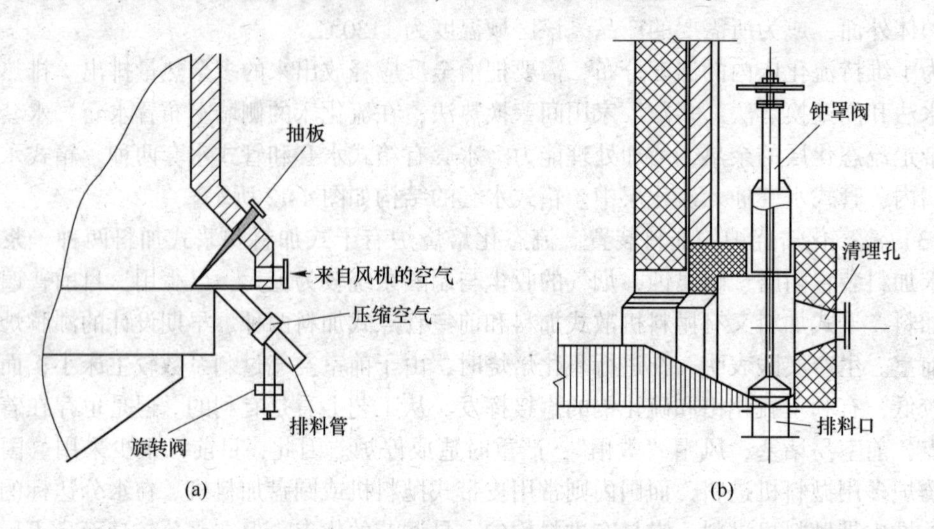

图 4-14　锌精矿流态化焙烧炉的底流排料装置
（a）抽板排料装置；（b）钟罩阀排料装置

（5）流态化焙烧炉的炉顶排烟装置。由于炉上部直径较大，采用架顶斜面砖砌筑的拱顶结构是不宜的。按鲁奇炉的生产实践，拱顶采用较大块的砖环砌，砖的断面为阶梯状，环与环咬合在一起。拱顶中央有锥形砖锁口，防止膨胀或收缩造成的松动。拱顶砖和墙砖材质相同，均采用高质黏土耐火砖。拱顶砖和顶部排烟装置如图 4-15 所示。

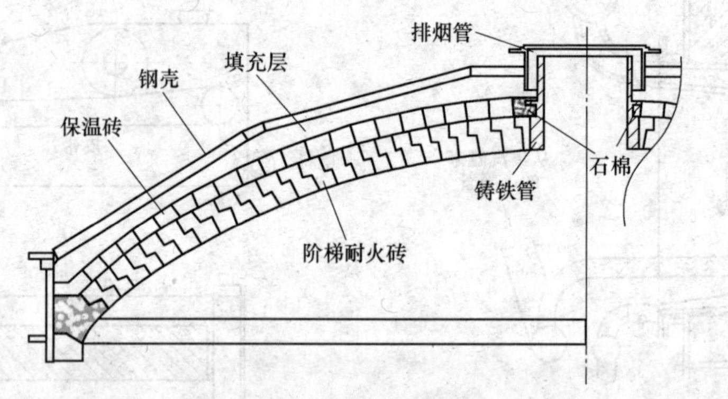

图 4-15　拱顶砖和顶部排烟装置

（6）流态化焙烧炉的焙砂冷却装置。焙砂冷却主要有三种方式：一是外淋式或浸没式冷却圆筒；二是沸腾冷却；三是高效冷却转筒。外淋式冷却圆筒冷却和沸腾冷却效果差，排料温度在 30℃左右，使输送和运输设备的选择受到了限制，已不被采用。高效冷却转筒的效率高、冷却效果好，当进料温度 1100℃时，排料温度可以到常温，而且热水可利用。尤其是带余热锅炉的沸腾炉，软水可先经该设备加热至 70℃，再上除氧器除氧，既冷却了焙砂，又回收了热量，是目前首选的冷却设备。值得指出的是：该设备的冷却水用量约为余热锅炉用水量的两倍，设计时要考虑多余部分热水的出路，最好能送至其他锅炉使用。

(7) 流态化焙烧炉的炉气冷却装置。炉气出口设在炉顶或侧面，烟气从此进入冷却器或余热锅炉。

烟气冷却通常有夹套水冷和余热锅炉两种。夹套水冷的设备简单，通常设计成三段立管式。一次投资省、上马快，但易黏结，每周必须大清理一次，操作条件差，水夹套易漏水，劳动强度大，两年必须更换一次。余热锅炉是1980年后用于锌精矿焙烧系统。由于锌烟尘黏度大、易黏结，所以给余热锅炉的使用增加了难度，按照传统的结构方式显然不合适。国内采用水平单通道锅炉，大空腔、水冷壁、先辐射后对流的结构是可行的，有效地解决了黏结问题，因此很快得到了推广应用。余热锅炉的投资为水冷夹套的3~4倍，使用寿命则为5倍以上。对流室由过热管束和蒸发管束组成。对流室与辐射段间设有扫渣管以防止大量的高温尘进入过热段和对流段，清灰方式为机械振打。为便于清灰和受热膨胀，锅炉采用悬吊式支撑。这种余热锅炉与垂直式旧式锅炉相比具有改善烟尘的黏结状况，易于清灰，阻力小，结构严密，漏风率仅为5%左右，受热膨胀时管束不会产生过大应力的优点。

(8) 流态化焙烧炉的旋风分离器和料腿装置。在循环流化床和稀相流态化焙烧炉中，旋风分离完成流化床出口气流中的颗粒与气体的分离，可以设置在流化床内部，也可以设置在外部。多个旋风分离器还可以串联使用（称为多级旋风分离器）以增强分离器效果。两级和三级旋风在工业上比较常见。在大型的流化床中，还经常可以看到多组多级旋风分离器同时使用的情况。旋风分离器所分离的颗粒，通过和连接在旋风分离器锥形段底部的管道返回床层或进入收集颗粒的容器。对外旋风而言，料腿是位于流化床床体之外的一根管道，料腿底部可以与床体相连以返回所分离的颗粒。内旋风分离器的料腿直接向下伸入床中，其末端可以浸入浓相床中，也可以悬置在自由空域中。旋风分离器成功操作的一个重要因素是料腿中不能有向上“倒窜”的气流，而只能有向下流动的固体颗粒。因此，在料腿的末端一般设有特殊的反窜气装置。比如，出口在自由空域内的料腿底部常装有翼阀，浸入浓相的料腿底部也往往设有锥形堵头一类的装置。

(9) 流态化焙烧炉的内部构件。内部构件是指密相床内除气体分布器、换热管和旋风分离器料腿之外的所有物件，包括水平挡板、斜向挡板、垂直管束和其他各种构型，如塔形构件和脊形构件等。广义上，换热器和料腿也可归入内部构件，因为它们在影响床内气、固两相流动行为方面与其他形式的内部构件具有相似的功效。

内部构件的功能主要包括限制气泡，破碎气泡，促进气、固两相接触和减少颗粒带出。对于较粗的颗粒系统，内部构件的功效比较显著。而内部构件对较细颗粒的床层则作用相对较小。各种形式的内部构件在限制气泡长大和破碎气泡方面的效果也有很大差别，而且与床层的操作条件密切相关。在某些情况下，使用不恰当的内部构件还会恶化流化床内的气、固接触。与换热器和旋风料腿一样，内部构件既可以完全浸没于密相之中，也可以部分或全部暴露在自由空域中。

除了以上介绍的密相床结构之外，气、固密相流化床还可能有不同的结构以适应在其他外力场中的操作。这样的例子有振动流化床、离心流化床、磁控流化床、声控流化床等。

4.4 烧结技术及设备

矿石烧结是火法熔炼之前的预处理过程。铁冶炼过程和铅、锌共生矿熔炼入炉矿石都需要块料，选矿厂送来的是粉矿。把粉矿制成入炉需要块料的方法有精矿烧结和球团烧结焙烧。

矿粉在一定的高温作用下，部分颗粒表面发生软化和熔化，产生一定量的液相，并与其他未熔矿石颗粒作用。冷却后，液相将矿粉颗粒黏结成块，这个过程称为烧结，所得矿块称烧结矿。与天然矿石相比，铁矿烧结块有许多优点，如含铁量高、气孔率大、易还原、有害杂质少、含碱性熔剂等。铅、锌烧结矿气孔率大、易还原、有害杂质少，在鼓风炉中同时熔炼，分别产出粗铅和粗锌。

球团烧结焙烧就是把细磨铁精矿粉或其他含铁粉料添加少量添加剂混合后，在加水润湿的条件下，通过造球机滚动成球，再经过干燥焙烧，固结成为具有一定强度和冶金性能的球形含铁原料的过程。球团烧结焙烧靠磁铁矿再结晶、磁铁矿焙烧转变成赤铁矿及其再结晶把生球团烧结成具有优良冶金性能的球团矿。

4.4.1 烧结技术

烧结方法起初是为了处理矿山、冶金、化工厂的废弃物（如富矿粉、高炉炉尘、轧钢皮、均热炉渣、硫酸渣等）以便回收利用。矿粉的生成量随着矿石的开采量增大而大大增加。对开采出来的粉矿（0~8mm）和精矿粉都必须经过造块后方可用于冶炼。目前最大的烧结机为600m^2（前苏联），机冷带式烧结机为700m^2（巴西）。我国已建成并投产400m^2以上的特大型烧结机。

铁矿粉烧结是最重要的造块技术之一。由于开采时产生大量铁矿粉，特别是贫铁矿富选促进了铁精矿粉的生产发展，使铁矿粉烧结成为规模最大的造块作业。其物料的处理量约占钢铁联合企业的第二位（仅次于炼铁生产），能耗仅次于炼铁及轧钢而居第三位，成为现代钢铁工业中重要的生产工序。

我国铁矿石烧结的优点是：

(1) 烧结工艺。将原有的热烧工艺改为冷烧工艺。采用原料混匀料场、自动化配料、混合机强化制粒、偏析布料、冷却筛分、整粒、铺底料、高碱度烧结、小球烧结、低温烧结、低硅烧结等技术。

(2) 设备大型化和自动化。我国20世纪80年代最大烧结机为265m^2，90年代宝钢二、三期和武钢等450m^2烧结机相继投产，这些都是我国自行设计、自行制造，并实现自动化生产的。

(3) 烧结矿质量高。多数企业烧结矿含铁品位达到55%以上，有的达到58%；SiO_2含量降到5%，有的还低于5%，实现了低硅烧结。烧结矿 FeO 在8%~10%之间，转鼓强度明显提高，还原性提高。此外，烧结矿固体燃料消耗也有较大幅度的降低。

(4) 炉料结构趋向合理。酸性炉料产量逐年增加（包括进口部分块矿），这样使得酸性料配加高碱度烧结矿的合理炉料结构比例逐年增加，为高炉增产节焦创造了条件。此外，自动控制水平得到提高。烧结厂的环境治理及余热回收方面也取得较大的进展。

我国烧结矿技术的不足是品位低、质量差的主要原因。此外，不少烧结厂的产品成分波动大、能耗高、环境治理较差、计算机控制技术较为落后。

烧结具有如下重要意义：

(1) 通过烧结可为高炉提供化学成分稳定、粒度均匀、还原性好、冶金性能高的优质烧结矿，为高炉优质、高产、低耗、长寿创造了良好的条件。

(2) 可去除有害杂质，如硫、锌等。

(3) 可利用工业生产的废弃物，如高炉炉尘、轧钢皮、硫酸渣、钢渣等。

(4) 可回收有色金属和稀有、稀土金属。

4.4.1.1 烧结方法

按使用的烧结设备和供风方式的不同，烧结方法可分为如图 4-16 所示的各种方法。

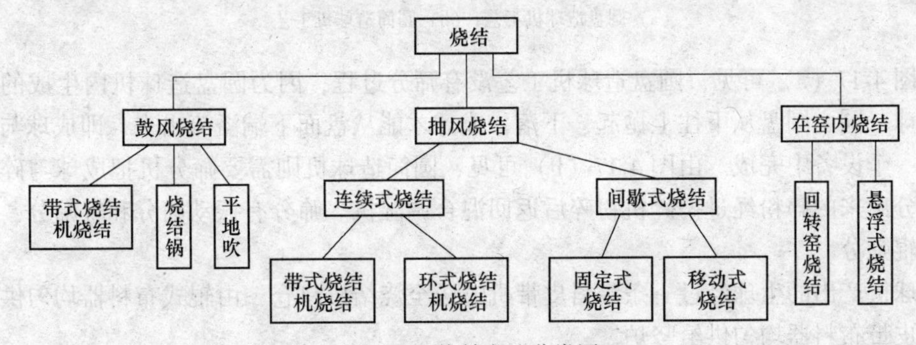

图 4-16 烧结方法分类图

铁矿烧结广泛采用带式抽风烧结机。其生产率高，原料适应性强，机械化程度高，劳动条件好，便于大型化、自动化，它产出世界 90%以上的烧结（铁）矿。铅、锌烧结广泛采用带式鼓风烧结机。

铁矿烧结主要包括配料、一次混合、二次混合、布料、烧结、热破碎、热筛分、冷却、多级筛分、成品和返矿处理工序。

无混合料场时烧结生产的工艺流程一般包括：原燃料接受、储存及熔剂、燃料的准备、配料、混合、布料、点火烧结、热矿破碎、热矿筛分及冷却、冷矿筛分及冷矿破碎、铺底料、成品烧结矿的储存及运出、返矿储存等工艺环节。有混匀料场时，原燃料的接受、储存放在料场，有时筛分熔剂、燃料的准备也放在料场。是否设置热矿筛，应根据具体情况或试验结果，经技术经济比较后确定。机上冷却工艺不包括热矿破碎和热矿筛分。

4.4.1.2 球团烧结焙烧方法

球团烧结焙烧有竖炉焙烧、带式焙烧机焙烧和链箅机-回转窑法焙烧三种方法。带式焙烧机从外形上看和烧结机十分相似，但在设备结构上存在很大的区别。

球团烧结焙烧一般包括原料准备、配料、混合、造球、干燥和焙烧、冷却、成品和返矿处理等工序。球团矿的生产流程中配料、混合与成球的方法一致，将混合好的原料经造球机制成 10~25mm 的球状（生球）。造球有圆筒造球机工艺和圆盘造球机工艺，如图 4-17 所示。

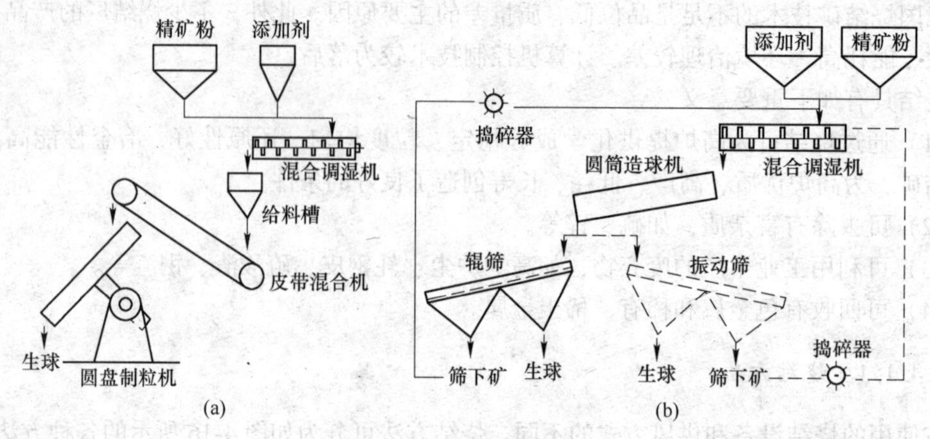

图 4-17　造球工艺流程示意图

（a）圆盘造球机工艺；（b）圆筒造球机工艺

由图 4-17（a）可见，圆盘造球机工艺没有筛分过程，因为圆盘造球机内生成的球和未成的球一同由圆盘从下往上抛起、下落，成球才能从盘面下端溢流出来，即成球与分离粉矿在一个设备中完成。由图 4-17（b）可见，圆筒造球机则需要筛分机把成球与碎粉分离。筛分出来的碎粉经过捣碎机粉碎后返回混合调湿机。筛分有振动筛分和辊筛分，现在通常用辊筛分。

造球机产出的生球经过一条集料皮带机输送至烧结机料仓，由辊式布料器均匀供给台车或由皮带布料器均匀供给竖炉。

4.4.2　烧结机

带式烧结机是钢铁工业的主要烧结设备，它的产量占世界烧结矿的 99%。具有机械化程度高、工作连续、生产率高和劳动条件好等优点。现代带式烧结机的烧结室的断面示于图 4-18。带式烧结机的规格按其抽风面积大小划分。烧结机有效面积是风箱宽度和长度的乘积。由于大型化有利于提高生产率和降低单位成本，国外带式烧结机的烧结面积已增大到 1000m^2。我国有 450m^2的大型烧结机，能设计一批不同规格的技术先进的烧结机。

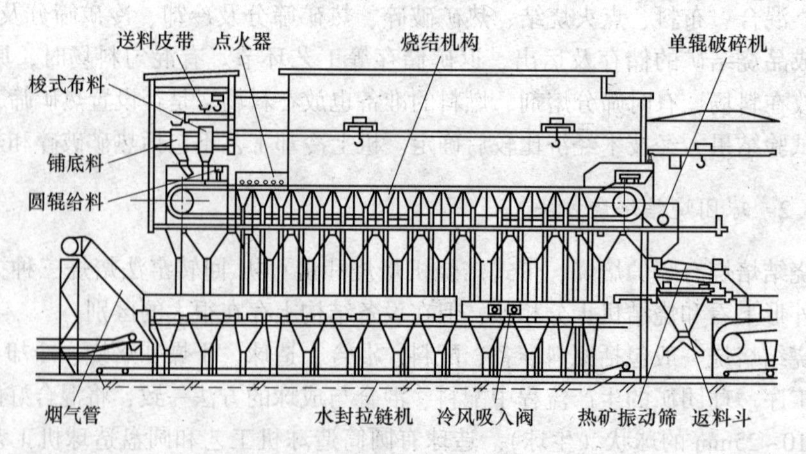

图 4-18　抽风带式烧结机示意图

烧结机是由铺设在钢结构上的封闭轨道和在轨道上连续运动的一系列烧结台车组成，带式烧结机主要包括头轮、尾轮、台车、点火器、预热炉、布料器、给料机和机尾摆架等。首先将从烧结矿中分出的铺底料（10~20mm）加在台车上，以保护台车箅条和减少废气含灰量。然后再将烧结混合料经布料机加到台车上，并保持规定的高度。随之进行抽风点火烧结，随台车前进，烧结过程由料层表面不断向下进行至机尾，烧结完成，台车翻转将烧结饼倾卸。空台车沿下部轨道运行至烧结机头部，再加料进行点火烧结，如此循环不断。烧结饼经破碎和筛出热返矿后，送冷却机冷却。从料层中抽出的废气经台车下的风箱至集气总管和除尘装置，由抽风机排向烟囱。

抽风烧结机本体主要包括：传动装置、台车、吸风装置、密封、机架和干油集中润滑。

A　传动装置

烧结机的传动装置，主要靠电弧炉机头链轮（驱动轮）将台车由下部轨道经机头弯道，运到上部水平轨道，并推动前面台车向机尾方向移动，同时完成台车卸料。如图4-19所示，头尾的异型弯道主要是将台车从上部或下部平稳过渡到反向的水平轨道上，链辊与台车的内侧滚轮相啮合，一方面台车能上升或下降，另一方面台车能沿轨道回转。台车车轮间距 a、相邻两台车的轮距 b 和链轮的节距 c 之间的关系是：$a=c$，$a>b$。从链轮与滚轮开始啮合时起，相邻的台车之间便开始产生一个间隙，在上升及下降过程中，保持相当于 $a-b$ 的间隙，从而避免台车之间摩擦和冲击造成的损失和变形。从链轮与滚轮开始分离时起，间隙开始缩小，由于台车车轮沿着与链轮回转半径无关的轨道回转，因此，相邻台车运动到上下平行位置时，间隙消失，台车就一个紧挨着一个运动。烧结机头部的驱动装置主要由电动机、减速器、齿轮传动和链轮部分组成。机尾链轮为从动轮，与机头大小形状都相同，安装在可沿烧结机长度方向运动的并可以自动调节的移动架上。

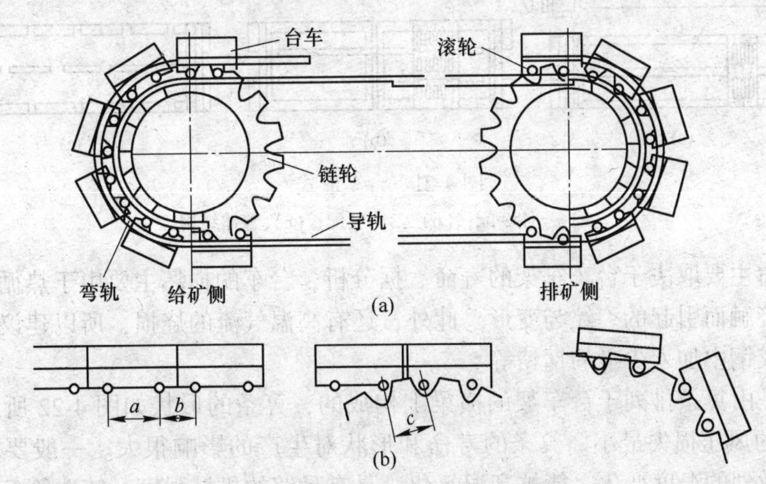

图4-19　链轮带动台车运动简图

（a）台车运动状态；（b）台车尾部链轮运动状态

B　台车

带式烧结机是由许多台车组成的一个封闭式的烧结带，所以，台车是烧结机的重要组成部分。它直接承受装料、点火、抽风、烧结直至机尾卸料，完成烧结作业。烧结机的长宽比为 12~20。

台车由车架、拦板、滚轮、箅条和活动滑板（上滑板）五部分组成。图 4-20 所示为国产 $105m^2$烧结机台车。台车铸成两半，由螺栓连接。台车滚轮内装有滚柱轴承，台车两侧装有拦板，车架上铺有三排单体箅条，箅条间隙 6mm 左右，箅条的有效抽风面积一般为 12%~15%。

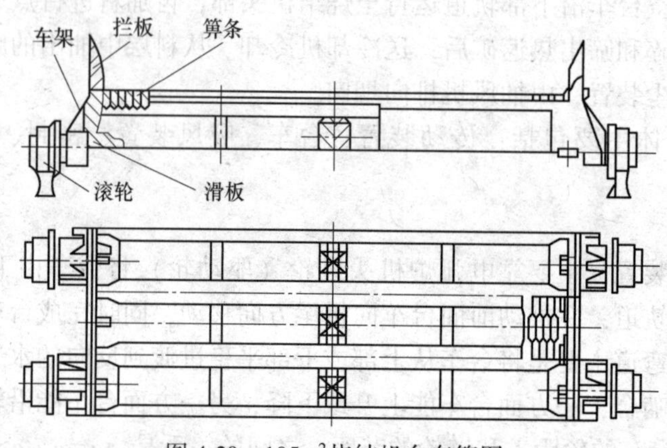

图 4-20　$105m^2$烧结机台车简图

台车的结构形式有整体、二体及三体装配三种形式（见图 4-21）。通常宽度为 1.5~2m 的台车为整体结构，宽度为 2~2.5m 的台车多为二体装配结构，宽度大于 3m 的台车多采用三体装配结构。

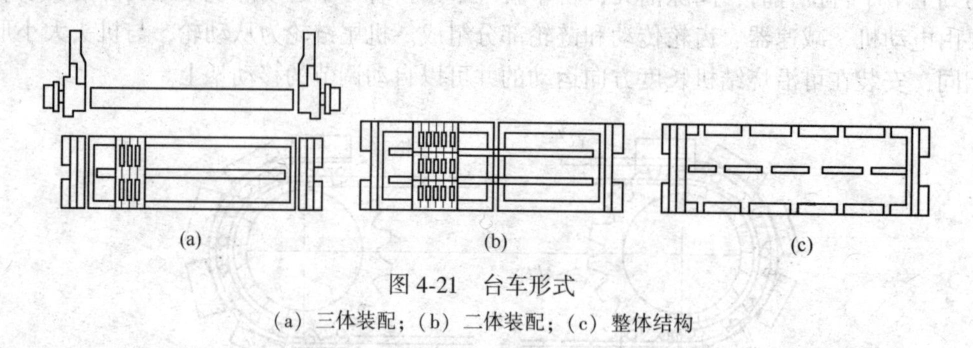

图 4-21　台车形式

（a）三体装配；（b）二体装配；（c）整体结构

台车寿命主要取决于台车车架的寿命。据分析，台车的损坏主要由于热循环变化，以及与燃烧物接触而引起的裂纹与变形。此外，还有高温气流的烧损，所以建议台车材质采用可焊铸铁或钢中加入少量的锰铬等。

台车底是由箅条排列于台车架的横梁上构成的，箅条的形状如图 4-22 所示。图 4-22（c）流线形的风压损失最小。箅条的寿命和形状对生产的影响很大。一般要求箅条材质能够经受住激烈的温度变化，能抗高温氧化，具有足够的机械强度。铸造箅条的材质主要是铸钢、铸铁、铬镍合金钢等。前苏联和日本几乎全部采用 25 铬系材料，效果极好，不但箅条寿命可达 2~3 年，而且通风面积也扩大了。我国沈阳重型机械厂为 $130m^2$烧结机制造的台车箅条采用稀土铁铝锰钢，经攀钢烧结厂实践，生产 8 个月没有检修和更换过箅条。使用普通材质箅条一般都短而宽，这种箅条减少有效通风面积。目前箅条是向长、窄、材质好的方向发展，这对烧结生产有利。

C　吸风装置

吸风装置（也称真空箱）装在烧结机工作部分的台车下面，风箱用导气管（支管）同总管连接，其间设有调节废气流的蝶阀。真空箱的个数和尺寸取决于烧结机的尺寸和构造。日本在台车宽度大于3.5m的烧结机上，风箱分布在烧结机的两侧，风箱角度大于36°。$400m^2$以上的大型烧结机多采用双烟道，用两台风机同时工作。

风箱的形式为双侧吸入式，共设18个风箱，分为4m、2m、3m、3.5m四种规格。所有风箱均用型钢及钢板焊接而成，在尾部的17风箱、18风箱内焊有角钢以形成料衬。连接风箱的框架是由纵梁、横梁、中间梁组合装配而成，形状如图4-23所示。

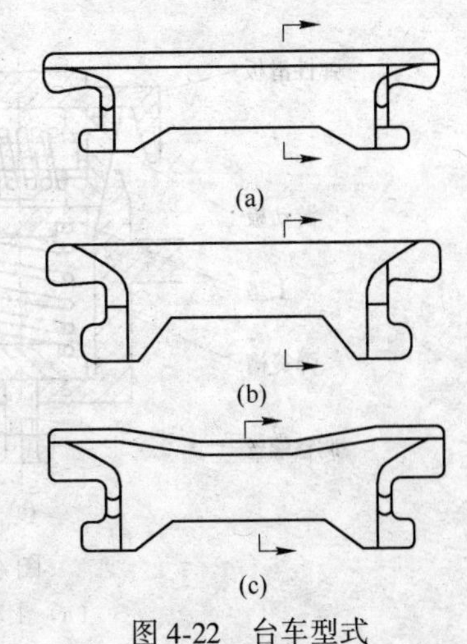

图4-22　台车型式
（a）宽头形；（b）楔形；（c）流线形

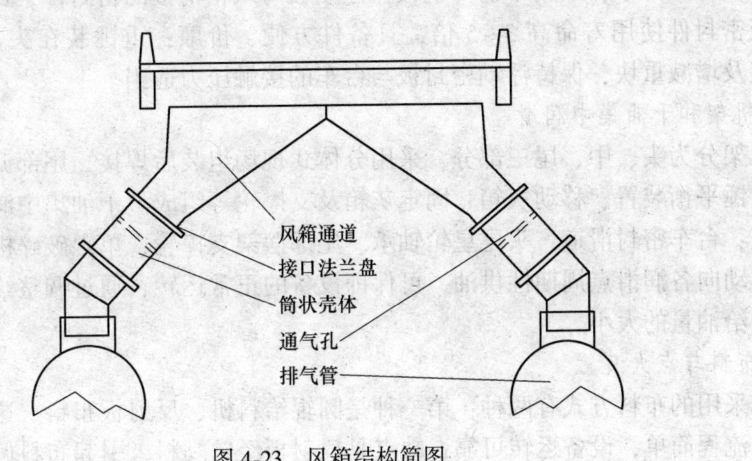

图4-23　风箱结构简图

D　密封装置

台车与真空箱之间的密封装置是烧结机的重要组成部分。运行台车与固定真空箱之间的密封程度好坏，影响烧结机的生产率及能耗。风箱与台车之间的漏风大多发生在头尾部分，而中间部分较少。新设计的烧结机多采用弹簧密封装置。它是借助弹簧的作用来实现密封的。根据安装方式的不同分为上动式和下动式两种：

（1）上动式，如图4-24（a）所示。上动式密封就是把弹簧滑板装在台车上，而风箱上的滑板是固定的。在滑板与台车之间放有弹簧，靠弹簧的弹力使台车上的滑板与风箱上的滑板紧密接触，保证风箱与大气隔绝。当某一台弹性滑板失去密封作用时，可以及时更换台车，因此，使用该种密封装置可以提高烧结机的密封性和作业率，这是目前一种较好的密封装置。

（2）下动式，如图4-24（b）所示。下动式密封是把弹簧装在真空箱上，利用金属弹簧产生的弹力使滑道与台车滑板之间压紧。

新型烧结机采用重锤式端部密封装置。其适用于$18\sim450m^2$烧结机（台车宽度分别为2m、5m）的配套或更新换代。其特点：浮动密封板，焊接结构，球铁衬板，表面平整光

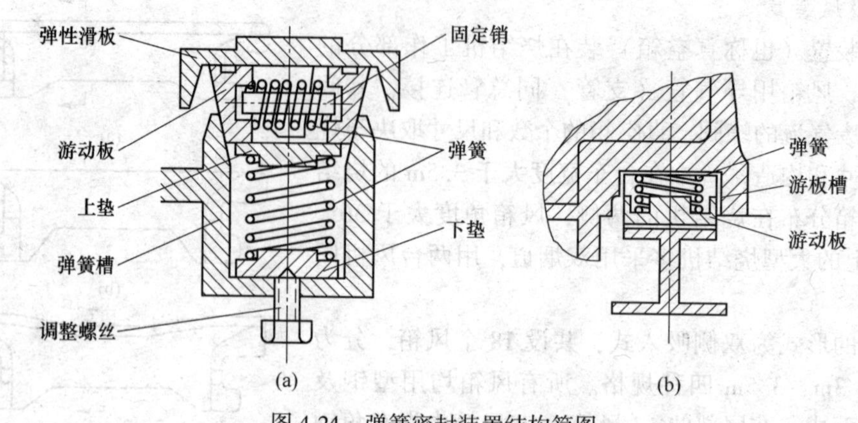

图 4-24　弹簧密封装置结构简图
(a) 上动式弹簧密封；(b) 下动式弹簧密封

洁，台车运行阻力小；采用不锈薄钢板作浮动板与风箱衔接的密封件，比通常使用的柔韧性石棉板密封件使用寿命高 3~5 倍，且备件方便、价廉；重锤装在头、尾部灰斗以外，便于安装及增减重块，保持浮动密封板与台车的接触压力适当。

E　机架和干油集中润滑

主机架分为头、中、尾三部分，采用分体式现场组装后焊接。尾部调节架由尾部星轮装置、重锤平衡装置、移动灰箱、固定灰箱及支撑轮等组成。干油集中润滑系统其主要润滑部位有：台车密封滑道、头尾星轮轴承、尾部摆架支撑轮、单辊破碎机轴承等，润滑系统能够自动向各润滑点周期性供油，可保证设备的正常运转，通过调整给油器的微调来控制各点的给油量的大小。

F　布料与点火装置

我国采用的布料方式有两种：第一种是圆辊给料机、反射板布料。这种布料方法的优点是工艺流程简单，设备运转可靠；缺点是反射板经常黏料，引起布料偏析，不均匀。目前新建厂都采用圆辊给料机与多辊布料器的工艺流程，用多辊布料器代替反射板，这样消除了黏料问题。使用精矿粉烧结时要求较大的水分，反射板的黏结问题更为突出。生产实践证明，多辊布料效果较好；第二种是梭式布料器与圆辊给料机联合布料。这种方法布料均匀，有利于强化烧结过程，提高烧结矿产质量。对台车上混合料粒度的分布及碳素的分布检查表明：当梭式布料器运转时，沿烧结机台车宽度方向上混合料粒度的分布比较均匀，效果较好；当梭式布料器固定时，混合料粒度有较大的偏析，大矿槽布料效果最差。

按所用燃料的不同，点火装置有气体、液体和固体的点火器。气体点火器为烧结厂普遍采用，如图 4-25 所示。气体燃料点火器外壳为钢结构，设有水冷装置，内砌耐火砖，在耐火砖与外壳之间充填绝热材料。点火器顶部装有两排喷嘴，喷嘴设置个数依烧结机大小而定，以保证混合料点火温度均匀。国内有延长点火或二次点火的措施，有利于提高烧结矿的质量。

鼓风烧结机如图 4-26 所示。GLS-28 型鼓风带式烧结机由八个系统组成：供料系统、布料系统、点火系统、主机系统、抽风系统、鼓风系统、防尘除尘系统、出料系统。鼓风带式烧结机的台车经一次布料后进入高温点火器，经过点火器后，一次布料全部达到点火目的。二次布料器给台车自动布料，台车继续运行进入鼓风段，由风的作用使已点燃的料

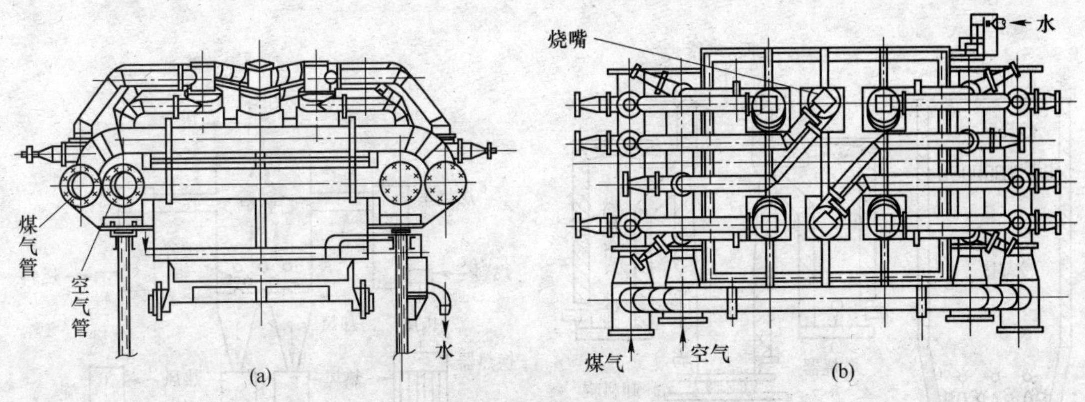

图 4-25　气体点火器的结构简图

（a）主视图；（b）俯视图

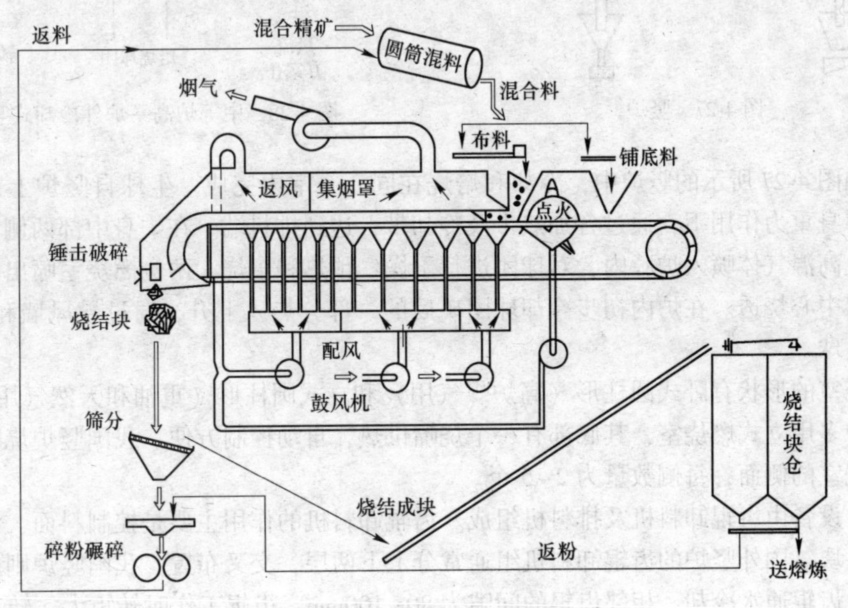

图 4-26　鼓风烧结机示意图

层向上燃烧，而引燃二次布的料层。当台车将达到尾部时，台车所布料全部燃烧完。在整个燃烧过程中，铁矿粉经过高温（1200℃左右）产生化学反应并局部熔化，在温度变化过程中凝结，而形成块状，达到烧结目的。

对比图 4-18 的抽风烧结与图 4-26 的鼓风烧结，吸风烧结布料至出料的工作过程为：（1）铺底料装置；（2）混合料布料系统；（3）煤气点火系统；（4）烧结主机。

4.4.3　竖式焙烧炉

球团竖炉为矩形立式炉，其基本构造如图 4-27 所示。中间是焙烧室，两侧是燃烧室，下部是卸料辊和密封装置。炉口上部是生球布料装置和废气排出口。为有利于生球和焙烧气流的均匀分布，焙烧室的宽度多数不超过 2.2m。国外还有中等炉高—炉外冷却式竖炉，如图 4-28 所示。

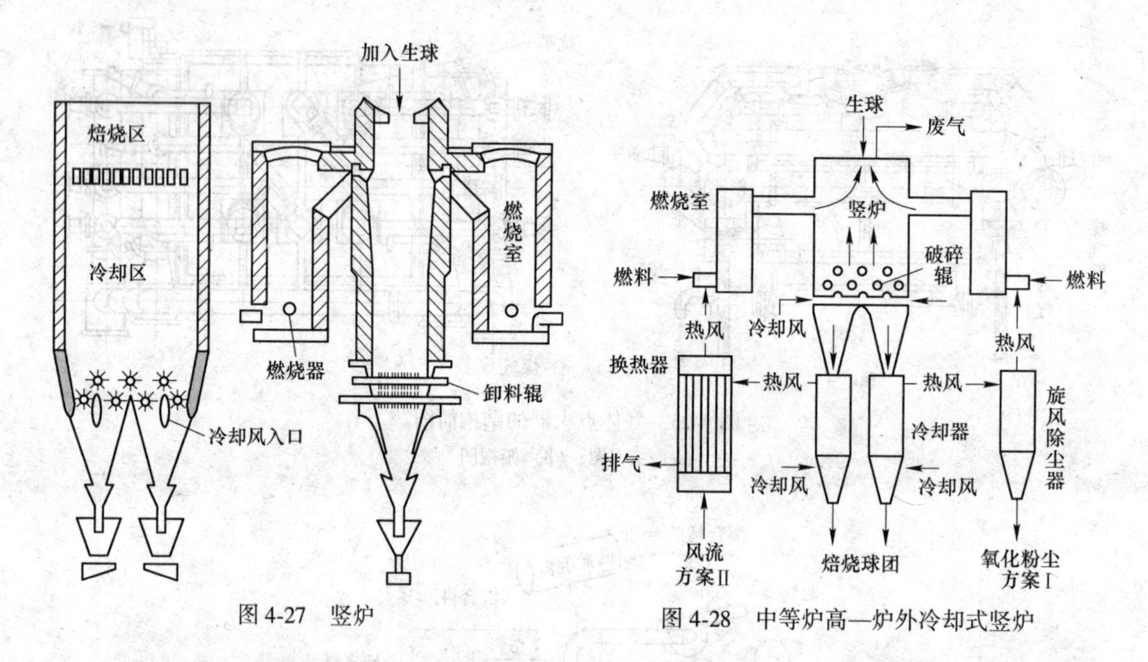

图 4-27　竖炉　　　　图 4-28　中等炉高—炉外冷却式竖炉

在如图 4-27 所示的竖炉中，冷却和焙烧在同一个室内完成。生球自竖炉上部炉口装入，在自身重力作用下，通过各加热带及冷却带，达到排料端。在炉身中部两侧设有燃烧室，产生高温气体喷入炉膛内，对球团进行干燥、预热和焙烧，两侧燃烧室喷出的火焰容易将炉料中心烧透。在炉内初步冷却球团矿后的一部分热风上升，通过导风墙和干燥床，以干燥生球。

燃烧室的形状有卧式圆柱形（高炉煤气用）和立式圆柱形（重油和天然气用）两种。国外竖炉多用立式燃烧室，其底部有一个烧嘴供热，自动控制方便。我国竖炉烧嘴安装在卧式燃烧室的侧面，每侧数量为 2~5 个。

排矿设备由齿辊卸料机及排料机组成。齿辊卸料机的作用主要是控制料面、活动料柱及破碎大块。国外竖炉的齿辊卸料机组通常分上下两层，交叉布置。我国竖炉则由一排齿辊组成，齿辊通水冷却。相邻齿辊的间隙为 80~100mm。齿辊工作时转矩大、转速低，宜采用液压传动。齿辊两端宜采用迷宫式密封。由于齿辊间存在着间隙，需要在漏斗下部安设控制排料的装置。欧美一些国家竖炉采用“空气炮”排料装置，即用压缩空气吹动斜溜槽上的球团矿进行排料。我国竖炉通常采用电振给料机排料。

4.5　回　转　窑

回转窑是焙烧与烧结的设备。回转窑为稍微倾斜的卧式圆筒形炉，炉料一次装入，一边从旋转的炉壁落下一边搅拌焙烧，最后从出料端排除。

4.5.1　回转窑

回转窑由筒体、滚圈、支撑装置、传动装置、头罩和尾罩、燃烧器、热交换器及喂料设备等部分组成，现分述如下：

(1) 筒体与窑衬。筒体由钢板卷成，内砌筑耐火材料称为窑衬，用以保护筒体和减少热损失。

(2) 滚圈。筒体、衬砖和物料等所有回转部分的重量通过滚圈传到支撑装置上，滚圈重达几十吨，是回转窑最重要的部件。

(3) 支撑装置。由一对托轮轴承担和一个大底座组成。一对托轮支撑着滚圈，容许筒体自由滚动。支撑装置的套数称为窑的挡数，一般有 2~7 挡，其中一挡或几挡支撑装置上带有挡轮，称为带挡轮的支撑装置。挡轮的作用是限制或控制窑的回转部分的轴向位置，如图 4-29 所示。

(4) 传动装置。筒体的回转是通过传动装置实现的，传动末级齿圈用弹簧板安装在筒体上。为了安全和检修的需要，较大型的回转窑还设有使窑以极低转速转动的辅助传动装置，如图 4-30 所示。

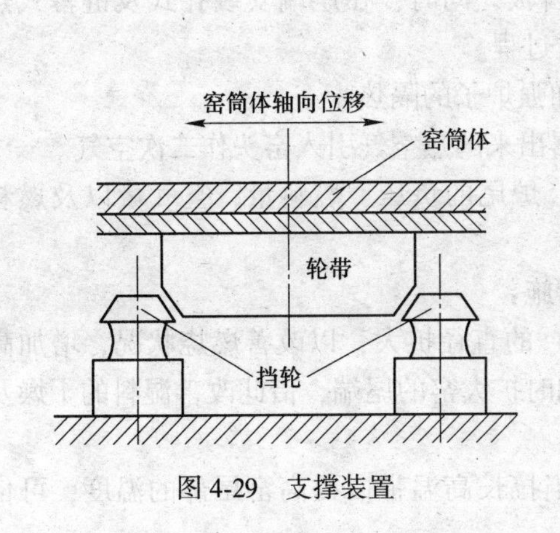

图 4-29 支撑装置

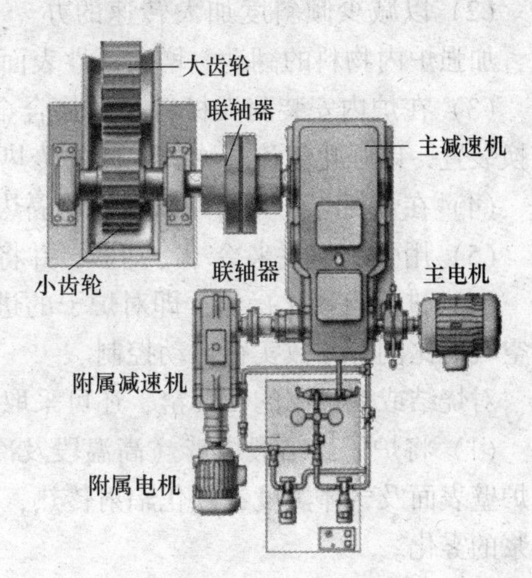

图 4-30 传动装置

(5) 窑头罩与窑尾罩。窑头罩是连接窑热端与流程中下道工序（如冷却机）的中间体。燃烧器及燃烧所需空气经过窑头罩入窑。窑头罩内砌有耐火材料，在固定的窑头罩回转的筒体之间有密封装置，称为窑头密封。窑尾罩是连接窑冷端与物料预处理设备以及烟气处理设备的中间体，其内砌有耐火材料。在固定的窑尾罩与回转的筒体间有窑尾密封装置。

4.5.2 链箅机-回转窑

链箅机-回转窑焙烧（烧结）由链箅机、回转窑和冷却机组成，如图 4-31 所示。链箅机的机构与烧结机的大体相似，由链箅机本体、内衬耐火料的炉罩、风箱及传动装置组成。链箅机本体由牵引链条、箅板、栏板、链板轴及星轮组装而成，在风向上运转。整个链箅机由炉罩密封，罩密封引导热气流向。

生球的干燥、脱水和预热过程在链箅机上完成，高温焙烧在回转窑内进行，而冷却则在冷却机上完成。链箅机装在衬有耐火砖的室内，分为干燥和预热两部分，箅条下面设风箱，生球经辊式布料器装入链箅机上，随同箅条向前移动，不需铺底、边料。在干燥室生球被从预热室抽来的250~450℃的废气干燥，干燥后废气温度降低到120~180℃。然后干球进入预热室，被从回转窑出来的1000~1100℃的氧化性废气加热，生球进行部分氧化和再结晶，具有一定强度，再进入回转窑焙烧。

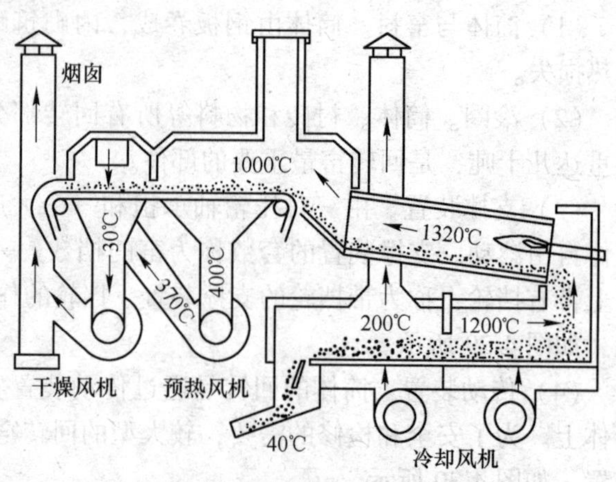

图4-31　链算机-回转窑示意图

4.5.3　回转窑的改进方向

焙烧回转窑在结构和操作上的改进方向：

(1) 适当加大炉窑的直径及长度。

(2) 以减少倾斜度加大转速的办法，加强炉内物料的翻动，增大活性表面。

(3) 在炉内安装耐火材料及耐热合金的耙齿板，同时，在尾端安装孔式及链幕式热交换装置，以强化气流与物料之间的传热及传质过程。

(4) 在炉衬与外壳间砌以良好的隔热层，加强炉子的隔热。

(5) 用强制空气来冷却冷却器，并将冷却器出来的热空气引入窑头作二次空气。

(6) 进行自动化操作，即对炉子的进料量、炉尾的负压、燃料量、空气量以及燃料与空气的比例等参数实行自动控制。

对烧结或煅烧用的回转窑，还可采取如下措施：

(1) 将炉子烧结煅烧带（高温段及冷却段）的直径扩大，以改善燃烧状况，增加高温炉壁表面及气体黑度，强化辐射传热，也可同时扩大窑的尾端，借此改善湿料的干燥及料浆的雾化。

(2) 在保证烧结带适当高温的前提下，适当拉长高温带以提高窑尾部的温度，可借助增加火焰长度来达到。

(3) 加大燃料量、鼓风量及进料量，并加大转速（即“三大一快”）以强化操作，提高处理量。

思考与练习题

4-1 简述焙烧与烧结的目的与区别。

4-2 简述流化床的优点。

4-3 简述冶金中的流化床有哪些形式？

4-4 比较氢氧化铝的循环流化床焙烧与气态悬浮焙烧过程。

4-5 简述锌精矿流态化焙烧设备的主要结构和功能。

4-6 比较铁矿烧结、铅锌矿烧结与铁矿球团烧结焙烧过程。

4-7 简述烧结的主要结构和功能。

4-8 简述球团竖炉的基本结构。

4-9 简述链算机-回转窑焙烧的特点。

4-10 综述铁矿烧结、球团竖炉焙烧与链算机-回转窑焙烧的优缺点。

5 熔炼设备

把金属矿物与熔剂熔化、完成冶金化学反应、实现矿石中金属与脉石成分分离的冶金过程叫做熔炼。熔炼是人们获得大多金属的主要方法。各个金属的熔炼设备不尽相同。根据熔炼原理的不同，熔炼设备也决然不同。根据冶金目的的不同，熔炼设备有粗炼设备和精炼设备之分。熔炼设备种类多、结构复杂，正在运行的设备看不见内部高温物料运动情况，这给学习熔炼设备带来困难。本章试图归类介绍熔炼设备，不可能把所有熔炼设备都说详尽，仅从熔炼设备的结构、工作原理、性能和特点方面进行介绍。

5.1 竖炉

竖炉有别于火焰炉，在它的炉膛空间内充满着被加热的散状物料，炽热的炉气自下而上地在整个炉膛空间内和散料表面间进行着复杂的热交换过程。和火焰炉相比，它是一种热效率较高的热工设备。

从原料和气体间的运动特性来看，竖炉炉料层属散料“致密料层”或“滤过料层”，即如同气体从散料孔隙滤过那样。相对于气体流动来说，散料的运动是很缓慢的。

在冶金炉范围内应用致密料层工作原理的热工装置比较多，例如：炼铁高炉、化铁炉、炼铜鼓风炉、炼铅、炼铅锌、炼镍和炼锑鼓风炉、炼镁工业的竖式氯化炉等。这些装置中的热工过程对工艺过程有直接的影响，从而影响到它们的产量、产品质量和燃料消耗。因此，从流体流动、燃烧尤其是从传热和传质诸方面来分析竖炉内的热工过程，掌握其基本规律无疑是进行竖炉正确设计和最佳操作的基础。

5.1.1 竖炉内的物料运行和热交换

竖炉的全部热工过程及工艺过程都是在气流通过被处理物料的料层时实现的。炉料和燃料从炉子上部加入，空气从炉壁下部的风口鼓入。通常单位时间在竖炉内燃烧的燃料越多，则被加热或熔化的炉料量越多，也就是从炉内排出产品数量越多。同时料层下降越快，炉子的生产率就越高。而燃料燃烧量是单位时间内鼓入炉内空气量的直线函数，因此炉子的生产率首先取决于鼓风量，并与其成直线关系增长。但在增大鼓风量的同时，必须保证料层均匀下降而不发生悬料（停滞）和崩料，保证鼓风均匀上升，而不产生跑风和死角，才能使生产得以强化。

5.1.1.1 竖炉内的物料下降

在竖炉内，炉料依靠自身的重力下降，炉料可视为散料层，它受物料颗粒之间及料块与侧墙之间的两种摩擦阻力的作用，其结果造成料块自身重力作用在炉底上的垂直压力减少。实际作用于炉底的重量（即垂直压力）称为料柱的有效质量，其值为：

$$G_i = K_i G_{ch} \tag{5-1}$$

式中　G_i ——料柱的有效质量，kg；

G_{ch} ——料柱实际质量，kg；

K_i ——料柱下降的有效质量系数。

K_i值取决于炉子形状，向上扩张的炉子K_i值最小，而且随着炉墙扩张角的增大而变小，向上收缩的炉型K_i最大。

当料柱超过一定高度后有效质量停止增加，其原因是料层内形成自然“架顶”，即发生悬料现象。料层越高，炉料与侧墙之间的摩擦力越大，形成自然“架顶”可能性越大，而且“架顶”越稳定，故料层高度不能过分增加，也可以采用下扩式炉型加以改善。

上升气流与下降物料相遇时，气流受到物料的阻碍而产生压力损失，这种压力损失对物料构成曳力，它决定于气流阻力，表示为：

$$\Delta P = K \frac{v_g^2}{2} \rho_g A_{ch} \tag{5-2}$$

式中　ΔP ——压力损失，Pa；

v_g ——料块间气流速度，$m \cdot s^{-1}$；

K——料层对气流的阻力系数；

A_{ch}——料层在垂直于流向线平面上的投影面积，m^2；

ρ_g ——气体密度，$kg \cdot m^{-3}$。

使物料下降的力F取决于物料的有效质量G_i和上升气流对物料的曳力：$F = G_i - \Delta P$。

若$F>0$，则物料能顺利自由降落；若$F=0$，则物料处理平衡状态，将停止自由下降；若$F<0$，则物料将被气流抛出层外。为了保证物料顺利下降，就必须在炉内保持$G_i > \Delta P$，为此应增大物料的有效质量G_i，相对地减少气流对料层的曳力ΔP。

5.1.1.2　竖炉内料层的热交换

竖炉热交换过程是上升的气体与下降的固体两相在逆向流动时进行的，在高炉正常运行时，高炉从上至下分为块状带、软熔带、滴落带、风口带和渣铁储存带五个区。各个区进行的热交换不完全相同。

(1) 块状带：明显保持装料时的矿、焦分层状态，呈活塞流均匀下降，层状趋于水平、厚度减薄，对流换热系数高。

(2) 软熔带：下降炉料不断受到热煤气的加热，矿石开始软化，矿料熔结成为软熔层。两个软熔层之间夹有焦炭层，多个软熔层和焦炭构成完整的软熔带。软熔带内气体流动不像块状带那样均匀，热交换也受软熔带纵剖面形状影响。

(3) 滴落带：渣、铁全部熔化滴落，穿过焦炭层到炉缸区。气体、固体和液滴发生热交换，还伴随着化学反应换热，换热强度高。

(4) 风口带：在此发生燃烧反应。鼓风使焦炭燃烧，在风口区产生的空洞称为回旋区，是高炉热能和气体还原剂的发源地。

(5) 渣铁储存带：形成最终渣、铁混合体，液体对流传热。

总体高炉内的热交换有以下特点：

(1) 凡引起炉料或炉气水当量变化的因素，才能改变炉内的温度分布。

（2）增大燃料消耗量时炉气水当量变大，出炉气体温度将提高。

（3）预热鼓风时，提高了风口区温度，降低了炉内的直接燃料消耗而使炉气水当量变小，炉顶气体温度反而有所降低。

（4）富氧鼓风提高了燃烧温度，减少了炉气数量，炉气水当量变小，离炉废气温度降低，从而大大提高了炉内热量的利用率。

5.1.2 炼铁高炉

在钢铁冶炼中，用来熔炼铁矿石的竖炉一般称为高炉，目前高炉炼铁是生铁生产的主要手段，全世界生铁产量的95%左右由高炉产出。

5.1.2.1 高炉结构

高炉炼铁生产所用主体设备如图5-1所示。高炉炼铁实现正常生产除了高炉本体外，还需配有辅助系统，相关系统介绍如下：

（1）高炉本体系统。高炉本体是冶炼生铁的主体设备，包括炉基、炉衬、冷却设备、炉壳、支柱及炉顶框架等。其中，炉基为钢筋混凝土和耐热混凝土结构，炉衬用耐火材料砌筑，其余设备均为金属结构件。在高炉的下部设置有风口、铁口及渣口，上部设置有炉料装入口和煤气导出口。

（2）装料系统。装料系统的主要任务是将炉料装入高炉并使之分布合理，设备主要包括装料、布料、探料及均压几部分。装料系统的类型主要有钟式炉顶、钟阀式炉顶和无

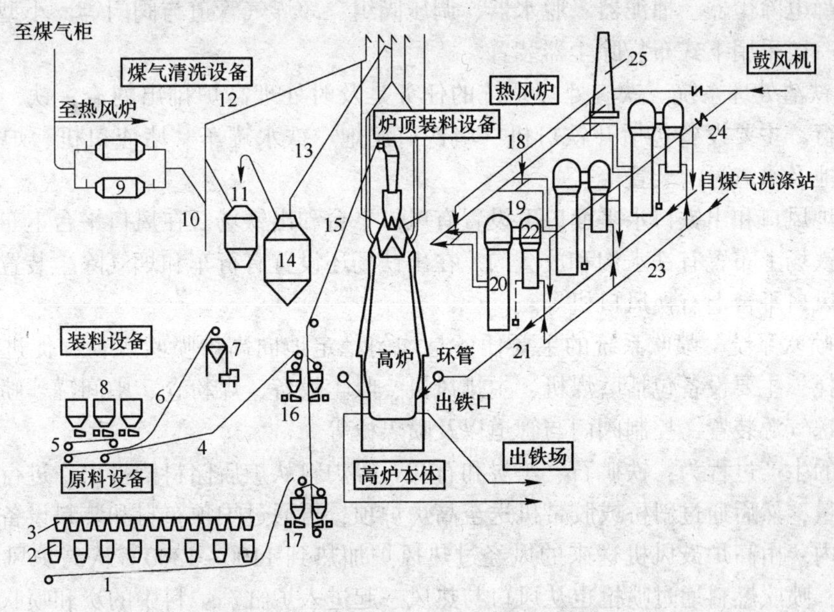

图5-1　高炉炼铁生产设备连接简图

1—矿石输送皮带机；2—称量漏斗；3—储矿槽；4—焦炭输送皮带机；5—给料机；6—粉焦输送皮带机；7—粉焦仓；8—储焦槽；9—电除尘器；10—顶压调节阀；11—文氏管除尘器；12—净煤气放散管；13—下降管；14—重力除尘器；15—上料皮带机；16—焦炭称量漏斗；17—矿石称量漏斗；18—冷风管；19—烟道；20—蓄热室；21—热风主管；22—燃烧室；23—煤气主管；24—混风管；25—烟囱

料钟炉顶。钟式炉顶主要包括受料漏斗、旋转布料器、大小料钟、大小料斗、大小料钟平衡杆机构、大小料钟电动卷扬机或液压驱动装置、探料装置及其卷扬机等。钟阀式炉顶还有储料罐及密封阀门，无料钟炉顶不设置料钟，采用旋转溜槽布料，其他主要设备与钟阀式炉顶大体相同。

（3）上料系统。把按品种、数量称好的炉料运送到炉顶的机械叫做上料设备。上料系统的任务是保证连续、均衡地供应高炉冶炼所需原料。应满足的要求是：有足够的上料速度，满足工艺操作的需要；运行可靠、耐用，保证连续生产；有可靠的自动控制和安全装置；结构简单、合理，便于维护和检修。高炉上料设备主要有料车和皮带两种基本形式。主要设备包括储矿槽、储焦槽、槽下筛、称量漏斗或称量车、槽上槽下胶带运输机、斜桥、料车及其卷扬机等。料车上料设备由料车、斜桥和卷扬机组成。料车在斜桥上的运动分为起动、加速、稳定运行、减速、倾翻和制动六个阶段，整个运动过程速度为“二加二减二均匀”。随着高炉的大型化，料车上料设备已经不能满足生产的供料要求，新建的大高炉都采用皮带上料设备。皮带上料设备其实就是带式散料输送机，具体见散料输送设备一章。

（4）送风系统。送风系统的任务是及时、连续、稳定、可靠地供给高炉冶炼所需热风，主要设备包括高炉鼓风机、脱湿装置、富氧装置、热风炉、废气余热回收装置、热风管道、冷风管道及冷热风管道上的控制阀门等。

（5）煤气除尘系统。煤气除尘系统的任务是对高炉煤气进行除尘降温处理，以满足用户对煤气质量的要求，设备主要包括煤气上升管、煤气下降管、重力除尘器、洗涤塔、文氏管、静电除尘器、捕泥器、脱水器、调压阀组、净煤气管道与阀门等。小型高炉煤气除尘系统一般采用下式布袋除尘器装置。

（6）铁渣处理系统。铁渣处理系统的任务是及时处理高炉排出的渣、铁，保证生产的正常进行。主要设备包括开铁口机、堵铁口泥炮、铁水罐车、堵渣口机、炉渣粒化装置、水渣池及水渣过滤装置等。

在高炉风口和出铁口水平面以下设置有风口平台和出铁场。在风口平台上布置有出渣沟，在出铁场上布置有铁水沟和放渣沟。在出铁场还设置有行车和烟气除尘装置。在热风围管下或风口平台上有换风口机等。

（7）喷吹系统。喷吹系统的主要任务是均匀稳定地向高炉喷吹煤粉，促进高炉生产的节能降耗，主要设备包括磨煤机、主排风机、收尘设备、煤粉仓、中间罐、喷吹罐、混合器、输送气源装置、控制阀门与管道以及喷煤枪等。

高炉的生产过程为：铁矿石、焦炭和石灰石等炉料从炉后储料槽排出，进行槽下筛除粉末和称量，然后通过斜桥或胶带机送至高炉炉顶，再通过炉顶布料和装料设备将炉料分批装入炉内。由高炉鼓风机送来的风经过热风炉加热到1100~1300℃从高炉风口进入炉缸；这时，喷吹燃料通过喷枪也从风口与热风一起进入炉缸。炉料中的炭和喷吹物中的可燃物在风口前与鼓风中的氧气产生燃烧反应，放出大量热量，生成含有CO和H_2的高温还原性煤气，在炉内煤气和炉料的相向运动过程中，相互间发生一系列的十分复杂的物理化学变化，最后生成合格生铁和终渣，汇集于炉缸，熔渣由于密度小浮于铁水上面。铁水定时从出铁口放出，通过出铁沟、渣铁分离器及流嘴流入铁水罐车，送往炼钢车间。熔渣定时从出渣口放出，然后进行干渣或水淬炉渣处理。高炉煤气从高炉炉顶煤气导出口排出，进入煤气除尘系统进行净化处理后供作热风炉和煤气发电的燃料。

5.1.2.2　高炉有效容积及有效高度

高炉大钟下降位置的下沿到铁口中心的高度称高炉有效高度（H_u），对于无钟炉顶而言，其有效高度为旋转溜槽最低位置的下缘到铁口中心线之间的距离。在有效高度范围中的炉内空间称高炉有效容积（V_u），从铁口中心线到炉顶法兰（也称炉顶钢圈）间的距离称高炉全高。

增大有效高度，炉料与煤气接触机会增多，有利于改善传热传质过程，降低燃料消耗。但过分增加高度，料柱对煤气的阻力增大，容易形成料拱，对炉料下降不利，严重者破坏高炉正常运行。因此，高炉有效高度一般随容积的增大而增高，但不是正比关系，容积的扩大主要通过各部分横向尺寸的扩大而实现。为描述纵横尺寸的关系，习惯用高炉有效高度与炉腰直径的比（H_u/D）来表示。巨型高炉 $H_u/D=2$ 左右；大型高炉 2.5~3.1；中型高炉 2.9~3.5；小高炉 3.7~4.5。随高炉大型化，高径比的逐渐降低，高炉已开始向着矮胖的方向发展。

5.1.2.3　高炉本体

现代高炉（本体）主要由炉缸、炉腹、炉腰、炉身、炉喉五部分组成。如图 5-2 所示。

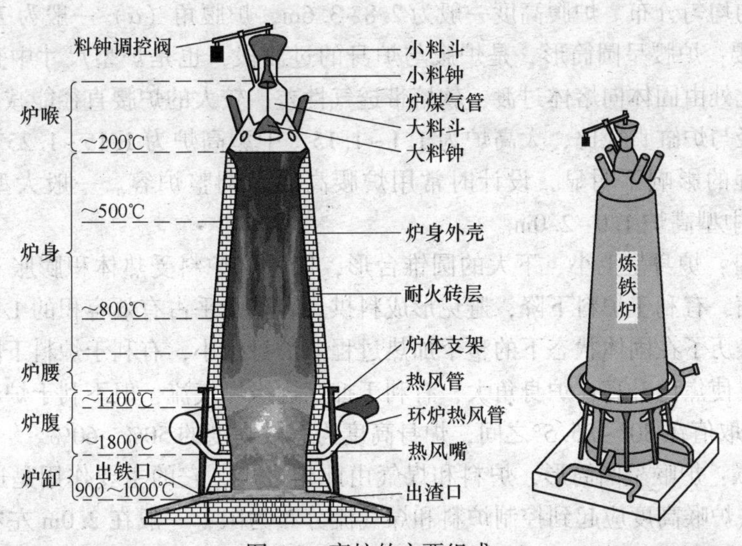

图 5-2　高炉的主要组成

（1）炉缸：呈圆筒形，位于高炉下部。炉缸下部容积盛装液态的渣铁，上部空间为风口的燃烧带。炉缸的上、中、下部位分别设有风口、渣口和铁口，现代大型高炉多不设渣口。

炉缸的容积不仅应保证足够数量的燃料燃烧，而且应能容纳一定数量的铁和渣。炉缸的高度应能保证里面容纳两次出铁间隔时间内所生成的铁水和一定数量的炉渣，并应考虑因故不能按时放渣出铁的因素和留有足够安装风口所需的高度。

1）铁口：随炉容增大、出铁量和次数的增多，铁口数目亦增多。国内外经验是：日产生铁 2500~3000t 以下的高炉设置一个铁口；日产生铁 3000~6000t 的设置双铁口，日产生铁6000~8000t可设置3~4个铁口。铁口中心线到炉底砌筑表面之间还有一定距离，称死铁层高度，使炉底表面始终保持有一铁水层，它的作用是防止炉底受炉渣和煤气的冲刷，使炉底温度均匀稳定。一般死铁层高度为300~600mm，大型高炉多在1000~2000mm左右，且有进一步增加的趋势。

2）渣口：其数目与渣量多少有关，一般小型高炉设一个渣口，大中型高炉设两个渣口，渣口高度可以相同也可相差100~200mm，巨型高炉若铁口多且渣量少可不设渣口。渣口中心线与铁口中心线之间的距离称渣口高度，它取决于渣量大小、放渣次数，还应考虑到其他原因引起的渣铁量的波动。过高或过低都不宜，一般在1200~1700mm。

3）风口：其数目（n）与高炉有效容积和鼓风能力有关，与炉缸直径（d）成正比。对中小型高炉：$n=2(d+1)$；对大型高炉：$n=2(d+2)$；对4000m^{3}以上的高炉：$n=3d$。也可根据风口中心线在炉缸圆周上的距离进行计算，$n=\pi d/s$，s取值常在1.1~1.3m之间。

风口中心线与铁口中心线间的距离称为风口高度，其数值大约是渣口高度的1.6~2倍。风口在渣口水平上方一定距离，要求渣面不能上升到风口平面，而且风口下应留有一定的焦炭燃烧空间。炉缸高度一般在风口高度的基础上再加0.35~0.5m的结构尺寸。

（2）炉腹：炉腹在炉缸上部，呈倒圆锥台形。这适应了炉料熔化后体积收缩的特点，并使风口前高温区产生的煤气流远离炉墙，既不烧坏炉墙又有利于渣皮的稳定，同时亦有利于煤气流的均匀分布。炉腹高度一般为2.8~3.6m，炉腹角（α）一般为79°~82°。

（3）炉腰：炉腰呈圆筒形，是炉腹与炉身的过渡段，也是炉型尺寸中直径最大的部分。炉料在此处由固体向熔体过渡，软熔带透气性差，较大的炉腰直径能减少煤气流的阻力。炉腰直径与炉缸直径比，大高炉为1.1~1.15，中型高炉为1.15~1.25。炉腰高度对高炉冶炼过程的影响不明显，设计时常用炉腰高度来调整炉容。一般大型高炉炉腰高2.0~3.0m，中型高炉1.0~2.0m。

（4）炉身：炉身呈上小、下大的圆锥台形，以适应炉料受热体积膨胀和煤气流冷却后的体积收缩，有利于炉料下降，避免形成料拱。容积几乎占有效容积的1/2以上，在此空间内炉料经历了在固体状态下的整个加热过程。炉身角小，有利于炉料下降，但易发展边缘煤气流，使焦比升高；炉身角大，有利于抑制边缘煤气流，但不利于炉料下降。炉身角（β）一般取值在80°~85.5°之间，炉身高度为有效高度的50%~60%。

（5）炉喉：炉喉呈圆筒形，炉料和煤气由此处进出，它的主要作用是进行炉顶布料和收拢煤气。炉喉高度应起到控制炉料和煤气流分布为限，一般在2.0m左右。炉喉直径（d_1）与炉腰直径（D）应和炉身一并考虑，一般$d_1/D=0.65\sim0.70$。炉喉与大钟的间隙$(d_1-d_0)/2$（d_0为大钟直径）的大小决定着炉料堆尖的位置，所以，它的大小应和矿石粒度组成与炉身角相适应。

高炉本体各部分的尺寸可参考设计手册。

5.1.2.4 高炉的炉衬及冷却装置

高炉炉体结构由炉壳、炉衬和冷却器三部分组成。炉壳内砌筑的一层厚345~1150mm的耐火砖层称炉衬。它能起到减少高炉热损失、保护炉壳及其他金属结构免受热应力和化学侵蚀的作用。炉衬耐火材料的侵蚀（即局部严重损坏）将影响到高炉的使用寿命。

高炉炉底砌体长期在1200~1400℃高温条件下承受炉料和渣铁的静压力，以及渣铁的机械冲刷和化学侵蚀。要延长炉底及炉缸的寿命，就要铁水凝固温度等温线缩小到最小范围。炉缸炉底大多采用碳质耐火材料（全碳质或碳质与高铝砖综合型）。炉缸内壁主要靠形成的保护性渣皮来保护，所以加强冷却十分重要。

炉腹部位受到下降的铁水、溶渣和上升高温煤气流的冲刷，还要承受料柱的部分质量，这部分砌砖往往在开炉后不久就被侵蚀掉，而靠冷却壁上冷凝的渣工作。通常这部分常用黏土砖砌筑，而且较薄，在开炉时保护镶砖冷却壁不被烧坏即可。

炉腰和炉身的温度仍较高，除受炉料及煤气冲刷外还受炉渣侵蚀。用黏土砖内层高铝砖、碳化硅砖、碳砖砌筑，较厚，或砌成薄壁炉墙加强冷却。炉身上部采用低气孔率强度高的黏土砖。实践表明：炉身下部侵蚀变薄，而上部仍较完好，所以上部采用支梁式水箱支撑上部砖衬，下部则应加强冷却。

炉喉在炉料频繁撞击和高温煤气流冲刷下工作，为了保护其圆筒形不受破坏，炉喉采用金属结构，称炉喉保护板，目前多数仍采用条状保护板。近年又出现了活动炉喉，它能改变炉喉直径，从而调节布料和煤气流分布。随炉容扩大，活动炉喉的作用更为显著。

高炉生产过程必须对炉体进行合理冷却，对冷却介质进行有效控制，才能既延长炉寿，又不影响高炉操作。冷却的方式有水冷、风冷、气化冷却三种。高炉各部位的冷却介质、设备及冷却制度都有所不同。喷水冷却高炉炉身和炉腹部位设有环形喷水管，可以直接向炉壳喷水冷却。这种冷却装置简单易修，但冷却不深入，只限于炉皮或碳质炉衬的冷却。在大高炉上可作为冷却器烧毁后的一种辅助冷却手段。

(1) 外部喷水冷却装置。利用环形喷水管把水淋于高炉外壳。喷水管直径100mm，开5mm喷水孔，斜向上45°，炉壳上安装防溅板。冷却水沿炉壳溜下，汇入排水槽。

(2) 风口、渣口的冷却结构。风口一般由大、中、小三个套组成。中小套常用紫铜铸造成空腔式结构。风口大套用铸铁铸成，内部铸有蛇形管，通水冷却。风口装配形式如图5-3所示。渣口由三个套或四个套组成，三套和小套与风口小套相似，是由紫铜铸成的空腔结构。大套、二套由铸铁铸成，内衬蛇形管。

渣口大套、二套、三套用卡在炉皮上的楔子顶紧固定。而小套则由进出水管固定在炉皮上。渣口装置形式如图5-4所示。

(3) 内部冷却装置。把冷却元件安装在炉壳与炉衬之间，增强砖衬的抗侵蚀能力。常用的有冷却壁、冷却水箱、汽化冷却器等。

1) 冷却壁。通常安装在炉衬与炉壳之间。它是内部铸有无缝钢管的铸铁板，有光面与镶砖两种。光面冷却壁冷却强度大，用于炉底和炉缸，厚度为80~120mm。镶砖冷却壁用于炉腹，也用于炉腰与炉身下部。包括镶砖在内的厚度为250~350mm镶砖面积不超过工作面积的50%。冷却壁的特点是冷却均匀，炉衬内壁光滑，不损坏炉壳强度，有良好的密封性，使用年限长，但破损时更换困难。

2) 冷却水箱。一般将其埋在砖衬内，常用的有扁水箱和支梁式水箱。扁水箱多为铸铁件，内部铸有无缝钢管，一般用于炉腰炉身。在高炉上布置大致呈棋盘式，其特点是能冷却到炉衬内部，维持炉墙在一定的厚度范围。支梁式水箱内部有无缝钢管的楔形冷却水箱，多将其用于炉身中部以支持上面的砖衬。支架式水箱也呈棋盘式布置。冷却水箱易更换，但炉墙侵蚀后内形不光滑，冷却不均匀，安装部位易漏气。

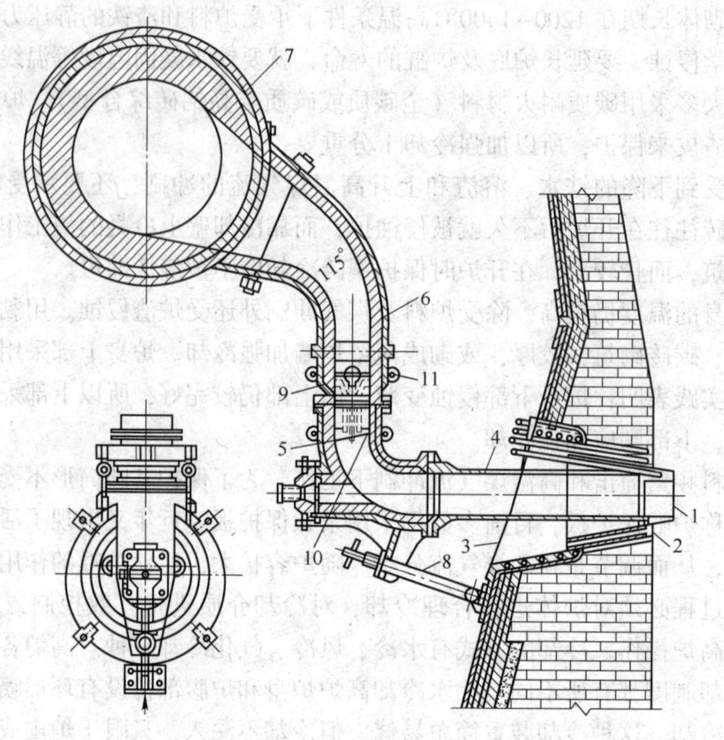

图 5-3　风口装置

1—风口；2—风口二套；3—风口大套；4—直吹管；5—弯管；
6—鹅颈管；7—热风围管；8—拉杆；9—吊环；10—销子；11—套环

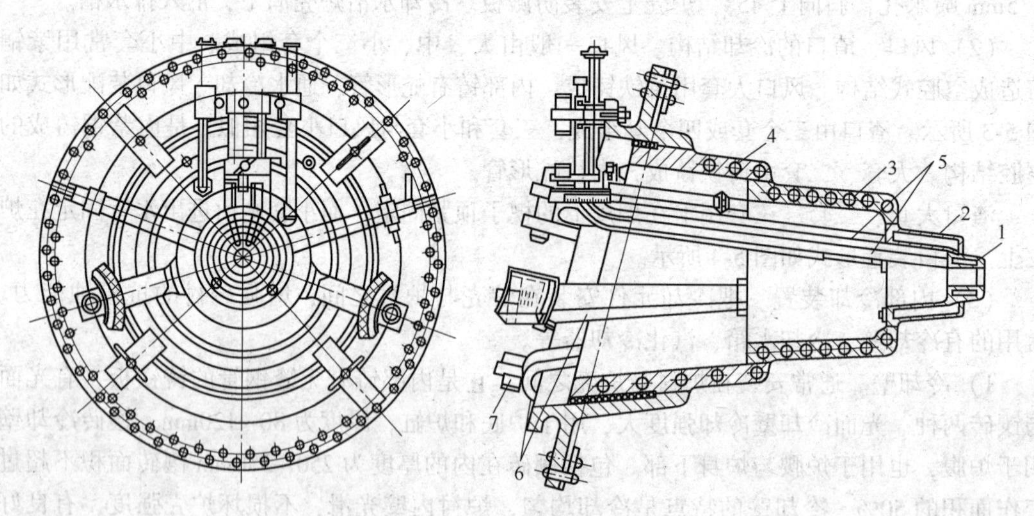

图 5-4　渣口装置

1—小套；2—二套；3—三套；4—大套；5—冷却水管；6—压杆；7—楔子

3）汽化冷却器。借水在汽化时大量吸热使设备冷却的装置。其优点是冷却强度可以自行调节，使用软水防止了水垢沉积，从而延长了设备使用寿命。另外，还有冷却水用量少、产生的蒸汽可作为二次能源加以利用的特点。

高炉总体冷却情况：炉底四周用光面冷却壁冷却，风冷管上侧与炉底下部碳质耐火材料配合使用，炉底热量能及时传递出来，不但防止了炉基过热而且减少了因热应力产生的基础开裂。炉底水冷比风冷的冷却强度大、电耗低。

高炉冷却系统是确保高炉正常生产的关键之一，其作用体现在以下方面：

(1) 降低炉衬温度，保持炉衬的强度，维护合理操作炉形，延长高炉寿命。

(2) 形成保护性渣皮、铁壳和石墨层，保护炉衬。

(3) 保护炉壳、支柱等避免高温影响。

(4) 增强支撑砌体的构件强度。

5.1.2.5　高炉基础及钢结构

A　高炉基础

高炉基础由两部分组成。埋入地下的称基座，地面上与炉底相连的部分称为基墩(见图 5-5)。炉基承受高炉本体和支柱所传递的质量，要求能够承受 0.2～0.5Pa 的压力；还要受到炉底高温产生的热应力作用。所以要求高炉基础能把全部载荷均匀传递给地基，而不发生过分沉陷（<30mm）和偏斜(<0.5%)。因此，要求炉基建在坚硬的岩层上，如果耐压不足，必须做地基处理，如加垫层、钢管柱、打桩或沉箱等。此外，基础应有足够的耐热性能，如采用耐热混凝土基墩、风冷（水冷）炉底。

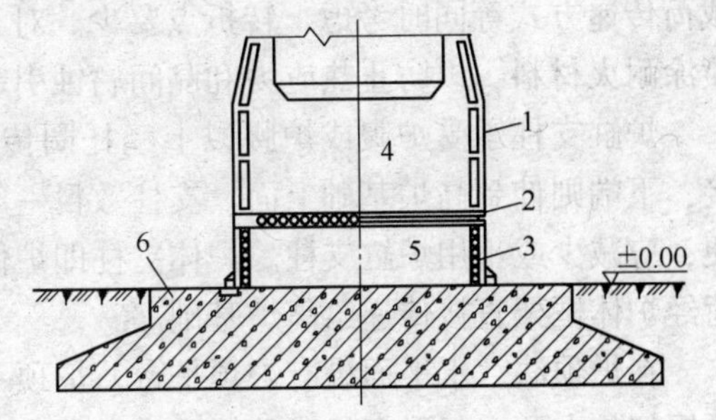

图 5-5　渣口装置

1—冷却壁；2—风冷管；3—耐火砖；4—炉底砖；5—耐热混凝土基墩；6—钢筋混凝土基座

B　高炉钢结构

炉壳、支柱、托圈、框架平台及炉顶框架等属于高炉钢结构。高炉支撑结构有四种基本形式，如图 5-6 所示。

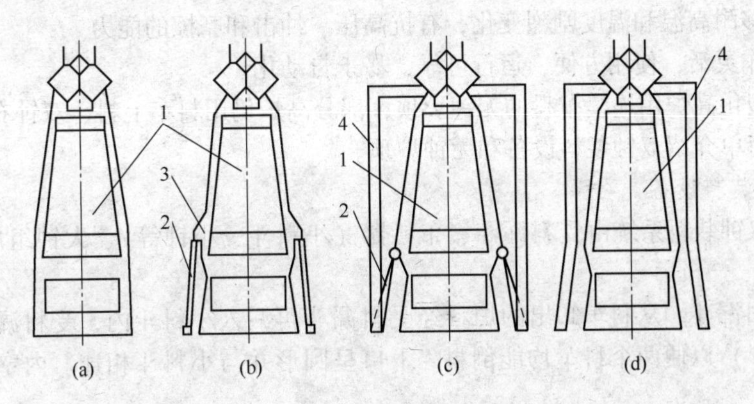

图 5-6　高炉钢结构的基本形式

(a) 自立式；(b) 炉缸支柱式；(c) 框架式；(d) 框架自立式

1—高炉；2—支柱；3—托圈；4—框架

自立式炉体结构全部炉顶载荷由炉壳承受。特点是工作区净空大，结构简单，钢材消耗少，小高炉多采用自立式。炉缸支柱式炉顶载荷由炉身外壳经炉缸支柱传到基础，不设炉身支柱，大修对更换炉壳不便。这种形式适用于小高炉。框架支柱式炉顶全部载荷由四根支柱组成的炉顶框架（大框架）直接传到炉基，炉身质量由炉缸支柱传给基础。它的特点是具有独立的操作结构和承重结构、工作可靠、检修方便。缺点是高炉下部布置拥挤，操作不便，所以近年来新设计的大高炉已很少采用。框架自立式炉顶质量主要由顶框架承担，框架没有给炉体传递压力，炉壳承受的重力减轻，无炉缸支柱。这样风口平台宽敞，适合多风口、多出铁口的需要，有利于大修，增加了斜桥的稳定性。这种形式适用于炉顶负荷较大的大型高炉。

炉壳一般由碳素钢板焊接而成，其主要作用是承受载荷，固定冷却设备，防止炉内煤气外逸，且便于喷水冷却延长高炉寿命。炉壳外形尺寸应与炉体各部内衬、冷却形式以及载荷传递方式等同时考虑，转折点要少。对于高压操作的高炉，炉壳钢板要加厚，壳内应喷涂耐火材料，以防止热应力和晶间腐蚀引起的开裂和变形。

炉缸支柱承受炉腹或炉腰以上经托圈传递过来的全部载荷，它的上端与炉腰托圈连接，下端则伸到高炉基础上面。支柱数目一般是风口数的1/2~1/3，为了风口区的操作方便，应减少或不用炉缸支柱。炉体支柱即炉体框架，一般均与高炉中心对称布置，炉顶载荷经炉体框架直接传递给高炉基础。

在炉顶法兰水平面设有炉顶平台，炉顶平台上设有炉顶框架，用它支撑装料设备。炉顶框架是由两个门形架组成的体系，它的四个柱脚应与高炉中心相对称。

5.1.2.6　炉顶装料装置

由上料设备运送到炉顶的炉料按一定的工艺要求加入高炉，又能防止煤气外溢的机械叫做炉顶装置。炉顶装置按煤气压力分为常压炉顶和高压炉顶两种；按炉顶装料结构分为双钟式、钟阀式和无料钟式。对炉顶装料设备的要求：

（1）保证炉料在炉内分布合理，通常均匀布料，又能灵活、准确地调整。

（2）力求结构简单、体积小、质量轻、密封性好。

（3）能够耐高温和温度剧烈变化，有抗高压、冲击和摩擦的能力。

（4）操作灵活，使用方便，运行可靠，易于自动化。

目前大型化高炉用连续布料的无钟炉顶，部分高炉仍用料车上料、双钟布料的装料方式。在此仅简单介绍双钟装料设备和无钟炉顶。

A　双钟装料设备

常规的双钟装料系统由受料漏斗、布料器（小料斗、小钟等）、大钟组成，如图5-7所示。

（1）受料漏斗。从料车卸出的炉料经受料漏斗再漏入小料斗内，受料漏斗上口呈椭圆形（或矩形）以便两个料车均能倒料。下口呈圆形并与小料斗相连。内壁衬钢板以增加其耐磨性。

（2）布料器。由于从料车卸到小料斗的炉料总存在堆尖且偏在一边。为消除这种不均匀现象，出现了旋转布料器、快速旋转布料器和空转布料器。

旋转布料器由可旋转的小料斗和小料钟组成，小料斗受料后旋转一定角度（通常为60°）再打开小钟卸料，这样炉料堆尖就按顺序在炉喉圆周上分布开。此外，这种布料器还具有一定的调剂功能，因此长期以来被广泛使用。但它没有彻底纠正炉喉圆周方向布料

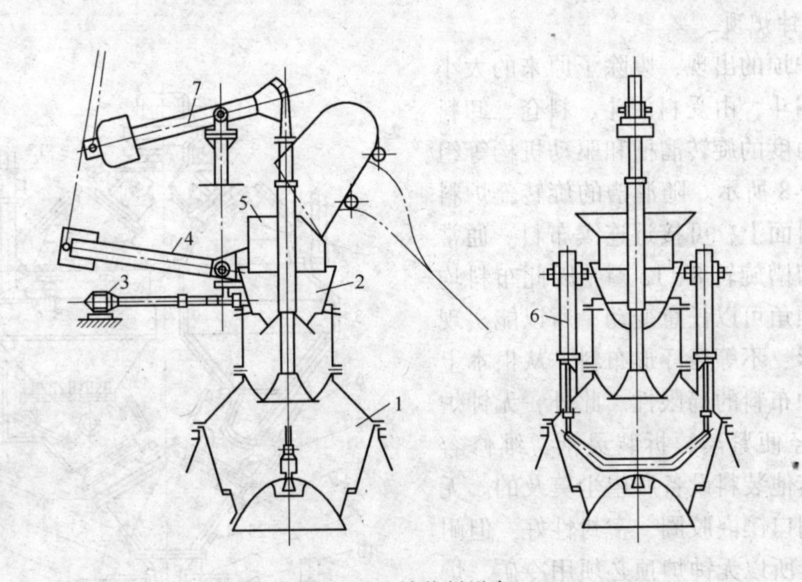

图 5-7 双钟装料设备

1—大、小钟装料设备；2—快速旋转布料器；3—快速旋转布料器传动电机；4—大钟平衡杆；5—受料漏斗；6—大钟平衡杆与吊挂用链子连接密封；7—小钟平衡杆

不均的现象，而且随炉顶压力的提高，密封不佳，设备易磨损。为克服此缺点将布料器结构改成旋转部分不密封，密封部分不旋转。

所谓快速旋转布料器，就是在受料漏斗和小料斗之间增加一个快速旋转的中间漏斗。这样经中间漏斗下部的两个对称的排料口排出的炉料均匀地分布在小料斗内，从而消除了堆尖。因布料漏斗与小料斗脱开，故没有泄漏煤气的问题。但当高炉使用未经破碎的热烧结矿时，易出现卡料事故，所以这种布料器对原料粒度应严格控制。布料器的转速为10~20r/min。

空转布料器的结构与上面的布料器相同，只是把旋转的中间漏斗排料口改为单侧歪嘴形式，其工作制度分定点布料和无定点布料。无定点布料时要求在整个冶炼周期内炉料堆尖位置不重复出现，这样每批料的堆尖在炉内呈螺旋形，分布均匀。定点布料相当于旋转布料器。

(3) 大钟与大料斗装料程序。当大小钟之间的煤气放散到内外压力相等时打开小钟，小料斗中炉料卸到大料钟内，关闭小钟；大小钟之间用半净煤气充压，使其压力与炉内压力接近时开启大钟，炉料降至炉喉料面。在这里大钟起着布料和密封炉内煤气的作用。大钟一般是由碳素钢铸成的整体，直径与炉喉直径统一考虑。为保证大钟与大料斗接触处的耐磨和严密，在该处车出焊补槽，堆焊一层硬质合金。大料斗也是由碳素钢铸成，对大高炉来说，因其尺寸大、加工运输困难，所以常将大料斗做成两节。为了密封起见，与料斗接触的下节也要铸成整体，斗壁倾角应大于70°。

随炉顶压力的提高，大钟上下压差大，与大料斗接触处磨损严重。为使大钟处于均压状态下工作，由大小钟组成的单一空间发展为三钟、四钟、一钟二阀的双空间，再配合活动炉喉，可实现较好的布料功能。但这些装料设备复杂、投资高，而且也未能克服大钟布料的固有缺点。

B　无钟炉顶

无钟炉顶的出现，废除了原来的大小料钟及其漏斗，由受料漏斗、料仓、卸料管、可调角度的旋转溜槽和驱动机构等组成，如图 5-8 所示。随溜槽的旋转，炉料落到炉喉料面上，可接近连续布料。通常一批料，溜槽旋转 8~12 圈，因此布料均匀。溜槽倾角可以任意变动，所以能实现定点、扇形、不等径环形布料，从根本上克服了大钟布料的局限性。此外，无钟炉顶的结构轻便紧凑，拆装灵活，维修容易，这是其他装料设备所望尘莫及的。无钟炉顶各阀口镶嵌胶圈，密封性好，但耐火温度低，所以无钟炉顶必须用冷矿。炉料粒度不能过大，溜槽的转动机构密封室要通氮气或净煤气进行冷却。

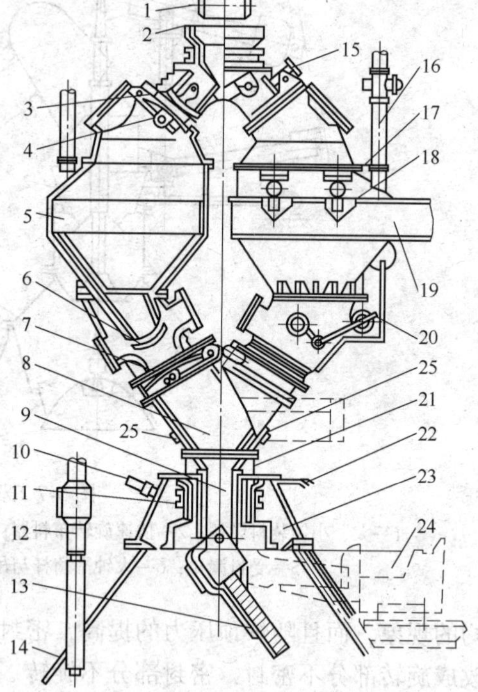

图 5-8　无料钟炉顶装置

1—皮带运输机；2—受料漏斗；3—上闸门；4—上密封阀；5—料仓；6—下闸门；7—下密封阀；8—叉型管；9—中心喉管；10—冷却气体充入管；11—传动齿轮机构；12—探尺；13—旋转溜槽；14—炉喉煤气封盖；15—闸门传动液压缸；16—均压或放散管；17—料仓支撑轮；18—电子秤压头；19—支撑架；20—下部闸门传动机构；21—波纹管；22—测温热电偶；23—气密箱；24—更换溜槽小车；25—消音器

当前，我国容积在 500m³ 以上的高炉基本采用无钟炉顶，用“大炉腹角、大矿角”布料方法。具体布料方法为：

（1）最大矿角的矿石初始落点，原料条件较好的高炉距炉墙不大于 0.4m。为了保持一定的边缘通路，这个距离不宜过小。

（2）矿石环带整体外移，矿石环带布在炉喉半径距中心 60%~90%的环带内。

（3）用此方法布料并不意味着边缘负荷过重；而是以创造边缘稳定、中心畅通的炉况为目的。

（4）可以产生理想的煤气曲线——“喇叭花”形曲线。

（5）高炉能够接受较大矿批。

（6）无钟炉顶根据具体设备特点应定时倒罐和变更溜槽旋转方向，以维护圆周工作均匀。

5.1.2.7　探料装置

在高炉冶炼过程中，保持稳定的料线是达到准确布料和高炉正常工作的重要条件之一。如果料线过高，对强迫下降的大钟是十分危险的；料线过低，会使炉顶煤气温度显著升高，对炉顶设备的使用寿命也会造成不利影响。为了及时、准确地探测和掌握炉料在炉喉的下降速度和位置，给高炉装料提供可靠的依据，必须设置高炉探料装置，并使其自动工作。

探料装置的种类较多，主要有机械探尺、放射性同位素探料以及激光探料等。目前应用较多的是机械探料尺。

A　机械探料尺

中型高炉一般都采用链式探料尺（见图5-9），它将整个料尺密封在与炉内相同的壳内，只有转轴伸出处采用干式填料密封，探料深度4~6m，探尺的零点是大料钟开启位置的下缘，探料尺从大料斗外侧炉头内侧伸入炉内，重锤中心距炉墙应不小于300mm，探尺卷筒下面有旋塞阀，可以切断煤气，以便由阀上的水平孔中取出重锤和环链进行更换。探尺的直流电动机是经常通电的（向提升料尺方向），由于电动机力矩小于重锤力矩，故重锤不能提升，只能拉紧钢丝绳。到了提升的时候，只要切去电枢上的电阻，启动力矩随之增大，探尺才能提升，当提升到料线零点以上时，大钟才可以打开装料。

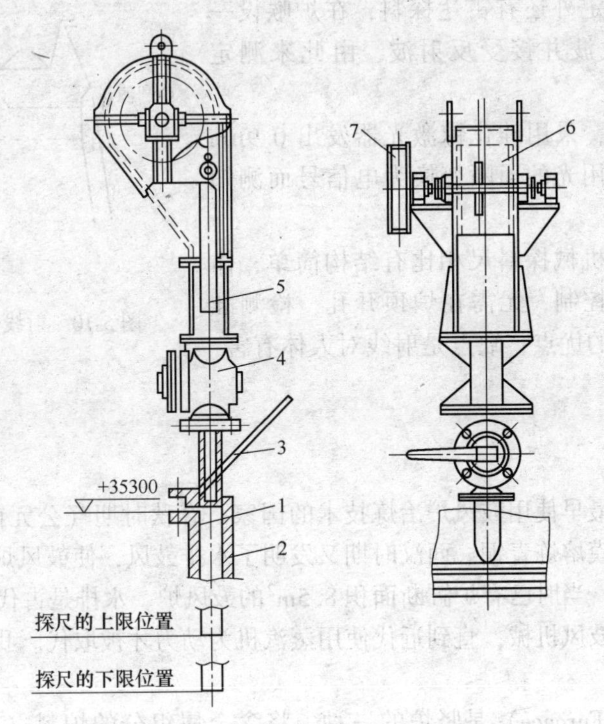

图5-9　用于高压操作的探料尺（链式）

1—炉喉的支持环；2—大钟料斗；3—煤气封罩；4—旋塞阀；5—重锤（在上面的位置）；6—链条的卷筒；7—通到卷扬机上的钢绳的卷筒

这种机械探料尺存在以下缺点：一是只能测量两点，不能全面了解炉喉的下料情况；二是料尺端部与炉料直接接触，容易滑尺和陷尺而产生误差。

机械探料装置的日常维护检查要点是：

（1）定期检查和校正探料尺零点位置，确保零点保持准确、信号显示装置清晰可靠。

（2）经常检查探料尺气封的填料是否密封良好。

（3）注意观察钢绳有无断丝、折痕等现象，滑轮动作是否灵活，绳、槽是否对准中心线。

（4）注意观察各部齿轮啮合是否可靠、传动装置有无噪声。

(5) 注意观察探尺升、降有无刮、卡现象。

(6) 经常检查探尺抱闸制动是否准确可靠。

(7) 经常检查供电设备工作是否正常。

B 放射性探料

一些国家早已使用放射性同位素^{60}Co 测量料面形状和炉喉直径上各点的下料速度。图 5-10 是一种简单而在生产中已经使用的方法。放射性同位素的射线能穿透炉喉，而被炉料吸收，使到达接收器的射线强度减弱，从而指示出该点是否有炉料存在。将射源固定在炉喉不同的高度水平，每一高度水平沿圆周每隔 90°安置一个射源。当料位下降到某一层接收器以下时，该层接收的射线突然增加，控制台上相应的信号灯就亮了。这种测试需要配备自动记录仪器。

除了放射线测定外还有雷达探料，在炉喉设一天线，连续发出微波并接受反射波，由此来测定料面。

还有激光探料，采用砷化镓激光器发出 0.9μm 波长的激光源，利用光的通断变换为电信号而测知料面位置。

放射性探料与机械探料尺相比有结构简单，体积小，可以远距离控制，无需在炉顶开孔，检测准确性和灵敏度较高的优点；缺点是射线对人体有害，需要加以防护。

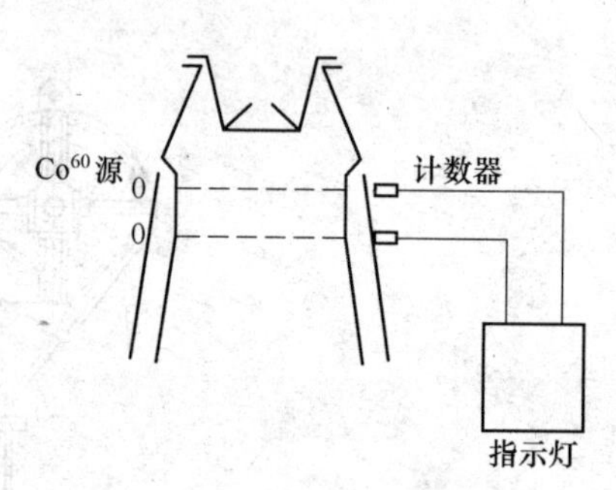

图 5-10　射线仪测量高炉料线

5.1.3 鼓风炉

我国是世界上最早使用鼓风炉冶炼技术的国家。春秋时期（公元前 6~7 世纪）就兴起了鼓风炉，大规模熔炼青铜。西汉时期又发明了水排鼓风，使鼓风炉的生产规模和技术都得到了较大发展，当时已有炉缸断面积 8.5m^{2}的鼓风炉。水排是古代以水为动力，供冶金、铸造业使用的鼓风机械，直到近代使用蒸汽机为动力才被取代。我国古代的鼓风炉如图 5-11 所示。

鼓风炉（Blast Furnace）是竖炉的一种，将含金属组分的炉料（矿石、烧结块或团矿）在鼓入空气或富氧空气的情况下进行熔炼，以获得锍或粗金属的竖式炉。鼓风炉具有热效率高、单位生产率（床能力）大、金属回收率高、成本低、占地面积小等特点，是火法冶金的重要熔炼设备之一。它曾经在铜、锡、镍等金属的冶炼中有着广泛的应用。但由于能耗较高，需采用昂贵的焦炭。虽然使用范围在逐渐缩小，但至今在铅、锑冶炼中仍占有重要地位，如铅及铅、锑的还原熔炼、铅锌密闭鼓风炉熔炼（ISP 法），锑的挥发熔炼等都广泛使用鼓风炉。铜的造锍熔炼，还有少数工厂仍在采用鼓风炉。

按熔炼过程的性质，鼓风炉熔炼可分为还原熔炼、氧化挥发熔炼及造锍熔炼等。按炉顶结构特点，可分为敞开式和密闭式两类；按炉壁水套布置方式，可分为全水套式、半水套式和喷淋式；按风口区横截面形状，可分为圆形、椭圆形和矩形炉；按炉子竖截面形状，可分为上扩型、直筒型、下扩型和双排风口椅型炉。炼铅的鼓风炉结构简单，如图 5-12 所示。

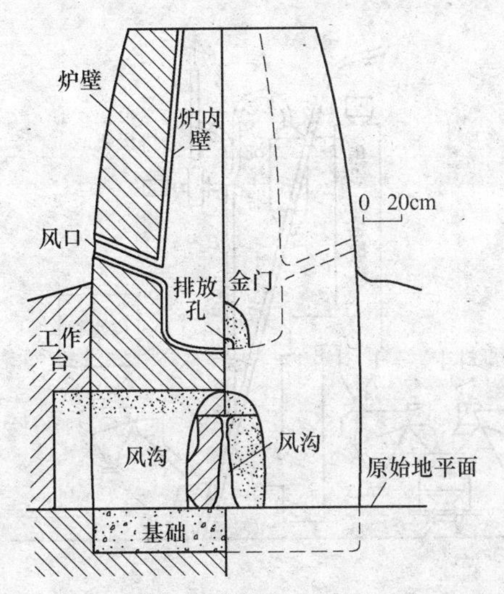

图 5-11 我国古代的鼓风炉

通过改进炉料质量，提高鼓风强度和风压，以及采用富氧、热风和从风口喷吹焦粉或煤气等技术，鼓风炉床能力有所增加，能耗下降也较明显。但由于 QSL 炼铅法或其他一步炼铅法的崛起，炼铅方面终究有被取代的趋势。密闭铅锌鼓风炉以及锑挥发熔炼鼓风炉由于它们的特殊地位，在今后相当长的时期内还将会继续存在。下面以炼锌密闭鼓风炉为例来说明鼓风炉的结构、主要部件及相关设备。

5.1.4 鼓风炉的结构

密闭鼓风炉炼锌的技术条件要求保持热炉顶、操作稳定和良好的冷凝效率。因此，与其他鼓风炉相比，除炉体外，还有密闭加料系统、锌蒸气冷凝系统和排烟口系统。

5.1.4.1 密闭加料系统

密闭加料系统包括炉料准备、焦炭加热和鼓风炉上料，设备示意如图 5-13 所示。

炉料准备就是将入炉的物料储存及筛分，根据鼓风炉配料的要求，将炉料送到鼓风炉顶。炉料通常是热的，如烧结块温度为 300～400℃，烧结块储仓需要用混凝土衬耐火砖隔热，并铺设减冲击钢轨。炉料需要及时输送

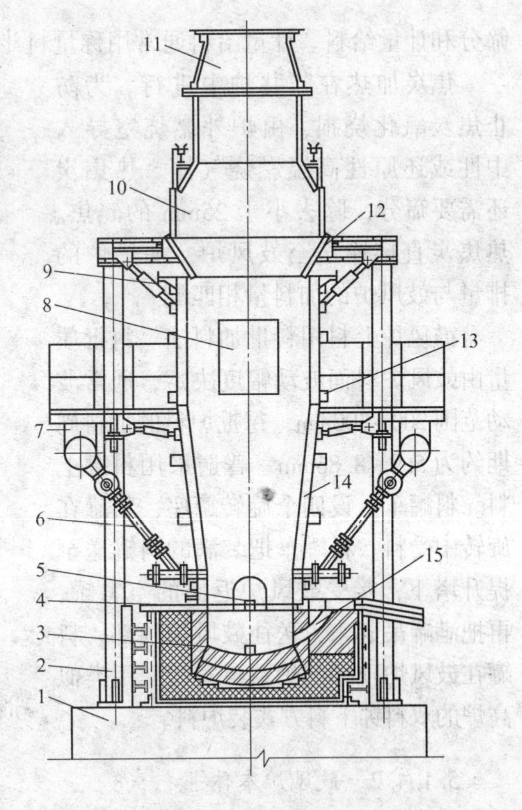

图 5-12 炼铅鼓风炉

1—炉基；2—支架；3—炉缸；4—水套压板；5—咽喉口；6—支风管及风口；7—环形风管；8—打炉结工作门；9—千斤顶；10—加料门；11—烟罩；12—下料板；13—上侧水套；14—下侧水套；15—虹吸道及虹吸口

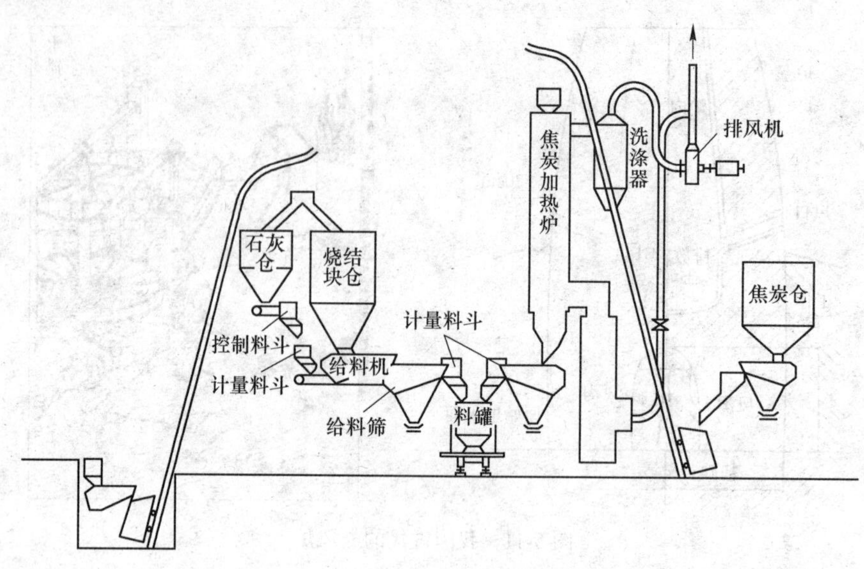

图 5-13　密闭加料系统设备示意图

筛分和计量给料。计量给料通常用称量料斗的方式，有杠杆式和压电变送器式。

焦炭加热在竖井炉中进行。为防止焦炭氧化烧损，由炉外燃烧室导入中性或还原性高温燃烧气体。热焦炭还需要筛分，除去小于 25mm 的碎焦。热焦炭直接输送至鼓风炉，加热炉的排量与鼓风炉的加料量相匹配。

鼓风炉上料用料批加料法。料批质量由鼓风炉料面波动幅度决定，通常波动范围 200~300mm，每批炉料的加料周期约为 5.9~8.86min。普遍采用料罐上料。料罐车上设四个旋转罐座，料罐在旋转中受料。料罐车把装满的料罐送至提升塔下，接受鼓风炉返回的空料罐，再把满罐吊起来，送往鼓风炉顶部。料罐在鼓风炉顶部与炉料口对接，用类似高炉的双料钟下料方式装炉料。

5.1.4.2　鼓风炉本体

炼锌鼓风炉由炉基、炉底、炉缸、炉身、炉顶（包括加料装置）、支架、鼓风系统、水冷或汽化冷却系统、放出熔体装置和前床等部分组成，如图 5-14 所示。

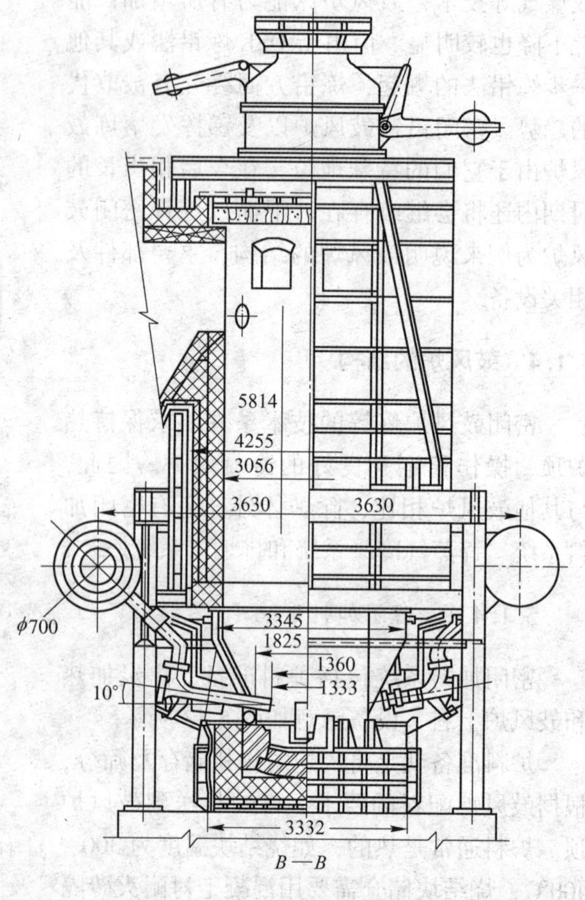

图 5-14　炼锌鼓风炉的结构

炉基用混凝土或钢筋混凝土筑成，其上树立钢支座或千斤顶，用于支撑炉底。炼铅的炉子则直接放在炉基上。炉底结构最下面是铸钢或铸铁板，板上依次为石棉板、黏土砖、镁砖。水套壁（或砌镁砖）组成炉缸（或称本床）。炉身用若干块水套并成，每块水套宽0.8~1.2m，高1.6~5m，用锅炉钢板焊接而成，固定在专门的支架上，风管与水管也布置在支架上。

放出熔体装置只有一个熔体放出孔（咽喉口）。无炉缸的炼铅鼓风炉也只有一个熔体放出孔，铅和渣一道连续地从鼓风炉内排出来，进入前床进行沉淀分离；而有炉缸的炼铅鼓风炉则有两个放出孔，一个稍上用于连续放渣，一个位于炉缸底部与虹吸道相连用于放铅。现代大中型铅厂基本上采用无炉缸铅鼓风炉。炉缸还设有放空口，停炉时用。为了加强熔融产物的澄清分离，多数鼓风炉都附设保温前床或电热前床。

炼铅锌鼓风炉（ISP 炉）的结构特别之处是炉温最高区域的炉腹，除由水套构成外，其内部还砌铝镁砖；风嘴采用水冷活动式；炉身上部除设有清扫孔外，炉身靠矿石熔化形成的软熔体保护炉衬。在一侧或两侧设有排风孔与冷凝器相通；设数个炉顶风口，以便鼓入热风使炉气中 CO 燃烧，提高炉顶温度；在炉顶上设有双钟加料器或环形塞加料钟以及附设有转子冷凝器等。

炉身下部两侧各有向炉内鼓风的风口若干个。所谓 17.2m^2的标准 ISP 炉是指炉身断面积为 17.2m^2的炼铅锌鼓风炉，这种炉子的风口区断面积 11.1m^2；风口区宽度和最大长度分别为 1595mm 和 6050m。炉两端为半圆形，圆半径为 1345mm；风口总面积 0.203m^2，直径 127mm；风口比 2%，斜度 1°，相邻风口距离 784mm；炉缸深度 395mm。

炉顶设有加料口和排烟口。铅锌密闭鼓风炉则用料钟从上方加料及密封。排烟口横向平走，下弯向冷凝器。

鼓风炉结构的几个主要参数：

（1）炉腹角：炉料块度较大时选择较大的炉腹角，粉料较多时则应选择较小的炉腹角。一般鼓风炉炉腹角在 4°~10°之间，铅锌密闭鼓风炉则为 20°~28°。

（2）炉顶宽度：与风口区宽度有关。对于铅锌鼓风炉通常为风口区宽度的 1.5~1.8 倍。

（3）炉子长度：即风口区长度，按风口区横截面积计算，国内铅锌鼓风炉长度一般为 4~16m。

（4）炉子总高度：从炉底基础面到加料台平面的高度。根据原料种类及特性由实验或生产实践确定。

（5）风口区宽度：风口区宽度即两个对吹风口间的距离。由于受风口气流向中心穿透能力的限制，鼓风炉风口区的宽度多在 2m 以下见表 5-1。处理量大，炉料透气性好，料柱较高时可以取偏高值，否则宜取偏低值。

表 5-1 鼓风炉风口区宽度

炉子类型	铅烧结块还原熔炼炉	硫化镍矿熔炼炉	铜精矿密闭鼓风炉	铅锌密闭鼓风炉	铜烧结块造锍熔炼炉	氧化镍矿还原熔炼炉
风口区宽度/m	1.0~1.3	1.0~1.5	1.0~.14	1.0~1.8	1.0~1.5	1.4~1.6

5.1.4.3 炉缸

炉缸砌筑在炉基上，常用厚钢板制成炉缸外壳。目前铅鼓风炉分为有炉缸和无炉缸两种结构。当熔炼产物在炉内进行沉淀分离时，则设置炉缸；若熔炼产物在炉外进行沉淀分离时，则不设炉缸。炉缸用耐火材料砌筑，其结构如图 5-15 所示。

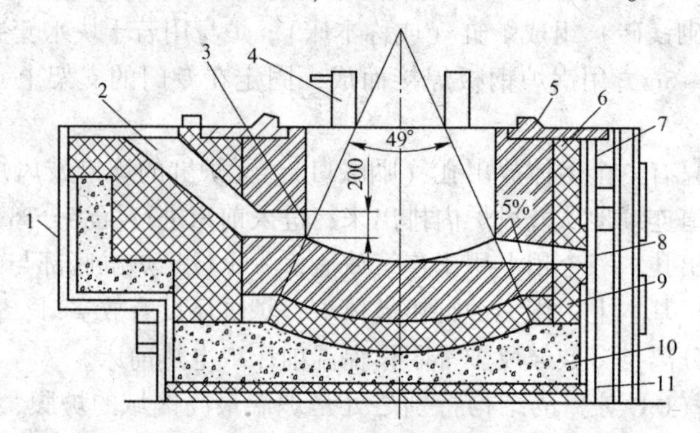

图 5-15　铅鼓风炉炉缸

1—炉缸外壳；2—虹吸道；3—虹吸口；4—U 形水箱；5—水套压板；6—镁砖砌体；7—填料；8—安全口；9—黏土砖砌体；10—捣固料；11—石棉板

5.1.4.4　水套

炉身是由多个水套拼装而成，水套之间用螺栓扣紧并固定于炉子的钢架上，水套内壁常用整块 14~16mm 锅炉钢板压制成型焊接而成，外壁用 10~12mm 普通钢板。水套的宽度视炉子风口区尺寸及风口间距而定。一般为 800~1000mm，高度一般为 1500~2000mm，为实现热能的综合利用，多数工厂采用汽化冷却方式生产低压蒸汽。下部水套结构如图 5-16 所示。

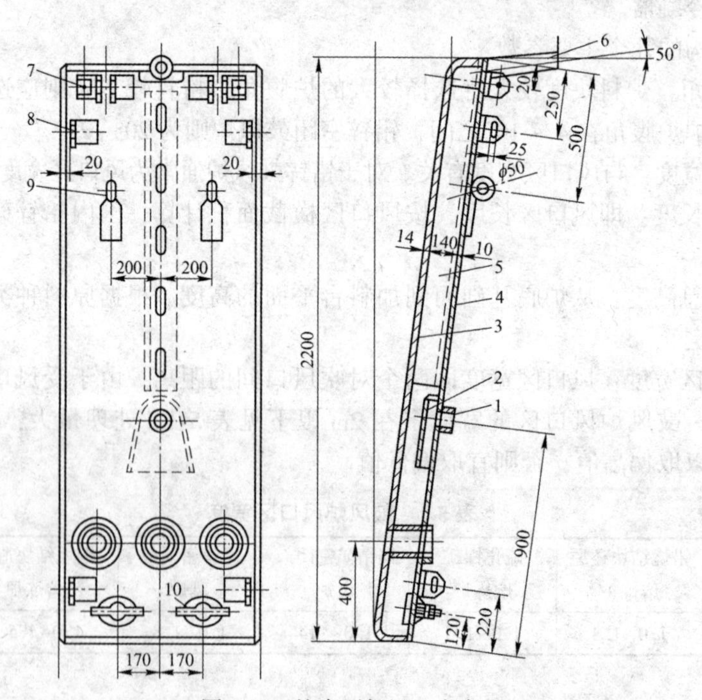

图 5-16　炉身下部风口水套

1—进水管；2—挡罩；3—内壁；4—外壁；5—加强筋（角钢）；6—出水管；7—支撑螺栓座；8—连接；9—吊环；10—排污口

5.1.4.5 炉顶

铅鼓风炉炉腹角一般为4°~8°，较大的炉腹角可以降低炉气上升的速度，改善炉内气流的分布；炉腹角较小时，炉结不易生成且便于清理。

炉料的加入和炉气的排出，都是通过炉顶来进行的，由于采取的加料和排烟方式的不同，炉顶的结构形式也不尽相同。一般分为开式和闭式炉顶，前者很少采用。

目前一般都采用闭式炉顶，炉顶设烟罩，烟罩中央设排气口，通过烟管与烟道相连，两侧则设加料口，通过布料小车使下料均匀，从而稳定炉况。

5.1.4.6 咽喉口

设有炉缸的炉子，熔体产物从咽喉口及咽喉溜槽流出。咽喉口设于炉子的前端，上面安有小水箱，保护咽喉口不致被高温熔体冲刷扩大、上移。咽喉口前有咽喉窝，由U形水箱和耐火砖构成，内存熔渣而形成渣封，防止咽喉口喷风，渣封高度可通过咽喉溜槽来调节。

对于无炉缸的炉子，熔体产物是通过位于炉子前端一种所谓“阿萨柯”（Asarco）的排放装置排出。在生产过程中，排放器被金属铅充满，且上面覆盖一层很薄的渣子，熔铅重力对于平衡炉内压力的变化起着良好的作用。

咽喉口及咽喉溜槽结构示意图，如图5-17所示。

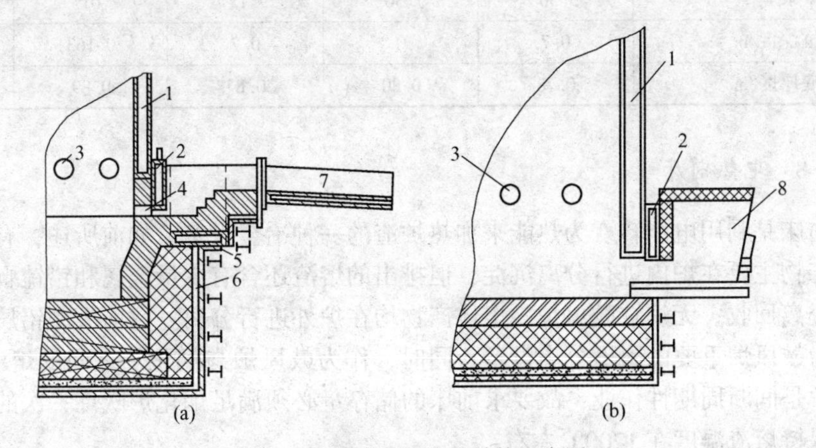

图5-17 咽喉口及溜槽结构示意图

(a) 有炉缸；(b) 无炉缸

1—鼓风炉端下水套；2—山型水箱；3—风口；4—咽喉口；
5—U形水管；6—炉缸外壳；7—铸铁溜槽；8—“阿萨柯”排放器

5.1.4.7 供风系统

供风装置包括风口、环形风管、支风管及调节阀。

风口对称地设置在炉子两侧下水套上，每块下侧水套视其宽度设有1~3个风口，通常为圆形，离水套底边距离为300~400mm，风口直径为ϕ60~150mm，相邻风口中心距一般为200~400mm，风口一般水平安装，但有的工厂风口倾角3°~5°。在连接风口与总风管的支管上，装有调节风量的闸门，据炉况调整入炉风量。

风口比为全部风口的面积总和与炉床面积之比值（%）。铅鼓风炉的风口比一般为3.5%~4%，根据风口比来确定风口的大小和个数。

炉子的总高度是指从炉底基础面至加料平台的高度。料柱高度是指从风口中心至料面的距离。国内外铅鼓风炉主要结构参数见表5-2。

表5-2 炼铅鼓风炉结构参数实例

结构参数		厂别				
		Ⅰ	Ⅱ	Ⅲ	Ⅳ	Ⅴ
风口区	横断面积/m^2	8.0	8.65	5.6	6.24	11.7
	宽度/m	1.4	1.35	1.25	1.3	1.83
	长度/m	6.01	6.41	4.45	4.8	6.4
炉子总高度/m		6.95	6	7	6.95	
料柱高度/m		3.5~4	3.3~3.8	3~3.5	3	5.9
风口设置	风口高度/m	0.45	0.29	0.4	0.45	0.58
	风口直径/mm	100	93	92	100	57
	风口个数	36	48	30	32	57
	风口比/%	3.53	3.77	3.55	4.05	
炉腹角		3°36′	7°30′	9°12′	0°	
炉缸深度/m		0.7	0	0.7	0.163	
炉底厚度/m		0.78	0.80	0.87	0.89	

5.1.4.8 电热前床

电热前床是利用电能转变为热能来加热炉渣的一种冶金设备。如前所述，有炉缸的鼓风炉熔炼产物主要在炉内进行分离沉淀，但排出的熔渣还含有少量金属和铅锍颗粒，需进一步进行分离回收。无炉缸鼓风炉，熔体产物均在炉外进行分离。目前大型铅厂均采用电热前床作为鼓风炉重要的附设分离设备。同时，作为鼓风炉与烟化炉之间的熔渣储存器，因为烟化炉是间断周期性作业，故要求前床的储存量必须满足烟化炉吹炼一次的最大装料量，并且保持熔渣温度在1200℃左右。

电热前床的结构一般是两端头为半圆形的矩形容器，外壳为普通钢板制成，两侧以立柱拉紧固。壳内最低层用耐火材料捣制，上砌普通耐火砖，然后再用镁砖砌成倒拱形。墙为镁砖或铬镁砖或铬渣砖砌筑，前床顶为高铝砖或普通黏土砖砌成拱形，开有三个安放电极的孔，一端头有放渣孔及底铅、铅锍放出孔，另一端上部安放与鼓风炉连接的渣溜口。电极用卷扬机提升或降低，电极夹以紫铜母线与导电排相连。

为了保护放渣口砌体，在渣口外设有小水箱，为了鼓风炉开停风方便，进渣口上设水套通风排尘罩。为了保护电极孔砌体和密封，电极孔外设内壁为圆柱形的护极水套，安放电极后放入密封块以密封，防止空气氧化电极并防止烟气外冒。为了吊装电极和设备，在前床上面空间设有电动葫芦。

表5-3为电热前床的主要技术性能。图5-18为电热前床结构示意图。

表 5-3　电热前床技术性能

项　目	单位	床面积/m²			项　目	单位	床面积/m²		
		10	13	16.75			10	13	16.75
前床内部尺寸：长	Mm	5200	5600	6200	电极中心距	mm	1200	1200	1200
宽	Mm	2000	2600	2700	电极直径	mm	400	400	500
高	Mm	1750	1960	2390	变压器功率	kV·A	750	1250	750
电极数量	根	3	3	3					

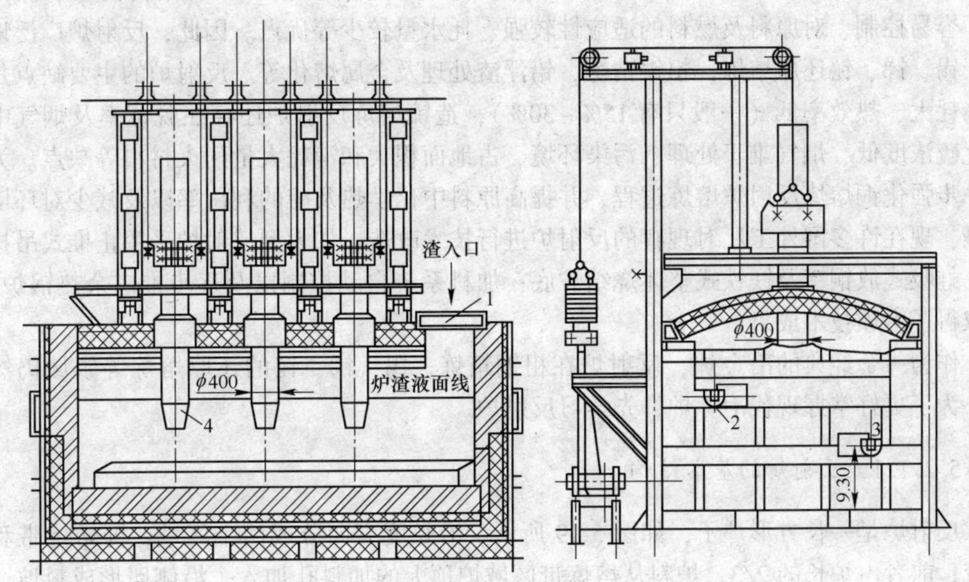

图 5-18　电热前床

1—进渣口；2—放渣口；3—放铅口；4—电极

5.1.4.9　热风与收尘系统

炼铅锌鼓风炉的风温普遍达到 900~950℃，需要热风炉提供。早期的热风炉采用金属管状换热器，风温难达到 750℃以上，后来都改为蓄热式热风炉。

收尘系统都采用标准设备（见第 6 章）。

5.2　熔池熔炼炉

熔池熔炼工艺（Bath Smelting Process）是重有色金属火法冶金中正在研究和发展的、很有前途和应用范围很广的一种熔炼工艺。该工艺与其他工艺相比，具有流程短、备料工序简单、冶炼强度大、炉床能力高、节约能耗、控制污染、炉渣易于得到贫化和机械烟尘低等一系列优点，从而获得了普遍重视。

熔池熔炼泛指化学反应主要发生在熔池内的熔炼过程。用于熔池熔炼的设备有白银法熔炼炉、诺兰达炉、瓦纽科夫炉和三菱法熔炼炉等。目前，把吹炼方式移到熔池熔炼，向熔体中鼓入富氧，强化了气液反应，使之能够自热进行，使得炉子的生产率、冰铜品位和烟气中SO_2含量都得到极大提高。

熔池熔炼炉的结构各异，但按风吹入熔池的方式分为侧吹、顶吹及底吹。只要还保持熔池熔炼为主的设备，还归为熔池熔炼炉。因此，在此要介绍的是反射炉、诺兰达炉、瓦纽科夫炉、白银法熔炼炉、三菱法熔炼炉、QSL 熔炼炉及奥斯麦特炉。

5.2.1 反射炉

反射炉是主要的传统火法冶炼设备。按作业性质可分为周期性作业和连续性作业反射炉；按工艺用途可分为熔炼、熔化、精炼和焙烧反射炉。反射炉具有结构简单、操作方便、容易控制、对原料及燃料的适应性较强、耗水量较少等优点。因此，反射炉广泛地应用于锡、锑、铋还原熔炼，粗铜精炼，铅浮渣处理及金属熔化等。反射炉的主要缺点是燃料消耗大、热效率低（一般只有 15%~30%），造锍熔炼反射炉还存在脱锍率及烟气中二氧化硫浓度低、烟气难于处理、污染环境、占地面积大和消耗大量耐火材料等缺点。为了进一步强化铜熔炼反射炉熔炼过程，并提高原料中化学热及硫的利用率以及减少对环境的污染，现在许多国外工厂对现存的反射炉进行技术改造，如大型反射炉采用止推式吊挂炉顶、虹吸式放铜锍及镁铁式整体烧结炉底；加科系统自动控制以及逐步推广余热锅炉等，已取得了多项技术成果。

作为一个经典的冶金炉，反射炉在粗铜精炼，锡、锑、铋的还原熔炼等领域仍然在用。为了更好掌握现代冶炼炉，先学习反射炉。

5.2.1.1 反射炉的基本结构

反射炉是一长方形炉子，如图 5-19 所示。沿长度方向分成两个区域，即熔炼带和澄清带，前者占炉长的 2/3。炉料从熔炼带区域炉顶上的加料孔加入，沿侧墙形成料坡。料层表面被燃烧产生的高温炉气加热熔化，发生一系列物理化学变化，形成初锍和初渣的混合物，从料坡表面流入熔池，继续进行交互反应和沉降分离，完成锍与渣的最终形成，而后分别从各自的放出口放出。燃料燃烧产生的烟气流过炉子空间后由尾部烟道排出。

反射炉由炉基、炉底、炉墙、炉顶、加料口、产品放出口、烟道等部分所构成。其附属设备有加料装置、鼓风装置、排烟装置和余热利用装置等。炼锡反射炉的基本结构如图 5-20 所示。

（1）炉基。炉基是整个炉子的基础，承受炉子巨大的负荷，因此要求基础坚实。炉基可做成混凝土的、炉渣的或石块的，其外围为混凝土或钢筋混凝土侧墙。炉基底部留有孔道，以便安放加固炉子用的底部拉杆。

（2）炉底。炉底是反射炉的重要组成部分，长期处于高温作用下，承受熔体的巨大压力，不断受到熔体冲刷和化学侵蚀。因此，必须选择适当的耐火材料砌筑或捣打烧结底，以延长炉子的使用寿命。对炉底的要求是坚实、耐腐蚀并在加热时能自由膨胀。

（3）炉墙。炉墙直接砌在炉基上。炉墙经受高温熔体及高温炉气的物理化学作用，因此熔炼反射炉炉墙的内层多用镁砖、镁铝砖砌筑，外层用黏土砖砌筑，有些重要部位用铬镁砖砌筑。熔点较低的金属熔化炉，如熔铝反射炉内外墙均可用黏土砖砌筑。

（4）炉顶。反射炉炉顶从结构形式上分为砖砌拱顶和吊挂炉顶。周期作业的反射炉及炉子宽度较小的反射炉，通常采用砖砌拱顶。大型铜熔炼反射炉多采用吊挂炉顶。

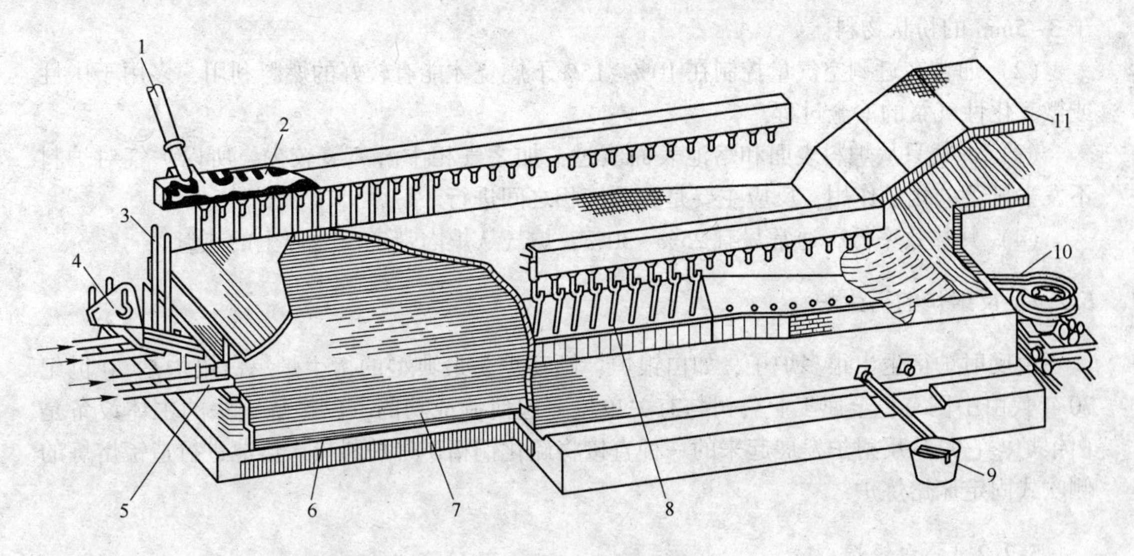

图 5-19 反射炉熔炼示意图

1—精矿或焙砂、熔剂；2—加料机；3—燃料；4—转炉渣；5—燃烧器；
6，9—铜锍；7，10—炉渣；8—加料管；11—炉气（至余热锅炉）

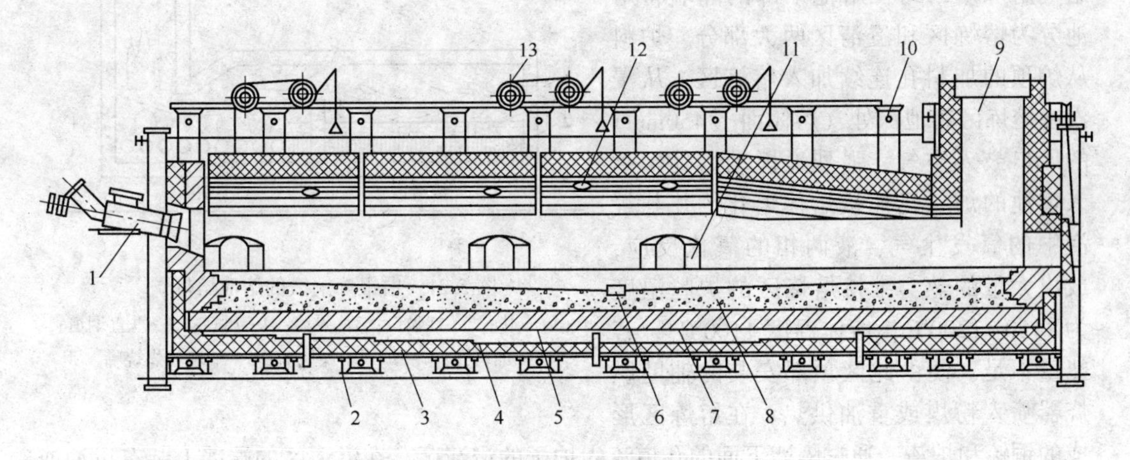

图 5-20 锡精矿还原熔炼反射炉

1—燃烧器；2—炉底工字钢；3—炉底钢板；4—黏土砖层；5—黏土捣固层；6—放锡口；7—镁铝砖层；
8—烧结层；9—上升烟道；10—钢梁立柱；11—操作门；12—加料口；13—炉门提升机构

（5）产品放出口。反射炉的放出口有洞眼式、扒口式和虹吸式等三种形式。

铜精炼反射炉采用普通洞眼式放铜口。洞眼的尺寸一般为 ϕ15～30mm，其位置可设在后端墙、侧墙中部或尾部炉底的低处。炼锡反射炉采用水冷的洞眼放锡口，即在普通砖砌洞眼放出口处的砖墙外嵌砌一冷却水套。虹吸式产品放出口与前两种产品放出口相比，具有操作方便、安全、改善劳动条件、提高产品质量等优点。

5.2.1.2 主要特点及应用

具体内容如下：

（1）投资小，操作灵活。在循环经济生产中处理一些废杂料，尤其适于处理粒径小于 3~5mm 的粉状物料。

(2) 通常在过剩空气量控制在 10%~15%下燃烧才能有较好的燃料利用，多用于中性或微氧化性气氛的冶金过程。

(3) 炉气只从炉料表面和熔池表面渡过，加之气相中游离氧较少，所以炉气对炉料不发生显著的化学作用，反应主要是在固液相之间进行。

(4) 其热效率低，通常只有 25%~30%，炉气从炉内带走 50%以上的热量。

5.2.2 反射炉的衍生炉

由反射炉衍生出很多炉子，如白银炉、倾动炉是最典型的衍生炉。白银炉是 20 世纪 70 年代由中国有色金属工业公司与有关单位一起研制成功的。白银炼铜法的主体设备是白银炉，它是从反射炉发展起来的一种直接将硫化铜精矿等炉料投入熔池进行造锍熔炼的侧吹式固定床熔炼炉。

5.2.2.1 白银炉

如图 5-21 所示为白银炼铜法的单室熔池熔炼炉，约在熔池中部的隔墙将熔池分为熔炼区和澄清区两大部分。炉料从炉顶的加料孔连续加入熔炼区。从浸没在熔炼区熔池深处（熔体面下 450mm）的风口鼓入空气，强烈地搅动熔体，落入熔池的炉料迅速被熔体熔化，并与气泡中的氧发生气、液两相的氧化反应，放出大量的热，维持熔炼区的炉膛温度为 1150~1200℃，熔体温度 1100℃，若热量不足，便由此区顶部安装的辅助燃烧器喷入粉煤或重油供热。在熔炼区形成的铜锍和炉渣，通过隔墙下面的孔道流入炉子的澄清区。在澄清区的端墙上装有重油或粉煤燃烧器，燃料燃烧放出的热使此区的温度维持在 1300~1350℃，使渣温升至 1200~1250℃，铜锍温度升至 1100~1150℃。经升温澄清后，间断地分别从渣孔和虹吸口放出炉渣与铜锍。

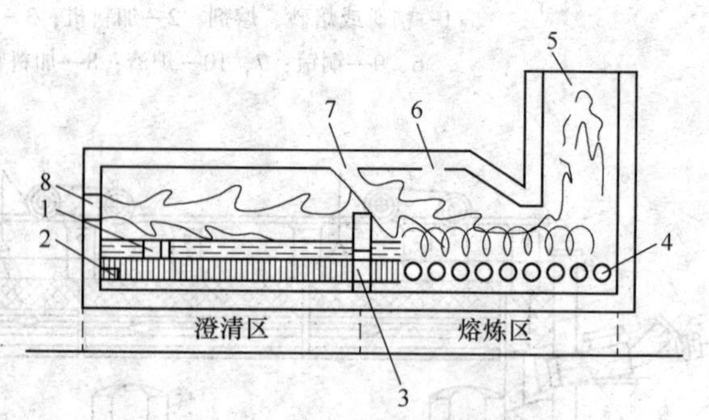

图 5-21 白银炼铜法的熔池熔炼炉

1—放渣孔；2—虹吸口；3—隔墙；4—风口；5—垂直烟道；6—加料孔；7—炉顶粉煤烧嘴；8—端墙粉煤烧嘴

A 基本结构

白银炉的主体结构由炉基、炉底、炉墙、炉顶、隔墙和内虹吸池及炉体钢结构等部分组成。炉顶设投料口 3~6 个，炉墙设放锍口、放渣口、返渣口和事故放空口各 1 个。另设吹炼风口若干个。炉内设有一道隔墙，根据隔墙的结构不同，白银炉有单和双室两种炉型。隔墙仅略高于熔池表面，炉子两区的空间相通的炉子为单室炉；隔墙将炉子两区的空间完全分隔开的炉型为双室炉，如图 5-22 所示。

由于白银炉是侧吹式熔池熔炼炉型，风口区是影响炉子寿命的关键部位，通常采用熔铸铬镁砖或再结合铬镁砖砌筑（保证使用寿命在 1 年以上）。在渣线附近及隔墙通道，采用铜水套冷却，其他炉体部位一般用烧结镁砖或铝镁砖砌成。

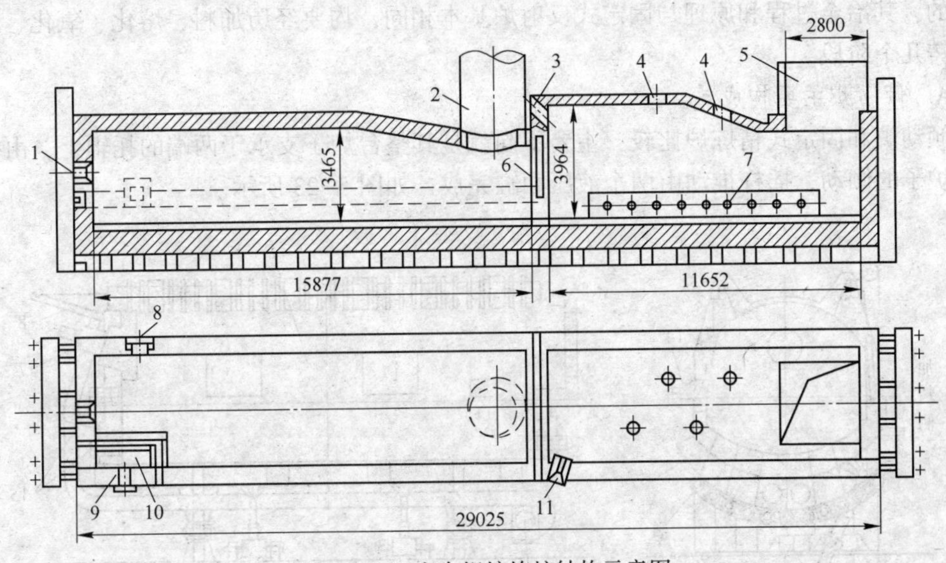

图 5-22 双室白银熔炼炉结构示意图

1—燃烧孔；2—沉淀区直升烟道；3—中部燃烧孔；4—加料孔；5—熔炼区直升烟道；6—隔墙；7—风口；8—渣口；9—铜锍口；10—内虹吸池；11—转炉渣返口

B 白银炉的主要特点

(1) 熔炼效率高，能耗较低。化学反应热占熔炼热收入的 55%~84%。鼓风中含 O_2 达到 50% 左右时，可实现完全自热熔炼。白银炉可生产高品位铜锍，减少转炉吹炼量，使转炉吹炼的能耗减少。

(2) 白银炉熔池中设置了隔墙，将整个炉子分隔成两个区：熔炼区和沉降区。隔墙的设置解决了熔炼区和沉降区动静的矛盾，同时强化了熔炼区及沉降区的作用。熔炼区鼓风激烈搅动，强化了炉内动量、热量和质量的传递，提高了熔炼强度。同时，熔体的强烈搅动，使铜锍液滴间的相互碰撞机会大为增加，有利于它们的聚合与长大，加速其沉降速度。沉降区熔体相对平静，炉渣中 Fe_3O_4 含量低，约 2%~5%，有利于铜锍与炉渣的分离，减少炉渣中的铜锍夹带。

(3) 随气流带走的粉尘量少，熔炼烟尘率相对较低，仅为 3%左右。

(4) 白银炉熔炼对原料的适应性强，对原料的制备要求简单，入炉水分为 6%~8%，混有少量粗粒（粒度小于 30mm）的炉料可以直接加入炉内处理，免去了庞大的炉料制备和干燥系统。

(5) 转炉渣可以返回白银炉进行贫化处理。在一般强化熔炼中没有这样的做法，而白银炉由于结构上的特点，可以这样处理转炉渣。

(6) 白银炉可使用粉煤、重油、天然气等多种燃料，适应性较强。

(7) 白银炉在富氧熔炼过程中烟气含 SO_2 达到 10%~20%，成分和数量比较稳定，所产烟气适用于两转两吸制酸工艺。

白银炉虽然具有上述特点，但白银炉的装备仍比较落后，需进一步完善和提高。

5.2.2.2 倾动炉

倾动式精炼炉是依照钢铁工业应用的倾动炉，结合有色金属冶炼的特殊工艺要求开发成功的，其冶金过程和原理与固定式反射炉基本相同，均要经历加料、熔化、氧化、还原和浇铸几个阶段。

A　倾动炉主要构成

倾动炉和固定式精炼炉比较，主要不同就是其整台炉子支承于两端的托辊上，由摇杆推动炉子的倾动，摇杆推动由两个液压油缸完成，如图 5-23 所示。

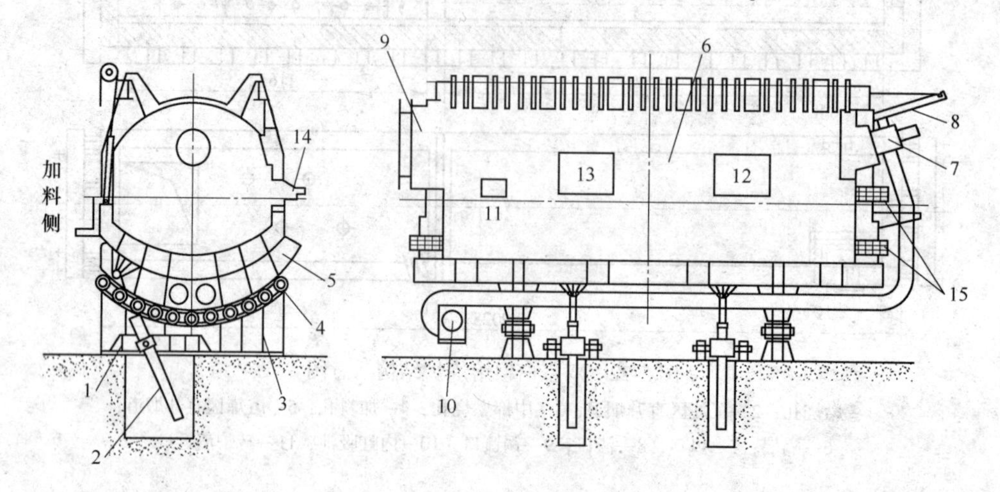

图 5-23　倾动炉结构示意

1—主油缸支座；2—主油缸；3—下轨；4—辊笼；5—上轨；6—炉体；7—烧嘴；8—烧嘴牵拉设备；9—烟气口；10—燃烧风机；11—出渣门；12—1 号加料门；13—2 号加料门；14—浇铸口；15—弹簧防振系统

(1) 炉体。炉体由金属构架、耐火材料组成。炉膛截面形状类似固定反射炉，由炉顶、炉墙和炉底组成并分为熔池区和气流区，前墙设有 2 个加料口和 1 个排渣口，后墙设有 1 个浇铸口和 4 组氧化还原插管，端墙设有重油浇嘴，另一端墙设有排烟口，排烟口中心线处于炉子的倾动中心，350t 倾动式精炼炉结构。

(2) 支撑装置。倾动炉的支撑装置有托辊式和鞍座式两种。托辊式支撑结构与一般的回转炉支撑结构相同，在炉子的两端各设一对较大直径的托辊，托辊间距视炉子的长度而定，炉体辊圈支于托辊上并通过倾动装置使炉体倾动。托辊式支撑只适用于小容量的炉子，对于大容量的炉子（200t 以上）采用鞍座式支撑，弧形鞍座由多个直径较小的滚筒组成，炉体弧形滚圈支于弧形滚筒组上，依靠倾动装置使炉体倾动。

(3) 倾动装置。炉子驱动由摇杆构件和两个液压油缸完成，炉体的倾动力分布在摇杆上，由摇杆支配炉体，摇杆构件由两个底部件组成并与基础固定，托辊架和摇杆的上面部件于炉体焊接。油缸安装在基础上，定位炉子的方向。倾转速度有两种，可以在规定的范围内选择，氧化还原和倒渣时使用快速挡，浇铸出铜时使用慢速挡。

B　倾动炉的主要优点

(1) 对原料的适应性好，既可处理固态炉料，又可处理液态炉料。

(2) 加料方便，布料均匀，熔化速度快。

(3) 由于炉膛结构合理，炉体可倾动摇摆，因此传热效果好，热的利用率高，节省燃料。

(4) 机械化程度高，氧化用的压缩空气和还原气体是通过同一风管插入炉内，靠阀门进行切换，不需人工持管。

(5) 氧化期炉子向氧化风管侧倾转15°左右，即可将风管浸入需要的熔体深度，有利于氧化风在铜液内的扩散，氧化程度高。

(6) 可使用气体还原剂，还原剂利用率高，基本解决了固定式反射炉使用重油作还原剂产生的黑烟污染问题。

(7) 出铜作业与浇铸机配套灵活，遇浇铸故障时炉子可迅速回转安全位置，避免了反射炉可能出现“跑铜”事故。

(8) 炉子寿命长，维修方便，提高了炉子作业率。

因倾动式精炼炉有上述显著优点，所以越来越受到人们的重视，它综合了固定式反射炉和回转式精炼炉的优点，是处理废杂铜的理想炉型，迄今国外已有10余家工厂采用该炉进行废杂铜的精炼。缺点是由于炉子的特殊结构，所用的金属材料消耗较大。

5.2.2.3 诺兰达炉

我国大冶有色金属公司冶炼厂，于1997年引进消化诺兰达熔炼工艺，建成年生产能力100kt粗铜的诺兰达熔炼生产工艺，经过一段时间的试运行，获得了圆满成功。

A 工作原理

诺兰达炉是一个可转动的水平圆筒形反应炉，如图5-24所示。沿炉身长度可分为熔炼区（风口区）和沉淀区。熔炼区一侧装有浸没风口。

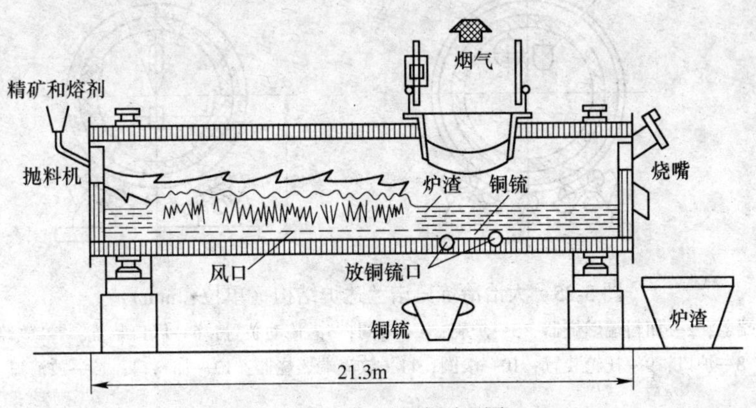

图5-24 诺兰达炉原理图

生产时，炉内保持一定高度的炉渣及铜锍熔池面，湿精矿从炉子的一端用抛料机抛散到熔池面上，从靠近炉子加料端浸没在液面下的一排风口鼓入富氧空气使熔池激烈搅动，氧化放出的热维持体系的正常温度。熔池面上的精矿被卷入熔池内产生气、固、液三相反应，连续生成铜锍、炉渣和烟气，熔炼产物在靠近放渣端沉淀分离。在移动过程中，熔体中FeS被氧化并与SiO_2造渣，依FeS被氧化的程度，便可产出任何高品位的铜锍甚至粗铜。高品位铜锍从放锍口放出，炉渣从端部放出。烟气经冷却、收尘后制造硫酸。炉子因故停风时可将炉体转动一个角度，使风口露出溶池表面。

B 基本结构

如图5-24、图5-25所示，诺兰达炉是圆筒形卧式炉，炉体由炉壳、端盖和砖体组成通过滚轴支撑在托轮装置上，筒体用50mm厚16Mn钢卷制，内衬镁铬质高级耐火砖。传动装置可驱动炉体作正反方向旋转。炉体端有加料口，用抛料机加料，加料端高有一台主燃烧器，燃烧柴油、重油或粉煤以补充熔炼过程中热量的不足。炉体一侧有风口装置，由此鼓入富氧空气进行熔炼。锍放出口设在风口同侧，渣口设在炉尾端墙上，此端墙上还装有一台辅助燃烧器，必要时烧重油熔化液面上浮料或提高炉渣温度。在炉尾上部有炉口，烟气由此炉口排出并进入密封烟罩。

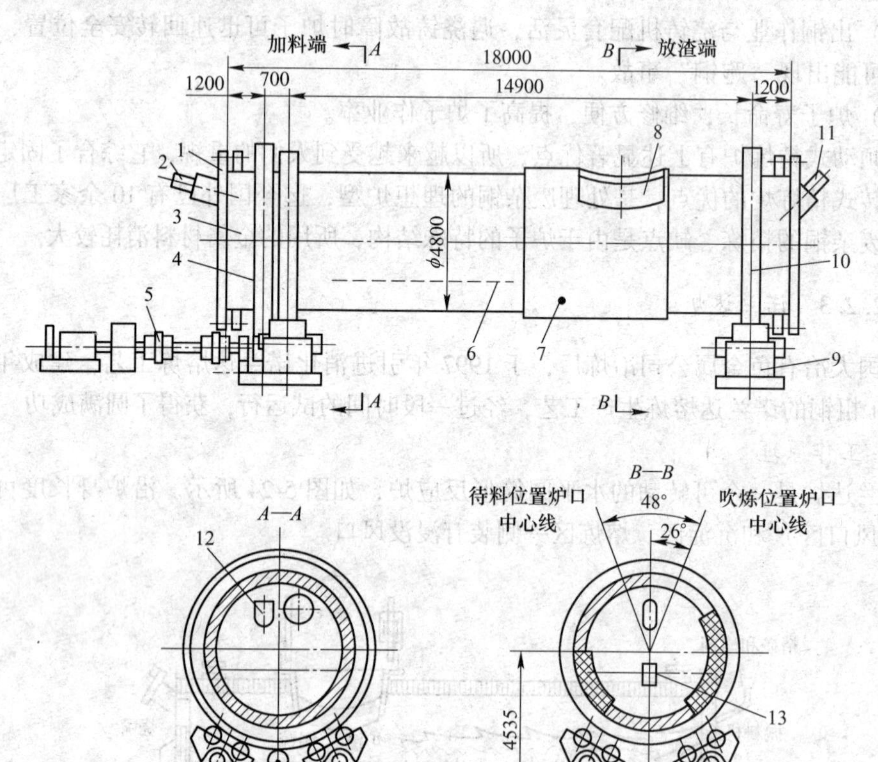

图5-25 大冶冶炼厂诺兰达炉结构（单位：mm）

1—端盖；2—加料端燃烧器；3—炉壳；4—齿圈；5—传动装置；6—风口装置；7—放锍口；8—炉口；9—托轮装置；10—滚圈；11—放渣端燃烧器；12—加料口；13—放渣口

整个炉子沿炉长分为反应区（或吹炼区）和沉淀区。反应区一侧装设一排风口。加料口（又称抛料口）设在炉头端墙上，并设有气封装置，此墙上还安装有燃烧器。沉淀区设有铜锍放出口、排烟用的炉口和熔体液面测量口。渣口开设在炉尾端墙上，此处一般还装有备用的渣端燃烧器。另外，在炉子外壁某些部位如炉口、放渣口等处装有局部冷却设施，一般均采用外部送风冷却。

炉子的总容积与设定的生产能力、精矿与炉料成分、铜锍品位、渣成分、风量及鼓风含氧浓度、燃料种类与数量等多种因素有关。现在已有多个工厂的实践资料可供参考。在一般情况下，可由处理量先确定基础参数，再根据各种因素调节，其处理量按精矿计为9~10t·$(m^3 \cdot d)^{-1}$。炉子的热强度高，为970~1100MJ·$(m^3 \cdot h)^{-1}$。

反应炉直径的确定，除了要考虑熔炼及鼓风量的要求外，同时还要考虑以下因素：

(1) 为入炉料提供足够大的熔池容积。风口区域的炉子直径对熔池容积的影响更大。

(2) 提供足够的熔池面积和熔池上方空间（容积和高度），以使烟气中悬浮的颗粒在进入炉口前能大部分沉降下来，并使熔炼过程产生的烟气能够顺畅地排出，保持炉内正常负压，避免引起烟气外逸及其他不良后果。

(3) 能及时为后续转炉提供足够量的铜锍，满足转炉进料要求，放出锍后不会使反应炉内熔体面有过大的波动。

(4) 当反应炉处于停风状态时，熔体面与风口之间应有适当的距离，这一距离还受反应炉（从鼓风吹炼位置到停风待料位置的）转动角度的影响。

C 配套装置及其结构

a 抛料口与风帘

抛料口开设在炉头端墙上部偏风口区一侧，另一侧布置燃烧器。抛料口的宽度与抛料机抛出的料量宽度相适应，抛料口的顶部距炉顶应有足够的距离，以减少炉料对炉顶的冲刷，抛料口的下沿距熔体面应有一定的高度，以使炉料有足够的抛撒距离，同时还可以减少熔体在抛料口的喷溅。

抛料口的风帘主要起气封作用，防止炉内烟气逸出，风量一般为5000~8500Nm^3/h。

反应炉加料由专用抛料机完成，因皮带易损坏，故一般备用几台。抛料口系统如图5-26所示。

b 风口及风口区

风口及风口区是反应炉重要部位，这是因为反应所需氧气主要是通过风口鼓入，而风口区是反应炉化学反应最主要、最激烈的区域。

风口直径、风口中心距、风口区长度等参数主要取决于各工厂的生产能力及生产条件，鼓风压力一般在100~120kPa，鼓风量则根据给定加料量及预定的铜锍品位计算决定。单个风口的鼓风量平均在1000$m^3 \cdot h^{-1}$左右，富氧浓度为36%~45%，氧的利用率近100%。风口位置可参考下列因素确定：

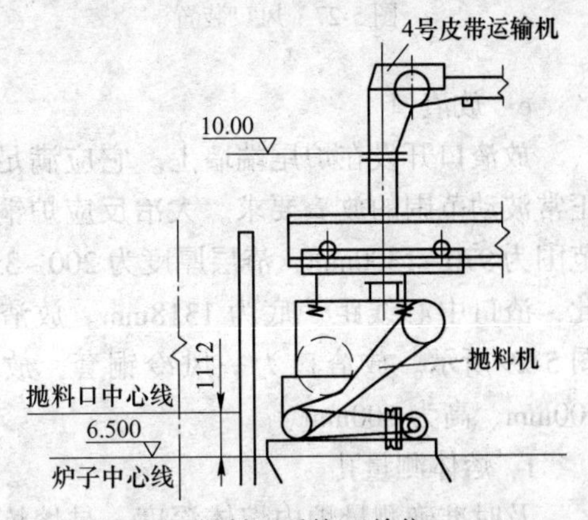

图5-26 抛料口系统（单位：mm）

(1) 第一个风口到加料端的距离，一般取3m适宜。

(2) 最后一个风口与炉口的距离。该距离适当可减少炉口和烟罩的黏结，并降低烟尘率，同时该距离影响炉结的生成及放锍口的位置。

(3) 最后一个风口与渣端墙的距离，该距离需满足渣锍的澄清分离要求及放锍口、炉口、熔体测量孔位置要求。

(4) 风口高度。风口高度适中，以保证风口上方有足够铜锍层，创造良好的气-液反应条件，风口下方有足够深度，避免鼓入的气体对炉底的冲刷，腐蚀耐火材料。实践中，风口中心线与反应炉水平中心线的垂直距离控制在1.3~1.6m间（大冶厂为1.435m）。

风口装置如图5-27所示，主要由U形风箱、金属软管、弹子阀、消音器、风口管组成。风口结构与转炉的风口相似。风口用捅风口机捅打以保证送风畅通。

c　炉口

炉口在炉壳上的位置，主要考虑其能有效集纳和排走烟气，减少喷溅与黏结。炉口尺寸主要取决于反应炉的烟气量及气流速度、实际生产经验，一般控制气流速度 13~17m/s。为保护炉口周围筒体，设有炉口裙板及风冷装置。正常吹炼时，炉口中心线与水平面的夹角为 64°~74°。

d　放铜锍口

放铜锍口结构如图 5-28 所示。此处采用熔铸镁铬砖砌筑，增强耐火材料抗锍腐蚀性能。大冶厂的放锍口位置在距最后一个风口 1. 814m 处，直径为 76. 2mm。放铜锍时用氧气将该口烧开，结束时用泥炮机将口堵住。

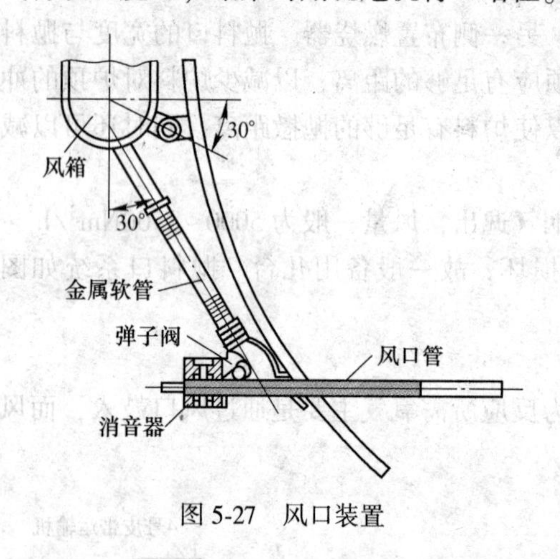

图 5-27　风口装置

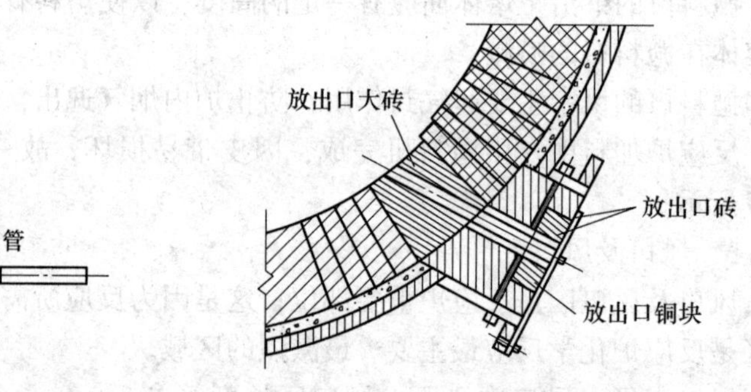

图 5-28　铜锍放出口

e　放渣口

放渣口开设在炉尾端墙上。它应满足熔体面在正常波动范围的放渣要求。大冶反应炉铜锍面波动范围为 970~1300mm，渣层厚度为 200~350mm，因此，渣口中心线距炉底为 1318mm。放渣口结构如图 5-29 所示。放渣口为一风冷铜套，放渣口宽为 300mm、高为 600mm。

f　熔体测量孔

及时准确测量炉内熔体深度，是熔炼工艺的要求。熔体测量孔开设在炉顶脊线上，大冶厂反应炉熔体测量孔直径为 90mm，以炉口中心线为中心，距前后 3. 3m 处各设一个。

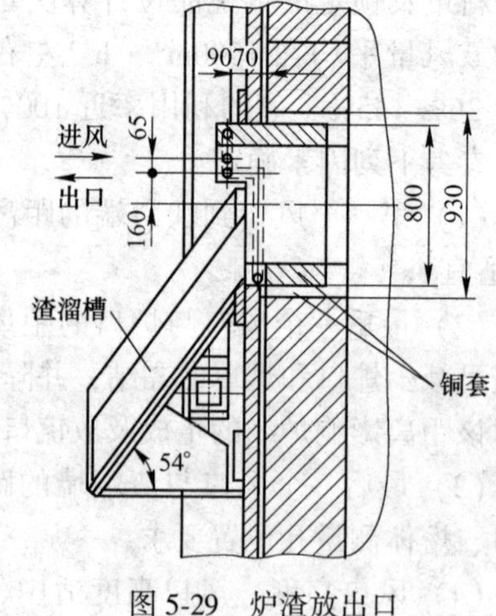

图 5-29　炉渣放出口

g　密封烟罩

大冶厂诺兰达反应炉密封烟罩为常压汽化密封烟罩，主要由以下几部分组成：

(1) 钢架。由两片组成，分别装在炉口两侧，其作用是固定密封烟罩的位置并承担全部质量。

（2）组装水套。烟罩的主体部分，共有44块，高度方向有5排，宽度方向最多4块。

（3）铸造活动挡板。

（4）密封小车和传动装置，活动密封小车可将小车提起，进行清理或其他作业。密封小车由卷扬驱动，为减少驱动功率，设有配重系统。

（5）集气管。

密封烟罩主要技术性能如下：炉口烟气量（标态）50000~55000$m^3 \cdot h^{-1}$，烟气温度约为1240℃，烟气流速10~17$m \cdot s^{-1}$，烟罩出口面积为4.3×3.5m^2，软水消耗量为5~6$t \cdot h^{-1}$。

h 支撑及传动机构

反应炉炉体质量及炉内熔体质量共约1100t，全部通过托圈支撑在四对托轮上。反应炉从正常的吹炼位转至停风位，由传动机构完成。大冶厂诺兰达反应炉传动机构为电机—减速机—小齿轮—大齿轮。电机功率186kW。炉体转速为0.632$r \cdot min^{-1}$。采用蓄电池组作备用电源，一旦突然停电，备用电源可将炉体旋转48°，使风口露出熔体面，防止熔体灌入风口。

i 供风系统

大冶厂诺兰达反应炉设有3个供风（氧）点：风口、燃烧器、抛料口气封。3个供风（氧）点的风量及富氧参数见表5-4。

表5-4 大冶厂各送风点的风量及富氧参数

制氧机组供氧方式	风口用风			燃烧器用风		抛料口气封用风	
	风量 /$km^3 \cdot h^{-1}$	风压 /kPa	富氧浓度（O_2）/%	风量 /$km^3 \cdot h^{-1}$	风压 /kPa	风量 /$km^3 \cdot h^{-1}$	富氧浓度（O_2）/%
1台机组	32~34	0.096~0.11	36	5000	10	3000	21
2台机组	33~35	0.105~0.12	40	4000	10	3500	23

制氧机产出的氧气经氧压机加压后，由输氧管道送至反应炉。在反应炉附近，氧气与高压鼓风机产出的高压风在混氧器中混合。混氧器结构如图5-30所示。混氧时，氧气的压力应略高于高压风的压力。为防止高压鼓风机因故突然停风，氧气直接进入反应炉或高压供风系统造成事故，在混氧器之前，设置高压风机停风时氧气自动放空阀。

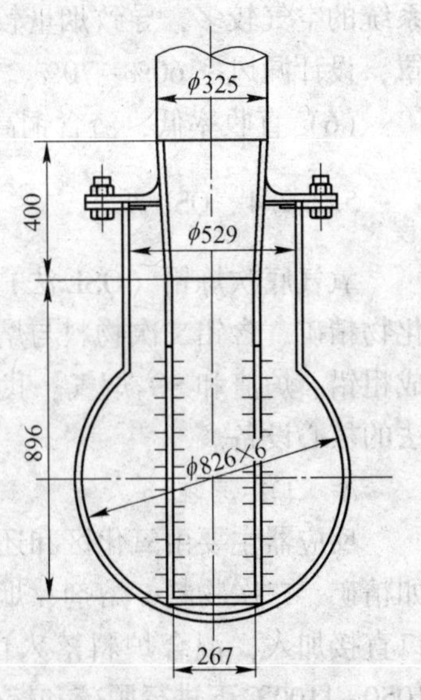

图5-30 混氧器示意图

j 配料及定量给料系统

为满足熔炼工艺对混合炉料及燃料的要求，在反应炉炉前设置6个储料仓供精细配料用，其中，3个铜精矿仓、1个返料仓、1个熔剂仓、1个燃料仓。由于铜精矿粒度小、黏结性强，在精矿仓内易发生堵料现象，为此，精矿仓内壁材质采用高分子聚乙烯板，仓外设有压缩风空气炮振打器。在各储料仓的下口都装有定量给料机。物料量由料仓下口的开启度来控制，物料计量则由重力式皮带秤完成。

给料系统由定量机和预给料机两部分组成。

k　捅风口机

捅风眼机安装于炉体风口区外侧平台上，一般采用 Gaspe 型，主要由五个部分组成：机架、行走结构、捅打机构、钢钎冷却及电器部分。根据需要可安装 1~3 根钢钎，可以全自动作业，即自动测距、定位、捅打、返回和为了满足给定风量自动调整捅打风口频率，也可以人工操作。

l　泥炮

用于诺兰达反应炉铜锍放出口堵口的泥炮是一种悬挂式设备。它由机架、液压电动机、油箱、油缸、油泵、蓄能器、泥管及驾驶室等组成。其工作原理是液压缸驱动机架移动至铜锍口位置，将出泥口中心对准铜锍口中心并使泥管完成压炮、吐泥动作，从而堵住铜锍口，阻止铜锍流出，并设有紧急后退装置。

D　主要特点

(1) 对原料的适应性较大，既可处理高硫精矿，也可处理低硫含铜物料，如杂铜、铜渣、铅锍等，甚至氧化矿；既可处理粉矿，又可处理块料。单台炉子可以日处理 3000t 料。

(2) 流程简单，不需复杂的备料过程，含水 8%的湿精矿可以直接入炉，烟尘率较低。生产高品位铜锍，减少了转炉吹炼量。

(3) 辅助燃料适应性大。诺兰达富氧熔炼是一个自热熔炼过程，一般补充燃料率仅 2%~3%，而且可用煤、焦粉等低价燃料作辅助燃料。

熔炼过程热效率高、能耗低、生产能力大。生产时炉料抛撒在熔池表面，立即被卷入强烈搅动的熔体中与吹入的氧气激烈反应，确保炉料迅速而完全熔化。其单位熔池面积处理精矿能力可达 $20 \sim 30t \cdot (m^2 \cdot d)^{-1}$。产出的铜锍品位高，烟气量相对较少，且连续而稳定，SO_2浓度高，有利于硫的回收，减少了对环境的污染。

(4) 炉衬没有水冷设施，炉体热损失小，但是炉衬寿命不及有水冷的砌体长，经过改进，现在修炉一次，可以连续生产 400d 以上。

(5) 由于炉体是可转动的，炉口和烟罩的接口处比较难以密合，从接口处漏入烟道系统的空气较多，导致烟量较大。在大冶有色金属公司的诺兰达炉设计中，采用了密封烟罩，设计漏风率 60%~70% 。

(6) 直收率低，渣含铜高，炉渣需采用选矿处理或电炉贫化处理。

5.2.2.4　QSL 炉

氧气底吹炼铅（QSL 法）是利用熔池熔炼的原理和浸没底吹氧气的强烈搅拌，使硫化物精矿、含铅二次物料与熔剂等原料在反应器的熔池中充分混合、迅速熔化和氧化，生成粗铅、炉渣和 SO_2烟气。我国西北铅锌冶炼厂已经引进该工艺技术。QSL 反应器是 QSL 法的核心设备。

A　工作原理

反应器主要由氧化区和还原区组成，用隔墙将两区隔开，如图 5-31 所示。矿物原料如精矿、二次物料、熔剂、烟尘和必要时加入的固体燃料均匀混合后从氧化区顶部的加料口直接加入，混合炉料落入由熔渣和液铅组成的熔池内。氧气通过喷枪喷入，熔体在 1050~1100℃下进行脱硫和熔炼反应，此时的氧势较高。在这一区域形成的金属铅含硫较低，称为初铅；形成的炉渣含铅较高，为 25%~30% ，称为初渣；产出烟气的 SO_2浓度为

10%~15% 。初渣流入还原带，在还原带还原剂（粉煤或天然气）通过喷枪与空气载体和氧气一起吹入熔池内。在粉煤中的碳燃烧生成 CO 作用下，炉渣中的氧化铅被还原。还原带的氧势较低，温度较高，为 1150~1250℃。炉渣在流过还原带端墙排渣口的过程中逐渐被还原形成金属铅（二次铅），并沉降到炉底，流向氧化区与一次铅汇合。液铅与炉渣逆向流动，从虹吸口排出；炉渣从排渣口连续或间断排出。

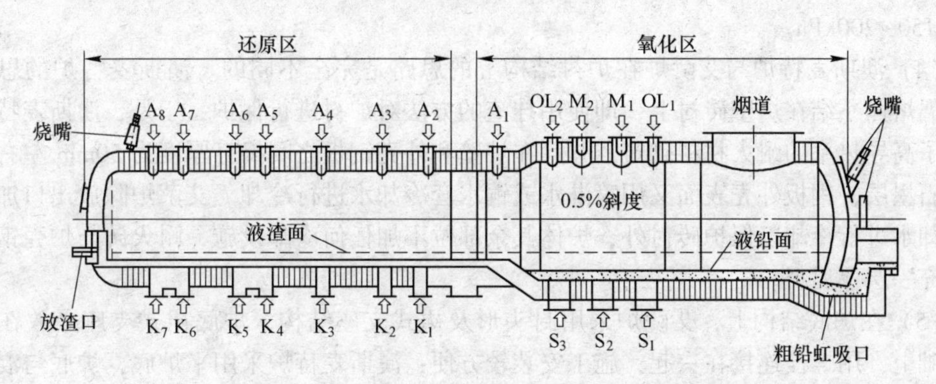

图 5-31 氧气底吹（QSL）炼铅反应器示意图

S_1~S_3—氧枪孔；K_1~K_7—还原枪孔；M_1，M_2—加料口；A_1，A_8—辅助燃烧插孔；OL_1，OL_2—燃油枪孔

B 基本结构

反应器炉型为卧式、圆形、断面沿长轴线是非等径的，氧化区直径大，还原区直径小。从出渣口至虹吸出铅口向下倾斜 0.5%。反应器设有驱动装置，沿长轴线可旋转近 90°，以便于停止吹炼操作时能将喷枪转至水平位置，处理事故或更换喷枪。

C 主要特点

与传统炼铅反应器相比，使用 QSL 反应器的返料量要少得多。在 QSL 流程中，返料主要是烟尘，其总量仅占新料量的 19%左右。此外，在 QSL 反应器用氧气代替空气，使必须处理的烟气量大大减少，烟气用于制酸，污染大气的 SO_2大为减少。由于热效率高以及氧气的利用，使硫化物氧化热得到充分利用。QSL 反应器可以使用便宜的燃料和还原煤代替焦使用。

5.2.2.5 澳斯麦特炉与艾萨炉

澳斯麦特与艾萨法的熔炼技术被广泛应用于各种提取冶金中，可以熔炼铜精矿产出铜锍，直接熔炼硫化精铅矿生产粗铅，熔炼锡精矿生产锡，也可以处理冶炼厂的各种渣料及再生料等。

澳斯麦特法和艾萨法都拥有“赛洛”喷枪浸没熔炼工艺技术，按各自的优势和方向，延伸并提高了该项技术，形成了各具特色的熔炼方法。

这两种方法在备料上具有共同点，原料均不需要经过特别准备。含水量小于 10%的精矿制成颗粒或精矿混捏后直接入炉。当精矿水分含量大于 10%时，先经干燥窑干燥后，再制粒或混捏，然后通过炉顶加料口加入炉内，炉料呈自由落体落到熔池面上，被气流搅动卷起的熔体混合消融。澳斯麦特与艾萨法的主要区别是：

(1) 喷枪的结构不同。澳斯麦特喷枪有五层套筒，最内层是粉煤或重油，第二层是雾化风，第三层是氧气，第四层是空气，最外层是用于保护第四层套筒的套筒空气，同时供燃烧烟气中的硫及其他可燃组分之用，最外层在熔体之上，不插入熔体。艾萨炉喷枪只有三层套筒，第一层为重油或柴油，第二层是雾化风，第三层为富氧空气。

（2）排料方式不同。澳斯麦特炉采用溢流的方式连续排放熔体，而艾萨炉采用间断的方式排放熔体。

（3）喷枪出口压力不同。艾萨炉喷枪的出口压力为50kPa，澳斯麦特炉喷枪的出口压力为150~200kPa。

（4）澳斯麦特炉与艾萨炉在炉衬结构上的思路是完全不同的。澳斯麦特炉的思路是让高温熔体黏结在炉壁砖衬上，即使用挂渣的方法对炉衬进行保护，于是，澳斯麦特炉子采用了高导热率的耐火材料砌筑，并且在炉壁和外壳钢板之间捣打厚度为50mm左右高导热性石墨层，钢板外壳表面又用喷淋水或铜水套冷却水进行冷却。艾萨炉除放出口加铜水套冷却水进行冷却以保护砖衬外，炉体其余部位不加任何冷却设施，耐火砖与炉壳钢板之间填充一层保温料。

（5）在炉底结构上，艾萨炉采用封头形及裙式支座结构，炉底裙式支座平放在混凝土基础上，用螺栓连接在一起，施工安装较方便；澳斯麦特炉采用平炉底，炉底与混凝土之间加钢格栅垫，用螺栓相连，这种结构较复杂，施工较难。

（6）艾萨炉采用平炉顶，澳斯麦特炉采用倾斜炉顶，平炉顶制造安装比倾斜炉顶简单。澳斯麦特、艾萨法与其他熔池熔炼一样，都是在熔池内熔体—炉料—气体之间造成的强烈搅拌与混合，大大强化热量传递、质量传递和化学反应的速率，以便熔炼过程能产生较高的经济效益。与浸没侧吹的诺兰达法不同，澳斯麦特/艾萨法的喷枪是竖直浸没在熔渣层内，喷枪结构较为特殊，炉子尺寸比较紧凑，整体设备简单，工艺流程和操作不复杂，投资与操作费用相对较低。

A　工作原理

澳斯麦特/艾萨法与其他熔池熔炼一样，都是在熔池内熔体-炉料-气体之间造成强烈的搅拌与混合，大大强化热量传递、质量传递和化学反应速率，以便在燃料需求和生产能力方面产生较高的经济效益。与浸没侧吹的诺兰达法不同，澳斯麦特、艾萨法的喷枪是竖直浸没在熔渣层内，喷枪结构较为特殊，炉子尺寸比较紧凑，整体设备简单。澳斯麦特炉型与艾萨炉型如图5-32所示。

澳斯麦特技术（Ausmelt Technology）在原有赛罗熔炼和艾萨熔炼法的基础上，进行了大量的应用性技术开发，特别是增加了喷枪外层套筒，使炉内所需二次燃烧风可以直接从同一支喷枪喷入炉膛，使熔池上方的CO、金属蒸气和未完全燃烧的炭质颗粒得以充分燃烧，并由激烈搅动和熔体将其吸收，较大幅度地提高炉内反应的热效率，同时也改善了烟气性质。

B　基本结构

顶吹熔池熔炼炉是一种圆筒形竖式炉，钢板外套，内衬耐火材料。澳斯麦特炉的炉顶为一个斜顶上升段，斜顶设有加料孔、喷枪孔、辅助烧嘴孔和烟道出口，圆筒炉体底部设有熔体放出口，如图5-35所示。艾萨炉的结构略有不同，如图5-33所示。该炉的喷枪孔位于炉圆柱体的几何中心。喷枪从该孔插入，并定位在炉子的中心位置。

备用烧嘴孔设于喷枪口旁边偏中心位置。该备用烧嘴孔是对准的，以使烧嘴火焰与垂直位置呈小角度喷入炉内。交接的顶盖封住了该烧嘴孔。加料孔位于与备用烧嘴口相对的

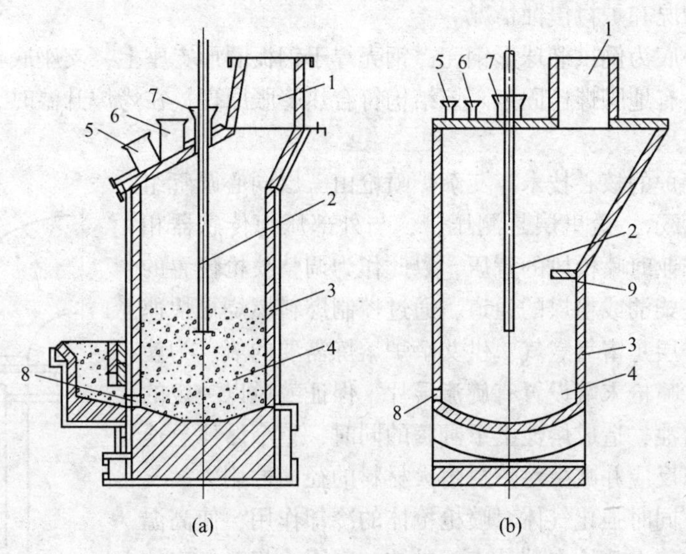

图 5-32 澳斯麦特炉型与艾萨炉型示意图

（a）澳斯麦特炉；（b）艾萨炉

1—上升烟道；2—喷枪；3—炉体；4—熔池；5—备用烧嘴孔；6—加料孔；7—喷枪孔；8—熔体放出口；9—挡板

炉顶侧。加料导向设备位于加料孔上。炉子顶部的烟道出口孔与余热锅炉入口处连接，烟气在余热锅炉降温再经电收尘器除尘后送制酸厂。

澳斯麦特炉与艾萨炉在炉衬结构上的思路是完全不同的。从使用效果来看，艾萨炉的寿命比澳斯麦特炉长。

a 艾萨炉

艾萨熔炼主体设备有艾萨炉、喷枪、余热锅炉、烧嘴、喷枪卷扬机等，辅助系统有供风、收尘、铸渣、铸铅、制酸等外围系统。

艾萨熔炼炉是一种竖直状、钢壳内衬耐火材料的圆筒形反应器，由炉体和炉顶盖两部分组成，如图 5-33 所示。

艾萨炉的炉顶为水平式炉顶盖，曾采用钢制水冷套或铜水冷套结构，现在逐渐改进为膜式壁水冷结构，成为与炉顶烟道口相接的余热锅炉的一个组成部分。炉体上部与烟道的接合部设有水冷铜水套阻溅块，以防止熔炼过程中的喷溅物直接进入烟道，在烟道中黏结。熔池部位有全衬铬镁砖和铬镁砖+水冷铜水套两种结构形式。

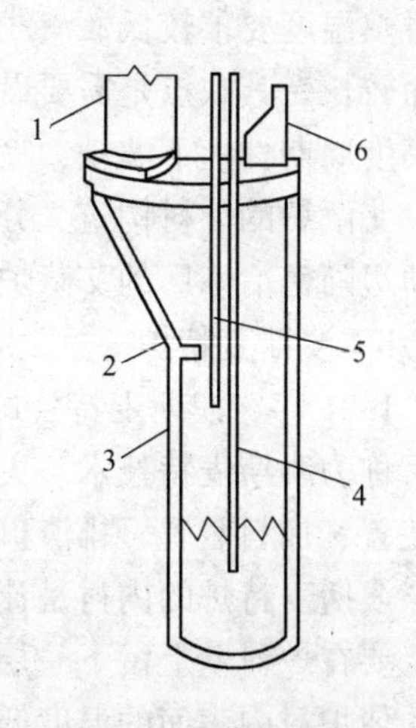

图 5-33 艾萨炉示意图

1—垂直烟道；2—阻溅板；

3—炉体；4—喷枪；

5—辅助燃烧喷嘴；6—加料箱

炉顶盖开有喷枪插入孔、加料孔、排烟孔、保温烧嘴插入孔和熔池深度测量孔（兼作取样）。炉体底部有熔体排放口，根据生产需要可以设置一个或多个排放口。

为了检测炉底的运行情况和熔池温度，以确保温度的精确控制，分别在炉底、熔池区域、炉膛空间和渣-铅分层面，分别设置热电偶。炉膛空间的热电偶主要用于检测升温情况，正常生产时使用很少。熔池区域热电偶的温度测控有助于监视作业情况和炉衬侵蚀情况。

艾萨熔炼炉底为倒拱椭球形钢壳，钢壳焊于钢板圈形支座上，支座底板置于混凝土圈梁基础上，并设有地脚螺栓固定。该结构符合热膨胀原理，在烤炉升温时，炉底不会产生变形。

喷枪是艾萨炉的核心技术。艾萨炉喷枪由三层同心圆管组成，如图5-34所示。最里层是测压管，与外部压力传感器相连，用来监测作业时喷枪风的背压，以此作为调整喷枪位置的依据。第二层是柴油或粉煤的通道，通过控制燃料燃烧可快速调节炉温。最外层是富氧空气，供艾萨炉熔炼需要的氧。为使熔池充分搅动，喷枪末端设置有旋流导片，保证鼓风以一定的切向速度鼓入熔池，造成熔池上下翻腾的同时，整个熔体急速旋转，从而加速反应并减少对炉衬耐火材料的径向冲刷力。气体作旋向运动，同时强化气体对喷枪枪体的冷却作用，使高温熔池中喷溅的炉渣在喷枪末端外表面黏结、凝固为相对稳定的炉渣保护层，延缓高温熔体对钢制喷枪的侵蚀。另外，呈旋流状喷出的反应气体对熔体产生的旋向作用，强化了对熔体/炉料的混合搅拌作用，为熔池中气、固、液三相的传热传质创造了有利条件。

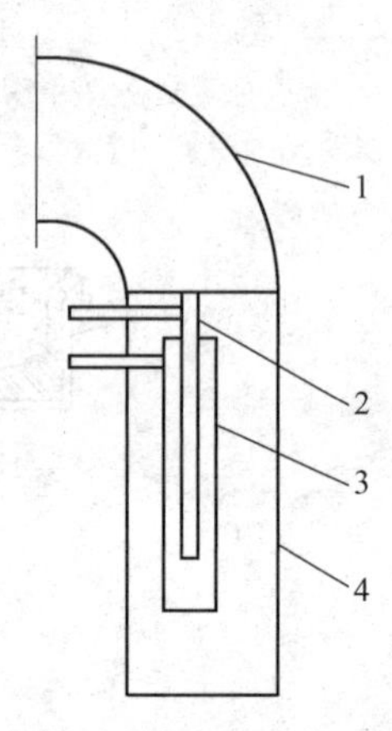

图5-34 喷枪结构示意图
1—软管；2—测压管；
3—油管；4—风管

艾萨熔炼炉的辅助燃烧喷嘴，长期置于炉内，烤炉和暂停熔炼时，喷嘴供油供风，燃烧补热。正常作业情况下，喷嘴停油，但供风作为熔炼补充风用。

艾萨熔炼炉采用间断排放熔体。其优点是排液瞬时流量大，排液溜槽不易冻结，对熔体过热温度要求较低。渣线上下波动范围较大，炉衬磨损和腐蚀相对较分散，渣线区炉衬寿命较长。其缺点是需要设置泥炮，定期打孔、放液、堵孔；清理溜槽，操作较繁琐。熔体高度周期性上下波动，喷枪需要随时进行相应调整，需精心操作控制。

艾萨炉的炉衬构筑又分两种形式：一种是芒特艾萨公司的艾萨炉；另一种是美国塞浦路斯迈阿密冶炼厂的艾萨炉。

b 澳斯麦特炉

1981年，澳斯麦特公司将顶吹浸没熔炼技术应用于铜、铅和锡的冶炼，因此，该技术又称为澳斯麦特技术。奥斯麦特炉是该熔炼方法的主体设备，主要由炉体、喷枪及其升降装置、加料装置、排渣口、出铅口、烟气出口组成，如图5-35所示。

澳斯麦特炉的内衬是让高温熔体黏结在炉壁砖衬上，即用挂渣的方法对炉衬进行保护。要在炉衬壁上留下一层固体渣，就要求炉壁从炉内吸收的热量及时向炉壳外传递出去，使炉衬内表面的温度低于熔体的温度。于是，澳斯麦特炉子采用了高导热率的耐火材料砌筑。并且在炉壁和外壳钢板之间捣打厚度为50mm左右高导热性石墨层。钢板外壳表面用喷淋水进行冷却。在运行初期，喷淋水的温度差控制在7~8℃，后期为10~15℃。

炉底采用镁铬砖砌成反拱形，向安全口倾斜。砌砖下面用捣打料打出约600~700mm厚的反拱形状。与一般熔炼炉的炉渣和铜锍分开不同，澳斯麦特、艾萨炉的炉渣和铜锍都从矩形排放口一起放出进入贫化炉。排放口的衬砖与炉墙相同。放出口周围的砖衬容易损耗。

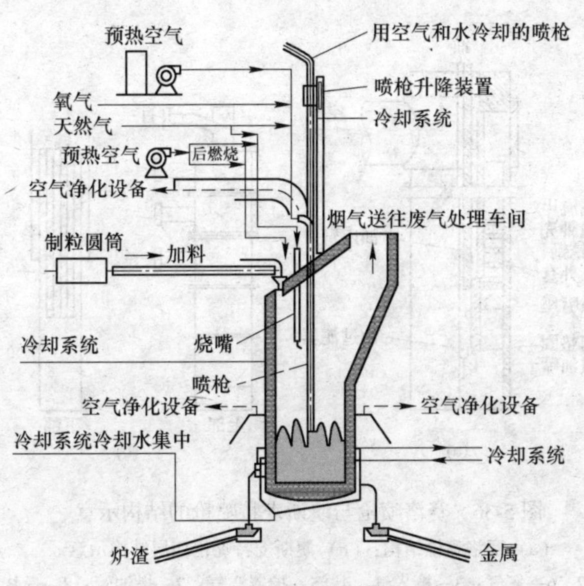

图 5-35 澳斯麦特熔炼炉示意图

澳斯麦特炉的放出口外侧还加了具有虹吸作用的出口堰，这是该炉所特有的。熔体先从炉底部侧墙排放口流到出口堰内，在炉内熔体的压力下，出口堰内充满了与炉内几乎相同高度的熔体，然后通过堰上的小溜槽将熔体排出堰外。炉内熔体的高度通过堰口小溜槽的高度来控制。当排放堰口没有堵塞时，炉内熔体高度相对固定，这种情况下喷枪高度不需要调整。若加料量与排放量不相配合，排放堰口内熔体黏结时，熔池面会涨高，此时要及时调整喷枪高度，否则会将枪口烧坏。可见，堰流口用来调整熔池面的作用是很方便和有效的。

为了便于处理事故和检修时从炉内放进熔体，在炉底的底部处开设了安全口，其直径为 30~75mm。安全口外有石墨套，并有铜水套保护，与一般熔炼炉放出口基本相同。

C 主要附属设备

a 喷枪和喷枪操作系统

顶吹浸没熔炼工艺是采用一种直立浸没式喷枪，称为赛洛（CSIRO）喷枪。图 5-36 是喷枪的结构示意图。喷枪吊挂在喷枪提升装置架上，便于在炉内升降。喷枪是采用 316L（美国材料试验标准）不锈钢制成，在部分构造上，澳斯麦特烧煤的喷枪与艾萨喷枪有不同之处。

澳斯麦特喷枪有四层，最内层是粉煤和空气，第二层是氧气，第三层是空气，最外层是用于保护第三层套筒壁的套筒空气，同时供燃烧烟气中的硫及其他可燃组分之用。最外层在熔体之上，不插入熔体。艾萨喷枪无第三层套筒，不插入熔体，只在熔体上方 500~900mm 的距离处进行喷吹。氧气顶吹自然熔炼炉喷枪和三菱炉喷枪不同，赛洛喷枪的末端插入熔渣面以下 200~300mm 处，在渣层中吹炼。熔体除受到喷吹气流的搅动外，还产生旋转运动。

赛洛枪出口气体压力在 50~250kPa 之间，压力较低，动力消耗较小。进入熔体中的高氧空气是由喷枪口出来的空气与氧气混合成的，在喷枪内空气与氧气各自通行，互不相混。

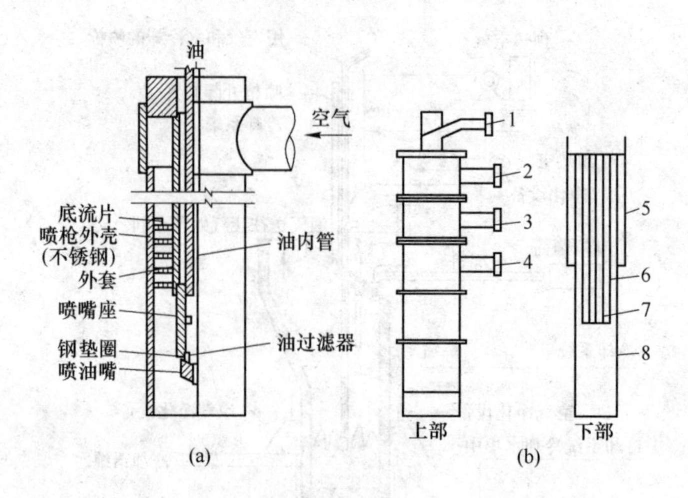

图 5-36　赛洛喷枪与澳斯麦特喷枪的结构示意

（a）赛洛嘴枪结构；（b）澳斯麦特嘴枪四层结构示意

1—燃油；2，6—氧气；3—枪入气；4，5—护罩空气；7—燃油管；8—燃烧空气管

基于赛洛喷枪的工作原理，该喷枪系统必须满足两个重要条件才能正常运行：一是必须使喷枪的外壁随时保持一层固态凝渣层以免枪壁熔化；二是喷枪壁需足够冷却。这两个条件是紧密相连的，因为只有喷枪壁面保持低温才能使其外面形成固态凝渣层，使喷枪寿命延长。延长喷枪寿命的方法有改进喷枪材料，在反应空气中加入水或煤粉及控制喷枪传热等。其中，控制喷枪传热，使喷枪壁传给反应空气的热量足够大，使枪壁外侧形成一层稳定的固态凝渣层是最有效的措施。

作为澳斯麦特炉系统的一部分，喷枪用于直接向熔融物料的熔池中注入燃料以及可燃气体。喷枪在炉子中的定位由喷枪操作系统设备来完成。喷枪操作系统（见图 5-37）的设备包括：喷枪架小车、喷枪提升装置、喷枪架小车导向柱。

喷枪流量控制及定位系统采用控制系统以及现场控制盘来操作。在喷枪提升装置出现故障时，采用天车将喷枪架小车以及喷枪从炉子中提出。喷枪架小车上装有一个钩子，用于连接行车的吊钩，行车应与导轨上的限位开关连锁，以防止行车将喷枪架小车提过导轨的顶部。

b　沉降炉

沉降分离贫化炉有回转式、固定式沉淀炉两种，固定式沉淀炉又分为燃油沉降炉和贫化电炉两种。我国炼铜厂目前都选用后者。比较两者的优、缺点如下：

（1）贫化电炉操作运行的灵活性比固定式燃油沉淀炉大，容易提高熔体温度，炉子结块时易处理，不会冻死。

（2）贫化电炉有利于改善沉淀条件，可以通过加入还原剂以及熔剂来降低渣含铜量。

（3）贫化电炉热利用率较高，可达 60%左右，固定式燃油沉淀炉仅为 25%左右。

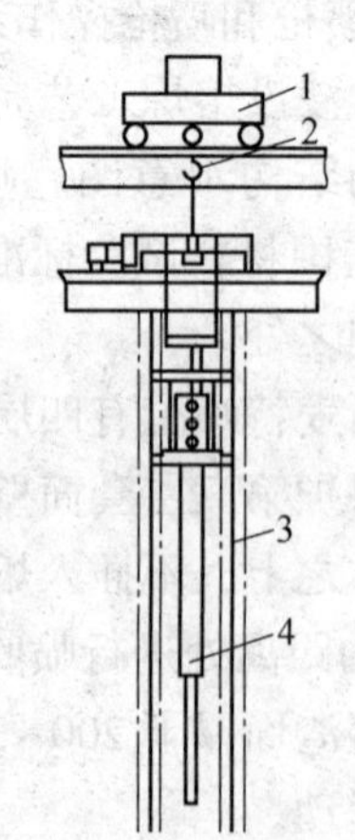

图 5-37　喷枪操作系统

1—喷枪架小车；2—喷枪提升装置；3—喷枪架小车导向柱；4—喷枪

(4) 贫化电炉可以使转炉渣以液态加入，固定式燃油沉淀炉需将转炉渣水淬后返回熔炼炉处理，导致熔炼炉燃料率增大、烟气量增加和精矿处理量减少。

D 主要特点

熔炼速度快，生产率高；建设投资少，生产费用低；原料适应性强；与已有设备配套灵活，方便；操作简便，自动化程度高；燃料适应范围广；良好的劳动卫生条件；炉寿命较短；喷枪保温要用柴油或天然气，价格较贵。

5.3 塔式熔炼设备

利用塔形空间进行多相反应的熔炼或精炼设备称塔式熔炼（精炼）设备。其显著特点是：一定有气体参与反应；反应在空间气相中进行；为保证完成反应所需时间，反应空间必须足够高。闪速炉是一种典型的塔式熔炼设备，参与反应的主要是富氧空气和硫化铜（镍）精矿。反应物为气相和固相，而生成物是液相和气相，反应速度很快（1~4s），但反应物及反应产物自由落体的加速度很大，在空中停留的时间很短。因此，为了保证这1~4s的反应时间，反应塔高须在7.5m以上。

5.3.1 闪速炉

闪速炉是处理粉状硫化物的一种强化冶炼设备，它是由芬兰奥托昆普公司首先应用于工业生产的。由于它具有诸多的优点而迅速应用于铜、镍硫化矿造锍熔炼的工业生产实践中，目前世界上已有近50台闪速炉在生产，其产铜量占铜总产量的30%以上。闪速炉熔炼具有如下优点：

(1) 充分利用原料中硫化物的反应热，因此热效率高，燃料消耗少。

(2) 充分利用精矿的反应表面积，强化熔炼过程，生产效率高。

(3) 可一步脱硫到任意程度，硫的回收率高，烟气质量好，对环境污染小。

(4) 产出的冰铜品位高，可减少吹炼时间，提高转炉生产率和寿命。

但也存在如下不足：

(1) 对炉料要求高，备料系统复杂，通常要求炉料粒度在1mm以下，含水0.3%以下。

(2) 渣含铜较高，需另行处理；

(3) 烟尘率较高。

5.3.1.1 闪速炉的结构

闪速炉有芬兰奥托昆普闪速炉和加拿大国际镍公司INCO氧气闪速熔炼炉两种类型。

奥托昆普闪速炉是一种直立的U形炉，包括垂直的反应塔、水平的沉淀池和垂直的上升烟道（见图5-38）。干燥的铜精矿和石英熔剂与精矿喷嘴内的富氧空气或预热空气混合并从上向下喷入炉内，使炉料悬浮并充满于整个反应塔中，当达到操作温度时，立即着火燃烧。精矿中的铁和硫与空气中的氧的放热反应提供熔炼所需的全部热量（当热量不足时喷油补充）。精矿中的有色金属硫化物熔化生成铜锍，氧化亚铁和石英熔剂反应生成炉渣。燃烧气体中的熔融颗粒在气体从反应塔中以90°拐入水平的沉淀池炉膛时，从烟气中分离出来落入沉淀池内，进而完成造锍和造渣反应，并澄清分层，铜锍和炉渣分别由放锍口和放渣口排出，烟气通过上升烟道排出。放出的铜锍由溜槽流入铜锍包子并由吊车装入转炉吹炼，炉渣通过溜槽进入贫化炉处理，或经磨浮法处理以回收渣中的大部分铜。

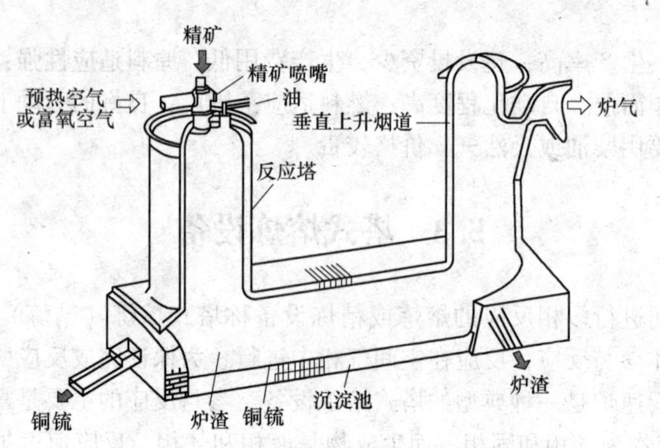

图 5-38　奥托昆普闪速熔炼炉剖视图

闪速熔炼工艺流程如图 5-39 所示。

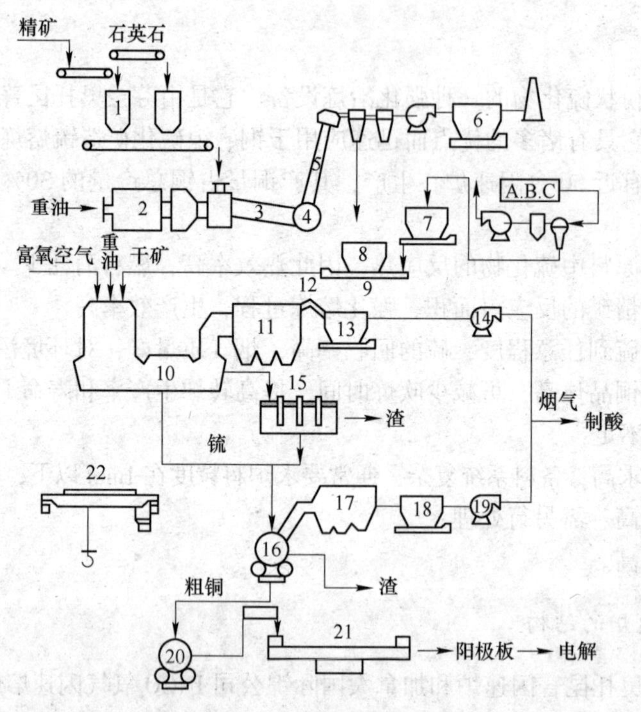

图 5-39　闪速熔炼工艺流程图

1—配料仓；2—热风炉；3—回转窑；4—鼠笼；5—气流干燥管；6—干燥电收尘；7—烟尘仓；8—干矿仓；9—埋链刮板；10—闪速炉；11—闪速炉余热锅炉；12—烟道；13—闪速炉电收尘；14—闪速炉排烟机；15—贫化电炉；16—转炉；17—转炉余热锅炉；18—转炉电收尘；19—转炉排烟机；20—阳极炉；21—圆盘浇铸机；22—行车

闪速熔炼要求在反应塔内以极短的时间（1~2s）基本完成熔炼过程的主要反应，因此炉料必须事先干燥使其水分小于 0.3%，干燥时不应使硫化物氧化和颗粒黏结。

配料干燥系统是闪速熔炼的准备工序，可采用气流三段式干燥或蒸汽干燥。

干燥的工艺过程是配料仓按配料单指定的矿种，加入经预干燥水分小于10%的铜精矿和熔剂。仓内各种不同的铜精矿按指定的比例同步从各矿仓排出并计量。熔剂比率根据计划的铜锍品位、目标铁硅比、混合矿成分、石英熔剂比率反馈修正值等由计算机计算出来，并自动设定到熔剂仓调节计上，进行自动控制。

从配料仓给出的混合炉料，通过输送皮带，经过电磁铁除去铁质杂质和振动筛除去块状物料等杂物后，送到干燥系统进行三段气流干燥或蒸汽干燥（见图 5-40）。

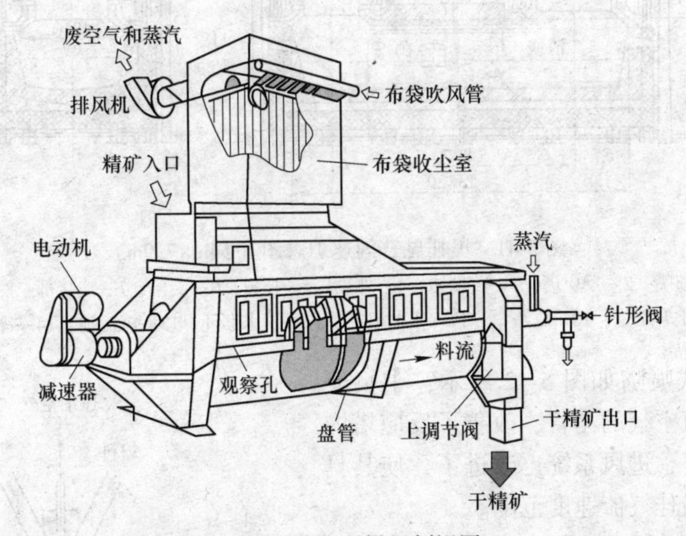

图 5-40　蒸汽干燥机剖视图

三段气流干燥的工艺流程是：炉料首先用回转干燥窑进行干燥，其次通过鼠笼破碎机把附着水分结成块状物的炉料进行破碎，同时被干燥，再由气流输送到气流干燥管内，将水分干燥到0.3%以下。三段气流干燥的干燥率大致是：回转干燥窑20%~30%，鼠笼破碎机50%~60%，气流干燥管20%~30%，炉料水分由10%降至0.3%以下。

蒸汽干燥机是由一个多盘管构构成的转子（或固定），及一个固定（转动）的壳体组成的，干燥机由设置在一侧的一台大功率电动机驱动，另一侧是蒸汽进、出口的连接器，蒸汽从转子的中心管进入，穿过辐射状的连箱，然后分配给盘管所有环路。加热箍管后，由盘管外壁与精矿接触，将热量传递给精矿，使精矿干燥。蒸汽中的冷凝水在转子离心力的作用下，流向每组盘管的最低点，当冷凝水到达最低点时，汇集进入中心集水管，冷凝水通过虹吸管及疏水阀排出回收利用。干矿温度一般控制在120℃，炉料水分由10%降至0.3%以下，炉料经过加料阀进入干燥机内进行蒸汽干燥，干燥后的炉料经过出料阀储存于中间仓内干燥机内。炉料蒸发的含尘水蒸气经过顶部布袋收尘器由排气风机排至大气，中间仓内的干炉料经两套交替运行的正压输送系统，将炉料输送至于矿仓内，输送空气经布袋收尘器由排风机排放。

奥托昆普闪速炉由精矿喷嘴、反应塔、沉淀池及上升烟道等四个主要部分组成，如图5-41所示。

（1）精矿喷嘴。精矿喷嘴的作用是向炉内喷入精矿、富氧和重油，并使气、液、固物料充分混合，均匀下落，以便使精矿在反应塔中能迅速完成燃烧、熔炼等反应。

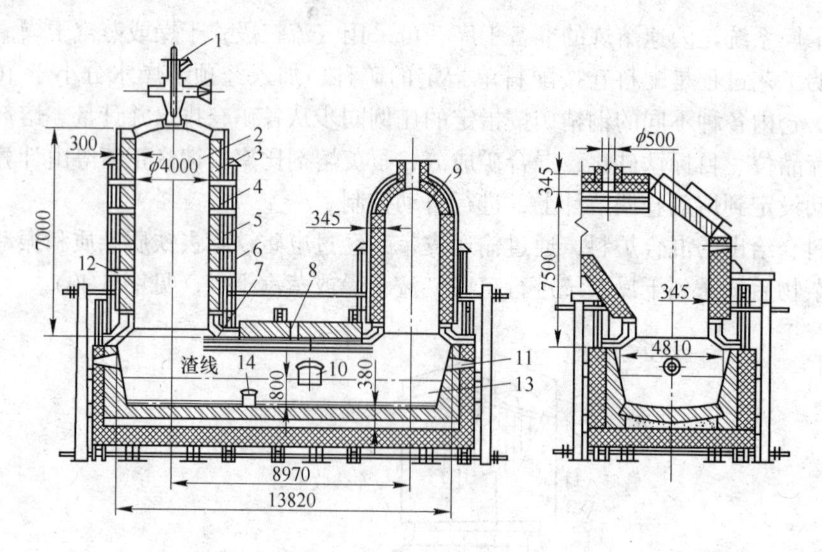

图 5-41　奥托昆普闪速炉总图（ϕ4m×7.9m）

1—精矿喷嘴；2—反应塔；3—砖砌体；4—外壳；5—托板；6—支架；7—连接部；8—加料口；9—上升烟道；10—放渣口；11—重油喷嘴；12—铜水套环；13—沉淀池；14—冰铜口

中央喷射式喷嘴如图 5-42 所示，中央安装了一根通富氧空气的小管，改善了反应塔内温度分布。此外，进风系统也改进了，使其具有三个设定的最佳气流速度范围。

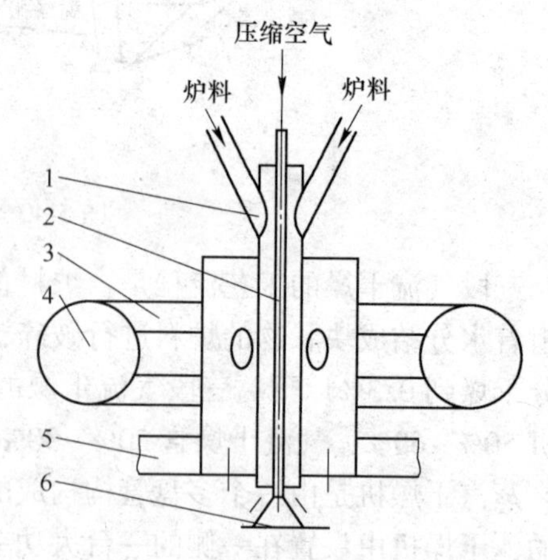

图 5-42　中央喷射式喷嘴示意图

1—加料管（2 根）；2—压缩空气管；3—支风管（6 根）；4—环形风管；5—反应塔顶；6—喷头

中央喷射式喷嘴具有如下优点：

1）炉料和富氧空气一起喷入炉内，充满反应塔的整个空间；使火焰中心点上升，可缩短反应塔的高度，减少热损失，降低油耗。

2）烟尘率低（约 5%）。

3）减少气流速度的影响，允许使用高富氧空气熔炼。

4）喷嘴端部不结瘤，避免了中断进料，并改善劳动条件。

5）处理精矿能力大，单个喷嘴的处理能力达到 160t · h^{-1}，而一段收缩式喷嘴不到 20t · h^{-1}。贵溪冶炼厂通过富氧工程和中央喷嘴的技术改造，闪速炉的熔炼能力翻了一番，已由过去的 200kt · a^{-1} 提高到目前的 400kt · a^{-1}。

（2）反应塔。反应塔为竖式圆筒形，由砖砌体（塔上部内衬铬镁砖，下部衬电铸铬镁砖）、铜板水套、外壳及支架构成。为防止外壳因温度升高而变形，在外壳和砖砌体之间可埋设水冷环管通水冷却。反应塔顶为吊挂式或球形，由铜水套嵌砌耐火材料的连接部分与沉淀池相连，塔上设有 1~4 个精矿喷嘴。

（3）沉淀池。设反应塔与上升烟道之下，其作用是进一步完成造渣反应使熔体沉淀分离。沉淀池结构类似反射炉，用铬镁砖吊顶（小型炉为拱顶），厚300~380mm，并砌隔热砖65~115mm。沉淀池渣线以下部分的侧墙砌电铸铬镁砖，其他部分砌铬镁砖，渣线部分的外侧设有冷却水套。沉淀池侧墙上开有两个以上的放锍口，尾部端墙设渣口1~4个，并装有数个重油喷嘴，以便必要时加热熔体，使炉渣与铜锍更好分离。沉淀池底部用铬镁砖砌成反拱形，下层则砌黏土砖。

（4）上升烟道。上升烟道多为矩形结构，用铬镁砖或镁砖和黏土砖砌筑，厚约345mm，外用金属构架加固，上升烟道通常为垂直布置，为减少烟道积灰和结瘤，宜尽量减少水平部分的长度。上升烟道出口处除设有水冷闸门及烟气放空装置外，还装有燃油喷嘴，以便必要时处理结瘤。

5.3.1.2 闪速炉的发展方向

闪速炉技术的发展除了喷嘴的不断改进外，还有如下几方面的改进：

（1）设备大型化与操作自动化。世界上最大闪速炉的反应塔内径达7m（土耳其萨姆松厂），处理能力最大达3480t·d^{-1}。

美国圣玛纽尔冶炼厂、日本佐贺关厂、东予厂、澳大利亚卡尔古力厂、中国贵溪冶炼厂及金川有色金属有限公司等均采用计算机在线控制生产，以提高质量、稳定炉况及降低能耗。改进计算机控制模型，以适应富氧、高生产率、高品位冰铜的新情况是最近研究的重点。

（2）采用富氧熔炼和强化生产过程。以我国贵溪冶炼厂为例，通过采用富氧熔炼，并配用精矿喷嘴的改进，使闪速炼铜炉的生产能力由设计的90kt·a^{-1}提高到现在的4000kt·a^{-1}，同时还取消了热风作业。

（3）改进耐火材料和加强炉体冷却。改进耐火材料和加强炉体冷却可延长炉子寿命和提高炉子热强度。在反应塔中下部，沉淀池渣线部位以及放渣口、放锍口等处采用电铸铬镁砖，沉淀池上部采用高温烧成铬镁砖，在反应塔与沉淀池，沉淀池与上升烟道的连接部采用铬镁砖不定性耐火材料，并在高温部位安装冷却水套，使炉子寿命延长达8a以上。同时通过增加反应塔高温区的冷却水套，使闪速炉的热负荷增加，为提高闪速炉的生产率创造了条件。

（4）加强余热回收利用。闪速炉的烟气量大且温度高，一般与转炉烟气合并后通过余热锅炉产生饱和蒸汽来加热空气，发电及用做精矿干燥的热源。

（5）采用其他燃料作为热源。博茨瓦纳皮克威冶炼厂在处理铜镍精矿闪速炉的反映塔和沉淀池中用粉煤代替重油。每单位发热量的成本下降90%左右。日本玉野厂和东予厂用粉煤代油，并应用富氧热风，油耗下降约70%，产能提高约340%。东予厂曾采用不同燃料方案进行闪速熔炼，最后按富氧—粉煤—重油燃烧方案组织生产，粗铜产量较单纯用油方案增加30%。

5.3.2 基夫塞特炉

基夫赛特法是一种以闪速炉熔炼为主的直接炼铅法。20世纪60年代，由苏联“全苏有色金属科学研究院”开发并于80年代建设了工业性生产工厂。经多年生产运行，已成为工艺先进、技术成熟的现代化直接炼铅法。基夫赛特法的核心设备为基夫赛特炉（见

图 5-43)，该炉由带氧焰喷嘴的反应塔、具有焦炭过滤层的熔池、冷却烟气的竖烟道及立式废热锅炉和铅锌氧化物还原挥发的电热区四部分组成。

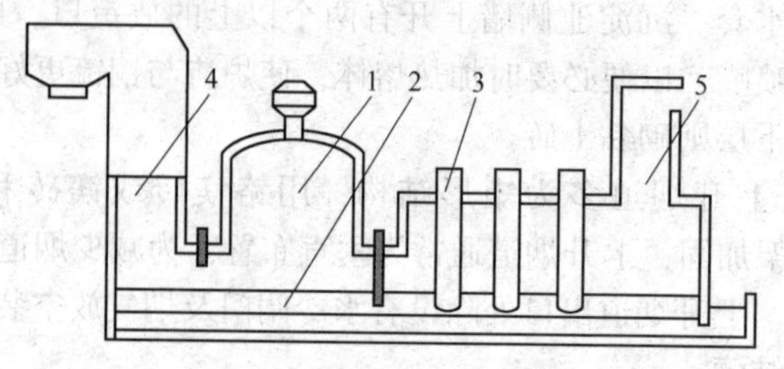

图 5-43　基夫赛特炉结构图

1—反应塔；2—沉淀池；3—电热区；4—直升烟道；5—复燃室

基夫赛特炉的工作原理是：干燥后的炉料通过喷嘴与工业纯氧同时喷入反应塔内，炉料在塔内完成硫化物的氧化反应并使炉料颗粒熔化，生成金属氧化物、金属铅滴和其他成分所组成的熔体。熔体在通过浮在熔池表面的焦炭过滤层时，其中大部分氧化铅被还原成金属铅而沉降到熔池底部。炉渣进入电热区，渣中氧化锌被还原挥发，然后经冷凝器冷凝成粗锌，同时渣铅进一步沉降分离，然后分别放出。由冷凝器出来的含 SO_2 的烟气经竖烟道和废热锅炉气送入高温电收尘器，而后送酸厂净化制酸。有的锌蒸汽不冷凝成粗锌，夹在烟气中由电炉出来后氧化，经滤袋收尘捕集氧化锌。

与传统的鼓风炉炼铅相比较，基夫赛特法具有以下优点：

(1) 系统排放的有害物质含量低于环境保护允许标准，操作场地具有良好的卫生环境。

(2) 产出的二氧化硫烟气浓度高（$w(SO_2)=20\%\sim50\%$）、体积小，有利于烟气净化和制酸。

(3) 炉料不需要烧结，生产在一台设备内进行，生产环节少。

(4) 焦炭消耗量少，精矿热能利用率高，能耗低。

(5) 生产成本低。

近期塔式熔炼的发展趋势是：设备大型化和操作自动化；采用富氧空气进一步强化熔炼过程；采用双接触法制酸，可使排放尾气中 SO_2 含量在 300×10^{-6} 以下，硫的回收率可达 95%；进一步强化脱硫，直接产出粗铜。另一趋势是利用闪速炉的原理，对闪速炉结构及其附属系统进行改造，使之适合直接炼铅熔炼，如基夫赛特炉就是其中之一。

5.3.3　锌精馏塔

精馏法精炼锌的设备是塔式锌精馏炉（见图 5-44），简称精馏塔。锌精馏塔包括熔化炉、铅塔、熔析炉、镉塔（包括分馏室）、铅塔冷凝器、高镉锌冷凝器、精锌储槽等部分，实际上是多台设备组合体的总称。粗锌精制是基于锌与杂质元素沸点不同的特点，在两种不同塔形中不同温度下蒸馏、冷凝回流，使锌与其他杂质金属分离，而得到高纯锌。即第一阶段是将粗锌加入到铅塔中脱除高沸点金属杂质 Fe、Pb、Cu 和 Sn 等；第二阶段是在镉塔中脱除低沸点金属镉。但不论在铅塔中或镉塔中，都包括蒸馏和冷凝回流两个物理过程。

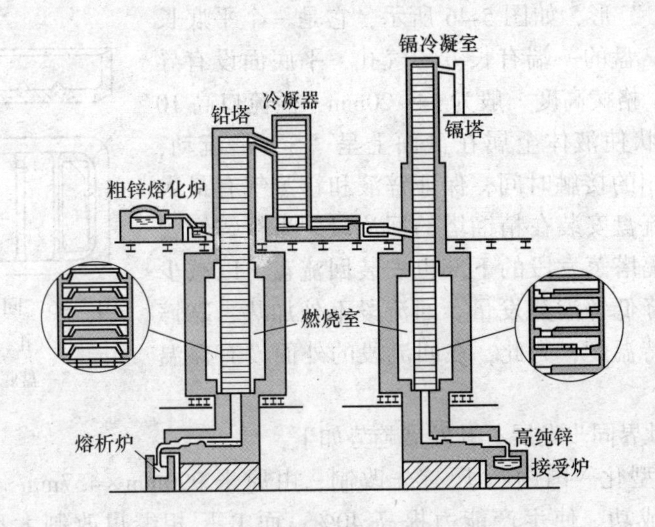

图 5-44 粗锌精馏塔设备连接示意图

锌精馏精炼的特点是：

（1）能产出含 $w(Zn)=99.99\%\sim99.998\%$的高纯锌。

（2）可直接产出粗铅，并富集原料中 Pb、Cd、In 和 Ge 等金属，有利于综合回收。

（3）对原料适应性较强，机动性大。

（4）塔体设备结构较复杂，需要优质的碳化硅耐火材料；筑炉和生产操作要求较严。

锌精馏塔一般由两座铅塔和一座镉塔组成一生产组。塔本体有塔盘重叠安装而成，它分为两部分：在燃烧室内的部分称为蒸发段，燃烧室以上的部分称为回流段。回流段不外加热，但四周有保温空间。

塔盘结构及结构要求：锌精馏塔主要塔盘有两种，即蒸发塔盘和回流塔盘。塔盘尺寸的大小选择应根据生产量确定，既不要能力过剩，也不能过负荷，影响塔盘质量和塔体寿命。

蒸发盘安装在蒸发段。盘的构造呈“W”形，一端设有长方形气孔，中间高出的部分为塔盘底，塔盘底的周围有一环形沟槽。为延长盘内气、液两相的接触时间，在塔盘一端的沟槽和气孔之间开有溢流口。蒸发盘形状如图 5-45 所示，这种形状可以使金属锌液大部分积存在塔盘四周的沟槽内，以增大锌液与盘壁的接触面积，有利于接受盘壁传入的热量，因而热传导快，蒸发能力大。在塔盘内平底上只积存很薄一层液体金属，约为 10～20mm，可以减少盘内金属存量，并扩大金属蒸发表面积，当液体金属积存到一定高度时，则由塔盘一端的溢流口溢出。经盘上气孔流到下一块塔盘，并逐步按顺序交错下流，直至底盘后，流至下延部。

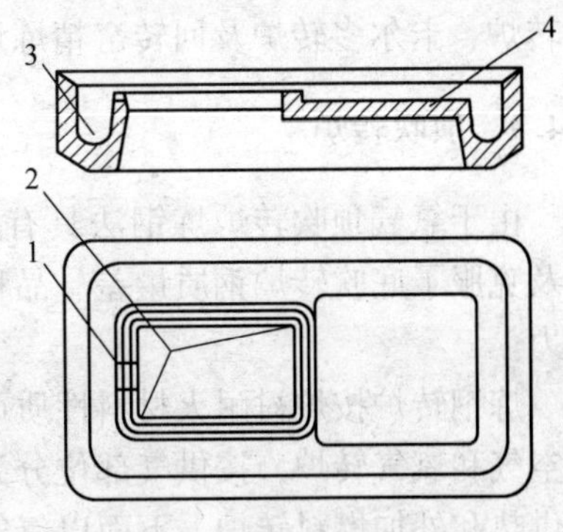

图 5-45 蒸发盘结构示意图

1—溢流口；2—气孔；3—沟槽；4—盘底

在蒸发段，每块蒸发盘都蒸发一定数量的气态金属，沿上一块塔盘的气孔上升，并按顺序交错上升，气态金属总量由底部至上部不断增加，最后到达精馏塔回流段。

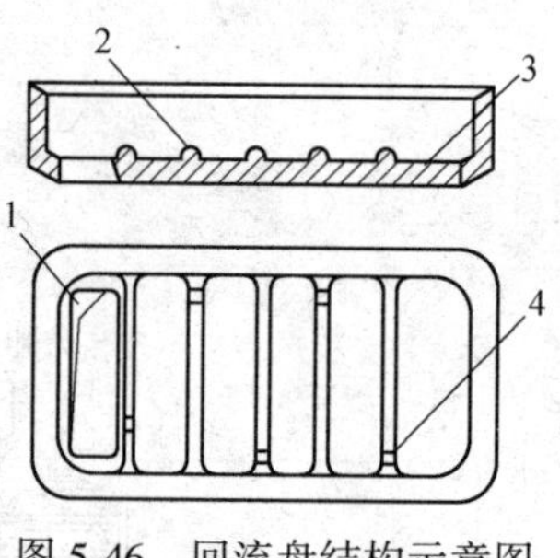

图 5-46 回流盘结构示意图
1—气孔；2—导流格棱；
3—盘底；4—溢流口

回流盘呈“U”形，如图 5-46 所示，它是一个平底长方形碳化硅制品。盘的一端有长方形气孔，平底面设有导流格棱和溢流口，格棱高度一般为 14~20mm，溢流口高 10~14mm。这种形状使液体金属在盘面上呈“S”形流动，延长盘内气液两相的接触时间，保证锌液和锌蒸气有最大的接触面积。回流盘安装在精馏塔的回流段。当粗锌镉含量不高时，有的镉塔蒸发段的下部也安装回流盘，以减少锌液受热面积，降低锌液蒸发量。回流段不外加热，靠锌蒸气的冷凝热保持温度，为此，在回流段的外面设有保温空间。

精馏技术与世界同步发展，其发展趋势如下：

（1）塔盘大型化。国内 A 厂首先改制，由原来 990mm×457mm 研制成 1260mm×620mm 型大塔盘成功，使生产能力提高 40%；而 B 厂相继也改制大型塔盘 1372mm×762mm，同时增加了塔体高度，生产能力提高一倍以上，并得到全面推广。

（2）应用范围广。精馏炉除生产精馏锌外，还用于生产普通锌粉和超细锌粉、高级氧化锌粉等。

（3）精馏炉生产过程机械化和自动化。在生产过程中热工自动化程度逐渐完善、基本实现燃烧室温度控制自动化。

（4）提高塔盘制作质量。塔盘生产过程与质量检测实现了系列化、标准化，使得塔盘制作质量提高，延长了塔盘使用寿命。

5.4 转 炉

向熔融物料中喷入空气（或氧气）进行吹炼，且炉体可转动的自热熔炼炉称为转炉。事实上，转炉属熔池熔炼炉，但它又是一种较古老的炉型。转炉可分为氧气炼钢转炉、卧式转炉、卡尔多转炉及回转窑精炼炉。它们均有各自的特点及用途。

5.4.1 顶吹转炉

由于氧气顶吹转炉炼钢法具有反应速度快，热效率高，又可使用 30% 的废钢为原料以及克服了底吹转炉钢质量差、品种少等缺点，因而一经问世就显示出巨大的优越性和生命力。

炼钢转炉按炉衬耐火材料性质可分为碱性转炉和酸性转炉，按供入氧化性气体种类分为空气和氧气转炉，按供气部位分为顶吹、底吹、侧吹及复合吹炼转炉，按热量来源分为自供热和外加燃料转炉。下面以氧气顶吹转炉为例，重点讲述它的结构及附属设备。

5.4.1.1 氧气顶吹转炉炉体结构

氧气顶吹转炉炉体结构如图 5-47 所示。

（1）炉壳。转炉炉壳要承受耐火材料、钢液、渣液的全部质量，并保持转炉的固定形状；倾动时承受扭转力矩作用。炉壳是由普通锅炉钢板或低合金钢板焊接而成。为了适

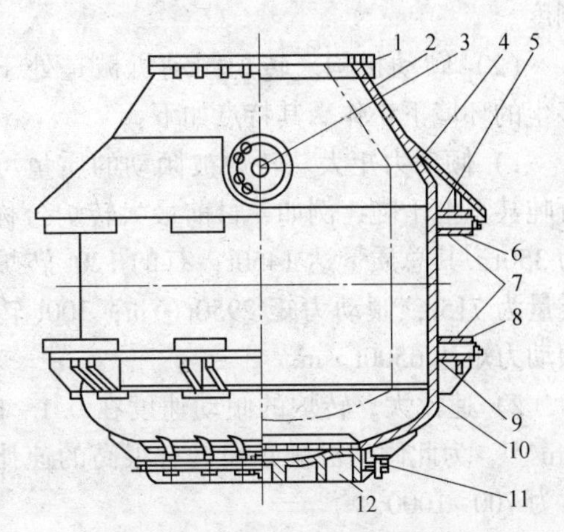

图 5-47 氧气顶吹转炉炉体结构

1—炉口；2—炉帽；3—出钢口；4—护板；5，9—上、下卡板；6，8—上、下卡板槽；7—斜块；10—炉身；11—销钉和斜楔；12—炉底

应高温频繁作业的特点，要求炉壳在高温下不变形、在热应力作用下不破裂，必须具有足够的强度和刚度。目前炉壳钢板的厚度需根据实际数据来确定和选择。

(2) 炉帽。炉帽的形状有截头圆锥形和半球形两种。半球形的刚度好，但加工复杂；而截头圆锥形制造简单，但刚度稍差，一般用于 30t 以下的转炉。炉帽上设有出钢口。出钢口最好设计成可拆卸式的，便于修理更换。小转炉的出钢口还是直接焊在炉帽上为好。炉帽受高温炉气、喷溅物的直接热作用，燃烧法净化系统的炉帽还受烟罩辐射热的作用，其温度经常高达 300~400℃。

(3) 炉口。为了维护炉口，普遍采用水冷炉口。这样既可以减少炉口变形，提高炉帽寿命，又能减少炉口结渣，即使结渣也较易清理。水冷炉口有水箱式和埋管式两种结构。水箱式水冷炉口用钢板焊成，在水箱内焊有若干块隔水板，使进入的冷却水在水箱中形成一个回路。隔水板既可增强水冷炉口刚度，也可以避免产生冷却死角。埋管式水冷炉口结构是把通冷却水用的蛇形钢管埋铸于灰口铸铁、球墨铸铁或耐热铸铁的炉口中，这种结构比较安全，也比水箱式炉口寿命长。水冷炉口可用销钉—斜楔与炉帽连接，由于喷溅物的黏结，拆卸时不得不用火焰切割。因此，我国中、小型转炉采用卡板连接方式将炉口固定在炉帽上。通常炉帽还焊有环形伞状挡渣护板，可避免或减少喷溅黏结物对于炉体及托圈的烧损。

(4) 炉身。炉身一般为圆筒形。它是整个炉壳受力最大的部位。转炉的整个质量通过炉身钢板支撑在托圈上，并承受倾动力矩，因此用于炉身的钢板要比炉帽和炉底适当厚些。

(5) 炉底。炉底有截锥型和球冠形两种。截锥型炉底制造和砌砖都较为简便，但其强度不如球形好，适用于小型转炉。上修炉方式炉底采用固定式死炉底，适用于大型转炉，下修炉方式采用可拆卸活动炉底。可拆卸活动炉底又有大炉底和小炉底之分。

5.4.1.2 主要附属设备

氧气顶吹转炉系统主要附属设备如图 5-48 所示。

(1) 托圈与耳轴。用以支撑炉体和传递倾动力矩的构件，因而它要承受以下几方面力的作用：

1) 要承受炉壳、炉衬、炉液、托圈及冷却水的总质量。

2) 要承受由于受热不一致，炉体和托圈在轴向所产生的热应力。

3) 要承受由于兑铁水、加废钢、清理炉口黏钢等不正常操作时所出现的瞬时冲击力。

因此，对托圈、耳轴的材质要求冲击韧性要高，焊接性能好，并具有足够的强度和刚度。

(2) 倾动机构。转炉倾动机械是处于高温多尘的环境下工作。其特点如下：

1) 倾动力矩大。转炉被倾动的质量可达上百吨甚至上千吨，例如，目前最大转炉公称吨位为350t，其总质量达1450t；有的120t转炉其总质量为715t，倾动力矩2950t·m；300t转炉的倾动力矩达6500t·m。

2) 速比大。转炉的倾动速度在0.1~1.5r·min^{-1}，为此倾动机械必须具有很高的速比，通常为700~1000。

3) 启、制动频繁，承受较大的动载荷。转炉的冶炼周期最长40min左右，需要启、制动24次之多。如果加上慢速区点动4~5次，则每炼一炉钢，倾动机械启、制动就要超过30次。

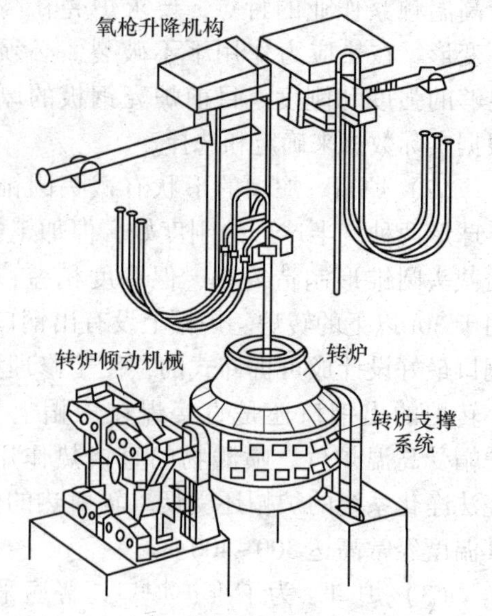

图5-48 氧气顶吹转炉系统主要附属设备

对倾动机械有如下要求：

1) 能使炉体正反转动360°，并能平稳而又准确地停在任一倾角位置上，以满足兑铁水、加废钢、取样、测温、出钢、倒渣、补炉等各项工艺操作的要求。并且要与氧枪、副枪、炉下钢包车、烟罩等设备有连锁装置。

2) 根据转炉吹炼工艺的要求，转炉应具有两种以上的倾动速度。转炉在出钢、倒渣、人工测温、取样时要平稳缓慢地倾动，避免钢渣猛烈晃动甚至溅出炉口。当空炉或从水平位置摇直，或者从垂直位置刚开始摇下时，均可用较高的倾动速度，以减少辅助时间。在接近预定位置时，采用低速运行，以便停位准确平稳。

3) 操作灵活，安全可靠，倘若部分设备发生故障应有备用能力，继续工作，直到本炉钢冶炼结束。

4) 倾动机械载荷的变化对结构的变形有较好的适应能力。如由于托圈翘曲变形而引起耳轴的轴线发生一定程度的偏斜，各齿轮副仍能保持正常啮合。

5) 结构紧凑，占地面积少，效率高，投资省，维修方便。

(3) 供氧系统。氧气转炉炼钢车间的供氧系统是由制氧机、加压机、中压储气罐、输氧管、控制闸阀、测量计器、氧枪等主要设备组成。

1) 低压储气柜。该柜是储存从制氧机分馏塔出来的压强为0.0392MPa左右的低压氧气，氧气柜的构造同煤气柜相似。

2) 压氧机。由制氧机分馏塔出来的氧气，氧压仅有0.0392MPa，而炼钢用氧要求的工作氧压为0.785~1.177MPa，需压氧机给氧气加压，氧压提高后，中压储氧罐的储氧能力也相应提高。

3) 中压储气罐。加压为2.45~2.94MPa的氧气储备起来直接供转炉使用。转炉生产有周期性，而制氧机要求满负荷连续运转，因此通过中压储氧罐来平衡供求，解决了车间高峰用氧的问题。中压储气罐由多个组成，其形式有球形和长筒形（卧式或立式）等。

4) 供氧管道。包括总管和支管，在管路中设置有控制闸阀、测量计器等。

5）氧枪，又称喷枪或吹氧管，它是转炉吹氧设备中的关键性部件。结构如图 5-49 所示。

氧枪是由喷嘴和枪身两部分组成。转炉内反应区的温度高达 2000~2600℃。在吹炼过程中，氧枪不仅要承受熔池中炉气、炉衬的辐射、对流和传导的复杂热交换作用，而且由于熔池内激烈的化学反应造成了钢液、炉渣对氧枪的冲刷作用。所以要求氧枪要有良好的水冷系统和牢固的金属结构，保证氧枪能够耐高温、抗冲刷侵蚀和振动、加工制造方便等。从图 5-49 可知，枪身由三层同心钢管组成。内管是氧气通道，内层管与中层管之间是冷却水的进水通道；中层管与外层管之间是冷却水的出水通道。自从氧气转炉问世以来，氧枪喷嘴的结构有了很大发展。氧气转炉生产开始时大多采用单孔拉瓦尔型喷嘴，随着转炉吨位增加，目前国内外普遍采用了多孔喷嘴。

（4）单孔喷嘴。单孔拉瓦尔型喷嘴的结构如图 5-50 所示。拉瓦尔喷嘴由收缩段、喉口和扩张段构成，喉口处于收缩段和扩张段的交界，此处的截面积最小，通常把喉口直径称为临界直径，把该处的面积称为临界断面积。单孔拉瓦尔喷嘴的氧气流股具有较高的动能，对金属熔池的冲击力较大，因而喷溅严重；同时流股与熔池的相遇面积较小，对化渣不利。单孔喷嘴氧流对熔池的作用力也不均衡，使熔渣和钢液容易发生波动，加剧了熔渣和钢液对炉衬的冲刷和侵蚀。目前很少采用单孔喷嘴。

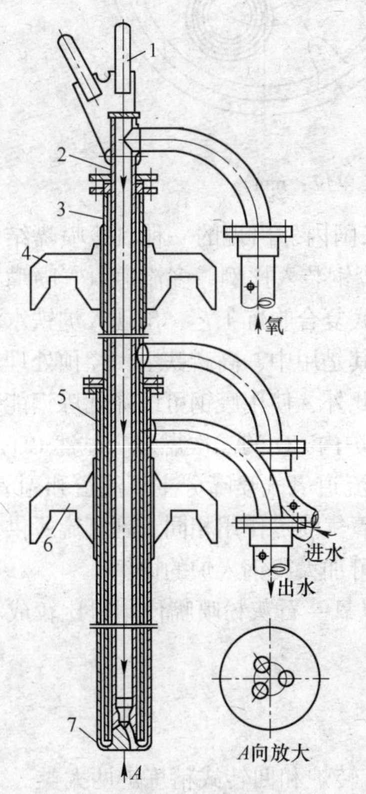

图 5-49　氧枪结构示意图

1—吊环；2—中心管；3—中心层；4—上托管；
5—外层管；6—下托座；7—喷头

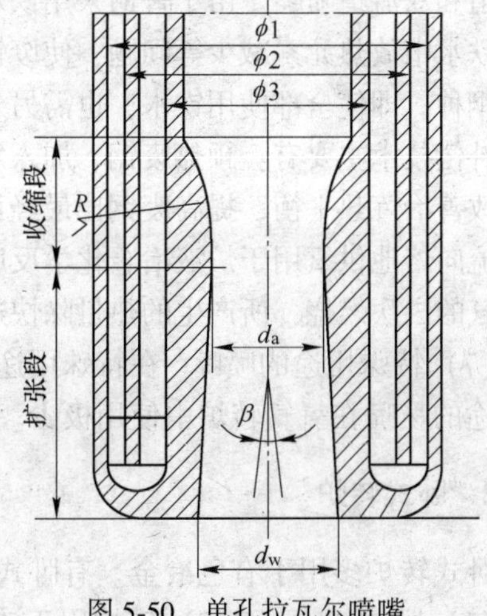

图 5-50　单孔拉瓦尔喷嘴

（5）多孔喷嘴。多孔喷嘴包括三孔、四孔、五孔、六孔、七孔、八孔、九孔等，它们的结构每个小孔都是拉瓦尔型。现在主要介绍三孔拉瓦尔型喷嘴，结构如图 5-51 所示。三孔喷嘴为三个小拉瓦尔孔，与中心线呈一夹角 α，以等边三角形分布，α 为拉瓦尔孔的扩张角。氧气分别进入三个拉瓦尔孔，在出口处获得三股超音速氧气流股。生产实践已充分证明三孔拉瓦尔型喷嘴有较好的冶金工艺性能。三孔喷嘴的加工制造比单孔喷嘴较为复杂。三孔喷嘴顶面中心部位，即“鼻尖”处极易黏钢烧毁而形成“单孔”。所以在喷嘴内三孔之间开槽通水冷却，做成水内冷三孔喷嘴。为了便于加工，国内外一些厂家把喷嘴分割成几个加工部件，然后焊接组合成内冷喷嘴。这种喷嘴加工方便，使用效果好，适合于大、中型转炉。另外，也应从操作工艺上避免高温钢，化好渣、禁止过低枪位操作等对减少喷嘴损坏是有益的。

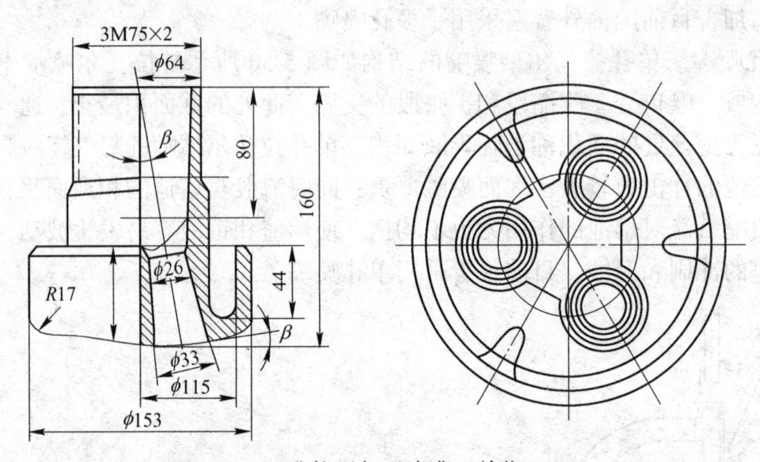

图 5-51　三孔拉瓦尔型喷嘴（单位：mm）

（6）多流道氧气喷嘴。多流道氧枪喷嘴是近年来国内外出现的一种氧枪喷嘴结构。其目的是增加炉气中 CO 燃烧比例，以提高炉温，加大废钢装入比例。多流道氧气喷嘴又分为单流道和双流道喷嘴。由于普遍采用铁水预处理和顶底复合吹炼工艺，出现入炉铁水温度下降及铁水中放热元素减少等问题，使废钢比减少。尤其是用中、高磷铁水，经预处理后冶炼低磷钢种，即使全部使用铁水，也需另外补充热源。此外，使用废钢可以降低炼钢能耗。目前热补偿技术主要有：预热废钢、加入发热元素以及炉内 CO 的二次燃烧。显然 CO 二次燃烧是改善冶炼热平衡、提高废钢比最经济的方法。双流道氧气喷嘴分主氧流道和副氧流道。主氧流向熔池供氧用于炉液冶金化学反应，同传统的氧气喷嘴作用相同。副氧流所供氧气用于炉气的二次燃烧，所产生的热量除快速化渣外，还可加大废钢入炉的比例。

（7）特殊用途的喷嘴。在特殊用途的喷嘴中，以氧—石灰粉喷嘴使用得比较成功，其他用途的喷嘴在氧气转炉中使用极少。

5.4.2　卧式转炉

卧式转炉多用于有色冶金。有卧式侧吹（P-S）转炉和回转式精炼炉两大类。

（1）卧式侧吹（P-S）转炉用于吹炼铜锍成粗铜、吹炼镍锍成高冰镍、吹炼贵铅成金银合金，也可用于铜、镍、铅精矿及铅锌烟尘的直接吹炼。卧式转炉处理量大，反应速度快，氧利用率高，可自热熔炼，并可处理大量冷料，是铜冶炼中必不可少的关键设备。但卧式转炉为周期性作业，存在烟气量波动大，SO_2浓度低，烟气外溢、劳动条件差及耐火材料单耗大等缺点（下面重点介绍卧式转炉的结构、特点以及今后的发展方向）。

（2）回转式精炼炉主要用于液态粗铜的精炼。精炼作业一般有加料、氧化、还原、浇铸四个阶段，产品是为铜电解精炼提供合格的阳极板，因此，回转式精炼炉一般又称回转式阳极炉。

5.4.2.1 卧式侧吹（P–S）转炉的主要结构及特点

目前铜锍吹炼普遍使用的是卧式侧吹（P–S）转炉，国外有少数工厂采用所谓虹吸式转炉。P–S 转炉除本体外，还包括送风系统、倾转系统、排烟系统、熔剂系统、环集系统、残极加入系统、铸渣机系统、烘烤系统、捅风口装置、炉口清理等附属设备。转炉本体包括炉壳、炉衬、炉口、风口、大托轮、大齿圈等部分。如图 5-52 所示为 P-S 转炉的结构图。

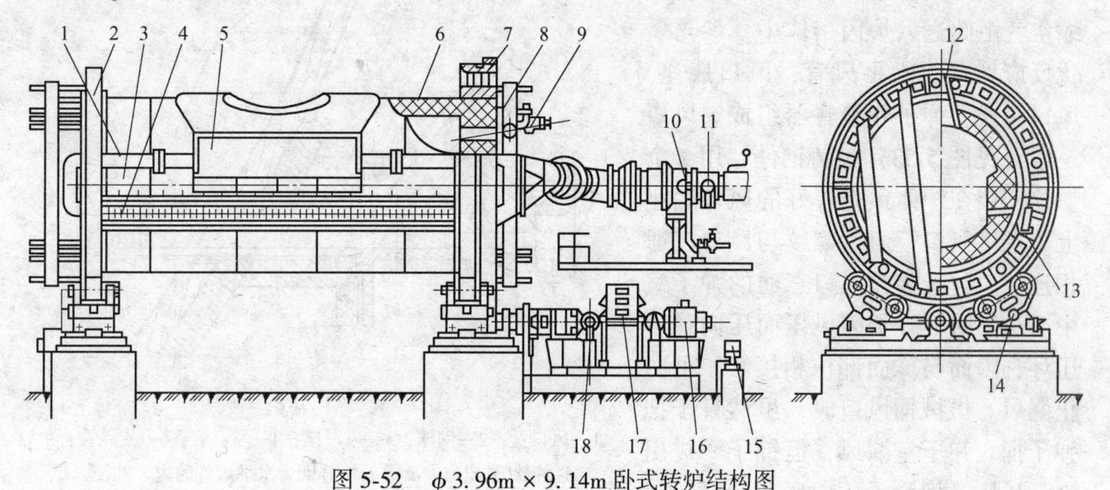

图 5-52 ϕ3.96m × 9.14m 卧式转炉结构图

1—转炉炉壳；2—轮箍；3—U 形配风管；4—集风管；5—挡板；6—衬砖；7—冠状齿轮；8—活动盖；9—石英喷枪；10—填料盒；11—闸；12—炉口；13—风嘴；14—托轮；15—油槽；16—电动机；17—变速箱；18—电磁制动器

（1）炉壳及内衬材料。转炉炉壳为卧式圆筒，用 40~50mm 的钢板卷制焊接而成，上部中间有炉口，两侧焊接弧型端盖，靠两端盖附近安装有支撑炉体的大托轮（整体铸钢件），驱动侧和自由侧各一个。大托轮既能支撑炉体，同时又是加固炉体的结构，用楔子和环形塞子把大托轮安装在炉体上。为适应炉子的热膨胀，预先留有膨胀余量，故大托轮和炉体始终保持有间隙。大托轮由 4 组托架支承着，每组托架有 2 个托滚，托架上各个托滚负重均匀。驱动侧的托滚有凸边，自由侧的没有，炉体的热膨胀大部分由自由侧承担，因而对送风管的万向接头的影响减小。托滚轴承的轴套里放有特殊的固态润滑剂，可做无油轴承使用，并且配有手动润滑油泵，进行集中给油。在驱动侧的托轮旁用螺栓安装着炉体倾转用的大齿轮。中小型转炉的大齿轮，一般是整圈的，可使转炉转动 260°，大型转炉的大齿轮一般只有炉壳周长的 3/4，转炉便只能转动 270°。在炉壳内部多用镁质和镁铬质耐火砖砌成炉衬。炉衬按受热情况、熔体和气体冲刷的不同，各部位砌筑的材质有所差别。炉衬砌体留有的膨胀砌缝宜严实。对于一个外径 4m 的转炉炉衬厚度分别为：上、下炉口部位 230mm，炉口两侧 200mm，圆筒体 400mm+50mm 填料，两端墙 350mm+50mm

填料。

（2）炉口。炉口设于炉筒体中央或偏向一端，中心向后倾斜，供装料、放渣、放铜、排烟之用。炉口一般为整体铸钢件，采用镶嵌式与炉壳相连接用螺栓固定在炉口支座上。炉口里面焊有加强筋板。炉口支座为钢板焊接结构，用螺栓安装在炉壳上。现代转炉大都采用长方形炉口。炉口面积可按转炉正常操作时熔池面积的 20%～30%来选取，或按烟气出口速度 8～10m · s^{-1}来确定。在炉体炉口正对的另一侧有一个配重块，是一个用钢板围成的四方形盒子，内部装有负重物。

我国已成功地采用了水套炉口。这种炉口由 8mm 厚的锅炉钢板焊成，并与保护板（亦称裙板）焊在一起。水套炉口进水温度一般为 25℃左右，出水温度一般为 50～70℃。

（3）风口。在转炉的后侧同一水平线上设有一排紧密排列的风口，压缩空气由此送入炉内熔体中，参与氧化反应。它由水平风管、风口底座、风口三通、弹子和消音器组成。风口三通（见图 5-53）是铸钢件，用 2 个螺栓安装在炉体预先焊好的风口底座上。水平风口管通过螺纹与风口三通相连接。弹子装在风口三通的弹子室中。送风时，弹子因风压而压向弹子压环，因而与球面部位相接触，可防止漏风。机械捅风口时，虽然钎子把弹子插入弹子室漏风，但钎子一拔出来，风压又把弹子压向压环，以防漏风。消音器用于消除捅风口时产生的漏风噪音，由消音室、消音块、压缩弹簧和喇叭形压盖组成。

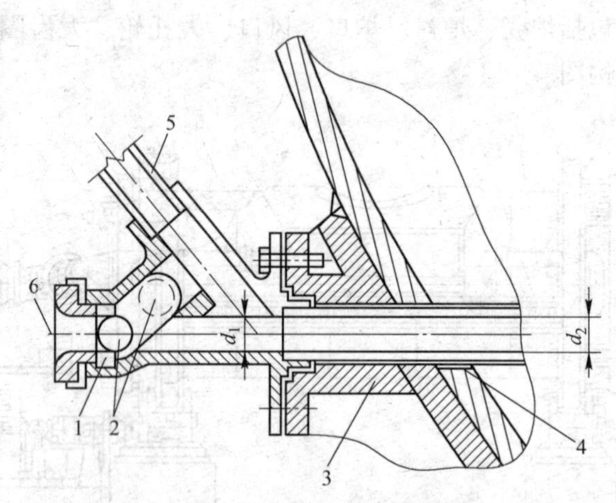

图 5-53　风口盒的结构

1—风口盒；2—钢球；3—风口座；4—风口管；5—支风管；6—钢钎进出口；d_1，d_2—分别为水平风管的内、外径

在炉体的大托轮上均匀地标有转炉的角度刻度，有一个指针固定在平台上指示角度的数值，操作人员在操作室内可以看到角度，从而了解转炉转动的角度，一般 0°位置是捅风眼的位置，重要的角度有：60°为进料和停风的角度，75°～80°为加氧化渣的角度，140°为出铜时摇炉的极限位置。

风口是转炉的关键部位，其直径一般为 38～50mm。风口直径大，其截面积就大，在同样鼓风压力下鼓入的风量就多，所以，采用直径大的风口能提高转炉的生产率。但是，当风口直径过大时，容易使炉内熔体喷出。所以，转炉风口直径的大小应根据转炉的规格来确定。风口的位置一般与水平面成 3°～7. 5°。风口管过于倾斜或风口位置过低，鼓风所受的阻力会增大，将使风压增加，并给清理风口操作带来不便。同时，熔体对炉壁的冲刷作用加剧，影响炉子寿命。在一定风压下，适当增大倾角，有利于延长空气在熔体内的停留时间，从而提高氧的利用率。风口浸入熔体的深度为 200～500mm 时，可以获得良好的吹炼效果。

卧式转炉的优点：处理量大；熔体搅动强烈，反应速度快，氧利用率高；可充分利于氧、硫等反应热，不需要外加燃料；单位体积热强度大，可处理大量废杂冷料。

卧式转炉的缺点：为周期性作业，送风时率低（0.7~0.75）；烟气量波动大，烟气中SO_2浓度低，不利于制酸和环保；烟气外溢，工作时喷溅物较多，影响金属回收率，且劳动条件差；耐火材料的单耗大（以吨铜计，一般为3~20kg）。

卧式侧吹（P-S）转炉的发展方向：

（1）适当增大炉长和直径，增加风口数，扩大炉容，提高处理量。

（2）机械清理风口，风口直径已增至50~60mm，倾角增至15°~20°，用以增大鼓风进入熔体的深度和搅拌程度。

（3）采用三层烟罩，既提高了吹炼产出烟气SO_2浓度，又达到了环保的要求。

（4）采用高压（约410kPa）鼓风制度代替低压（约80~100kPa）鼓风制度，以减少风口结瘤，简化捅风口操作，延长风口砖寿命。

（5）采用富氧吹炼，强化转炉生产，提高转炉生产率和烟气SO_2浓度。

5.4.2.2 回转精炼炉的主要结构

回转式精炼炉主要由炉体、支撑装置和驱动装置三大部分组成。由于回转式精炼炉（理论上）可在180°范围内旋转，因此，所有与其连接的相关设施均应考虑挠性连接后再敷设刚性设施。回转式精炼炉的结构如图5-54所示。

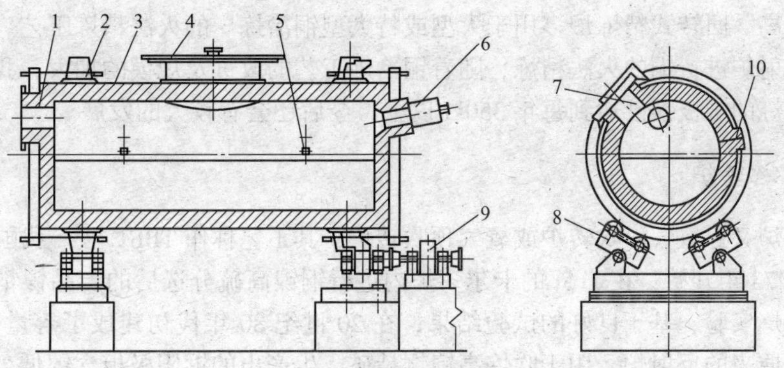

图5-54 回转式精炼炉

1—排烟口；2—壳体；3—砖砌体；4—炉盖；5—氧化还原口；
6—燃烧口；7—炉口；8—托辊；9—传动装置；10—出铜口

回转式精炼炉的炉体是一个卧式圆筒，壳体用35~45mm的钢板卷成，两端头的金属端板采用压紧弹簧与圆筒连接，在筒体上设有支撑用的滚圈和传动用的齿圈以及敷设的各种工艺管道，壳体内衬有耐火材料及隔热材料。回转式精炼炉的炉体上开有炉口、燃烧口、氧化还原孔、取样孔、出铜口、排烟口等各种孔口，各种孔口的方位如图5-55所示。

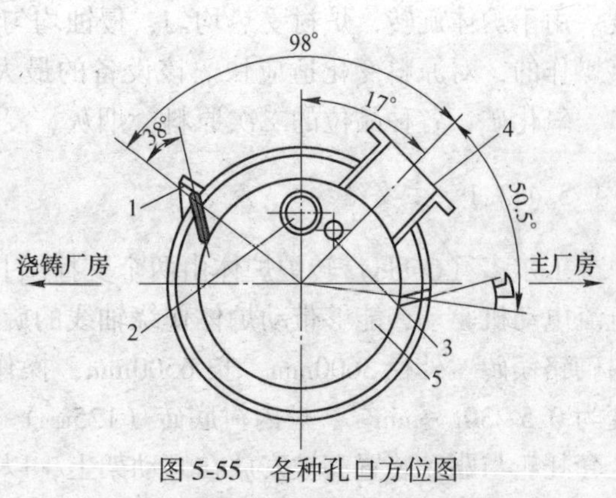

图5-55 各种孔口方位图

1—出铜口；2—燃烧口；3—取样口；
4—加料倒渣口；5—氧化还原口

筒体的中部开有一个较大的水冷炉口（炉口大小依电解残极尺寸而定）。炉口采用气（或液）动启闭的炉口盖盖住，只有加料和倒渣时才打开。炉口中心向精炼车间主跨（配有行车）方向（或称炉前方）偏 47°，加料时可向前方回转以配合行车加料（液态粗铜或一定的冷料以及造渣料等），而倒渣前在炉子底下放有渣包，炉子向前方回转倒渣。在炉口中心线下方 50.5°的两侧各设有一个氧化还原孔（又称风眼），风眼角 21°，风眼是套管式结构，由于风眼内管是易耗品，氧化还原过程中需要更换，因此结构上要便于装卸。

在炉子的后方（浇铸跨）偏 51°的位置开有一个出铜口，出铜口倾斜角为 38°，纵向布置靠近烧嘴端。炉子的左（或右）端墙设有燃烧口及取样口，燃烧口距回转中心高度为 800~1100mm，倾斜角 5°~10°；取样孔在燃烧口的左侧下方。炉子的另一端开有排烟口，排烟口距回转中心的高度与燃烧口一致。

炉子内衬 350~400mm 厚的镁铬质耐火砖，外砌 116mm 厚的黏土砖，靠近钢壳内表面铺设 10~20mm 厚的耐火纤维板，砌层总厚度控制在 500mm 左右。

5.4.2.3 回转式精炼炉的主要特点

回转式精炼炉结构简单、炉容量大、机械化自动化程度高、可控性强、密封性好以及能耗比较低；缺点是投资高、冷料率低（一般不超过 15%）、浇铸初期铜液落差大、精炼渣含铜比较高。回转式精炼炉多用于大型或特大型铜冶炼厂的火法精炼工艺。我国过去采用固定式反射炉进行铜的火法精炼，随着铜冶炼工艺的改进及规模的加大，我国采用回转式精炼炉精炼的阳极铜已达到每年 350kt 以上，今后还会有较大的发展。

5.4.3 卡尔多转炉

卡尔多炉又称氧气斜吹转炉或氧气顶吹转炉，其工艺称作 TBRC 法。我国金川有色金属公司自 1973 年开始，在 1.5t 的卡尔多炉内进行铜镍高硫分选后的产品镍精矿和铜精矿的半工业熔炼实验，基于良好的试验结果，在 20 世纪 80 年代初建成了容量为 8t 的生产炉子取代了原来的反射炉，用于吹炼高镍铜精矿，生产出的铜阳极板含镍低，各项指标远比反射炉好得多，至今一直担负着粗铜的脱镍任务。

卡尔多炉由于炉体倾斜而且旋转，增加了液态金属和液态渣的接触，提高了反应速度。由于炉体旋转，炉衬受热均匀，侵蚀均匀，有利于延长炉子寿命。卡尔多炉熔炼是间接操作的，对原料变化适应快。该设备的最大特点是能够处理各种原料，包括复杂铜精矿、氧化矿、各种品位的二次原料、烟灰、浸出渣、废旧金属等。

5.4.3.1 主要结构

卡尔多（Caldo）转炉炉体由两个支撑圈托在一对或两对托轮上，每个托轮为单独的直流电动机驱动，能够带动炉体作绕轴线的旋转运动，如图 5-56 所示。炉体外壳为钢板，内砌铬镁砖。外径 3600mm，长 6500mm，操作倾角 28°，新砌炉工作容积 $11m^3$。旋转速度为 $0.5 \sim 30r \cdot min^{-1}$。炉内衬底砖（125mm）和工作层砖（400mm）全部用铬镁砖砌筑。全套托轮与驱动装置又被安放在倾动架上，以使炉体（以 $0.1 \sim 1r \cdot min^{-1}$的转动速度）前后做 360°的圆周倾动。支撑圈与多个膨胀元件相连，以保证在炉温发生变化时炉体和支撑圈间的弹性连接，并使旋转运动中产生的振动不会传送倒驱动机构。由于炉体可以根据工艺要求按不同速度旋转，也可在加料、放渣、出料时前后倾转，使用十分方便。卡尔多转炉熔化物料或吹炼时炉体处于倾斜位置，一般于水平呈17°~23°。供热、吹炼用的油氧枪和连续加料管安装在炉口前的活动烟罩上。炉子加料后倾动倒吹炼位置，然后合上烟罩，放下油氧枪和连续加料管，调整不同的氧油比进行熔化或吹炼。必要时可边加料边吹炼。氧枪喷头距熔体面的距离可以根据要求调整。操作结束时提起油氧枪及加料管，停止供油、供氧、供料，然后打开烟罩，烟罩、喷枪和加料管的动作可采用液压传动。

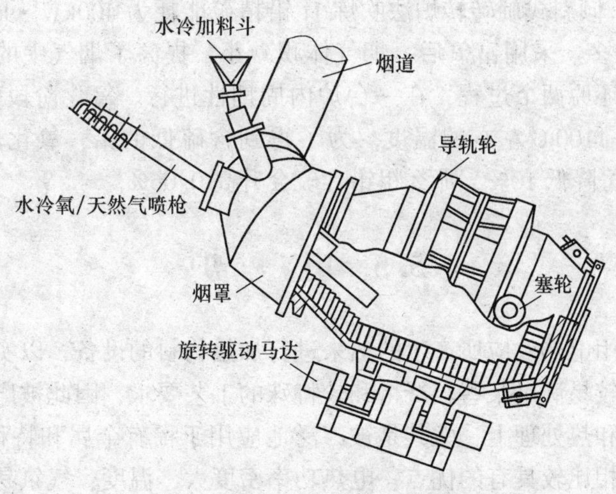

图 5-56 卡尔多转炉示意图

通常精矿由料管加入，较粗的炉料由烟罩内的移动溜槽加入。移开烟罩，倾动炉口至炉前进料位置，由包子倒入液体锍，大块冷料亦可用吊斗倒入。喷枪一般设置两支，一支是氧气喷枪，多用单孔收缩型喷头；另一支是氧油喷枪，一般做成收缩型或拉瓦尔型。氧气喷枪还能作一定角度内的摆动。炉口用可移动的密封烟气罩收集炉内烟气，烟气经烟道与沉降室后，进入电收尘器。

5.4.3.2 主要特点

在炉子下面的通风坑道内，有两个轨道式抬包车用于装运液体或固体产品。与其他强化熔炼新工艺相比，卡尔多炉的优点有：

（1）使用工业纯氧以及同时运用氧油枪，因而炉子的温度容易调节，操作温度可在大范围内变化，如在1100~1700℃温度下可完成铜、镍、铅等金属硫化精矿的熔炼和吹炼过程。

（2）由于采用顶吹和可旋转炉体，熔池搅拌充分，加速了气-液-固物料之间的多相反应，具有良好的传质和传热动力学条件，特别有利于金属硫化物 MS 和金属氧化物 MO 之间的交互反应的充分进行。

（3）用“油（天然气）—氧枪”控制熔炼过程的反应气氛。根据不同熔炼阶段的需要，可以有不同的氧势或还原势。

（4）由于炉子的炉气量少、炉体容积紧凑，因而散热量小，热效率高，在使用纯氧吹炼的条件下，热效率可达到60%或更高。

（5）虽然需要复杂的传动机构，在高温下工作的机电装置，但仍然有较高的作业率。

因为炉体体积小，拆卸容易，更换方便，一般设有备用炉体，所以修炉方便，不费时，用吊车更换一个经过烘烤的备用炉体即可，作业率可达到95%左右。

卡尔多炉的缺点是：间歇作业，操作频繁，烟气量和烟气成分呈周期性变化，炉子寿命较短，设备复杂，造价较高。

瑞典玻利顿公司隆斯卡尔冶炼厂卡尔多转炉既可处理铅精矿，又可处理二次铅原料。处理铅精矿时，处理能力为330t · d^{-1}，烟气量为25000~30000m^3 · h^{-1}。氧化熔炼时烟气$w(SO_2)$ = 10.5%。倾斜式旋转转炉法吹炼1t铅精矿能耗为400kW · h，比传统法流程生产的2000kWh低很多。采用富氧后，烟气体积减小，提高了烟气中的SO_2浓度。卡尔多炉炼铅分为氧化与还原两个过程，在一台炉内周期性进行。氧化阶段鼓入含60%O_2的富氧空气，可以维持1100℃左右的温度。为了得到含硫低的铅，氧化熔炼渣含铅不低于35%。如果渣含铅每降低10%，那么粗铅含硫会升高0.06%。

5.5 电　　炉

电炉是一种利用电热效应所产生的热来进行加热物料的设备，以实现预期的物理、化学变化。由于电炉较易满足某些较严格和较特殊的工艺要求，因此被广泛用于有色金属或合金的冶炼、熔化和热处理上，尤其是被广泛地应用于稀有金属和特种钢的冶炼和加工。电炉与其他熔炼炉相比较具有的优点：电热功率密度大，温度、气氛易于准确控制，热利用率高，渣量小，熔炼金属的总回收率高等。

按电能转变成热能的方式不同，电炉可分为电阻炉、电弧炉、感应炉、电子束炉、等离子炉等五大类。在每大类中又按其结构、用途、气氛及温度等而分成许多小类。

5.5.1 矿热电炉

矿热电炉是靠电极的埋弧电热和物料的电阻电热来熔炼物料的一种电炉，主要类型有铁合金炉、冰铜炉、电石炉、黄磷炉等。

5.5.1.1 物料熔化原理及过程

矿热炉中物料加热和电热转换同时在料层中进行，属于内热源加热，热阻小，热效率高，一般电热效率在0.6~0.8范围。物料熔化是电热转换和传热过程的综合效果。电热量虽可被物料充分吸收，但是要靠传热过程传递热量，才能实现工艺要求的物料熔化过程。

按电弧热在总电热量中所占的比率，物料熔化过程可分为下述两种：

(1) 以电弧热为主的物料熔化过程。少渣炉就属于这种类型，例如硅铁炉。其料层结构如图5-57所示，上部是散料层，下部是熔体层，熔体层上部是渣层，而下部是硅铁。电极埋在散料层中，它的末端和渣面间产生电弧，形成埋弧空腔。散料层中产生电阻热，上升的热炉气对它对流传热，电弧对它也有辐射传热，因此散料被加热升温，但是不允许熔化，否则上部散料结壳，阻碍炉料下降，发生“膨料”故障。被预热的散料下降到渣面附近，受电弧的辐射加热，以及电弧通过对流换热（电弧冲击）的加热而熔化。电弧热大部分以辐射和对流的方式直接传给其下的熔体，使其过热，过热熔体向电极径向方向流动，以对流的方式加热下降到渣面处的炉料。

（2）以电阻热为主的物料熔化过程。多渣炉就属于这种类型，如图 5-58 所示的冰铜熔炼炉，炉料（铜精矿与熔剂）从炉顶加料孔加入，浮动在渣面上；电极埋入渣层中，电热转换产生的热主要靠对流传热把炉料加热熔化，熔炼反应后产生冰铜，它的密度较炉渣大，铜锍沉淀汇集炉底。炉子连续生产，定期从渣口放渣，从铜锍口放出铜锍。

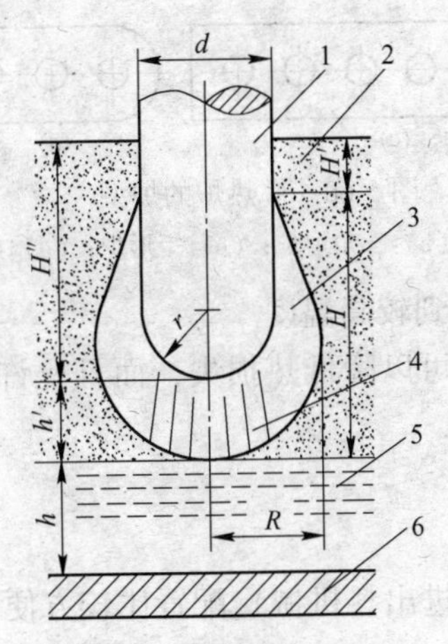

图 5-57 硅铁炉中的埋弧

1—电极；2—散料层；3—弧腔；4—电弧；5—熔体；6—炭砖层

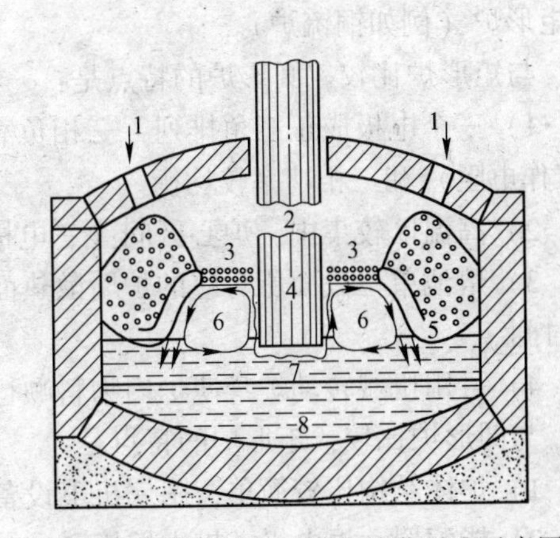

图 5-58 冰铜熔炼炉中炉料熔化过程示意图

1—下料口；2—炉膛空间；3—还原剂；4—电极；5—正在熔化的炉料；6—运动的炉渣；7—静止的炉渣；8—冰铜

5.5.1.2 矿热电炉结构

矿热电炉一般由炉壳、钢结构、砌体、产品放出装置、加料装置、电极及电极升降、压放、导电装置、热工测量装置等组成。图 5-59 所示为一种连续作业式铁合金炉的结构简图。

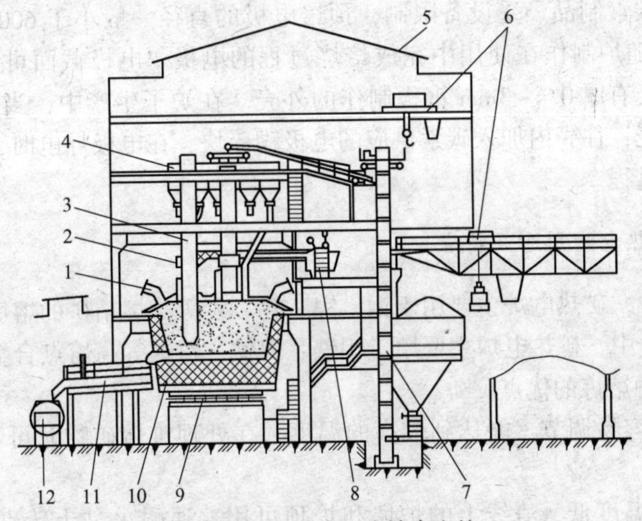

图 5-59 连续作业式铁合金炉

1—出气口；2—导电装置；3—电极；4—加料装置；5—厂房；6—行车；7—装料系统；8—电炉变压器；9—炉体旋转托架；10—炉体；11—产品放出装置；12—装料桶

（1）炉型。按电极排列方式，矿热炉的炉型有电极三角排列型，包括圆形炉（见图 5-60（a））和三角形炉（见图 5-60（b））；电极直线排列型，包括矩形炉（见图 5-60（c））和椭圆形炉（见图 5-60（d））。典型的是圆形炉（例如铁合金炉）和矩形炉（例如铜锍炉）。

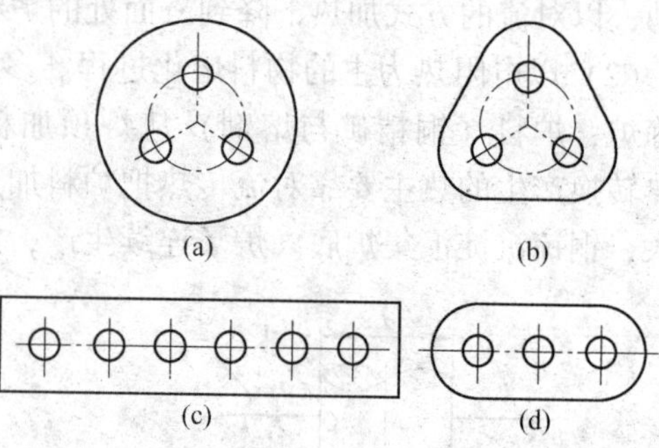

图 5-60　矿热炉的炉型

（a）圆形炉；（b）三角形炉；（c）矩形炉；（d）椭圆形炉

与矩形炉比较，圆形炉的特点是：

1）三个电极成正三角排列，三相负载（工作电阻）和三相功率较均衡。

2）高温区较集中，炉心区间（三电极间）可能达到较高温度。

3）熔池单位截面所对应的炉墙散热面较小，不仅可以降低热损失，而且允许较长停电时间。

4）可用机械转动炉身使炉内物料顺行。

与圆形炉比较，矩形炉的特点是：

1）炉体结构比较简单，附属机电设备（变压器、进出料机械）配置比较方便。

2）能配置六根电极，扩大熔炼区。

3）电极对物料运动的限制少，排除熔炼中产生的气体比较容易。

4）熔池各部位温差较小，不易发生局部过热。

在有色冶炼中一般采用固定式矩形密闭电炉。矩形电炉允许有较大的面积和功率，对变压器的配置较为适宜，并有利于冰铜和渣的分离，砌筑方便，但热膨胀不及圆形炉均匀。

（2）电极。矿热电炉应用石墨电极，按其焙烧成型方式，分为预焙电极和自焙电极。预焙电极尺寸较小，用于小容量炉；自焙电极尺寸较大，用于大容量炉。

预焙电极是碳素制品。受设备限制，预焙电极的直径一般小于 600mm。自焙电极如图 5-61 所示，是随炉制作在使用中完成焙烧过程的电极。电极截面可以是圆形或矩形，通常是圆形。电极有厚 0.6~3mm 钢板制作的外壳。在炉子生产中，当电极长度不足时，焊或铆接新的外壳，往壳内加入碳素供应的电极糊碎块，在电极导电时，受自身电阻电热作用，完成焙烧过程。

5.5.1.3　*矿热电炉用途及特点*

在有色冶金中，矿热电炉主要用于铜、镍、锡、铅等难熔精矿的熔炼，炉渣的保温等方面。在钢铁冶金中，矿热电炉主要用于钼铁、镍铁、钒铁等高熔点合金的熔炼。

（1）矿热电炉熔炼的优点：

1）熔池温度容易调节，能达到较高的温度，在处理难熔矿物时可不配或少配熔剂，渣率较低。

2）炉膛空间温度低，渣线上的炉墙和炉顶可用普通耐火黏土砖砌筑，炉子寿命较长，大修炉龄可达 15~20a 以上。

3）电炉熔炼不需要燃料燃烧，因此烟气量较少。若处理硫化矿，则烟气中 SO_2 浓度较高，可制酸，环境保护好。

4）烟气温度低，一般不超过600～800℃。烟气带走的热损失大大减少。热效率高，可达60%～80%。

（2）矿热电炉熔炼的缺点：

1）供电设备投资较昂贵。

2）耗电量大，成本较高。

3）要求炉料含水一般低于3%，否则易产生“翻料”及爆炸，恶化劳动条件。物料最好以颗粒或块状入炉以保证良好的透气性，有利于加速熔炼反应。

4）为了减小熔炼烟气量，缩小烟气处理系统，利于环境保护，矿热电炉应密封良好，尤其是电极孔和加料等的密封。

为了提高生产率和实现自动化操作，矿热电炉向着大功率、高电压操作的方向发展并采用微机控制电炉参数。

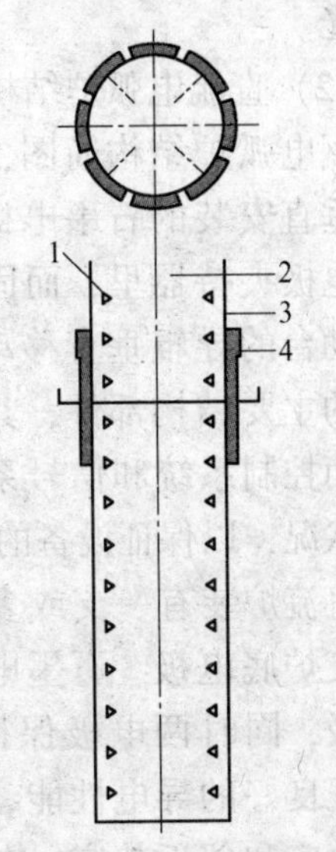

图5-61　自焙电极结构简图

1—筋片；2—电极糊；
3—电极壳；4—铜瓦

5.5.2 电弧炉

电弧炉是利用电弧的电热来熔炼金属的一种电炉。在电弧炉中，存在一个或多个电弧，靠电弧放电作用，把电能转变成热能，供给加热熔炼物料所需的热。由于电弧温度高，电热转变能力大，电热效率高，炉内气氛和炉子操作容易控制，所以电弧炉工业应用广泛，特别适合熔炼难熔和高级材料。

工业上用的电弧炉分做三类：第一类是直接电热式电弧炉。在这类电弧炉中，电弧发生在电极和被熔化的炉料之间，炉料受到电弧的接触（直接）加热。这类电弧炉主要有三相炼钢电弧炉，直流电弧炉和真空自耗炉；第二类是间接电热式电弧炉。在这类电炉中，电弧发生在两根专用的电极棒之间，而炉料只是受到电弧的传热（间接）加热。这类电弧炉主要用于铜和铜合金的熔炼，但由于噪声大，熔炼质量差等缺点，现已被其他熔炼炉代替；第三类是矿热炉。

5.5.2.1 直流电弧炉

工业规模直流电弧炉1982年在西德投产以来发展迅速，显示了技术上和经济上的优越性，如节能降耗，节约石墨电极、降低噪音和降低电网闪烁率等。

（1）工作原理。直流电弧炉内的电热过程是：当两根电极与电源接通时，将两极作短时间的接触（短路），而后分开，保持一定距离，在两极之间就会出现电弧。这是由于电极接触时，通过的短路电流很大，而电极的接触并非理想的平面接触，实际上仅仅是某些凸起点的接触，在这些接触地方通过大的短路电流，即电流密度很大，很快将接触处加热到较高的温度。电极分开以后，阴极表面产生热电子发射，发射出的电子在电场作用下朝阳极方向运动，在运动中碰撞气体的中性分子，使之电离为正离子和电子。此外，电弧的高温使气体（包括金属的蒸气）发生热电离；电场的作用也使气体电离。产生的带电质点在电场吸引下，电子飞往阳极，正离子飞往阴极，使电流通过两极之间的气体，由于电子质轻体小，到达阴极的可能性大，电弧主要靠电子导电。过程中，放出大量的热和强烈的光。

(2) 直流电弧炉结构。图 5-62 所示为直流炼钢电弧炉结构简图，炉子有一通过炉顶中心垂直安装的石墨电极作为阴极。电极固定在电极夹持器里，而固定夹持器的柱子可沿转动台的导辊垂直移动。底电极是直流电弧炉的主要结构部件，其冷却槽露出在炉壳外，而控制系统和信号系统可以连续监视底电极状况，以保证设备的安全运行。

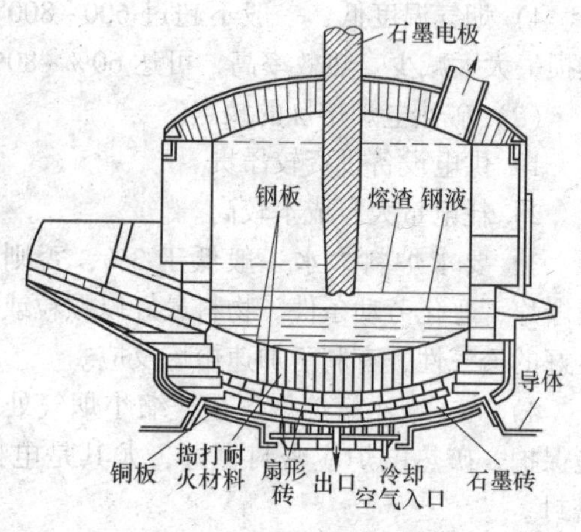

图 5-62　直流电弧炉

直流炉装有一支或多支石墨电极和一支或多支炉底电极。石墨电极是阴极，底电极是阳极，同时两电极保持在一条中心线上，以保证良好的导电性能。由于直流电不存在趋肤效应和邻近效应，在石墨电极截面中电流分布均匀，因此，电流密度可以取得大些。电流相同条件下，直流电弧炉的石墨电极尺寸比交流电弧炉要小一些。底电极的大小为中心电极的 2.5~5 倍。底电极的材料，可以是镁碳砖石墨或普通碳钢。底部电极与溶液接触部分将被烧熔，但在每次倒完钢水后，残留在炉膛内的钢水在底部电极凝结成块，而沉积在底电极顶端，使之“再生”，为下一炉开炉做准备。因此，从“再生”意义上来说，用碳钢比石墨优越。

目前各国运行的直流电弧炉的差异主要是炉底电极结构形式。代表性的有法国 CLECIM 公司开发的钢棒式水冷底电极，德国 CHH 公司开发的触针式风冷底电极，奥地利 DVAI 公司开发的触片式底电极，瑞士 ABB 公司开发的导电炉底式风冷底电极。

(3) 直流电弧炉特点。与交流电弧炉相比，单电极电弧炉的优点有：

1) 电弧稳定，因为电流方向始终是一致的。

2) 减少了耐火材料的消耗，因为只有位于炉中心的单根电极，对炉墙的烧损一致。

3) 自动调节器只有一相，维修容易，成本可降低 1/2~1/3。

4) 短网损耗降低，由电感引起的电耗几乎为零。

5) 石墨电极的消耗减少约 50%。

5.5.2.2　交流电弧炉

三相交流电弧炉是冶炼电炉钢的主要设备。

(1) 电热特点。虽然直流电弧形成的规律对交流电弧的形成也适用，但交流电电源瞬时电压是变化的，而且三相电存在相位差，所以交流电弧有自己的特殊规律。当电极供交流电时，由于电源电压的瞬时值随时间周期变化，所以电弧的瞬时电流随时间变化，瞬时功率也随时间变化，是波动的电弧，而且还可能暂时中断，即可能不连续燃弧。电弧可视为一个载流的气体导体，当处于磁场中时，将受电磁力的作用，以致产生电弧偏转，其大小和方向符合安培定律。

(2) 炉膛传热。三相电弧炉属容量和耗电量大的炉种，因此，节能是炉子热工的一个中心问题。电弧炉炉膛中参加热交换的物体是电弧、炉料和炉衬（包括炉壁和炉顶），三者共同构成一个封闭体系。电弧是热源，炉料是受热体，而炉衬是绝热体，它把炉料和电弧与外界大气隔离，减少热损失。在炉况正常时炉气量不大，为简化问题，不考虑它在炉膛传热中的作用。电弧炉炉膛热交换极其复杂，以辐射传热为主，如图 5-63 所示，同时存在下列传热过程：

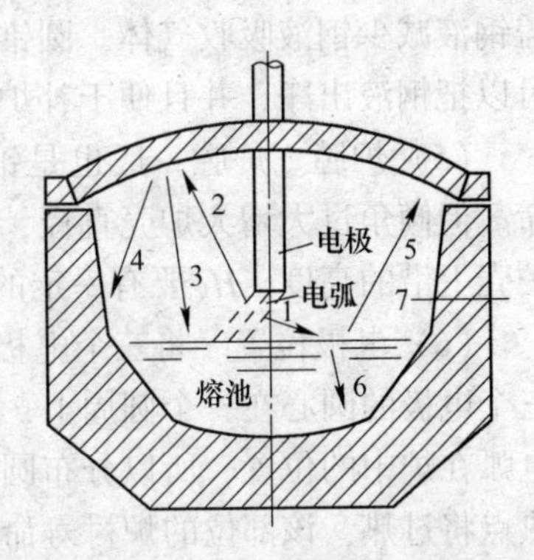

图 5-63　炉膛传热过程示意图

1）电弧直接向熔池液面辐射。

2）电弧向炉衬的表面辐射。

3）炉衬内表面向熔池液面辐射。

4）炉衬内表面之间相互辐射。

5）熔池液面向炉衬内表面辐射。

6）熔池上表面向钢液内部传导和对流传热。

7）通过炉衬、炉门、水冷件的散热。

（3）交流电弧炉结构。成套炼钢电弧炉设备包括电炉本体、主电路设备、电炉控制设备和除尘设备四大部分。炼钢电弧炉的本体主要由炉缸、炉身、炉盖、电极及其升降装置、倾炉机构等几部分构成，如图 5-64 所示。确定炉体的形状与尺寸是电弧炉设计的一项重要工作。确定炉形尺寸的原则是：首先要满足炼钢工艺要求；其次要有利于炉内热交换，热损失小，能量得到充分利用。此外，还要有较长的炉衬寿命。炉体的几何形状及尺寸符号如图 5-65 所示。

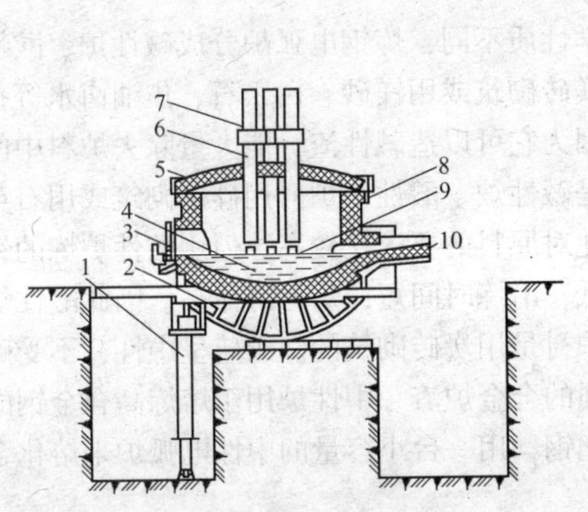

图 5-64　炼钢电弧炉示意图

1—倾炉用液压缸；2—倾炉摇架；3—炉门；4—熔池；5—炉盖；6—电极；7—电极夹持器；8—炉体；9—电弧；10—出钢槽

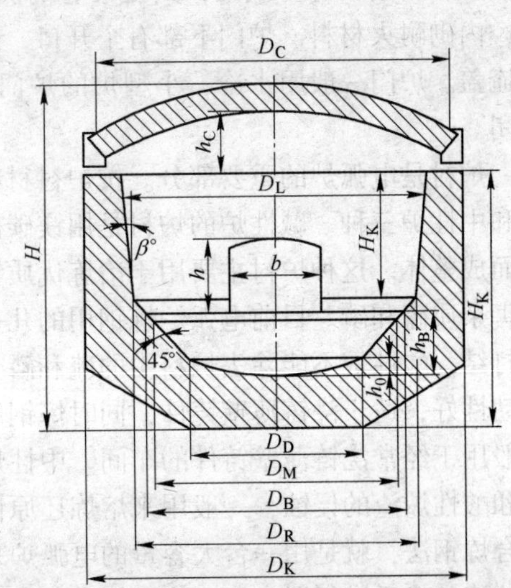

图 5-65　交流电弧炉的炉型尺寸

（4）炉缸。炉缸一般采用球形与圆锥形联合的形状，底为球形，熔池为截头锥形。圆锥侧面与垂线成 45°，球形底面高度 h_D 约为钢液总深度的 20%。球形底部的作用在于熔化初期易于聚集钢液，既可保护炉底，不使电弧直接在炉底燃烧，又可加速熔化。熔渣覆盖钢液减少钢液吸收气体。圆锥部侧面与垂线成 45°，保证出钢时炉体倾动 40°左右，就可以把钢液出净，并且便于补炉。

（5）炉膛。炉膛一般也是锥台形，炉墙倾角为 6°~7°。倾斜便于补炉，延长炉衬寿命。但倾角过大增大炉壳直径，加大热损失，机械装置也要增炉膛高度 H_K 指斜坡平面至炉壳上沿的高度。H_K 要有一定的高度，以避免炉顶过热和二次装料。

（6）电极位置。将三个电极经炉顶盖上的电极孔插入炉内，排列成等边三角形，使三个电极的圆心在一个圆周上，叫做电极极心圆或电极分布圆。电极分布圆确定了电极和电弧在炉中的位置，所以分布圆的半径是一个很重要的尺寸。电极分布圆太大，则炉壁的热点将过热，该部位的炉衬寿命短；过小，冷点处炉温不足影响冶炼。

（7）炉顶拱度。炉顶很重，例如，日产 50t 的电弧炉的炉顶质量接近 5t，有时因拱脚砖被压碎而报废。在生产实际中，炉顶中心部位容易损坏，引起炉顶砖塌落，原因是三个电极孔之间砖的支持力很弱。为防止炉顶砖塌落，炉顶拱高 h 不允许太高。也有采用三个电极孔处整体打结成一块预制块，或采用水冷、半水冷炉盖。

（8）炉壁。确定炉墙厚度的观点不一，欧洲电弧炉所采用的炉壁较厚；而在美国，即使是大炉子，其壁厚也很少超过 350mm，小型炉炉壁厚一般只有 230mm，并且在砖和炉子壳之间不加绝缘层。因为炉壁内表面温度很高，炉壁厚度超过一定限度，散热损失减少有限，而耐火材料却很大幅度增加，得不偿失。

（9）炉身结构与炉盖。炉身主要由炉壳、炉衬、出钢槽、炉门等几部分组成。电炉的炉壳是用钢板拼焊成的，其上部有的炉子做成双层，中间通水冷却。出钢槽连在炉壳上，内砌耐火材料。炉门下部有个开口，用来观察炉内情况、扒渣、加料等，平时用炉门盖掩盖。炉门一般用水冷，小型炉的炉门用人工启闭，稍大的炉子则用气压或液压机构启闭。

炉衬是电弧炉的重要部分。按炉衬材料化学性质不同，炼钢电弧炉分成碱性炉、酸性炉和中性炉三种。碱性炉的炉衬是用镁碳砖、镁砖砌筑或用镁砂、白云石、焦油卤水等打结而成整体。这种炉衬主要用于冶炼优质钢，因为它可以造碱性渣，能大量除去炉料中的有害杂质硫和磷。目前电弧炉炼钢用的几乎都是碱性炉。酸性炉炉衬用硅砖砌筑或用石英砂打结。酸性炉不能除去炉料中的硫和磷，因此对原料的要求比较高。但用酸性炉炼的钢流动性好，适于浇铸薄壁铸件，同时炼钢成本低，冶炼时间短，炉衬寿命高。因此酸性炉一般用于经常浇铸薄壁铸件的车间。中性炉的炉衬是用炭砖砌筑的。碳砖呈中性，不受碱性和酸性炉渣的侵蚀，一般用来熔炼还原性很强的合金炉渣。中性炉用于熔炼高合金钢的混合炼钢法，就是用一台大容量的电弧炉来熔化钢，用一台小容量的中性电弧炉来熔化合金炉渣，然后进行混合，以除去钢中的杂质。

电弧炉的炉衬在工作时要承受电弧的高温辐射、固体炉料的撞击、液体金属和炉渣的冲刷，容易损坏，因此炉衬的寿命也就成了电弧炉的一项技术经济指标。目前国内电弧炉的半水冷炉衬寿命一般在 150~300 炉之间。

电弧炉的砖砌炉盖有一个圆环形水冷的炉盖圈，是用钢板焊接成的，用它支撑耐火材料。炉盖用耐火材料（国内一般用高铝砖）砌成球拱形。炉盖上有三个呈正三角形对称布置的电极孔。炉盖耐火材料的寿命是一项重要技术经济指标，国内一般在 100 炉左右。美国马里奥钢铁公司的全水冷（喷水冷却）炉盖寿命达 5000 炉（次）。

通入电弧炉的电流非常大，以10t炉为例，每根电极电流约达到13kA，因此要求电极有良好的导电性，同时能耐很高的温度和一定的机械强度，通常采用人造石墨电极。石墨电极价格昂贵，其消耗指标直接影响炼钢成本，国内电极平均消耗约在7kg·t^{-1}左右，先进指标为4.5kg·t^{-1}。南非采用喷射式外冷却装置，将电极消耗指标降至3.25kg·t^{-1}。

三相交流电弧炉的优点：

（1）能量集中，熔池表面功率达560~1200kW·m^{-2}，电弧温度达3000℃以上。

（2）工艺灵活性大，能有效地去除硫、磷等杂质，控温方便。

（3）与转炉比，可全部以废钢为炉料。

（4）生产率高，电耗低（熔炼电耗350~600kW·h·t^{-1}）。

（5）占地面积小，投资费用少。

缺点：

（1）烟尘多，吨钢落灰2.5~8kg。

（2）噪声大，达90~120dB。

（3）电弧闪烁干扰电网。

5.5.2.3　电弧炉的发展趋势

电弧炉的发展趋势是：电炉炉容大型化；电炉的高功率操作；富氧操作、喷粉操作等操作方法的进步；由于炉外精炼法（二次精炼）的发展带来的电炉功能的变化；连续铸造法的发展；市场废钢生产量的增加导致再生利用重要性的增大。其中由于超高功率电弧炉具有以下特点，而备受人们关注。

超高功率电弧炉的技术特点：

（1）炉墙炉顶耐火砌体需要水冷，才能寿命足够。

（2）为防止炉墙炉顶过热，采取短弧低功率因数（0.65~0.7）操作。

（3）炉子通电时间率（通电时间与全过程时间之比）高，推荐其值不小于0.7。

（4）功率利用率（通电时间内平均有功功率与标称最大有功功率之比）高，推荐其值不小于0.7。

（5）和普通功率电炉比较，超高功率电炉生产率大约提高一倍。

5.5.3　感应熔炼炉

感应炉是利用感应电流在物料内流动过程中产生热而把物料加热的一种电热设备。

5.5.3.1　感应炉的分类及用途

（1）按频率分类，有：

高频熔炼炉。熔炼贵重金属和特殊合金，也可以用于熔炼钢，铸铁和有色金属等；

中频熔炼炉。熔炼钢，铸铁和有色金属等，也可降低频率和功率作为保温炉；

工频熔炼炉。工频有心感应炉和工频无心感应炉。

（2）按气氛分分类，有：

真空感应炉。用于耐热合金、磁性材料，电工合金，高强钢等的熔炼及核燃料的制取。

非真空感应炉。见其他标准的非真空感应炉用途。

(3) 按原理和构造分类，有：

1) 工频有心感应炉。组成：耐火材料坩埚——熔炼钢，铸铁和有色金属等，也可降低频率和功率作为保温炉。但因炉衬寿命原因，较少用于大的炼钢炉。铁坩埚炉——主要用于非导磁、低熔点的金属如铝、镁等熔炼和保温。短线圈炉——用于金属液保温，主要是铸铁保温，必要时可少量熔化和进行合金化。

2) 工频无心感应炉。用于有色金属（铜、铝、锌等）的熔炼，铸造的保温（多于冲天炉双联作业），亦可进行铸铁的熔炼等。

5.5.3.2　感应电热原理

在感应电炉中，用通交流电的感应器产生交变的电磁场，在位于磁场中的导电性物料中产生感应电动势和电流，感应电流在物料内流动过程中克服自身的电阻作用而产生热。概括地说，感应电热过程是电变磁，磁变电，电变热的过程，这三个过程同时进行是个复杂过程。由于磁路和电路都复杂，难以明确它们的规律，较简明的方法是应用电磁场理论，直接研究导体中磁、电和热转换的规律性。根据能量不灭原理，物料获得的电热功率，等于导体在交变电磁场中吸收的电磁能。

5.5.3.3　工频铁芯感应炉

图 5-66 所示为单相双熔沟立式熔铜有芯炉，有芯感应熔炼炉炉体一般由以下基本构件组成：

(1) 铁芯。与变压器的相同，构成闭合导磁体，横截面呈多边形，以减少铁芯与感应器之间的间隙。

(2) 感应器（即感应炉的线圈）。有芯炉皆采用工频电源，以减少感应器电损耗，提高电效率。感应器宜用内壁加厚的矩形或异形紫铜（即纯铜）管绕制。为增大单位长度的功率，感应器可做成双层。感应器可设置若干个抽头，以改变工作匝数，调节加热能

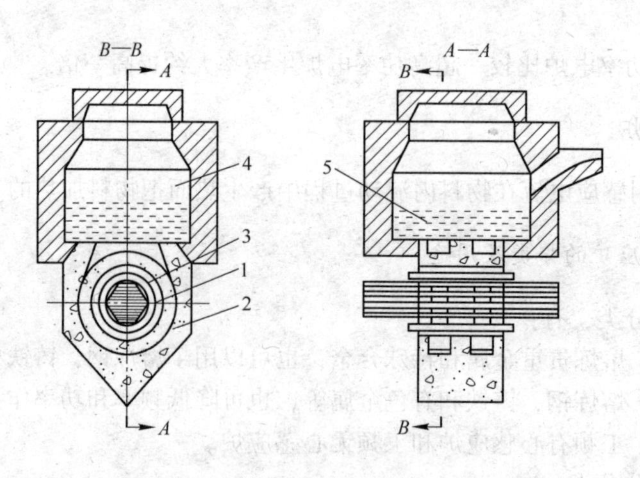

图 5-66　单相双熔沟立式熔铜有芯炉

1—铁芯；2—感应器；3—双熔沟；4—炉膛；5—熔池

力。感应器钢管内部必须通冷水，以排除铜管自身的焦耳热以及炉衬传导过来的炉料热损失，保护感应器绝缘层不被烧坏。如果感应器匝数多，水流阻力大，则将感应器分为若干并联的冷却段，保证冷却水出口温度不超过50~55℃，防止温度过高而结水垢。

(3) 熔沟。熔沟内衬材料须按熔炼工艺选定。筑炉方法目前多用散状耐火材料捣筑法。熔沟与感应器之间常有一不锈钢或黄铜制成的水冷套筒。熔沟内衬即捣筑于其表面。套筒另一重要作用是保护感应器。若熔沟内衬开裂，可防止熔体漏出烧坏感应器。套筒必须沿轴向断开，避免产生感应电流而消耗电能。熔沟内衬寿命短而炉膛内衬寿命长。为此，现代有芯炉的熔沟常制成装配式。通过螺栓与钢过壳将熔沟与炉膛连接，熔沟内衬一旦烧坏，可方便更换。

5.5.3.4　工频无芯感应炉

无芯（坩埚式）感应熔炼炉不存在构成闭合磁路的铁芯，故俗称无芯感应熔炼炉，简称无芯炉。又因炉体为耐火材料坩埚，因此，也称为坩埚式感应熔炼炉。在有色金属材料生产中，无芯炉广泛用于铜、铝、锌等有色金属及其合金的熔炼。在钢铁工业中，用于合金钢与铸铁的熔炼。

如图5-67所示为无芯感应熔炼炉结构简图。无芯感应炉主要由炉体、炉架、辅助装置、冷却系统和电源及控制系统组成。炉体包括炉壳、炉衬(坩埚)、感应器、磁轭及坚固装置等。被熔化的金属置于坩埚之中，坩埚外有隔热与绝缘层，绝缘层外紧贴感应器（线圈）。感应器外均匀分布若干磁轭（导磁体）。

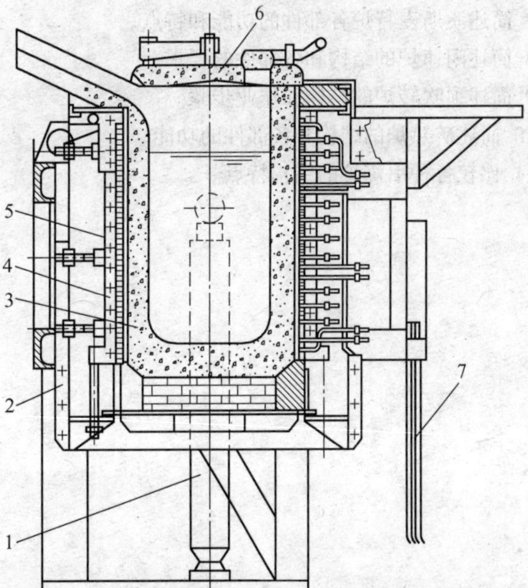

图5-67　无芯感应熔炼炉结构简图
1—倾炉油缸；2—炉架；3—坩埚；4—导磁体；
5—感应线圈；6—炉盖；7—铜排或水冷电缆

(1) 坩埚（炉衬）材质。无芯感应炉坩埚按材质可分为耐火材料坩埚和导电材料坩埚。耐火材料坩埚有打结的、浇铸成型的或砌筑的。现用多为打结的，其材质按熔炼工艺要求分为酸性、碱性和中性。导电材料坩埚有铸铁、铸钢、钢板、石墨等。

(2) 感应器（感应线圈）。无芯感应熔炼炉的感应器一般为密绕的圆筒形。

(3) 磁轭（磁导）。磁轭主要起磁引导或磁屏蔽作用，以约束感应器的漏磁通向外散发，从而防止炉壳、炉架及其他金属构架发热，同时可提高炉子的电效率和功率因数。磁轭由0.2~0.35mm厚的硅钢片叠制而成，一般选择多个磁轭，尽可能均匀分布在感应器外圆的圆周边上。

5.5.3.5　感应电炉的特点

感应电炉的特点为：其热先达金属熔池，再传导给熔渣，所以熔渣温度较低；为圆柱形的熔池，这决定了坩埚熔炼中有较小的金属—渣比界面积；熔池受到强烈的电磁搅拌，电源频率越低，功率越高，搅拌越强烈，是限制最大比功率的主要因素；热效率高，感应炉的加热方式以及比表面小，散热少，故感应炉的热效率较高；与电弧加热相比，感应加热无热点、无电弧、环境污染较轻且温度均匀；不增碳，不会局部过热，操作简单且合金烧损较少不能进行精炼反应，对炉衬要求较严，容量偏小，又不连续生产，所以成本高。

习题与思考题

5-1 竖炉中什么是“架顶”；为了避免这一现象，可采用什么方法？
5-2 竖炉内的热能、化学能利用的好坏与哪些因素有关？
5-3 简述高炉的结构和各部件的功能。
5-4 反射炉的热传递主要与哪些因素有关？
5-5 比较熔池熔炼与闪速熔炼时硫化矿燃烧的设备、工作原理及特点。
5-6 简述白银炉的结构和各部件的功能。
5-7 简述澳斯麦特炉各部件的功能和特点。
5-8 简述闪速炉的结构和各部件的要求。
5-9 简述顶吹转炉的结构和作业步骤。
5-10 简述矿热炉的结构和各部件的功能。
5-11 比较各种冶炼炉的结构特点。

6 收尘与烟气净化设备

工业生产中把气体和粉尘微粒的多相混合物的分离操作称为收尘，收尘操作过程是将粉尘微粒从气体中分离出来。在冶炼工厂内，烟气收尘主要是从火法冶炼过程产出的含尘烟气中分离回收烟尘，进一步回收其中的有价元素。收尘的意义如下：

（1）改善环境、减少污染。冶金工业的烟尘中常含有毒成分，如氧化铅、三氧化二砷、氧化锆、二氧化硫等，这些物质被排放后会对周围的生态环境造成污染，对该环境中的生物产生毒害作用。除了这些有毒的物质外，一些无毒的粉尘也会对人体健康产生危害，如微细的矿粉、二氧化硅粉尘等，如不能有效控制其在生产现场的弥散，长期工作在这样环境中的工人就容易患上矽肺病这种严重的职业病。

（2）回收有用物料。火法冶炼过程中，由于高温和烟气流动产生挥发性烟尘与机械性烟尘。机械性烟尘成分与原料相似，挥发性烟尘则富集了蒸气压较大的金属或化合物，且具有相当的数量。因此，从烟气中分离回收这部分含有有价金属成分的烟尘不仅是一个有关环保的问题，而且也是一个关系到生产的经济问题，通过烟气收尘可以提高金属回收率和原料的综合利用率。

（3）保证后序生产正常进行。在火法冶炼过程中，硫化矿中的绝大部分硫被氧化成二氧化硫和少量三氧化硫进入烟气，并通过制酸加以回收。烟气中的二氧化硫在吸收制酸前要先在催化剂的作用下转化为三氧化硫，为避免催化剂中毒，转化前必须对烟气进行收尘，通常要求烟气含尘量不大于 $200mg \cdot m^{-3}$；鼓风炉还原熔炼锌所产烟气中含有大量 CO，为利用这种可燃气体需要对其加压，要求进入鼓风机前的气体含尘一般不大于 $50mg \cdot m^{-3}$。

6.1 烟气收尘基础知识

收尘器就是用于捕集、分离悬浮在气体中粉体粒子的设备，也称为烟气收尘器。

6.1.1 收尘器的分类

根据收尘器的不同分类方法可以将其分成多种类型，用于不同粉尘和不同条件。

（1）按收尘效率分类。收尘器按收尘效率分类见表 6-1。

表 6-1 收尘器按收尘效率分类

收尘类别	收尘效率/%	收 尘 设 备
低效收尘	<60	重力收尘器、惯性收尘器、水浴收尘器
中效收尘	60~95	旋风收尘器、水膜收尘器、自激收尘器、喷淋收尘器
高效收尘	>95	电收尘器、袋式收尘器、文丘管收尘器

(2) 按收尘作用力原理分类。常用收尘器的类型与性能见表6-2。

表6-2 常用收尘器的类型与性能

型式	收尘作用力	收尘设备种类	适用范围				不同粒径效率/%		
			粉尘粒径/μm	粉尘浓度/g·m^{-3}	温度/℃	阻力/Pa	50μm	5μm	1μm
干式	机械式 重力	重力收尘器	>15	>10	<400	200~1000	96	16	3
干式	机械式 惯性力	惯性收尘器	>20	<100	<400	400~1200	95	20	5
干式	机械式 离心力	旋风收尘器	>5	<100	<400	400~2000	94	27	8
干式	静电力	静电收尘器	>0.05	<30	<300	200~300	>99	99	86
干式	惯性力、扩散力和筛分	袋式除尘器 振打清灰	>0.1	3~10	<300	800~2000	>99	>99	99
		袋式除尘器 脉冲清灰					100	>99	99
		袋式除尘器 反吹清灰					100	>99	99
湿式	惯性力、扩散力和凝聚力	自激式收尘器	100~0.05	<100	<400	800~1000	100	93	40
		喷淋收尘器		<10	<400		100	96	75
		文氏管收尘器		<100	<800	5000~10000	100	>99	93
湿式	静电力	湿式电收尘器	>0.05	<100	<400	300~400	>98	98	98

(3) 按捕集烟尘的干湿分类。收尘器按捕集到的烟尘干湿分类见表6-3。

表6-3 收尘器按捕集到的烟尘干湿分类

收尘类别	烟尘状态	收尘设备
干式收尘	干尘	机械收尘器、袋式收尘器、干式电收尘器
湿式收尘	泥浆状	水膜收尘器、泡沫收尘器、冲击式收尘器、文丘管收尘器、湿式电收尘器

(4) 各种收尘设备对各类因素的适应性。各种收尘器对各因素的适应性见表6-4。

表6-4 各种收尘器对各因素的适应性

收尘器 \ 因素	粗粉尘①	细粉尘②	超细粉尘③	气体相对湿度高	高温气体	腐蚀性气体	可燃性气体	风量波动大	收尘效率>99%	维修方便	占空间小	投资小	运行费用小	易管理
重力沉降室	★	⊗	⊗	√	★	★	★	⊗	⊗	★	⊗	★	★	★
惯性收尘器	★	⊗	⊗	√	★	★	★	⊗	⊗	★	★	★	★	★
旋风收尘器	★	√	⊗	√	★	★	★	⊗	⊗	★	★	★	⊗	√
冲击收尘器	★	★	√	★	√	√	★	√	⊗	√	★	√	√	√
泡沫收尘器	★	★	⊗	★	√	√	★	⊗	⊗	★	★	★	√	√
水膜收尘器	★	★	⊗	★	√	√	★	⊗	⊗	★	★	★	√	√
文氏管收尘器	★	★	★	★	√	★	★	√	√	√	√	√	⊗	√

续表 6-4

因素 收尘器	粗粉尘①	细粉尘②	超细粉尘③	气体相对湿度高	高温气体	腐蚀性气体	可燃性气体	风量波动大	收尘效率>99%	维修方便	占空间小	投资小	运行费用小	易管理
袋式收尘器	★	★	★	√	√	√	⊗	★	★	⊗	⊗	⊗	⊗	⊗
颗粒层收尘器	★	★	★	√	√	★	√	√	★	⊗	⊗	⊗	⊗	⊗
干式电收尘器	★	★	★	√	√	√	⊗	⊗	★	√	⊗	⊗	★	⊗

①粗粉尘：指 50%（质量分数）的粉尘粒径大于 75μm。

②细粉尘：指 90%（质量分数）的粉尘粒径大于 75μm，但大于 10μm。

③超细粉尘：指 90%（质量分数）的粉尘粒径小于 10μm。

注：★为适应；√为采取措施后可适应；⊗为不适应。

粉尘粒径与收尘器选择关系，如图 6-1 所示。

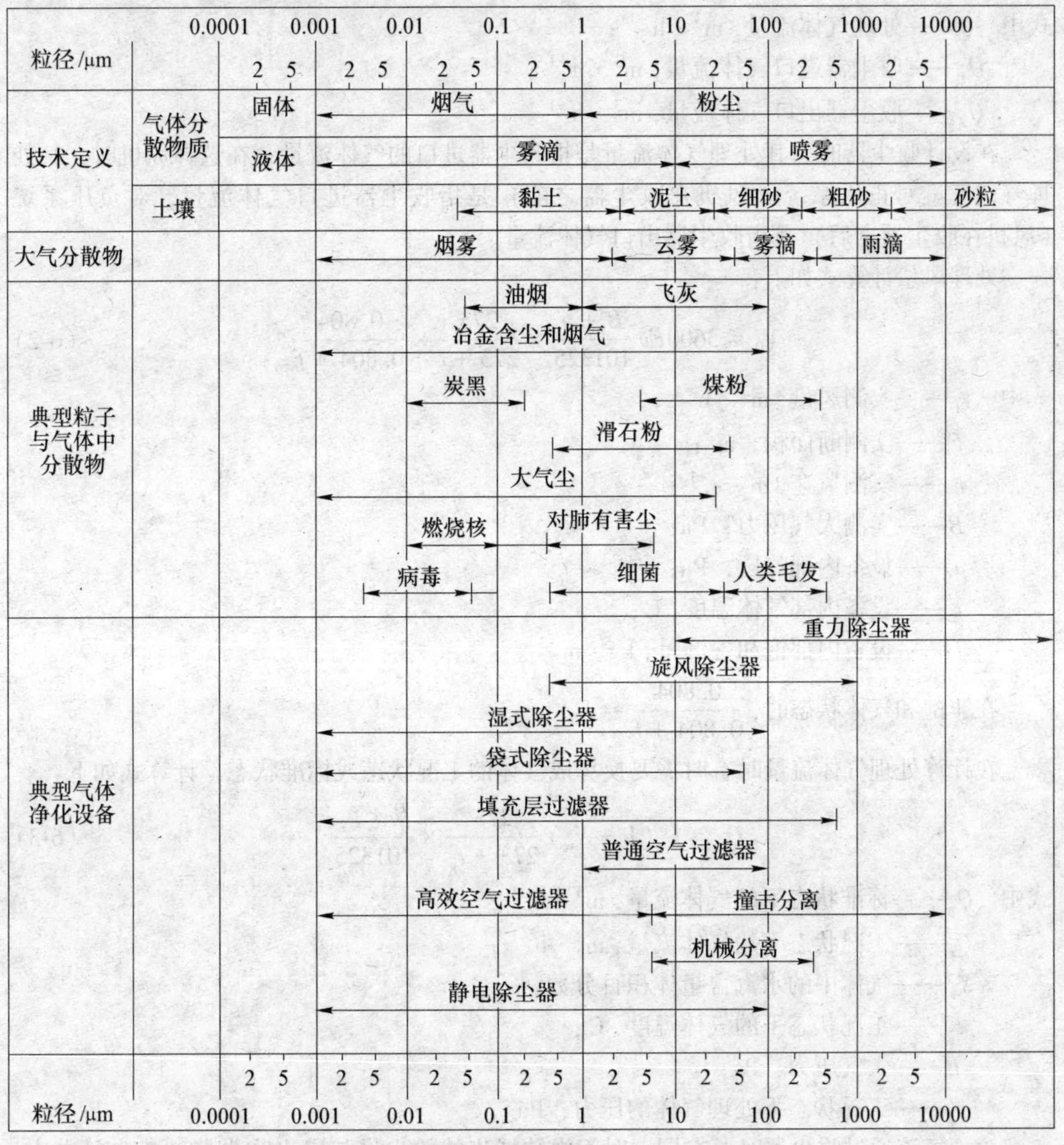

图 6-1 粉尘颗粒物特性及粒径范围与相应收尘器

6.1.2 收尘器的性能

表征收尘器性能的好坏有处理气体流量、收尘效率、压力损失（或称阻力）、能耗等指标。

6.1.2.1 处理气体流量

处理气体流量是表示收尘器在单位时间内所能处理的含尘气体的流量，一般用体积流量 Q（$m^3 \cdot s^{-1}$ 或 $m^3 \cdot h^{-1}$）表示。实际运行的收尘器由于不严密导致漏风，使得进出口的气体流量往往并不一致，通常用两者的平均值作为该收尘器的处理气体流量，即：

$$Q = \frac{1}{2}(Q_1 + Q_2) \tag{6-1}$$

式中 Q——处理气体流量，$m^3 \cdot h^{-1}$；

Q_1——收尘器进口气体流量，$m^3 \cdot h^{-1}$；

Q_2——收尘器出口气体流量，$m^3 \cdot h^{-1}$。

在设计收尘器时，其处理气体流量是指收尘器进口的气体流量；在选择风机时，其处理气体流量对正压系统（风机在收尘器之前）是指收尘器进口气体流量，对负压系统（风机在收尘器之后）是指收尘器出口气体流量。

处理风量计算式如下：

$$V_0 = 3600Fv\frac{B + p}{101325} \times \frac{273}{273 + t} \times \frac{0.804}{0.804 + f} \tag{6-2}$$

式中 V_0——实测风量，$m^3 \cdot h^{-1}$；

F——实测断面积，m^2；

v——实测风速，$m \cdot s^{-1}$；

B——实测大气压力，Pa；

p——设备内部静压，Pa；

t——设备内部气体温度，℃；

f——设备内部饱和含湿量，$kg \cdot m^{-3}$。

在非饱和气体状态时，$\frac{0.804}{0.804 + f} \approx 1$。

在计算处理气体流量时有时需要换算成气体的工况状态或标准状态，计算式如下：

$$Q_n = Q_g(1 - X_w)\frac{273}{273 + t_g} \times \frac{B + p_g}{101325} \tag{6-3}$$

式中 Q_n——标准状态下的气体流量，$m^3 \cdot h^{-1}$；

Q_g——工况状态下的气体流量，$m^3 \cdot h^{-1}$；

X_w——气体中的水汽含量体积百分数，%；

t_g——工况状态下的气体温度，℃；

B——大气压力，Pa；

p_g——工况状态下处理气体的压力，Pa。

含尘气流通过收尘器时，在同一时间内被捕集的粉尘量与进入收尘器的粉尘量之比，用百分率表示，也称收尘器全效率。收尘效率是收尘器重要技术指标。

6.1.2.2 收尘效率

收尘效率是指在同一时间内收尘装置捕集的粉尘质量占进入收尘装置的粉尘质量的百分数。通常以 η 表示。

收尘效率计算：若收尘装置进口的气体流量为 Q_1、粉尘的质量流量为 S_1、粉尘浓度为 C_1，装置出口的相应量为 Q_2、S_2、C_2，装置捕集的粉尘质量流量为 S_3，收尘装置漏风率为 φ，则有：

$$S_1 = S_2 + S_3 \tag{6-4}$$

$$S_1 = Q_1 C_1,\ S_2 = Q_2 C_2$$

根据总收尘效率的定义有：

$$\eta = \frac{S_3}{S_1} \times 100\% = (1 - \frac{S_2}{S_1}) \times 100\% \tag{6-5}$$

或

$$\eta = (1 - \frac{Q_2 C_2}{Q_1 C_1}) \times 100\% = \frac{C_1 - C_2(1 + \varphi)}{C_1} \times 100\% \tag{6-6}$$

若收尘装置本身的漏风率 φ 为零，即 $Q_1 = Q_2$，则上式可简化为

$$\eta = (1 - \frac{C_2}{C_1}) \times 100\% \tag{6-7}$$

通过称重，利用上面公式可求得总收尘效率，这种方法称为质量法，在实验室以人工方法供给粉尘研究收尘器性能时，用这种方法测出的结果比较准确。在现场测定收尘器的总收尘效率时，通常先同时测出收尘器前后的空气含尘浓度，再利用上式求得总收尘效率，这种方法称为浓度法。由于含尘气体在管道内的浓度分布既不均匀又不稳定，因此在现场测定含尘浓度要用等速采样的方法。

有时由于收尘器进口含尘浓度高，满足不了国家关于粉尘排放标准的要求，或者使用单位对收尘系统的收尘效率要求很高，用一种收尘器达不到所要求的收尘效率时，可采用两级或多级收尘，即在收尘系统中将两台或多台不同类型的收尘器串联起来使用。根据收尘效率的定义，两台收尘器串联时的总收尘效率为：

$$\eta_{1-2} = \eta_1 + \eta_2(1 - \eta_1) = 1 - (1 - \eta_1)(1 - \eta_2) \tag{6-8}$$

式中 η_1——第一级收尘器的收尘效率；

η_2——第二级收尘器的收尘效率。

n 台收尘器串联时其总效率为：

$$\eta_{1-n} = 1 - (1 - \eta_1)(1 - \eta_2)\cdots(1 - \eta_n) \tag{6-9}$$

在实际应用中，多级收尘系统的收尘设备有时达到三级或四级。

例如，有一个两级收尘系统，收尘效率分别为 80% 和 95%，用于处理起始含尘浓度为 $8\text{g} \cdot \text{m}^{-3}$ 的粉尘，试计算该系统的总效率和排放浓度。

解：该系统的总效率为：

$$\eta_{1-2} = \eta_1 + \eta_2(1 - \eta_1) = 0.8 + 0.95 \times (1 - 0.8) = 0.99 = 99\%$$

根据式（6-8），经两级收尘后，从第二级收尘器排入大气的气体含尘浓度为：

$$C_2 = C_1(1 - \eta_{1-2}) = 8000 \times (1 - 0.99) = 80\text{mg} \cdot \text{m}^{-3}$$

收尘装置的收尘效率因处理粉尘的粒径不同而有很大差别，分级收尘效率指收尘器对粉尘某一粒径范围的收尘效率。图 6-2 列出了各种收尘器的分级收尘效率曲线。从图中可以看出，各种收尘器对粗颗粒的粉尘都有较高的效率，但对细粉尘的收尘效率却有明显的差别，例如，对 1μm 粉尘高效旋风收尘器的收尘效率不过 27%，而像电收尘器等高效收尘器的收尘效率都可达到很高，甚至达到 90%以上。因此，仅用总收尘效率来说明收尘器的收尘性能是不全面的，要正确评价收尘器的收尘效果，必须采用分级收尘效率。分级收尘效率简称分级效率，就是收尘装置对某一粒径 d_{pi} 或某一粒径范围 d_{pi}～（$d_{pi}+\Delta d_p$）粉尘的收尘效率。实际生产中粉尘的粒径分布是千差万别的，因此，了解收尘器的分级效率，有助于正确地选择收尘器。分级效率通常用 η_i 表示。

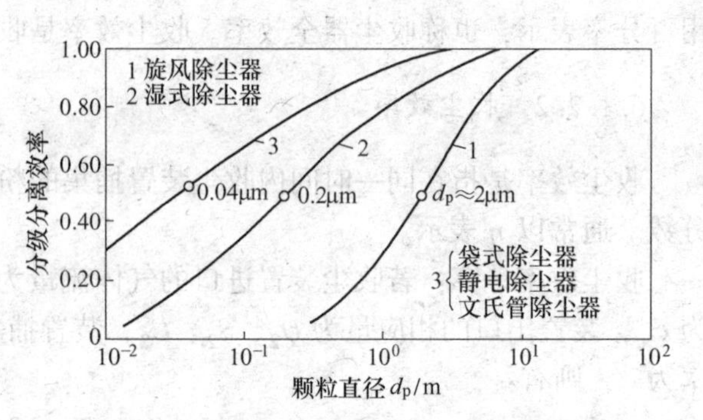

图 6-2　各种收尘器的分级收尘效率曲线

根据定义，收尘器的分级效率可表示为：

$$\eta_i = \frac{S_{3i}}{S_{1i}} \times 100\% \tag{6-10}$$

$$\eta_i = \frac{S_3 g_{3i}}{S_1 g_{1i}} \times 100\% = \eta \frac{g_{3i}}{g_{1i}} \times 100\% \tag{6-11}$$

式中　S_{1i}，S_{3i}——分别为收尘器入口和收尘器灰斗中某一粒径或粒径范围的粉尘质量分数，kg · kg^{-1}；

S_1，S_3——分别为收尘器入口和收尘器灰斗中的粉尘质量，kg；

g_{1i}，g_{3i}——分别为收尘器入口和收尘器灰斗中某一粒径范围的粉尘质量分数。

因为有

$$S_{1i} = S_{2i} + S_{3i} \tag{6-12}$$

所以分级效率也可以表达为：

$$\eta_i = \left(1 - \frac{S_2 g_{2i}}{S_1 g_{1i}}\right) \times 100\% \tag{6-13}$$

根据收尘装置净化粉尘的分级效率计算，该收尘器净化粉尘的总收尘效率，其计算公式为：

$$\eta = \sum(\eta_i g_{1i}) \tag{6-14}$$

例如，进行高效旋风收尘器试验时，收尘器入口的粉尘质量为 40kg，收尘器从灰斗中收集的粉尘质量为 36kg。

6.1.2.3　收尘器设备阻力

收尘器的设备阻力也称压力损失，通常用 Δp 表示，指含尘气体通过收尘器的阻力，亦即气体通过收尘器后的压力损失，可以通过测定设备入口与出口气流的总压差得到。是收尘器的重要性能之一。其大小不仅与收尘器的种类和结构有关，还与处理气体通过时的流速大小有关。通常设备阻力与入口气流的动压成正比，即：

$$\Delta p = \xi \frac{\rho \nu^2}{2} \tag{6-15}$$

式中 Δp——含尘气体通过收尘器设备的阻力，Pa；

ξ——收尘器的阻力系数；

ρ——含尘气体的密度，$kg \cdot m^{-3}$；

ν——收尘器入口的平均气流速率，$m \cdot s^{-1}$。

由于收尘器的阻力系数难以计算，且因收尘器不同其差异很大，所以收尘器总阻力还常用下式表示：

$$\Delta p = p_1 - p_2 \tag{6-16}$$

式中 p_1——设备入口总压，Pa；

p_2——设备出口总压，Pa。

对大中型收尘器而言，收尘器入口与出口之间的高度差引起的浮力应该考虑在内，浮力效应是收尘器入口及出口测定位置的高度差 H 和气体与大气的密度差（$\rho_a - \rho$）之积，即：

$$p_H = Hg(\rho_a - \rho) \tag{6-17}$$

一般情况下，对收尘器的阻力来说，浮力效应是微不足道的。但是，如果气体温度高，测定点的高度又相差很大，就不能忽略浮力效果，因此要引起重视。

根据上述总阻力及浮力效果，用下式表示收尘器的总阻力损失：

$$\Delta p = p_1 - p_2 - p_H \tag{6-18}$$

这时，如果测定截面的流速及其分布大体一致时，可用静压差代替总压差来求压力损失。

设备阻力，实质上是气流通过设备时所消耗的机械能，它与通风机所耗功率成正比，所以设备的阻力越小越好。多数收尘设备的阻力损失在2000Pa以下。

根据收尘装置的压力损失，收尘装置可分为：

（1）低阻收尘器——$\Delta p < 500$Pa；

（2）中阻收尘器——$\Delta p = 500 \sim 2000$Pa；

（3）高阻收尘器——$\Delta p = 2000 \sim 20000$Pa。

6.1.2.4 收尘器的能耗

烟气进出口的全压差即为收尘设备的阻力，设备的阻力与能耗成比例，通常根据烟气量和设备阻力求得收尘设备消耗的功率：

$$P = \frac{Q \Delta p}{9.8 \times 10^2 \times 3600 \eta} \tag{6-19}$$

式中 P——所需功率，kW；

Q——处理烟气量，$m^3 \cdot h^{-1}$；

Δp——收尘器的阻力，Pa；

η——风机和电动机传动效率，%。

在计算收尘器能耗时还应包括收尘器清灰装置、排灰装置、加热装置以及振打装置（振动电机、空气炮）等能耗。

若对收尘装置进行全面的评价，除以上主要指标外，还应包括经济指标和收尘器的安装、操作、维护等方面的因素，对某些收尘器还有些特殊要求的指标。

6.2　机械式收尘设备

机械式收尘设备包括重力收尘器、惯性收尘器和旋风收尘器。它们能有效捕集直径5μm以上的颗粒，对粗颗粒粉尘的捕集效率很高，又称为初步收尘。机械式收尘设备能显著降低冶炼烟气的含尘量，为后续精收尘顺利工作提供保证。

6.2.1　重力收尘器

重力收尘技术是利用粉尘颗粒的重力沉降作用而使粉尘与气体分离的收尘技术。利用重力收尘是一种最古老最简单的收尘方法。重力收尘装置又称为沉降室。其优点是：

(1) 结构简单，维护容易。

(2) 阻力小，一般约为50~150Pa，主要是气体入口和出口处的压力损失。

(3) 维护费用低，经久耐用。

(4) 可靠性高，很少发生故障。

(5) 能耐较高烟气温度。

缺点有：

(1) 收尘效率低，一般只有40%~50%，适于捕集粒径大于50μm的粉尘粒子。

(2) 设备较庞大，占地面积大。重力收尘器只能捕集粗颗粒烟尘，多作为多级收尘的预收尘使用。储料仓（槽）以及带灰斗的大型烟道亦能起到惯性收尘器的作用。

6.2.1.1　重力沉降原理

以水平气流重力收尘器为例说明重力收尘器的工作原理。如图6-3所示为含尘气体在水平流动情况下尘粒的重力沉降状态。在这种条件下，尘粒主要受到重力、浮力和沉降时阻力的作用。重力与沉降方向一致，浮力与沉降方向相反，两者的差值为尘粒的沉降力 F_c。尘粒受沉降力作用向下运动，由于介质阻力 F 不断增加，很快与沉降力达到平衡。假定尘粒为球状尘粒，其值用下式表示：

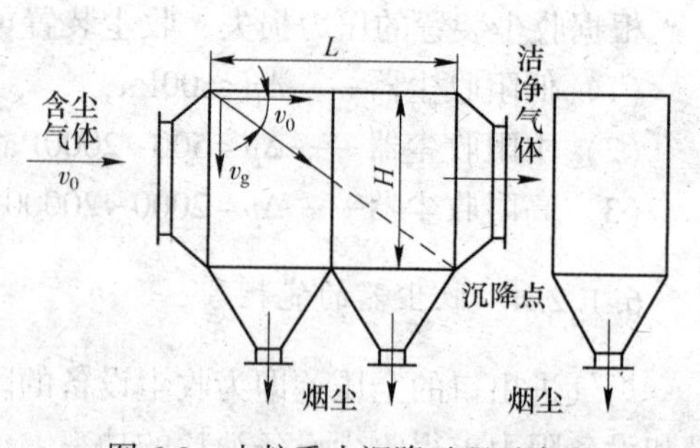

图6-3　尘粒重力沉降过程示意图

$$F_c = \frac{\pi}{6} d^3 g(\rho_c - \rho) = \xi \frac{\pi d^2 \rho_c v_c^2}{8} \tag{6-20}$$

式中　F_c——尘粒的沉降力，N；

d——尘粒直径，m；

g——重力加速度，$m \cdot s^{-2}$；

ρ_c——尘粒密度，$kg \cdot m^{-3}$；

ρ——含尘气体密度，$kg \cdot m^{-3}$；

ξ——尘粒沉降时受到介质阻力的阻力系数；

v_c——尘粒沉降速度，$m \cdot s^{-1}$。

阻力系数ξ，取决于尘粒与流体相对运动的雷诺数 Re 和尘粒形状。

当尘粒种类、粒径和介质种类与状态一定时，则沉降力为一定值。当沉降力与阻力相等时，尘粒等速下降，此速度即为沉降速度 v_c。尘粒以沉降速度下降，经过一定时间后，尘粒落到收尘器底部而分离，净化后的气体从出口排出。

$F_c = F$ 时的尘粒沉降速度为：

$$v_c = \sqrt{\frac{4gd(\rho_c - \rho)}{3\xi\rho}} \tag{6-21}$$

由于在常压下气体介质的密度与尘粒的密度相比往往很小，计算时可以忽略气体对尘粒的浮力，则上式可简化为：

$$v_c = \sqrt{\frac{4gd\rho_c}{3\xi\rho}} \tag{6-22}$$

由式（6-22）不难看出，如果粒径变小，则沉降速度也会减小，所以从气流中分离出尘粒也就更困难。粉尘粒径大，则沉降速度快，更容易分离出来。

含尘气体进入降尘室后，因流通截面扩大而流速变慢，若在气体通过降尘室的时间内尘粒能够降至室底，尘粒便可以从气流中分离出来。可见尘粒被分离出来的条件为气体通过降尘室的时间 t 不小于尘粒沉降至室底所需的时间 t_c，即 $t \geqslant t_c$。

尘粒沉降至室底所需的时间为：

$$t_c = \frac{H}{v_c} \tag{6-23}$$

气体通过降尘室的时间为

$$t = \frac{H}{v_0} = \frac{LBH}{Q} \tag{6-24}$$

式中 H——沉降室的高度，m；

B——沉降室的宽度，m；

L——沉降室的长度，m；

Q——沉降室处理的含尘气体的体积流量，$m^3 \cdot s^{-1}$。

整理上述关系式可以得到：

$$Q \leqslant BLv_c \tag{6-25}$$

由上式可知，收尘室的生产能力与其沉降面积 BL 即尘粒的沉降速度有关，在理论上与沉降室的高度 H 无关。因此沉降室不宜过高，为此可将降尘室以隔板分层，制成多层收尘室，如图 6-6（b）所示。

能满足 $t \geqslant t_c$ 条件的尘粒，其粒径为重力沉降室能 100% 除去的最小粒径，称为临界粒径。

6.2.1.2 重力收尘器分类

重力收尘器依据形式、内部构造及气流方向不同分为以下几种。

重力收尘器依据形式不同分成以下两类：

（1）水平气流重力收尘器。水平气流收尘器又称沉降室，如图 6-4 所示。当含尘气体从管道进入后，由于截面的扩大，气体的流速就减慢，在流速减慢的一段时间内，尘粒从气流中沉降下来并进入灰斗，净化气体就从收尘器另一端排出。

（2）垂直气流重力收尘器。垂直气流重力收尘器如图 6-5 所示。工作时，当含尘气流从管道进入收尘器后，由于截面扩大降低了气流速度。沉降速度大于气流速度的尘粒就沉降下来。垂直气流重力收尘器按进气位置又分为上升气流式和下降气流式，分别如图 6-5（a）、（b）所示。

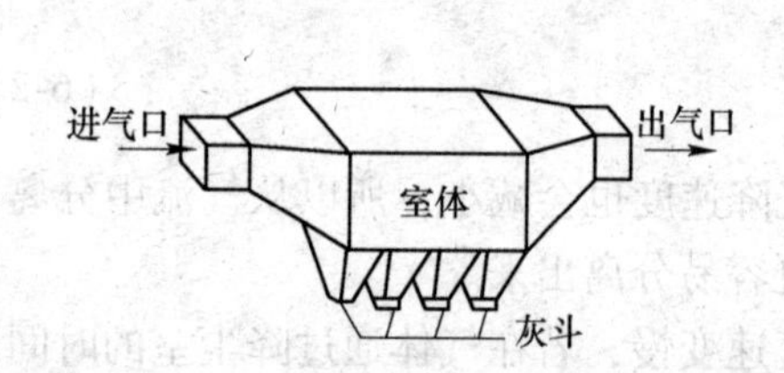

图 6-4　矩形截面水平气流收尘器

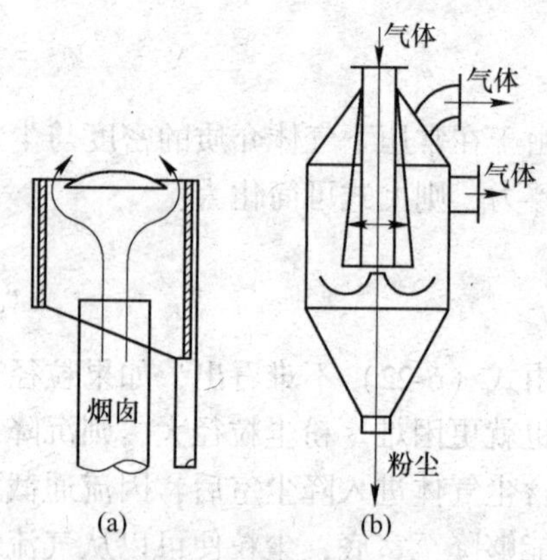

图 6-5　垂直气流重力收尘器
（a）挡板式；（b）同向式

按重力收尘器内部构造，可以分为有挡板式重力收尘器和无挡板式重力收尘器两类，有挡板式还可分为平直挡板和人字挡板两种。

1）无挡板重力收尘器。如图 6-6 所示，在收尘器内部不设挡板的重力收尘器构造简单，便于维护管理，但体积偏大，收尘效率略低。

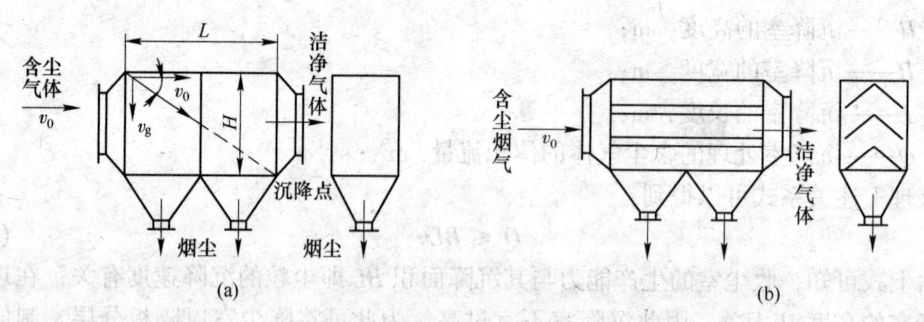

图 6-6　无挡板重力收尘器
（a）单层无挡板式；（b）多层无挡板式
v_0—基本流速；v_g—沉降速度；L—长度；H—高度

2）有挡板重力收尘器。如图 6-7 所示，有挡板的重力收尘器有两种挡板：一种是垂直挡板，垂直挡板的数量为 1~4 个；另一种是人字形挡板，一般只设 1 个。由于挡板的作用，可以提高收尘效率，但阻力相应增大。

（3）结构。水平气流重力收尘器，如图 6-6 和图 6-7 所示。水平气流重力收尘器主要由室体、进气口、出气口和灰斗组成。含尘气体缓慢流动，尘粒借助自身重力作用被分离而捕集起来。

为了提高收尘效率，有的在收尘器中加装一些垂直挡板（见图 6-7）。其目的一方面是为了改变气流运动方向，这是由于粉尘颗粒惯性较大，不能随同气体一起改变方向，撞到挡板上，失去继续飞扬的动能，沉降到下面的集灰斗中；另一方面是为了延长粉尘的通行路程，使它在重力作用下逐渐沉降下来。有的采用百叶窗形式代替挡板，效果更好。有的还将垂直挡板改为人字形挡板，如图 6-7（b）所示。其目的是使气体产生一些小股涡旋，尘粒受到离心作用，与气体分开，并碰到室壁上和挡板上，使之沉降下来。对装有挡板的重力收尘器，气流速度可以提高到 6~8m · s^{-1}。多段收尘器设有多个室段，这样相对地降低了尘粒的沉降高度。

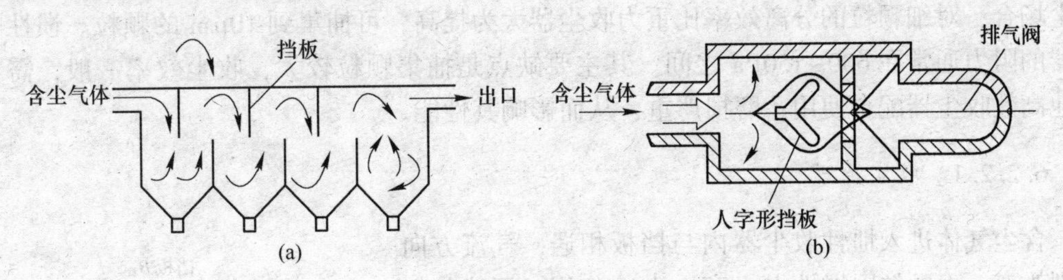

图 6-7 装有挡板的收尘器

（a）垂直挡板；（b）人字形挡板

垂直气流重力收尘器构造。垂直气流重力收尘器有两种结构形式：一种是入口含尘气流流动方向与粉尘粒子重力沉降方向相反，如图 6-8（a）、（b）所示；另一种是入口含尘气流流动方向与粉尘粒子重力沉降方向相同，如图 6-8（c）所示。由于粒子沉降与气流方向相同，所以这种重力收尘器粉尘沉降过程快，分离容易。

垂直气流收尘器实质上是一种风力分选器，可以除去沉降速度大于气流上升速度的粒子。气流进入收尘器后，气流因转变方向，大粒子沉降在斜底的周围，顺顶管落下。

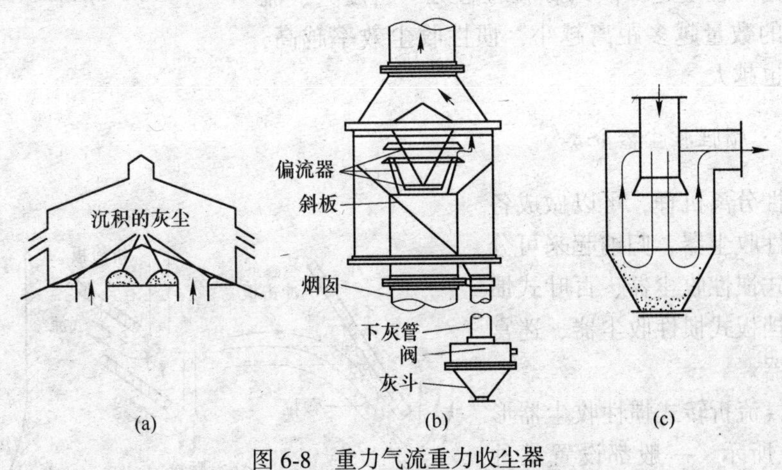

图 6-8 重力气流重力收尘器

（a）扩散式；（b）斜板式；（c）无板式

在一般情况下，这类收尘器流速为 1.5~2m · s^{-1} 时，可以除去 200~400μm 的尘粒。如图 6-8（a）所示是一种有多个入口的简单收尘器，尘粒扩散沉降在入口的周围并定期停止排尘设备运转以清除积尘。如图 6-8（b）所示是一种常用的气流方向与粉尘沉降方向相同的重力收尘器。这种重力收尘器与惯性收尘器的区别在于前者不设气流叶片，收尘作用力主要是重力。

6.2.2　惯性收尘器

惯性收尘技术是借助挡板使气流改变方向，利用气流中尘粒的惯性力使之分离出去的技术。利用惯性收尘技术设计的收尘器称为惯性收尘器或惰性收尘器。

在惯性收尘器内，主要是使气流急速转向，或冲击在挡板上再急速转向，其中颗粒由于惯性作用，其运动轨迹与气流轨迹发生改变，从而使两者获得分离。气流速度高，这种惯性效应就大，所以这类收尘器的体积可以大大减小，占地面积小，可用于高温和高浓度粉尘场合，对细颗粒的分离效率比重力收尘器大为提高，可捕集到 10μm 的颗粒。惯性收尘器的阻力通常在 600～150Pa 之间。其主要缺点是捕集颗粒较大，收尘效率一般，需与其他高效收尘器配合使用；磨损严重，从而影响其性能。

6.2.2.1　收尘原理

含尘气体进入惯性收尘器内与挡板相遇，气流方向急剧改变，而颗粒因惯性力（离心力）作用，不能与气流同方向，同挡板碰撞与气流分离，从而被捕集下来。如图 6-9 所示，含尘气体以流速 u 与挡板 B_1 碰撞，气流改变了方向，而颗粒脱离气流被分离下来；小颗粒随气流运动，遇到第二块板 B_2，气流改变方向，颗粒则因离心力作用与 B_2 碰撞分离出来。这时颗粒的分离速度，与颗粒粒径的平方、颗粒圆周速度的平方成正比，与转弯时曲率半径成反比，故气流速度适当加快，曲率半径越小，能分离的程度越大。即颗粒粒径大、密度大、流速大、挡板的数量越多距离越小，惯性收尘效率越高，但压力损失也越大。

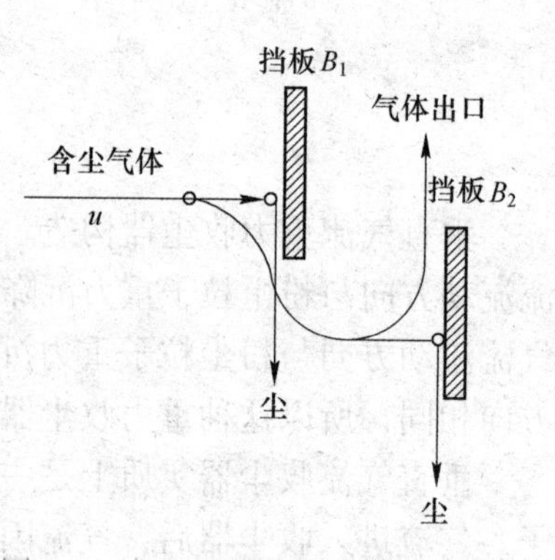

图 6-9　由于碰撞使颗粒与气流分离

6.2.2.2　惯性收尘器分类

利用惯性分离机理，可以做成各种各样的惯性收尘器，归纳起来可分为气流折转式惯性收尘器、百叶式惯性收尘器、挡板式惯性收尘器、迷宫式惯性收尘器。

常见的气流折转式惯性收尘器形式如图 6-10 所示。一般都设置某种形式的障碍物。这类收尘器分离临界粒径为 20～30μm 上，压力损失以考虑气流动压部分为宜，通常为 100～

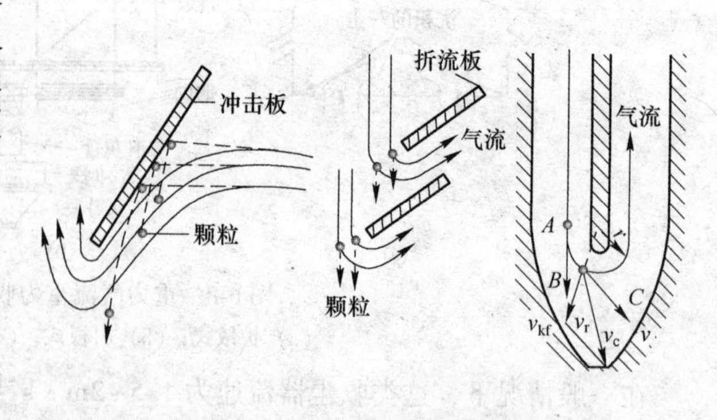

图 6-10　气流折转式惯性收尘器

1000Pa。适合于管网的自然转弯处，可在动力消耗（即阻力）不大的情况下将粗颗粒粉尘除掉。由图6-10可以看出，气体从入口引入器内后气流速度和方向突然改变，由于尘粒的惯性力比气体分子的惯性力大几百至几千倍，尘粒脱离气体而被分离出来。

百叶窗式惯性收尘器（见图6-11）可以单独作为粗净化设备的一种形式。含烟尘气体从入口进入后，粉尘靠惯性力冲入下部灰斗，被净化的气体和惯性较小的微小尘粒便急剧转弯穿过百叶板间的缝隙经出口排出。这种收尘器的缺点是百叶片的磨损较快，收尘效率也不高，所以应用不广。但是百叶板做成粉尘浓缩器，与其他收尘设备（如旋风收尘器、离心水膜收尘器或过滤器）组合成机组，则可获得较高的收尘效率，而且能降低设备造价。

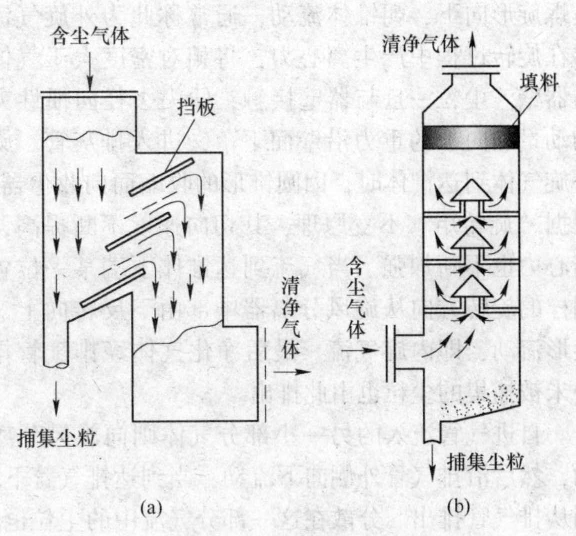

图6-11 反转式惯性除尘器图

（a）百叶窗式；（b）多层挡板式

百叶的作用是把气流分成两部分，一部分是被净化的气体，约占气体总量的80%~90%；另一部分占气体总量的10%~20%，这部分气体集中了被捕集的粉尘。为保证收尘效率，需将这部分含尘气体抽出送往旋风收尘器或其他高效收尘器进行二次收尘。百叶式收尘器收尘效率见表6-5。

表6-5 百叶式收尘器收尘效率

粒径/μm	5	10	15	20	25	30	40	50	60	100
收尘效率/%	25	47	63	76	86.5	91.3	94.8	96.5	97.7	100

如图6-11（b）所示为挡板式惯性收尘器，这种惯性收尘器结构简单，只是在沉降室中增加若干排小挡条甚至圆钢，也可以采用喷水进行清灰。

6.2.3 旋风收尘器

旋风收尘器是利用旋转的含尘气流所产生的离心力，将粉尘从气体中分离出来的一种，气固分离装置。旋风收尘器的优点是结构简单，性能稳定，造价便宜，体积小，操作维修方便，压力损失中等，动力消耗不大，可用于高压气体收尘，能捕集5~10μm以上的烟尘，属于中效收尘设备。缺点是收尘效率不高，对于流量变化大的含尘气体收尘性能较差。设备阻力因结构形式和进口流速而异，高达3000Pa。收尘效率的高低与阻力大小成正比。此外，烟尘密度大、烟气含尘量高，收尘效率也随之提高。烟尘硬度大时，需考虑设备的耐磨问题，旋风收尘器由普通钢板制成，外部可耐温450℃。

6.2.3.1 旋风收尘器的结构与工作原理

旋风收尘器一般由筒体、锥体、进气管、排气管和卸灰管等组成，如图6-12所示。

旋风收尘器的收尘工作原理是基于离心力作用，其工作过程是当含尘气体由切向进气口进入旋风分离器时，气流将由直线运动变为圆周运动。旋转气流的绝大部分沿器壁自圆筒体呈螺旋形向下，朝锥体流动，通常称此为外旋气流。含尘气体在旋转过程中产生离心力，将相对密度大于气体的尘粒甩向器壁。尘粒一旦与器壁接触，便失去径向惯性力而靠向下的动量和向下的重力沿壁面下落，进入排灰管。旋转下降的外旋气体到达锥体时，因圆锥形的收缩而向收尘器中心靠拢，根据“旋转矩”不变原理，其切向速度不断提高，尘粒所受离心力也不断加强。当气流到达锥体下端某一位置时，即以同样的旋转方向从旋风分离器中部由下反转向上，继续做螺旋形流动，即内旋气流。最后净化气体经排气管排出，一部分未被捕集的尘粒也由此排出。

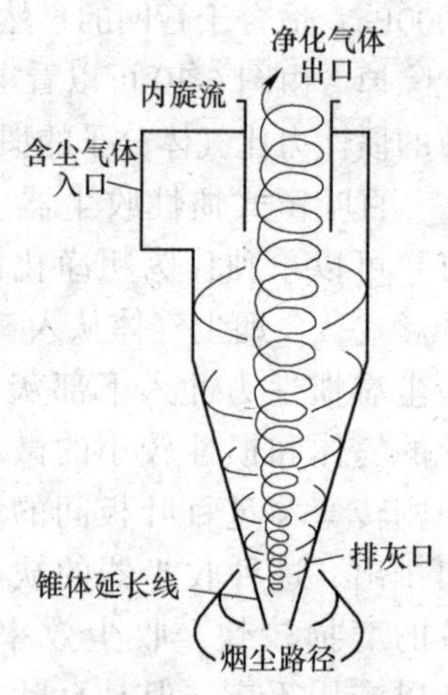

图 6-12 普通旋风收尘器的组成及内部气流

自进气管流入的另一小部分气体则向旋风分离器顶盖流动，然后沿排气管外侧向下流动，当到达排气管下端时即反转向上，随上升的中心气流一同从排气管排出。分散在这一部分气流中的尘粒也随同被带走。

旋风收尘器内的气流和尘粒运动十分复杂，对于尘粒的分离捕集机理有很多不同的模型，详情请查看有关文献。选择单个旋风收尘器应该考虑的主要因素如下：

(1) 筒体直径与高度。旋风收尘器的直径与高度对收尘器的技术性能有直接的影响。筒体直接越小，气流给予粒子的离心力越大，收尘效率越高，相应的流体阻力也越大。一般性能较好的旋风收尘器直筒部分的高度为其直径的 1~2 倍，锥体部分的高度为其直径的 1~3 倍，锥体底角为 25° ~ 40°。

(2) 进出口形式。旋风收尘器的进出口形式，直接影响旋风收尘器内部的流场和收尘效能。旋风收尘器进口形式有 4 种：1) 气流外缘与收尘器筒体相切；2) 入口外缘气体为渐开线形式、对数螺旋线形；3) 入口外壳类似三角形，下部与筒体相切，上部为螺旋面形；4) 气流从轴向进入，在螺旋叶作用下旋转进入筒体。

(3) 卸灰装置密封。卸灰装置具有卸灰和密封的双重功能，如果卸灰装置漏风而不能保持密封功能，必然因卸灰装置漏风导致空气回流，实质上破坏了收尘器内部流场特性，收下灰又回流排出，严重导致收尘功能失效。长期以来，旋风收尘器排灰装置的闪动卸灰阀、双重翻板（卸灰）阀，都存在理论上和实践上的密封问题，建议采用星形卸料器或水封式排灰阀代之比较可靠。

6.2.3.2 旋风收尘器的分类

旋风收尘器有众多类型，其分类也有多种方法。

(1) 按旋风收尘器的构造，可分为普通旋风收尘器、异形旋风收尘器、双旋风收尘器和组合式旋风收尘器。组合式旋风收尘器有串联式、并联式和复联式等，如图 6-13 所示。

(2) 按旋风收尘器的效率不同，可分为通用旋风收尘器和高效旋风收尘器两类。高效收尘器一般制成小直径筒体，因而消耗钢材多，造价高。

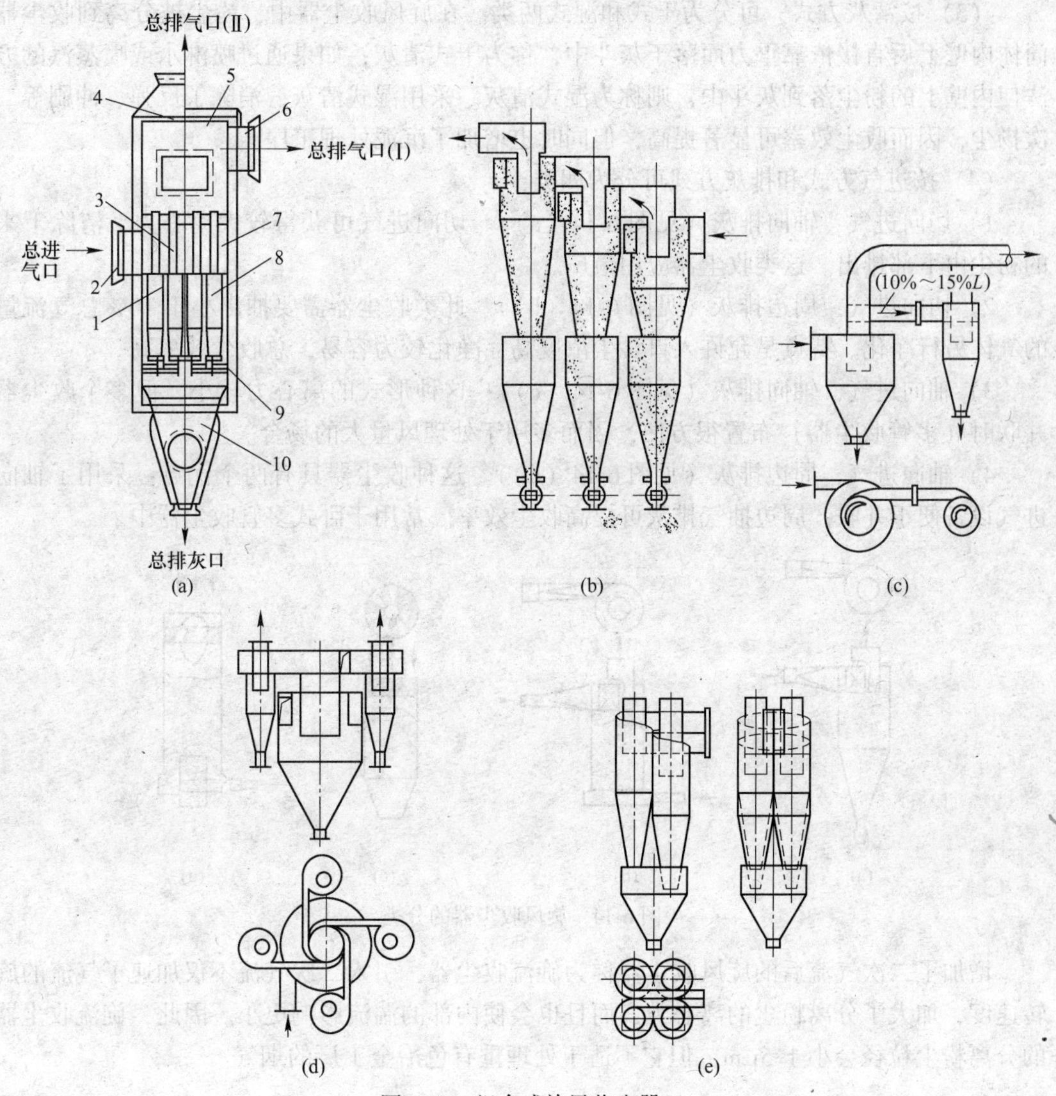

图 6-13 组合式旋风收尘器

（a）多管式旋风除尘器；（b）三段串联式旋风除尘器；

（c），（d）“母子”型串联式旋风除尘器组；（e）并联式旋风除尘器组

1—导流片；2—总进气管；3—气体分布室；4—总排气口管（Ⅱ）；

5—排气室；6—总排气口管（Ⅰ）；7—旋风体排气管；8—旋风体；9—排灰口；10—总灰斗

旋风收尘器的效率范围见表 6-6。

表 6-6 旋风收尘器的效率范围

粒径/μm	效率范围/%	
	通用旋风收尘器	高效旋风收尘器
<5	<50	50~80
5~20	50~80	80~95
15~40	80~95	95~99
>40	95~99	95~99

（3）按清灰方式，可分为干式和湿式两类。在旋风收尘器中，粉尘被分离到收尘器筒体内壁上后直接依靠重力而落于灰斗中，称为干式清灰；如果通过喷淋水或喷蒸汽的方法使内壁上的粉尘落到灰斗中，则称为湿式清灰。采用湿式清灰，消除了反弹、冲刷等二次扬尘，因而收尘效率可显著提高，但同时也增加了沉泥处理工序。

（4）按进气方式和排灰方式可分为四类：

1）切向进气，轴向排灰（见图 6-14（a））。切向进气可获得较大离心力，清除下来的粉尘由下部排出。这类收尘器应用最广。

2）切向进气，周边排灰（见图 6-14（b））。此类收尘器需要抽出小于 10%总气流量的气体另行净化。特点是允许入口含尘浓度高，净化较为容易，总收尘效率高。

3）轴向进气，轴向排灰（见图 6-14（c））；这种形式的离心力较小，但多个收尘器并联时（多管收尘器）布置很方便，因而多用于处理风量大的场合。

4）轴向进气，周边排灰（见图 6-14（d））。这种收尘器具有两个优点：采用了轴向进气设备便于并联；周边抽气排灰可提高收尘效率。常用于卧式多管收尘器中。

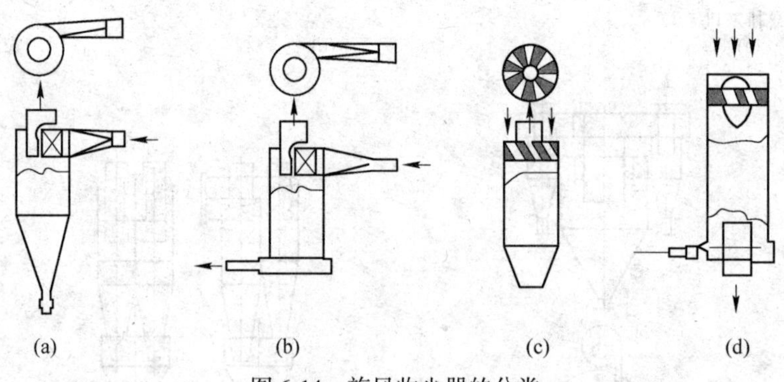

图 6-14　旋风收尘器的分类

增加了二次气流后的旋风收尘器称为旋流收尘器，引入二次气流不仅加速了气流的旋转速度，加大了分离粉尘的离心力，而且也会使内部的湍流影响更小。因此，旋流收尘器的分离粉尘粒径会小于 5μm，但它不适于处理重有色冶金工厂的烟气。

6.2.3.3　选型原则

具体原则内容如下：

（1）旋风收尘器净化气体量应与实际需要处理的含尘气体量一致。选择收尘器直径时应尽量小些，如果要求通过的风量较大，可采用若干个小直径的旋风收尘器并联为宜；如气量与多管旋风收尘器相符，以选多管收尘器为宜。

（2）旋风收尘器入口风速要保持 18~23m · s^{-1}，低于 18m · s^{-1} 时，其收尘效率下降；高于 23m · s^{-1} 时，收尘效率提高不明显，但阻力损失增加，耗电量增高很多。

（3）选择收尘器时，要根据工况考虑阻力损失及结构形式，尽可能使之动力消耗减少，且便于制造维护。

（4）旋风收尘器能捕集到的最小尘粒应等于或稍小于被处理气体的粉尘粒度。

（5）但含尘气体温度很高时，要注意保温，收尘器的温度要高于露点温度，避免水分在收尘器内凝结。

（6）旋风收尘器的密闭要好，确保不漏风。

（7）当粉尘黏性较小时，最大允许含尘质量浓度与旋风筒直径有关，直径越大其允许含尘质量浓度也越大，见表6-7。

表6-7 旋风收尘器直径与允许含尘质量浓度的关系

旋风筒直径/mm	800	600	400	200	100	60	40
允许含尘质量浓度/$g \cdot m^{-3}$	400	300	200	150	60	40	20

影响旋风收尘器性能的因素很多，如旋风收尘器各组成部分的尺寸，气体的湿度、进口速度、密度、温度、黏度以及粉尘的密度、粒径等，对旋风收尘器的工况都会产生一定的影响。表6-8列出来部分影响因素与收尘器性能的关系。

表6-8 旋风收尘器性能与各影响因素的关系

变化因素		性能趋向		投资取向
		流体阻力	收尘效率	
烟尘性质	烟尘密度增大	几乎不变	提高	（磨损）增加
	烟尘粒度增大	几乎不变	提高	（磨损）增加
	含尘浓度增大	几乎不变	略提高	（磨损）增加
	烟气温度增高	减少	提高	增加
结构尺寸	圆筒体直径增大	降低	降低	增加
	圆筒体加长	稍降低	提高	增加
	圆锥体加长	降低	提高	增加
	入口面积增大（流量不变）	降低	降低	
	排气管直径增加	降低	降低	
	排气管插入长度增加	增大	提高（降低）	增加
运行状况	入口气流速度增大	增大	提高	
	灰斗气密性降低	稍增大	大大降低	减少
	内壁粗糙度增加（或有障碍物）	增大	降低	

6.3 袋式收尘器

袋式收尘器是一种利用有机或无机纤维过滤材料将含尘气体中的固体粉尘过滤分离出来的一种高效收尘设备。因过滤材料多做成袋形，所以又称为布袋收尘器。袋式收尘器适用于捕集非黏结、非纤维性的粉尘，处理初浓度为0.0001～200$g \cdot m^{-3}$，粒径为0.1～200μm。浓度太高（大于200$g \cdot m^{-3}$）或粒径大于200μm的粉尘最好先经旋风收尘器收尘。

袋式收尘器的突出优点就是收尘效率高，属高效收尘器，收尘效率一般大于99%。袋式收尘器适应性强，烟尘性质对收尘效率影响不大，运行稳定。袋式收尘器与电收尘器相比，没有复杂的附属设备及技术要求，造价较低；与湿式收尘设备相比，粉尘的回收和利用较方便，不需要冬季防冻，对腐蚀性粉尘防腐要求较低。因此，属于结构比较简单、运行费用相对较低的收尘设备而范围应用，占收尘器总量的60%~70%。袋式收尘器不适宜处理含有易潮解、黏性粉尘的气体。袋式收尘阻力较大，检查和更换滤袋的劳动条件差，尤其对含毒烟尘的收尘操作需要加强防护。

6.3.1　袋式收尘器的工作原理

袋式收尘器的主要作用是当含尘气体通过滤袋时，粉尘被阻留在滤袋的表面，干净空气则通过滤料间缝隙排走。

袋式收尘器是依靠编织或毡织滤布作为过滤材料来达到分离含尘气体中粉尘的目的。它的工作机理是粉尘通过滤布时产生的筛分、惯性、黏附、扩散和静电等作用而被捕集。

6.3.1.1　袋式收尘机理

(1) 筛分作用。含尘气体通过滤布时，滤布纤维的空隙或吸附在滤布表面粉尘间的空隙把大于空隙直径的粉尘分离下来，称为筛分作用。对于新滤布，由于纤维之间的空隙很大，这种效果不明显，收尘效率相对较低。只有在使用一定时间后，在滤布表面积存了一定厚度的粉尘层，筛分作用才较显著，收尘效率也更高。清灰后，由于在滤布表面及内部还残留一定量的粉尘，所以收尘效率介于以上两者之间。

(2) 惯性作用。含尘气体通过滤布纤维时，气流绕过纤维，而大于1μm的粉尘由于惯性作用仍保持直线运动撞击到纤维上而被捕集。粉尘颗粒直径越大，惯性作用也越大。过滤气速越高，惯性作用也越大。但气速太高，通过滤布的气量也增大，气流会从滤布薄弱处穿破，造成收尘效率降低。气速越高，穿破现象越严重，出口气体含尘浓度也越大，收尘效率越低。

(3) 扩散作用。当粉尘颗粒在0.2μm以下时，由于粉体极为细小而产生如气体分子热运动的布朗运动，增加了粉尘与滤布表面的接触机会，使粉尘被捕集。这种扩散作用与惯性作用相反，随着气速的降低而增大，随着粉尘粒径的减小而增强。

(4) 黏附作用。当含尘气体接近滤布时，细小的粉尘仍随气流一起运动，若粉尘的半径大于粉尘中心到滤布边缘距离时，则粉尘被滤布黏附而被捕集。滤布的空隙越小，这种黏附作用也越显著。

(5) 静电作用。粉尘颗粒间相互撞击会放出电子产生静电，如果滤布是绝缘体则也会被充电。当粉尘和滤布所带的电荷相反时，粉尘就被吸附在滤布上，从而提高收尘效率，但粉尘清除较难。反之，如果两者所带的电荷相同，则产生斥力，粉尘不能吸附在滤布上，使收尘效率下降。所以，静电作用可能改善也有可能妨碍收尘效率。为了保证收尘效率，必须根据粉尘的电荷性质来选择滤布。一般静电作用只有在粉尘粒径小于1μm以及过滤气速很低时才显示出来。

6.3.1.2　滤布

由于袋式收尘器的收尘是通过滤布来实现的，因此，滤布在袋式收尘器中有着重要作用，其特性直接影响到设备收尘效率的高低，选择合适的滤料具有重要意义。用于袋式收尘器的滤布要求：滤尘性能好（效率高，阻力小）、大容尘量、强度高、弹性良好，并能耐较高的温度和腐蚀，在粉尘的剥落性、造价等方面也有一定要求。

(1) 滤布的布纹形式。用于袋式收尘器的布纹形式一般有四种：

1) 平纹。采用平织法织成的滤布很致密，不易产生变形和拉伸，这种织物的收尘效率高，但透气性差，阻力大，难清灰，易堵塞。有色冶炼厂收尘用的棉织物或柞蚕丝织物，大部分采用此种纹形。

2) 斜纹。采用斜纹法织成的滤布表面呈斜纹状，这种纹形滤布的机械强度略低于平纹织布，受力后比较容易错位，耐磨性好，收尘效率和清灰效果都较好，压力损失介于平纹滤料和缎纹滤料之间，滤布堵塞少，处理风量大，综合性能较好，是滤布中最常用的一种。

3) 缎纹。采用缎纹法织成的滤布，透气性能好，压力损失小，弹性好，织纹平坦，易于清灰，很少堵塞。但强度低于平纹和斜纹滤布，收尘效率较低。

4) 毡。由纤维压制或针刺而成，其厚度常为2~3mm，较致密，收尘效率较好，不需灰尘层保证效率，适于脉冲清灰，易于清灰，但阻力较大，容尘量较小。

(2) 滤布基础材料种类。可用于制作滤料的纤维很多，主要分为天然纤维和化学纤维。

1) 天然纤维滤布。常用于滤料的天然纤维有棉、蚕丝和羊毛。棉织物工作温度为70~85℃，过滤性能好，可用于无腐蚀性烟气收尘。柞蚕丝织物使用温度一般不超过90℃，透气性好，可用于低腐蚀酸性烟气。毛织物使用温度一般亦不超过90℃，可用于低腐蚀酸性烟气，滤尘效果最好，但价格较高。

2) 化学纤维滤布。化学纤维可分为无机化学纤维和有机化学纤维。

有机化学纤维又分为人造纤维与合成纤维。其种类很多，这些纤维具有强度高、耐磨、耐热、吸水率低、能耐酸碱、耐霉和耐蛀等特性，可根据气体性质选择合适的材质。

用于袋式收尘器的无机化学纤维只有玻璃纤维。玻璃纤维滤布使用温度可达250℃以上。这种滤布原料广泛、价格低、耐湿性好，同时表面光滑，烟尘容易脱落，适用于反气流清灰。缺点是不耐磨、不耐折，不耐碱，不适于机械和压缩空气振打清灰。

3) 金属纤维滤布。用金属纤维（主要是不锈钢纤维）做成的滤布或毡用于高温烟气的过滤，耐温性能可达500~600℃以上，同时有良好的抗化学侵蚀性能，可达到与通常滤布相同的过滤性能，阻力小，清灰容易，还可防静电，但造价很高，只在特殊情况下使用。

6.3.2 袋式收尘器的结构和选用

袋式收尘器主要由支架、灰斗、中箱体、风道、滤袋、滤袋骨架、上箱体、清灰系统、进出风离线阀、进风支管、火花消除装置、短路阀、电控系统、压缩空气管道及梯子平台等部件组成。气箱式袋收尘器由以下各个部分所组成。

(1) 壳体部分。包括清洁室（或气体净化箱、气箱），过滤箱，分室阁板，检修门及壳体结构。清洁室内设有提升阀与花板，喷吹短管。过滤室内设有滤袋及其骨架。

(2) 灰斗及卸灰机构。有灰斗和按不同系列，不同进口粉尘浓度，分别设置的螺旋输送机，空气输送斜槽和刚性叶轮给料机（即卸料阀）。

(3) 进出风箱体。包括进出风管路及中膈板，单（排回称单列）结构布置在壳体一侧，双排（或称双列）结构布置在壳体中间。进出风管路分别接于灰斗与清洁室上。

(4) 脉冲清灰装置。包括脉冲阀、气包、提升阀用气缸及其电磁阀等。

(5) 压缩空气管路及其减压装置，油水分离器，油雾器等。

(6) 支柱、立式笼梯、栏杆。

关于袋式收尘器种类，工厂里有许多通俗分类，有内滤式、外滤式及联合过滤式的分类，有圆袋（圆筒形）、扁袋（平板形）的分类等。按国家分类标准，以清灰方式将袋式收尘器进行分类，即机械清灰（人工拍打、高频振荡、机械振打等）、反吹清灰、反吹-振动联合清灰、脉冲喷吹清灰、声波清灰等不同方式的袋式收尘器。下面介绍两种典型的袋式收尘器。

6.3.2.1 振动清灰方式

机械振打式袋式收尘器是一种借助机械传动装置周期性振打各排滤袋或摇动悬吊滤袋的框架，使滤袋产生振动将黏附在表面的粉尘层抖落下来，使滤袋恢复过滤能力。它有两种类型：一种是连续型，收尘器被分割成几个分室，其中一个分室在清灰时，其余分室则继续收尘；另一种是间歇型，收尘器只有一个室，清灰时就要暂停收尘。机械振打对小型滤袋效果好，大型滤袋效果差，因此，振打袋式收尘器一般为微型和小型收尘器。

振打方式可分为：机械振打、压缩空气振打、电动机偏心振打、横向振打、振动器振打。振打位置可分为顶部振打和中部振打。振打装置又可分为电动装置、手工振动装置和气动装置。一般振动频率为20~30次/秒，振幅为20~50mm，减少振幅，增加频率能减轻滤布的损伤。图6-15所示为中部振打袋式收尘器的结构示意图。

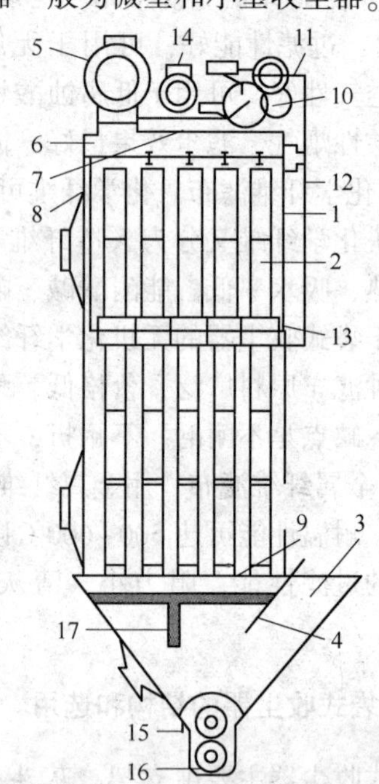

图6-15 中部振打袋式收尘器

1—过滤室；2—滤袋；3—进风口；4—隔风板；5—排气管；6—排气管闸门；7—回风管闸门；8—挂袋铁架；9—滤袋下花板；10—振打装置；11—摇杆；12—打棒；13—框架；14—回风管；15—螺旋输送机；16—分格轮；17—热电器

6.3.2.2 反吹清灰方式

反吹清灰方式也称反吹气流或逆压清灰方式。利用大气或收尘系统循环烟气的逆向反吹气流和逆压作用，将滤袋压缩成星形断面并使之产生抖动而将沉积的粉尘层抖落进行滤袋清灰的袋式收尘器称为反吹风袋式收尘器。为保证设备的连续运转，这种方式多采用分室工作制度，利用阀门自动调节，逐室产生与过滤气流方向相反的反向气流。反吹清灰多用于内滤式，反吹清灰方式作用比较弱，比振动清灰对滤布的损伤小，适用于玻璃纤维滤布。

反吹风袋式收尘器由收尘器箱体、框架、灰斗、阀门、风管、压差系统以及电控系统等部分组成。根据吹风方式不同又可分为气环反吹风清灰、回转反吹风清灰和脉冲反吹风清灰等收尘器。

（1）气环反吹风清灰方式是在内滤式圆形滤袋的外侧，贴近滤袋表面设置一个中空带缝隙的圆环，圆环可上下移动并与高压气或高压风机管道相接，由圆环内向的缝状喷嘴喷出高速气流，将沉积于滤袋内侧的粉尘清落，如图6-16所示。

（2）回转反吹风收尘器采用下进风外滤式，滤袋呈辐射状布置在圆形筒体内，悬挂滤袋的上花板将收尘器的滤袋室和净化室隔开，含尘气体从圆筒形壳体切向进入滤袋室，这在一定程度上起离心分离作用，使部分粗大尘粒分离出来，减轻滤袋的负荷，通过滤袋后的净化气体经净气室排出。净气室内装有可回转的悬臂管，通过中心管可将高压反吹气流引入悬臂管内，悬臂管向下开有对准滤袋口的喷吹孔，回转悬臂管通过减速机构做缓慢的旋转运动。当滤袋室的阻力增加到某一规定值时，反吹风机和回转机构同时启动，反吹气流自中心管送至回转悬臂，经喷吹孔垂直向下吹入滤袋内，使滤袋膨胀，将粉尘抖落，回转悬臂旋转1周，整个滤袋室内每一排滤袋就实现一次清灰过程，如图6-17所示。

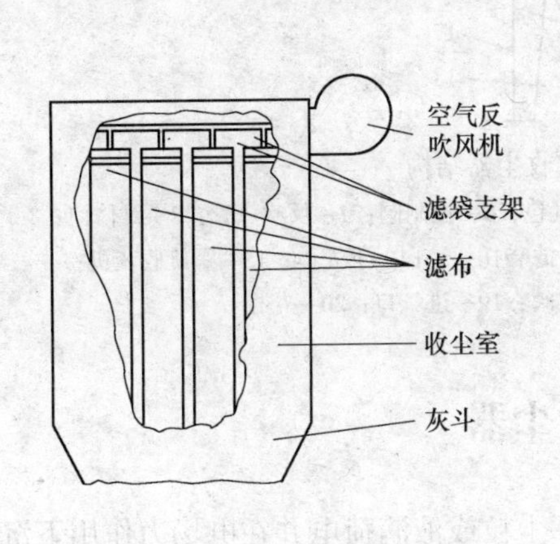

图6-16　气环式反吹袋式收尘器

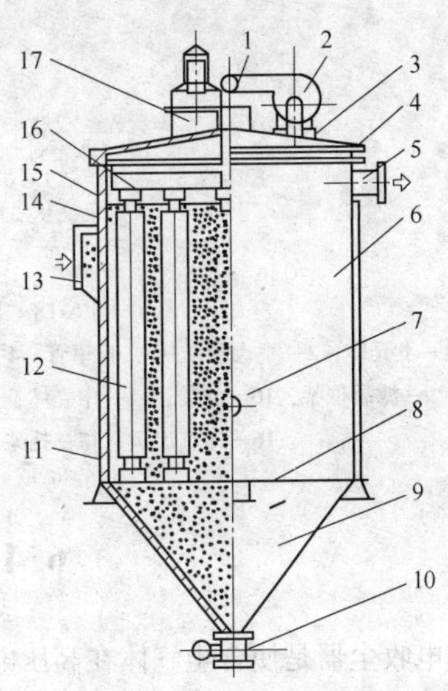

图6-17　CXBC系列回转扁袋收尘器的基本结构

1—脉动阀；2—反吹风机；3—顶盖；4—行走装置；5—出风口；6—筒体；7—观察门；8—支座；9—漏斗；10—卸灰阀；11—下部固定架；12—滤袋；13—进风口；14—框架；15—花板；16—反吹装置；17—减速机构

（3）脉冲反吹风收尘器通常由上箱体（净气室）、中箱体、灰斗、框架和脉冲喷吹装置等部分组成。固定滤袋用的多孔板设在箱体的上部，在每一排滤袋的上方有一喷吹管，喷吹管上对着每一滤袋的中心开一压气喷射孔，喷吹管的另一端与脉冲阀、控制阀等组成的脉冲控制系统及压缩空气储气罐连接，按自动控制程序进行脉冲喷吹清灰。含尘气体进入滤袋室以后，断面积突然扩大，流速降低，气流中一部分大颗粒在重力作用下沉降下来，粒度小、密度小的尘粒经过滤袋净化后从净气室排出。随着滤袋表面粉尘厚度增加使阻力达到某一设定值时，脉冲阀启动，利用脉冲喷吹机构在瞬间放出压缩空气，压缩空气经喷吹管上的小孔向文氏管喷射一股高速高压的引射气流，并诱导数倍的二次空气高速射入滤袋，使滤袋急剧膨胀，依靠冲击振动和反向气流达到清灰目的。按清灰装置的构造不同可以分为管式喷吹脉冲收尘器、箱式喷吹脉冲收尘器和移动喷吹脉冲收尘器三种。可以采取分室结构进行离线清灰，也可以不分室进行在线清灰，如图 6-18 所示。

现在大型冶炼厂几乎都选用脉冲反吹风收尘器。

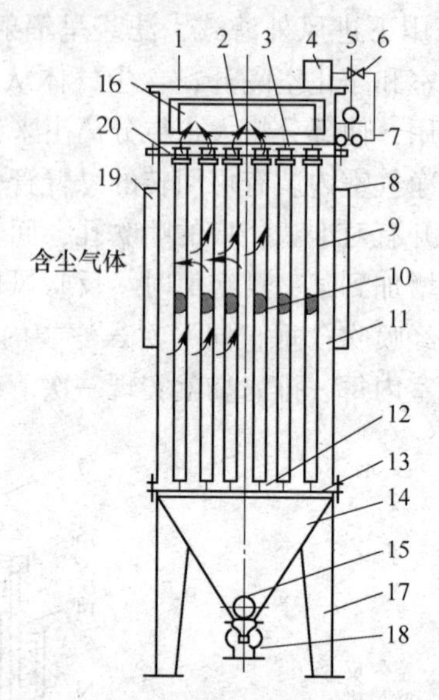

图 6-18　DMC 型脉冲式收尘器结构

1—上壳体；2—喷吹管；3—文丘里管；4—控制器；5—气包；6—控制阀；7—反吹风管；8—维修门；9—滤袋框架；10—滤袋；11—中壳体；12—弹簧；13—滤袋托架；14—下壳体；15—螺旋收灰机；16—净气出口；17—托架；18—星形卸灰阀；19—进气口；20—花板

6.4　静电收尘器

静电收尘器是使含尘气体在高压电场中电离，尘粒或液滴荷电并在电场力作用下沉积于电极上，从而将气体中的粉尘或液滴分离处理的收尘设备，也称为电收尘器。静电收尘器与其他收尘器相比具有显著特点：几乎对各种粉尘、烟雾、直至极其微小的颗粒都有很高的收尘效率，收尘效率在 99%以上，设备阻力小，运行费用低，耐高温高压、耐磨损，操作劳动条件较好。但基建费用高，操作管理技术要求严格。静电收尘器在冶金等行业被广泛应用。

6.4.1　工作原理

静电收尘器的种类和结构形式很多，但都基于相同的工作原理。通常是由接地的板或管作收尘极（集尘极），在板与板中间或管中心安置靠重锤张紧的放电极（电晕线），构成收尘工作电极。工作时，在收尘器的两极上通以高压直流电，在两极间维持一个足以使气体电离的静电场，含尘气体进入收尘器并通过该电场时，产生大量的正负离子和电子并使粉尘荷电，荷电后的粉尘在电场力的作用下向集尘极运动并在收尘极上沉积，从而达到净化收尘的目的。当收尘极上的粉尘达到一定厚度的时候，通过清灰机构使灰尘落入灰斗中排出。静电收尘的工作原理包括电晕放电、气体电离、粒子荷电、粒子的沉积、清灰等过程。

6.4.1.1 气体电离

空气在正常状态下几乎是不能导电的绝缘体，气体中不存在自发的离子，因此实际上没有电流通过。当气体分子获得能量时，就可能使气体分子中的电子脱离而成为自由电子，这些电子成为输送电流的媒介，此时气体就具有导电的能力。使气体具有导电能力的过程称之为气体的电离。气体的导电过程用图 6-19 中曲线表示。

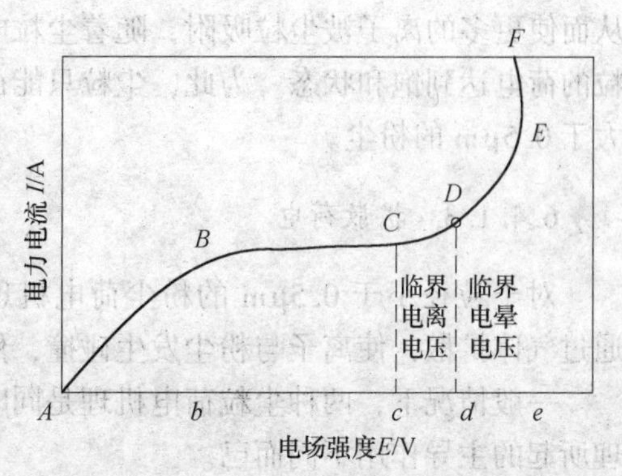

图 6-19 气体导电过程的曲线

在 AB 阶段，气体导电仅借助于其中存在的少量自由电子或离子，电流较小。在此期间，由于电压小，带电体运动速度低，在与分子发生弹性碰撞后又相互弹开，不能使中性分子发生电离。在 BC 阶段，电压虽升高到 C 但电流并不增加，这样的电流称为饱和电流。当电压高于 C 时，气体中的带电体已获得足以使发生碰撞的气体中性分子电离的能量，开始产生新的离子传送电流，故 C 点的电压就是气体开始电离的电压，通常称为临界电离电压。在 CD 阶段，使气体发生碰撞电离的只有阴离子，放电现象不发出声响。当电压继续升高到 D 时，较小的阳离子也因获得足够能量与中性分子碰撞使之电离，气体电离加剧，在电场中连续不断生成大量的自由电子和阴阳离子。此时在电离区，可以在黑暗中观察到一连串淡蓝色的光点或光环，也会延伸成刷毛状，并伴随嗞嗞响声，这种光点或光环被称为电晕，此时通过气体的电流称为电晕电流，D 点的电压称为临界电晕电压。静电收尘就是利用两极间电晕放电工作的。当电压进一步升高到 E 点时，由于电晕范围扩大，使电极间产出剧烈的火花，甚至电弧，电极间介质产生电击穿现象，瞬间有大量电流通过，使两极短路，称为火花放电或弧光放电，E 点电压称为火花放电电压或弧光放电电压。弧光放电温度高，会损坏设备，在操作中必须避免这种现象，而应经常使电场保持在电晕放电状态。

6.4.1.2 尘粒荷电

在静电收尘器的电场中，尘粒的荷电机理有两种：一种是电场中离子的吸附荷电，这种荷电机理通常称为电场荷电或碰撞荷电；另一种则是由于离子扩散现象的荷电过程，通常这种荷电过程为扩散荷电。尘粒的荷电量与尘粒的粒径、电场强度和停留时间等因素有关，一般电场荷电更为重要。图 6-20 所示为尘粒荷电及运动过程。

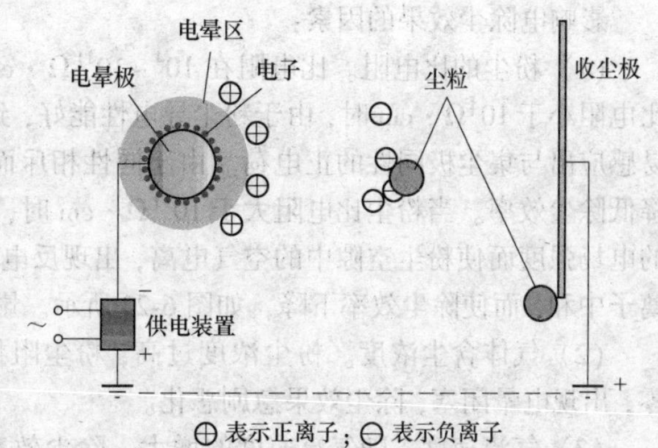

图 6-20 电收尘器的基本工作原理示意图

在电场作用下，当一个离子接近颗粒时，颗粒靠近离子的部位被感应生成相反的电荷，于是离子被吸附在颗粒上，使颗粒荷电。离子在电场中沿电力线移动，当尘粒未带电且介电常数 $1 \leqslant \varepsilon \leqslant \infty$ 时，将引起电力线的畸变，导致电力线向尘粒方向弯曲，从而使更多的离子被尘粒吸附，随着尘粒电荷增加电场的畸变减小，直至不能荷电，则尘粒的荷电达到饱和状态。为此，尘粒只能荷上一定的电荷。该种荷电机理主要适用于粒径大于 0.5μm 的粉尘。

6.4.1.3　扩散荷电

对于粒径小于 0.5μm 的粉尘荷电机理主要是扩散荷电。由于离子的无规则热运动，通过气体扩散，使离子与粉尘发生碰撞，然后黏附在其上，使粉尘荷电。

一般情况下，两种尘粒荷电机理是同时存在的，只不过对于不同粒径的粉尘，不同机理所起的主导作用不同而已。

6.4.1.4　荷电尘粒的运动

粉尘荷电以后，在电场的作用下，带有不同极性电荷的尘粒分别向极性相反的电极运动，并沉积在电极上。工业电收尘多采用负电晕，在电晕区内少量带正电荷的尘粒沉积在电晕电极上，绝大多数荷正电离子在运动过程中会碰上电子成为带负电荷的粒子，从而改变运动方向，电晕外区的大量尘粒带负电荷，因而向收尘电极运动。

6.4.1.5　荷电尘粒放电

在静电收尘器中，荷电极性不同的粉尘在电场力的作用下分别向不同极性的电极运动，其中少部分在电晕电极上放电沉积下来，绝大部分带有电晕极极性相同的电荷，在电场中趋向收尘电极，到达收尘电极后，烟尘上的电荷便与电极上的电荷中和，从而使粉尘恢复中性，当电极振打时便落入灰斗。

6.4.2　影响静电收尘性能的因素

影响静电收尘器性能的有诸多因素，可大致归纳为三个方面：烟尘性质、设备状况和操作条件。各种因素的影响直接关系到电晕电流、粉尘比电阻、收尘器内的粉尘收集三个环节，而最后结果表现为收尘效率的高低。它们之间的相互关系如图 6-21 所示。

影响电除尘效果的因素：

（1）粉尘的比电阻。比电阻在 $10^4 \sim 10^{11}\Omega \cdot cm$ 之间的粉尘，电除尘效果好。当粉尘比电阻小于 $10^4\Omega \cdot cm$ 时，由于粉尘导电性能好，到达集尘极后，释放负电荷的时间快，容易感应出与集尘极同性的正电荷。由于同性相斥而使“粉尘形成沿极板表面跳动前进”，降低除尘效率。当粉尘比电阻大于 $10^{11}\Omega \cdot cm$ 时，粉尘释放负电荷慢，粉尘层内形成较强的电场强度而使粉尘空隙中的空气电离，出现反电晕现象。正离子向负极运动过程中与负离子中和，而使除尘效率下降，如图 6-22 所示。影响比电阻的因素有烟气的温度和湿度。

（2）气体含尘浓度。粉尘浓度过高，粉尘阻挡离子运动，电晕电流降低，严重时为零，出现电晕闭塞，除尘效果急剧恶化。

（3）气流速度。随气流速度的增大，除尘效率降低，其原因是，风速增大，粉尘在除尘器内停留的时间缩短，荷电的机会降低。同时，风速增大二次扬尘量也增大。

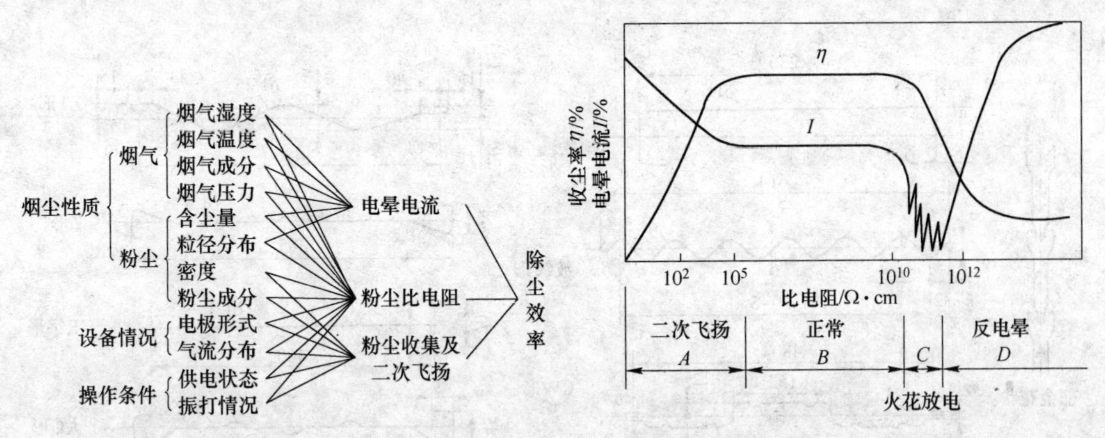

图 6-21 影响收尘器性能的主要因素及其相互关系

图 6-22 粉尘比电阻对电除尘效果的影响

6.4.3 静电收尘器的结构

静电收尘器通常包括收尘器机械本体和供电装置两部分，其中收尘器机械本体主要包括电晕电极装置、收尘电极装置、清灰装置、气流分布装置和收尘器外壳等。

无论哪种类型，其结构一般都是由如图 6-23 所示的几部分组成。

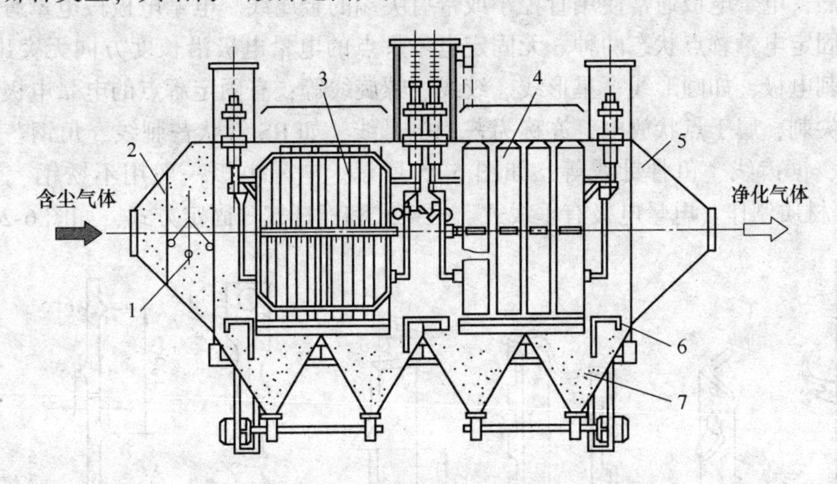

图 6-23 卧式静电收尘器示意图

1—振打器；2—气流分布板；3—电晕电极；4—收尘电极；5—外壳；6—检修平台；7—灰斗

6.4.3.1 收尘电极装置

收尘电极是捕集粉尘的主要部件，其性能的好坏对收尘效率有较大影响。一般有两种形式：一种是管式收尘极，可以得到强度均匀的电场，但清灰困难，多用于湿式电收尘器，对无腐蚀性气体可用钢管，对有腐蚀性气体可用铅管或塑料管及玻璃钢管；另一种是板式收尘电极，为了降低粉尘二次飞扬，提高收尘效率，通常做成 C 形、CW 形、波纹形等形式的电极板，一般用普通碳素钢冷轧成型。图 6-24 示出了部分收尘电极示意图。

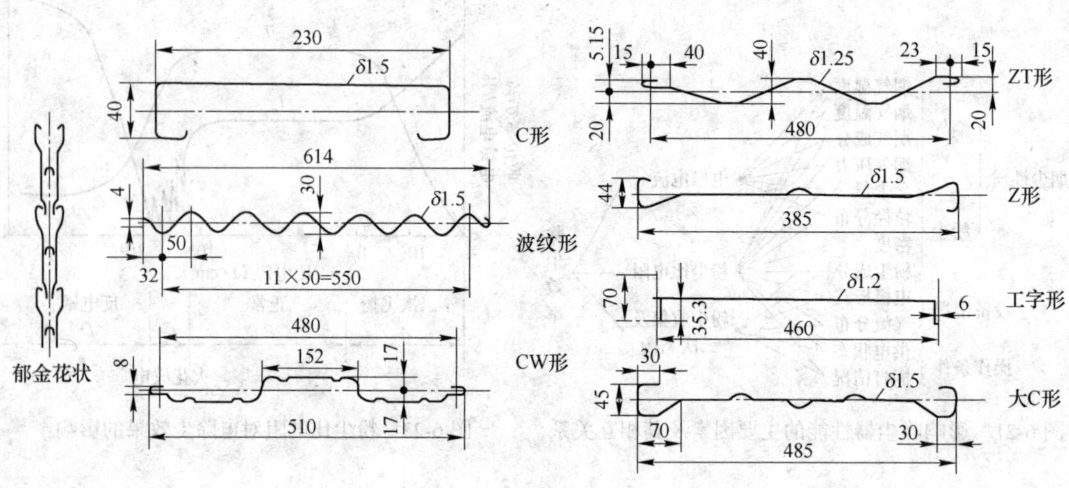

图 6-24　收尘电极

6.4.3.2　电晕电极装置

电晕线要有较好的放电性能和机械强度，为了降低起晕电压，利于电晕放电，产生的电晕越强烈，电晕电极通常使用直径小或带有尖端的金属线。电晕电极按电晕辉点状态分为有、无固定电晕辉点状态两种。无固定电晕辉点的电晕电极沿长度方向无突出的尖端，也称非芒刺电极，如圆形线、星形线、绞线、螺旋线等；有固定辉点的电晕电极沿长度方向有很多尖刺，属于点状放电，亦称为芒刺电晕线，如 RS 管状芒刺线、角钢芒刺线、波形芒刺线、锯齿线、鱼骨针线等，如图 6-25 所示。电晕电极一般用不锈钢、弹簧钢和 Q235 钢等材质制作。电晕电极有垂线式、框架式和桅杆式等固定方式，如图 6-26 所示。

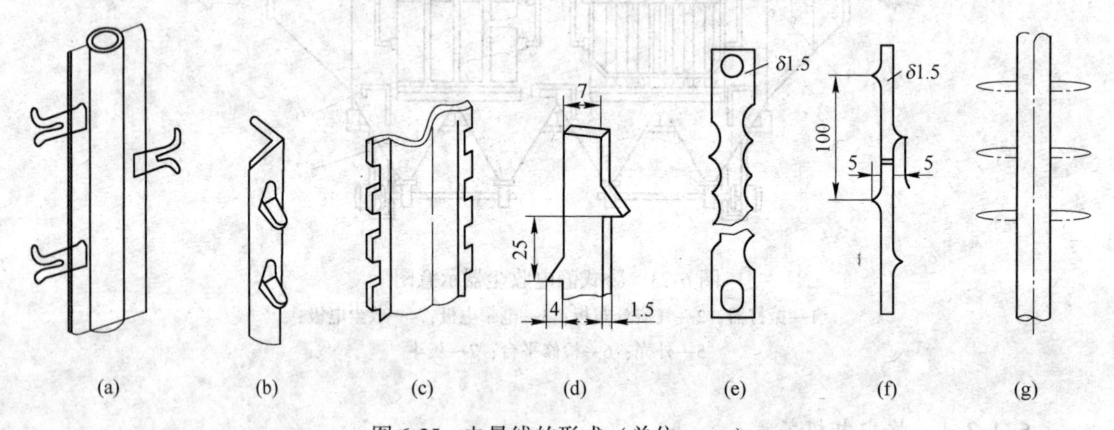

图 6-25　电晕线的形式（单位：mm）

（a）RS 管状芒刺线；（b）角钢芒刺；（c）波形芒刺；（d）锯齿线；
（e）锯形芒刺；（f）条状芒刺；（g）鱼骨针线

6.4.4　静电收尘器的分类

静电收尘器的类型很多，分类也有多种方式，详细的分类与相应情况见表 6-9。

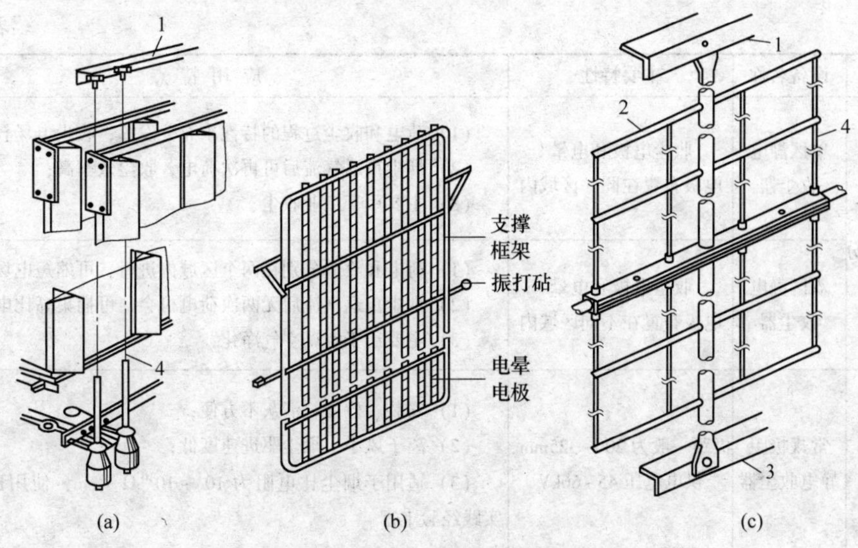

图 6-26 放电电极的固定方式

(a) 重锤悬吊；(b) 框架式；(c) 桅杆式

1—顶部梁；2—横杆；3—下部梁；4—放电电极

表 6-9 静电收尘器的分类及选用

分类	设备名称	主要特性	应用特点
按收尘器清灰方式分	干式静电收尘器	收下的烟尘为干燥状态	(1) 操作温度为 250~400℃或高于烟气露点 20~30℃； (2) 可用机械振打、电磁振打和压缩空气振打等； (3) 粉尘比电阻有一定范围
	湿式静电收尘器	收下的烟尘为泥浆状	(1) 一般烟气需先降温至 40~70℃，然后进入湿式静电收尘器； (2) 烟气含硫等有腐蚀气体时，设备必须防腐蚀； (3) 由于没有烟尘再飞扬现象，烟气流速可较大
	半湿式静电收尘器	收下粉尘为干燥态	(1) 构造比一般静电收尘器更严格； (2) 适合高温烟气净化场合
按烟气流动方向分	立式静电收尘器	烟气在收尘器中的流动方向与地面垂直	(1) 占地面积小，但烟气分布不易均匀； (2) 烟气出口设在顶部直接放空，可节省烟管
	卧式静电收尘器	烟气在收尘器中的流动方向与地面平行	(1) 可按生产需要适当增加电场数，烟气经气流分布板后比较均匀； (2) 各电场可分别供电，避免电场间相互干扰，以提高收尘效率； (3) 便于分别回收不同成分，不同粒级的烟尘分类富集； (4) 设备高度相对低，便于安装和检修，但占地面积大
按收尘电极形式分	管式静电收尘器	收尘电极为圆管、蜂窝管	(1) 电晕电极和收尘电极间距等，电场强度比较均匀； (2) 清灰较困难，不宜用作干式静电收尘器，一般用作湿式静电收尘器； (3) 通常为立式静电收尘器
	板式电收尘器	收尘电极为板状、如网、槽形、鼓形等	(1) 通常为立式静电收尘器，电场强度不够均匀； (2) 清灰较方便

续表 6-9

分类	设备名称	主要特性	应 用 特 点
电晕极配按收尘极置分	单区静电收尘器	收尘电极和电晕电极布置在同一区域内	(1) 荷电和收尘过程的特性未充分发挥，收尘电场较强； (2) 烟尘重返气流后可再次荷电，收尘效率高； (3) 主要用于工业收尘
	双区静电收尘器	收尘电极和电晕电极布置在不同区域内	(1) 荷电和收尘分别在两个区域内进行，可缩短电场长度； (2) 烟尘重返气流后无两次荷电机会，可捕集高比电阻烟尘； (3) 主要用于空调空气净化
按极间距宽窄分类	常规极距静电收尘器	极距一般为 200~325mm，供电电压 45~66kV	(1) 安装、检修、清灰不方便； (2) 离子风小，烟尘驱进速度低； (3) 适用于烟尘比电阻为 $10^4 \sim 10^{10}\Omega \cdot cm$，使用比较成熟，实践经验丰富
	宽极距静电收尘器	极距一般为 400~600mm，供电电压 70~200kV	(1) 安装、检修、清灰不方便； (2) 离子风大，烟尘驱进速度大； (3) 适用于烟尘比电阻为 $10 \sim 10^{14}\Omega \cdot cm$

静电收尘器选用注意事项如下：

(1) 静电收尘器是高效收尘设备，收尘器随效率的提高，设备造价也随着提高。

(2) 静电收尘器适用于烟气温度低于 250℃的情况。

(3) 当烟气含尘浓度超过 $60g \cdot m^{-3}$ 时，一般应在收尘器前预设净化装置，否则会产生电晕闭塞现象。

(4) 对粒径过小、密度又小的粉尘，要适当降低电场风速，否则易产生二次扬尘，影响收尘效率。

(5) 静电收尘器适用于捕集比电阻在 $10^4 \sim 5\times10^{10}\Omega \cdot cm$ 范围内的粉尘，当低于或高于这个范围时，就要采取相应的措施改变含尘气体的性质，或者选择合适的收尘器型号。

(6) 静电收尘器的气流分布要求均匀，一般在收尘器入口处设 1~3 层气流分布板。

(7) 电场风速一般在 $0.4 \sim 1.5m \cdot s^{-1}$ 范围内，风速过大会造成二次扬尘，对比电阻、粒径和密度偏小的粉尘，也应选择较小风速。

(8) 静电收尘器的漏风率尽可能小于 2%，以减少二次扬尘。

(9) 净化湿度大、露点温度高和含黏结性粉尘烟气时，宜采用湿式静电收尘器。

6.5　湿式收尘器

以某种液体（通常为水）为媒介物，借助于惯性碰撞，扩散等机理，将粉尘从含尘气流中予以捕集的设备，称为湿式收尘器。

湿式收尘器中除湿式电收尘器外，一般都具有结构简单、设备投资省的优点，适用于烟气温度低，烟尘可以进行湿法处理的场合。

6.5.1 湿式收尘原理

含有悬浮尘粒的气体与液体接触，当气体冲击到湿润的器壁时，尘粒被器壁黏附，或当气体与喷洒的液滴相遇时，液体在尘粒质点上凝集，增大了质点的质量，使之降落。

含尘气流与液体的接触形式在湿式收尘器中，气流与液体的接触形式有水滴、水膜和种气泡三种形式。用机械喷雾或其他方式使水形成大小不同的水滴，雾化分散于气流中成为捕尘体。用水流在捕尘表面形成水膜，气流中的粉尘由于惯性、离心力等作用而撞击到水膜中而被捕集。用气体冲击水层时，由于气流的密度、水的表面张力等因素的不同，产生大小不一的气泡，粉尘在气泡中的沉降而被捕集。

6.5.2 常用湿式收尘器的分类

湿式收尘器也有很多分类方法，按工作原理和结构可分为：塔式收尘器和文氏管收尘器。塔式收尘器又有填料式（填充式）洗涤器、泡沫式收尘器和湍球塔。

喷淋塔是在空心塔中借助于喷嘴喷吹的水雾捕集粉尘，喷淋塔的阻力小，一般只有几百帕，对粒径大于10μm的粉尘收尘效率约为70%，对0~5μm粉尘的收尘效率较低。泡沫收尘器一般用于粉尘浓度不高的场合，特别适用于同时净化有害气体。湍球塔是近几年发展起来的一种收尘设备，它将流化床的原理应用到气液传质设备中，使填料处于流化状态，因而使过程得以强化。湍球塔的特点是气速高，处理能力大，气液分布比较均匀，不易被固体及黏性物料堵塞。湍球塔由栅板、轻质小球、除雾器、喷嘴等组成。塔内栅板上放置一定数量的小球，小球在一定气流速度下流态化，形成湍动、旋转及相互碰撞，气体、液体在小球流态化带动下处于高度湍动状态，接触面不断更新，因此能有效地把气体中的粉尘捕集下来。湍球塔对2μm粉尘的收尘效率可达99%以上。

文氏管收尘器是使含尘气流通过收缩喉口形成高速气流，使尘粒与自喉口喷出的水滴充分混合碰撞，使尘粒在水作用下凝聚成大的粒子，气液混合物经喉口后的渐扩管逐渐减速，至气液分离器部分，粉尘被捕集下来。文氏管收尘器是由文氏管和除雾器组成，其结构如图6-27所示。

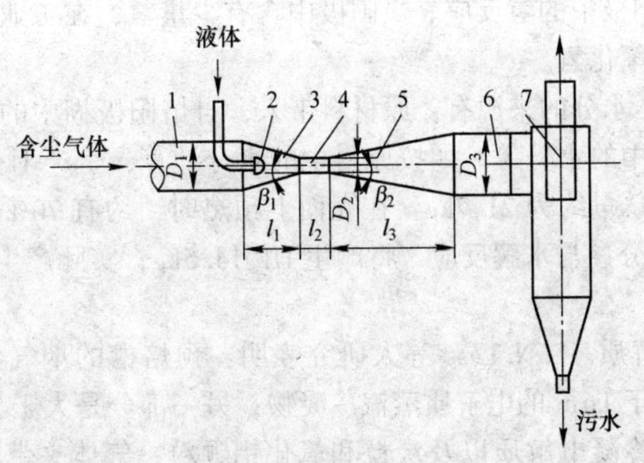

图6-27 文氏管收尘器

1—进风管；2—喷水装置；3—收缩管；4—喉管；5—扩散管；6—连续风管；7—除雾器

文丘里管收尘器是一种高能高效收尘设备，收尘效率可达 99%，适用于粒径小于 1μm、具有黏附性和潮解性，以及不宜采用旋风类或袋式收尘器的粉尘。

一般湿式收尘器，如水膜收尘箱、洗涤机等的收尘效率不超过 90%，而文丘里收尘器、湿式电收尘器可达 95%以上，且随设备阻力增加而提高，入口温度不宜超过 100℃，收尘过程中产生的污水难处理。故冶金中很少使用。

6.6　烟气中有害气体的净化

6.6.1　铝电解的烟气净化

在铝电解生产中，以冰晶石—氧化铝熔体为电解质，以碳素材料为电极进行电解。在阴极上析出液态的金属铝，在阳极上产生以 CO_2 为主的阳极气体，同时还散发出以氟化物和粉尘等污染物为主的烟气，与阳极气体统称为电解烟气。弥漫在电解车间内部的电解烟气使劳动条件恶化，影响生产工人的身体健康。电解烟气扩散到厂区周围，也会对大气环境造成经常性污染。因此，必须将电解烟气进行治理，并回收氟化盐和氧化铝。其中的氟化物是烟气中的主要有害成分，氟化物有气态和固态两种。气态氟化物的主要成分是 HF，其次是 CF_4 和 SiF_4 等；固态氟化物包括氟粉尘、冰晶石、单冰晶石（$NaAlF_4$）、亚冰晶石（$5NaF \cdot 3AlF_3$）和氟化铝升华物等。

6.6.1.1　烟气中产生氟化物的主要原因

（1）电解质挥发。将挥发产物迅速冷却，用 X 射线衍射法分析，发现其主要成分是单冰晶石。缓慢冷却时，会发生分解反应，而形成粒度小于 1μm 的亚冰晶石和氟化铝细粒：

$$5NaAlF_{4(气)} \xlongequal{冷却} Na_5Al_3F_{14(固)} + 2AlF_{3(固)} \tag{6-26}$$

少量会发生二聚反应：

$$2NaAlF_4 \xlongequal{} Na_2Al_2F_8 \tag{6-27}$$

（2）氟化氢生成。约有一半的气体散发物是一次生成的 HF。

1）电解质和炭阳极中的氢反应。炭阳极中含有少量氢，在工业槽阳极电压下，能被电化学氧化生成水和氟化氢。

2）电解质水解。水分的来源有：原材料带入，自焙阳极糊中的碳氢化合物燃烧；进入电解质面壳下空气中的水分等。如按原料中的水分计算，生产 1t 铝由氧化铝、冰晶石和氟化铝带入的水分总量约为 21.7kg，在壳面上预热时，约有 70%的水分蒸发掉或不起作用，只有 30%的水分参与水解反应，将产生 HF 14.5kg，实际产生的 HF 量将大于此计算值。

3）气体夹带电解质。L. N. Lcss 等人研究表明：预焙槽的烟气尘粒，均可分成两部分：一部分是粒径小于 1μm 的电解质蒸汽冷凝物；另一部分是大于 5μm 的微粒，主要是阳极气体夹带的透明冷凝电解质以及炭粒和氧化铝颗粒，气体夹带的冷凝电解质量可达 35%以上。

4）CF_4 和 SiF_4 的生成。正常作业时，CF_4 微量，但发生阳极效应时，猛增至 15%（摩尔分数)，每生产 1t 铝会产生 CF_4 1.5~2.5kg。SiF_4的散发量取决于阳极中的 SiO_2含量，正常生产时，烟气中 SiF_4量通常为 0.01%~0.1%（摩尔分数)，SiF_4遇水分会发生水解反应，生成 SiO_2和 HF。

6.6.1.2 烟气的收集

烟气的捕集，就电解生产操作而言，主要是保证电解槽集气罩的集气效果完好，并且要求电解工人生产操作完毕后随时将槽盖板盖严实无泄漏。对净化系统操作，主要是针对电解厂房中的支烟管道阀门的调节。有效地收集电解槽的烟气，是铝电解烟气净化的关键。

烟气的捕集有三种：一是在每台电解槽上架设集气罩，利用集气罩子收集烟气（一次捕集)。该法属于封闭式，捕集烟气浓度高，处理量小，有利于净化处理，但要求集气罩轻便；二是罩子敞开，让烟气自由散发到工作空间，然后用排烟机等设备，捕集包括烟气在内的整个厂房的通风空气量，再加以净化处理。该法属敞开式，所处理的烟气量比封闭式集气罩方法处理烟气量大十几倍；三是将两种方法的结合，即单槽集气罩和厂房天窗捕集相结合，此法效果最佳，但投资和运行费用较大。多数工厂采用局部密封罩封闭式捕集。

收集铝电解槽的烟气、是通过安装密闭罩来实现的。目前国内采用的密封罩形式有三种：

(1) 局部密封罩。将设备尘源处用罩子密封起来，这种罩子的特点是仅密闭产生粉尘的局部地点，容积小，观察和操作比较方便。它适用于生产固定、气流不大的连续产生地点。

(2) 整体密封罩。将产地点全部和产尘设备的大部分用罩子密闭起来，而把设备需要经常观察维护的部位留在罩外。它的特点是罩子容积大，可以通过观察窗和检查门监视设备的运行情况，中小修可在罩内进行，不必拆罩，适用于生产气流较分散或局部气流速度较大的产尘设备。

(3) 密闭室。将产生设备或地点用罩子全部密闭起来。特点是容积大，可以在罩内对设备进行维修，在罩外通过门窗监视设备运行情况，适用于分散产尘点、脉冲或阵发式产尘点、产生较大热压和冲击气流的产尘设备。

6.6.1.3 含氟烟气的干法净化

含氟烟气的干法净化技术，已在铝工业中得到广泛应用，其主要优点是流程短，设备简单，不受气候变化的限制，不存在废液处理问题，净化费用较低；使用铝电解原料氧化铝做吸附剂，除氟效率极高，达 98%以上，捕集的氟化氢、冰晶石及氧化铝粉尘等可直接随同氧化铝一起返回铝电解槽中。其主要缺点是随烟气带出的铁、硅等气态化合物以及呈高度分散状态的炭等，会富集在氧化铝中而重新返回槽内，使产品质量和电流效率稍受影响。

A 氧化铝吸附氟化氢的原理

氧化铝在低温下对 HF 具有良好的吸附性能，吸附时，首先在 Al_2O_3表面进行化学吸附，每个 Al_2O_3分子可结合两个 HF 分子形成单分子层吸附化合物 $Al_2O_3 \cdot HF$。

由于F^-的离子半径（1.32×10^{-8}cm）和O^{2-}的离子半径（1.33×10^{-8}cm）相近，而H^+的电负性最大，故形成以H^+离子为中心的［$F(O)_3$］四面体（见图6-28），氧原子间的平均距离为2.7×10^{-8}cm，在其间1/3空间处，被一个Al^{3+}离子占据着。当加热到300℃以上时，正四面体结构转变为正六面体结构，即AlF_3晶体。总反应式：

$$Al_2O_3 + 6HF = 2AlF_3 + 3H_2O \quad (6\text{-}28)$$

当$t=127$℃时，反应式（6-28）的反应平衡常数$K=10^{37.2}$，即$K_1/K_2=37.2$；当$t=977$℃时，$K=10^{1.64}$，即$K_1/K_2=1.64$。式中，K_1为正反应平衡常数，K_2为逆反应平衡常数。

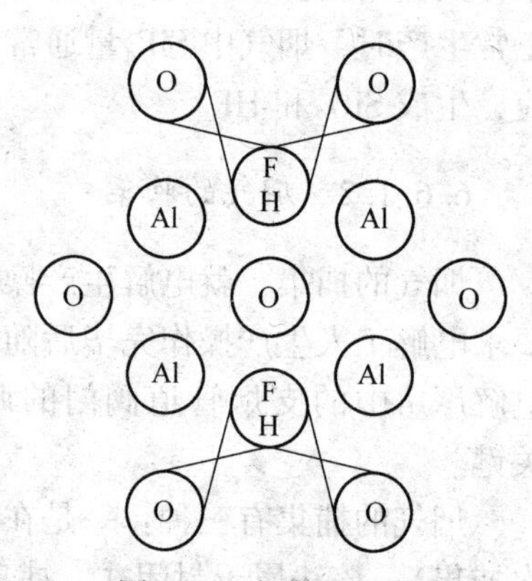

图6-28 氧化铝吸附氟化氢分子结构示意图

根据质量作用定律，式（6-28）的反应速度为：$v=k[HF]^6$，即反应速度v与HF浓度的六次方成正比（k为速度常数），故HF浓度增高时，反应速度急剧增大。试验表明，吸附反应速度很快。氧化铝与烟气中氟化氢接触后。反应几乎在0.1s内即可完成。研究表明，Al_2O_3比表面积越大，吸附性能越好；Al_2O_3流动性越好，吸附反应速度越大、系统阻力损失越小。因此，生产高质量的砂状氧化铝显得十分重要。

B 吸附设备和净化流程

铝电解烟气干法净化的主要设备是反应床，按物料在床内的状态，可分为固定床、流化床和输送床。

固定床设备是一种用于烟气和静止状态固粒发生吸附反应的设备，内部设有气体分配板，固粒静置其上，形成一定厚度的床层，烟气自下经气体分配板均匀通过床层，进行吸附反应。由于床层固粒基本处于静止状态，故气流速度较小、扩散阻力较大、强化操作受到一定限制；且需定期更换吸附剂。使吸附过程中断、需并联数台工作，才可保证吸附过程连续进行，采用此法进行铝厂烟气净化时，因烟气量大。床面面积要相当大才行，因此至今尚未在工业上应用。

流化床（又称沸腾床）和固定床的区别在于固粒处于激烈的运动状态，气流速度大，有较高强度的传质过程，吸附剂可移动，能实现吸附剂循环和吸附过程连续化。按照气、固组成的床层不同，流化床又可分浓相床和稀相床两种。如图6-29所示为浓相流化床净化流程，下部为Al_2O_3流化床，上部为布袋收尘器，烟气经分配板均匀地进入流化床，和沸腾的Al_2O_3层接触、进行吸附反应，布袋收尘器完成过滤任务。流化床高度可在50~300mm内调节，停留时间为2~14h，气流速度为0.3m·s^{-1}左右。

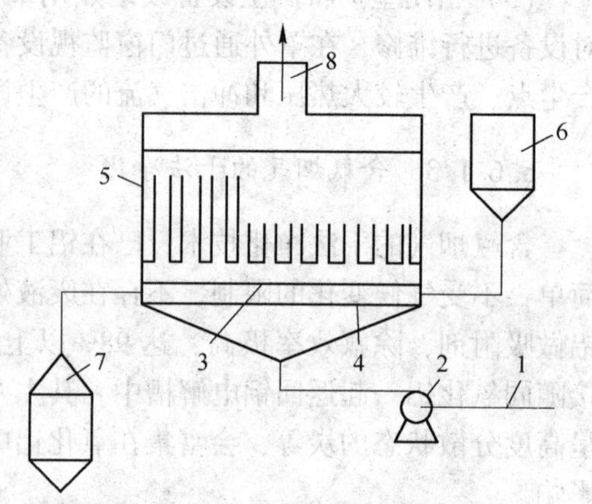

图6-29 浓相流化床净化流程

1—排烟道；2—风机；3—流化床；4—气流分配板；5—布袋过滤器；6—原料氧化铝仓；7—反应氧化铝仓；8—排气筒

净化效率极高，气氟99%，固氟92%~98%，但设备阻损较大，能耗较高。随着稀相流化床净化流程的问世，使干法净化技术向前推进一步。

输送床实质上就是具有一定长度的管段，用于铝厂烟气净化时。可直接用一段排烟管或者稍微改变一下尺寸的排烟管代替输送床，管段长度根据反应过程所需时间和烟气流速来确定。铝电解槽烟气经排烟管达到吸附反应管道，同时向反应管道加氧化铝，使气、固接触、进行吸附反应。烟气在反应管道内的流速，垂直管应不小于 $10m \cdot s^{-1}$，水平管应不小于 $13m \cdot s^{-1}$，以免物料沉积。气、固两相接触时间一般大于1s。从反应管道出来的气流经布袋收尘器或静电收尘器进行气、固分离，吸氟后的 Al_2O_3 循环与否，循环几次，要根据 Al_2O_3 的性质和溶化程度而定。

目前铝电解普遍采用脉冲喷吹净化过滤器，其包括n型反应通道、垂直气流分布器、二次气流分布段、脉冲袋式除尘器。含有氟化氢及粉尘的烟气，在加入吸附用的氧化铝后，从风管进入设在脉冲除尘器中箱体中的n型吸附反应通道，烟气中的氟化氢被加入的氧化铝所吸附，完成第一次吸附反应。同时，在n型吸附反应通道中的垂直气流分布器，具有均布气流的作用，使气流能均匀进入脉冲除尘器的灰斗，气流通过灰斗进入设在中箱体中的二次气流分布段，对气流进行二次分布，使气流更加均匀地进入滤袋和减少气流对滤袋的冲刷。同时，含尘气体中的部分大颗粒的粉尘，在迅速减速的二次气流分布段，被分离沉降下来。含尘气流进入中箱体通过滤袋时，完成最后的吸附过程，同时，烟气中的粉尘被滤袋阻隔，含尘气体被净化，气流通过滤袋过滤后，洁净气流进入上箱体从出风口排出。脉冲除尘器设有脉冲阀和喷吹管，用于滤袋清灰，使整个净化过滤器保证设计所需的阻力。

垂直气流分布器最常用的是所谓的“VRI反应器”。实际上它是由流态化元件、带孔的锥形管与氧化铝下料装置构成，如图6-30所示。

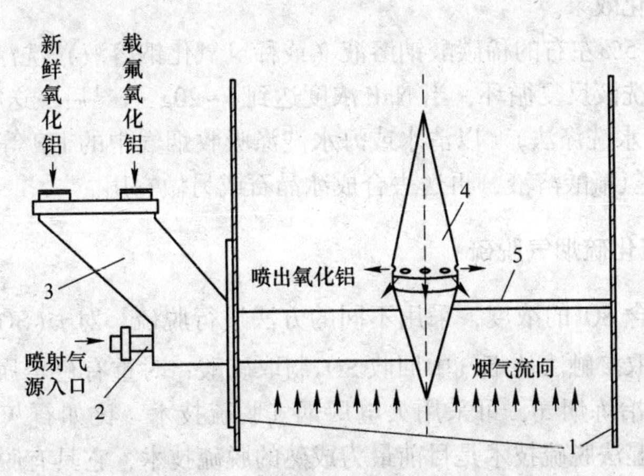

图6-30 VRI垂直气流分布器示意图

1—反应器壁；2—调节阀；3—下料装置；4—喷射头；5—支管

该反应器根据气体流动多点式锥形运动原理设计而成。将中间仓送来的氧化铝经流态化元件沸腾流态化后，通过空心锥体多孔眼中喷射溢流而出，呈一个很均匀的圆截面，喷出的氧化铝流与含氟烟气在反应器壁围成的空间进行充分接触，均匀混合并快速进行吸附反应，将含氟烟气吸附到氧化铝表面，生成氟化铝。

干法烟气净化工艺流程如图 6-31 所示，其设备配置如图 6-32 所示。

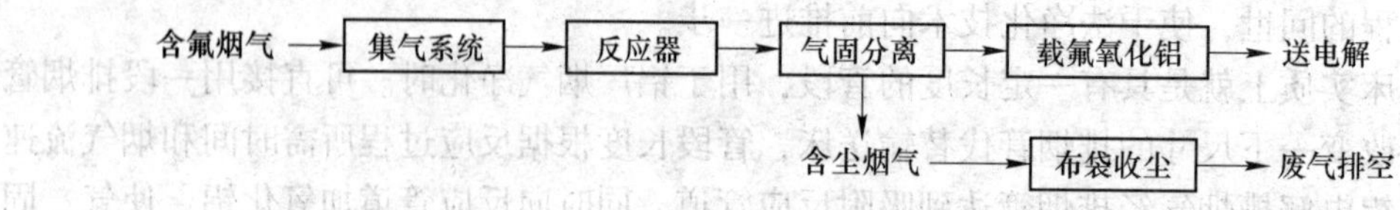

图 6-31　预焙槽干法烟气净化工艺流程

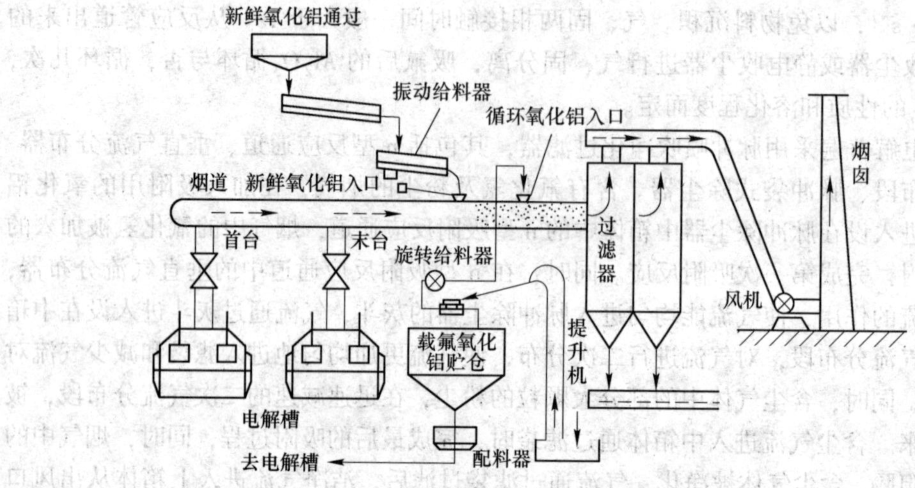

图 6-32　预焙槽干法烟气净化设备配置图

C　含氟烟气的湿法净化与回收

目前工业上采用的湿法净化回收工艺有碱法和酸法两种，碱法是以碱性溶液为化学吸收剂，酸法是以水为吸收剂。烟气中 HF 和 SiF_4 都是水活性很强的气体，无论水洗或碱洗都可达到很高的净化效果。

(1) 碱法。以 5%左右的稀碳酸钠溶液（或稀氢氧化钠溶液）洗涤吸收烟气中氟化氢等酸性气体。所得洗液反复循环，当 NaF 浓度达到 $5 \sim 20g \cdot L^{-1}$后，送往合成冰晶石。

(2) 酸法（清水洗涤法）。以清水或海水洗涤吸收烟气中的 HF 等酸性气体，制得含 HF$10g \cdot L^{-1}$以上的氢氟酸溶液，再送去合成冰晶石或另做它用。

6.6.2　低浓度二氧化硫烟气脱硫

根据烟气中所含 SO_2的浓度，采用不同的方法进行脱硫。对 $w(SO_2) = 3.5\% \sim 12\%$的冶炼烟气，可以采取接触法从烟气中回收 SO_2制取硫酸；对重有色金属冶炼厂 $w(SO_2) < 0.5\%$的低浓度 SO_2冶炼烟气，可采用火电厂烟气脱硫技术。比如石灰石—石膏法、氨法等。石灰石—石膏湿法脱硫技术是目前最为成熟的脱硫技术，它具有脱硫效率高、运行稳定、运行费用低等特点，同时还可以产出含水 5%~10%的优质石膏，在全世界得到了广泛的应用。

典型的石灰—石膏法脱硫工艺如图 6-33 所示。

由图 6-33 可以看出，它可以分为以下五个系统：

(1) 由石灰石（块或粉）料仓，磨粉（对石灰石块）、制浆、储存及输送设备构成的石灰石浆液制备系统。

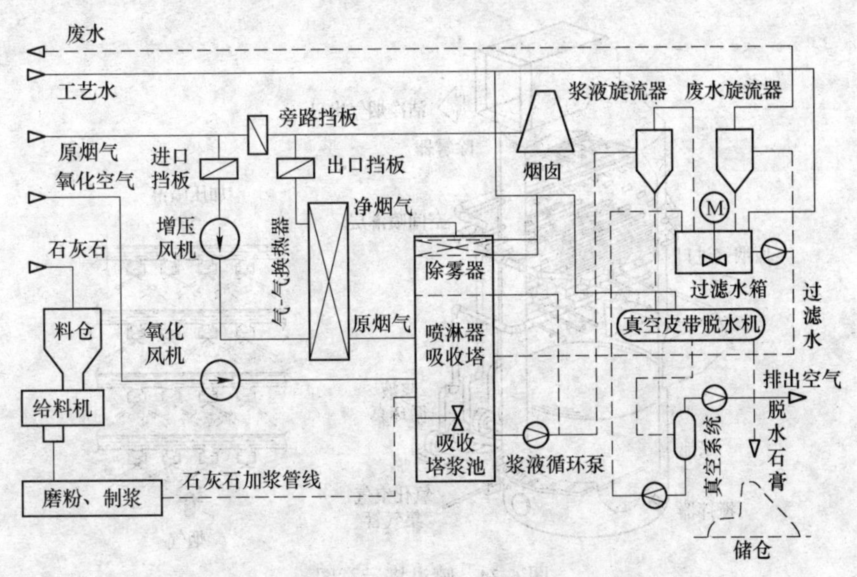

图 6-33 石灰石/石灰—石膏法脱硫工艺流程

（2）由洗涤循环、除雾和氧化等设施构成的吸收系统。

（3）由烟气换热器及增压风机等构成的烟气系统。

（4）由浆液旋流器、真空皮带脱水机、储仓等构成的石膏脱水系统。

（5）废水处理系统。加上电气、控制、土建、给排水、暖通等部分后，才构成一个完整的脱硫塔。

石灰/石灰石—石膏法脱硫的主体设备是吸收系统中的喷淋塔。典型的喷淋塔示意图如图 6-34 所示。喷淋塔多采用逆流方式布置，烟气从喷淋区下部进入吸收塔，烟气流速为$3\sim5m \cdot s^{-1}$左右，液气比一般在 $8\sim25L \cdot m^{-3}$之间。喷淋塔优点是塔内构件少，故结垢可能性小，压力损失也小。喷淋塔一般采用逆流吸收方式，即烟气从吸收塔下部进入，从上部或顶部排出；料浆从上往下多层喷淋，气体与料浆逆向流动。逆流运行有利于烟气与吸收液充分接触，但阻力损失比顺流大。吸收区高度为 5~15m，如按塔内流速 $3m \cdot s^{-1}$计算，接触反应时间约 2~5s。区内设 3~4 个喷淋层，每个喷淋层都装有多个雾化喷嘴，交叉布置，覆盖率达 200%~300%。喷嘴入口压力不能太高，在 50~200kPa 之间。喷嘴出口流速约 $10m \cdot s^{-1}$。雾滴直径在 1.3~3.0mm 之间，液滴在塔内的滞留时间 1~10s，雾粒在一定条件下呈悬浮状态。

吸收塔底部是氧化槽（浆池），氧化槽的功能是接受和储存吸收浆液、溶解石灰石、鼓风氧化 $CaSO_4$、结晶生成石膏。早期的湿式石灰—石灰石法几乎都是在脱硫塔外另设氧化塔，这种工艺易发生结垢和堵塞问题。现在都采用就地强制氧化，循环吸收液在氧化槽内的设计停留时间一般为 4~8min，具体停留时间与石灰石反应性能有关。石灰石反应性能差，为使之完全溶解，要求它在池内滞留时间长。氧化空气采用离心风机鼓入，压力约 5~86kPa，理论上氧化 1mol SO_2，需要 1mol O_2。由于石灰石的溶解度低，要求氧化槽的容积很大。为了防止固体沉降，保证浆液更好地混合，需设置一些搅拌器不停地搅动。

在吸收塔不同的高度上对吸收浆液的 pH 值连续测量，用来校正和保持吸收塔浆池槽中灰浆的 pH 值为常数。为了对烟气所夹带的液滴进行分离，在洗涤塔的上部设置两级除

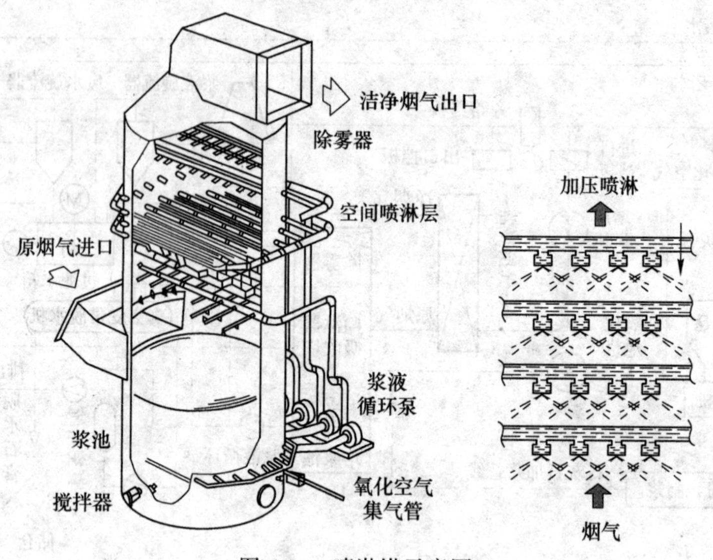

图 6-34　喷淋塔示意图

雾器，通过这一装置，直径大于 17μm 的液滴分离率可达到 99.9%。喷淋塔的脱硫效率高，在所有脱硫吸收塔中占绝对的优势。

习题与思考题

6-1 收尘的目的是什么，有什么方法？
6-2 收尘设备有些什么，各有什么特点？
6-3 简述布袋收尘器的工作原理及特点。
6-4 举例说明袋式收尘器的结构和使用注意事项。
6-5 简述电收尘器的工作原理及特点。
6-6 分析影响电收尘器内电晕正常的因素。
6-7 分析影响电收尘效果的因素。
6-8 电收尘时，如何改变气体中颗粒的比电阻？
6-9 举例说明铝电解烟气净化设备的结构和使用注意事项。

参 考 文 献

[1] 朱云．冶金设备［M］．北京：冶金工业出版社，2013：200~380.
[2] 王庆春．冶金通用机械与冶炼设备［M］．北京：冶金工业出版社，2004：33~38.
[3] 杨世铭．传热学基础［M］．北京：高等教育出版社，2004：11~12.
[4] 郝素菊，蒋武锋，方觉．高炉炼铁设计原理［M］．北京：冶金工业出版社，2003：117~119.
[5] 武汉威林公司．高炉砌筑技术手册［M］．北京：冶金工业出版社，2006：252~254.
[6] 肖兴国，谢蕴国．冶金反应工程学基础［M］．北京：冶金工业出版社，1997：193~194.
[7] 唐谟堂，何静．火法冶金设备［M］．长沙：中南大学出版社，2002：269~271.
[8] 何静，张全茹．冶金过程及设备［M］．长沙：中南工业大学出版社，1997.
[9] 邱竹贤．有色金属冶金学［M］．北京：冶金工业出版社，1988.
[10] 万俊华，等．燃烧理论基础［M］．哈尔滨：哈尔滨船舶工程学院出版社，1992：1~324.
[11] 刘人达．冶金炉热工基础［M］．北京：冶金工业出版社，2004：443~473.
[12] 郭年祥．化工过程及设备［M］．北京：冶金工业出版社，2003：365~368.
[13] 李方运．天然气燃烧及应用技术［M］．北京：石油工业出版社，2003：83~183.
[14] 参考资料编写组．重有色冶金炉设计手册［M］．北京：冶金工业出版社，1989：384~399.
[15]《重有色金属冶炼设计手册》编委会．重有色金属冶炼设计手册（铜镍卷）［M］．北京：冶金工业出版社，1995.
[16]《重有色金属冶炼设计手册》编委会．重有色金属冶炼设计手册（铅锌铋卷）［M］．北京：冶金工业出版社，1995.
[17] 重有色冶金炉设计参考资料编写组．重有色冶金炉设计参考资料［M］．北京：冶金工业出版社，1989：274~283.
[18] 孟柏庭．有色冶金炉［M］．长沙：中南大学出版社，1995：65~69.
[19] 郭慕孙．流态化技术在冶金中之应用［M］．北京：科学出版社，1998.
[20] 朱祖泽，贺家齐．现代铜冶金学［M］．北京：科学出版社，2003.
[21] 铅锌冶金学编委会．铅锌冶金学［M］．北京：科学出版社，2003.
[22] 彭容秋．锡冶金［M］．长沙：中南大学，2005.
[23] 朱苗勇．现代冶金学［M］．北京：冶金工业出版社，2005.
[24] 金国淼，等．除尘设备［M］．北京：化学工业出版社，2002.
[25] 张殿印，王纯．除尘设备手册［M］．北京：化学工业出版社，2009.
[26] 姜凤有．工业除尘设备——设计、制作、安装与管理［M］．北京：冶金工业出版社，2007.